F. Kohlrausch

Leitfaden der praktischen Physik

bremen
university
press

F. Kohlrausch

Leitfaden der praktischen Physik

ISBN/EAN: 9783955622886

Auflage: 1

Erscheinungsjahr: 2013

Erscheinungsort: Bremen, Deutschland

@ Bremen-university-press in Access Verlag GmbH, Fahrenheitstr. 1, 28359 Bremen. Alle Rechte beim Verlag und bei den jeweiligen Lizenzgebern.

Aus dem Vorwort zur zweiten Auflage.

Das vorliegende Buch soll als Wegweiser bei physikalischen Messungen dienen. Nachdem die erste, zunächst für meine Practicanten in Göttingen im Jahre 1869 gedruckte Auflage auch anderweitigen Eingang gefunden hat, habe ich die jetzige durch bessere Anordnung und Vervollständigung zum Gebrauch in weiteren Kreisen tauglich zu machen gesucht.

Die Aufgaben, welche der praktischen Physik gestellt werden können, lassen sich in folgende vier Punkte zusammenfassen. Zunächst steht erfahrungsgemäss fest, dass ein Teil der physikalischen Lehren, und zwar vorzugsweise der quantitative, also nicht der unwichtigste, durch blosses Hören nicht begriffen wird. Interesse und Verständnis für diese Sätze werden nicht durch den blossen Vortrag geweckt, wogegen oft die einmalige praktische Anwendung eines Satzes genügt, um den Schüler mit ihm vertraut zu machen. Zweitens gibt es eine Reihe von Aufgaben, deren Ausführung dem Chemiker, Mineralogen, Mediciner, Pharmaceuten oder Techniker bekannt sein soll. Die Vorlesung, wenn sie überhaupt auf eine solche Aufgabe eingeht, kann dieselbe nur in principieller Weise behandeln; von hier aber bis zur praktischen Ausführung ist noch ein weiter Schritt. Der Stand der Kenntnisse in diesen Dingen macht denn auch den bisherigen Mangel an praktischem Unterricht fühlbar genug: ihre geringe Verbreitung, die oft eine erstaunliche Scheu vor den einfachsten physikalischen Aufgaben zur Folge hat, ist eben so bekannt, wie erschreckend gross.

Sodann aber liegt für die Physik selbst das Bedürfnis einer Vorschule für die experimentelle wissenschaftliche Forschung vor. Unterrichtsgegenstand kann freilich die eigentliche Forschung

a*

nur in sehr beschränktem Maaſse sein, wohl aber fordern die
Pflicht und das eigene Interesse von der Physik, dass sie den
künftigen Physiker mit seinem, ich möchte sagen wissenschaftlichen Handwerkszeug vertraut macht. Es bleiben immer noch
mehr als genug Einzelheiten übrig, welche bei einer Untersuchung selbständig beschafft werden müssen.

Die genannten drei Disciplinen sind es in erster Linie,
welche das Buch in's Auge fasst, indem es Vorschriften zur
Ausführung physikalischer Messungen gibt und dabei diejenigen
bevorzugt, welche als Anwendungen ausserhalb der Physik oder
als Elemente wissenschaftlicher Untersuchung eine besondere
Bedeutung haben. Soll auch die vierte Aufgabe, nämlich die
Heranbildung physikalischer Lehrer durch Versuche mit Unter-
richtsapparaten hereingezogen werden, so glaube ich, dass auch
diese Uebungen am besten, durch eine passende Auswahl der
instrumentellen Mittel, mit messenden Aufgaben zu verbinden
sind. Dadurch wird die Gefahr vermieden, dass die Anstellung
von Versuchen, welche kein bestimmtes Ziel haben, in Spielerei
ausarte. Ein eigentlicher Cursus in Unterrichts-Experimenten
würde manchen Schwierigkeiten begegnen; er erscheint aber
auch weniger notwendig; denn wer sich in den quantitativen
Aufgaben einige Gewandtheit erworben hat, wird auch die Vor-
lesungsversuche ohne Schwierigkeit bewältigen.

Inhalt und Umfang einer Anleitung zur physikalischen
Arbeit werden vor allem durch die Grenze der Genauigkeit bestimmt, bis zu welcher die Aufgaben durchgeführt werden sollen,
und darin bleibt natürlich ein weiter Spielraum. Ich habe diejenige Grenze inne zu halten gesucht, bei welcher die um der
Einfachheit willen vernachlässigten Correctionen mindestens
nicht grösser sind, als die unfreiwilligen Beobachtungsfehler
bei den gewöhnlich gebrauchten Instrumenten und bei mittlerer
Geschicklichkeit im Beobachten. Bei den sehr auseinander-
gehenden individuellen Zwecken und Mitteln kann ich selbstverständlich nicht daran denken, Jedermanns Wünschen ge-
recht geworden zu sein; vielmehr wird ohne Zweifel der Eine
noch eine gründlichere Behandlung vermissen, wo dem Anderen
die Strenge schon als Pedanterie erscheint.

An bestimmte Instrumente schliessen sich die Anleitungen,

wo es möglich war, nicht an; auch Beschreibungen von Apparaten finden sich selten, denn letztere sind ja dem Arbeitenden meistens gegeben, und in den Lehrbüchern der Experimentalphysik findet er fast immer Abbildungen und Beschreibungen. Nur bei einigen neueren oder weniger bekannten Apparaten ist eine Ausnahme gemacht worden.

Die ausführliche Begründung aller Rechnungsregeln würde zu weit gehen, doch sind häufig kurze Beweise und Erläuterungen (mit kleiner Schrift) beigefügt worden, um dem Arbeitenden die Einsicht in den Zusammenhang zu erleichtern. Zum Verständnis der magnetischen und elektrischen absoluten Messungen, denen eine übersichtliche Literatur fehlt, auf welche aber die praktische Physik das grösste Gewicht legen muss, wird im Anhang eine kurze Darlegung der wichtigsten Puncte des absoluten Maafssystems gegeben.

Der mathematische Apparat beschränkt sich, ausser an wenigen Stellen in den Erläuterungen, auf Elementar-Mathematik.

Von den zum grösseren Teil neu berechneten Tabellen dürften manche auch für Physiker nützlich sein. Ich habe mich bemüht, dieselben auf das beste Beobachtungsmaterial zu gründen.

Im Mai 1872.

Auch in der fünften Auflage sind, des Zusammenhanges mit den bisherigen Ausgaben halber, die Bezifferungen der früheren Artikel und Tabellen ungeändert geblieben. Der Zuwachs ist mit Indices an den Nummern eingeschoben worden.

Besonders der elektrische und magnetische Teil der Aufgaben, in welchem das Zusammentreffen vielseitiger Interessen und Bestrebungen in den letzten Jahren manches neue Bedürfnis und manchen Fortschritt in den Methoden gebracht hat, ist vielfach umgestaltet worden. Die Notwendigkeit, solchen Messungen aus den physikalischen Instituten heraus eine weitere Verbreitung zu geben, wurde thunlichst berücksichtigt. Auch von den messenden Aufgaben der eigentlichen Elektrotechnik wird man die wesentlichsten Gesichtspunkte entwickelt finden.

Den „absoluten" Maafsen und Messungen hat unser Buch
von jeher ein besonderes Gewicht beigelegt. Dieses Gebiet ist
natürlich nach seiner nunmehrigen officiellen Anerkennung jetzt
noch weiter hervorgehoben worden, und zwar in einer den
neueren Verabredungen entsprechenden Form. In den Beispielen
steht das Cm-g-System in erster Linie; die technischen Einheiten haben überall die gebührenden Rücksichten gefunden.
Die fundamentalen Verhältnisse der elektromagnetischen zur
chemischen Stromeinheit, der absoluten Widerstandseinheit zur
Quecksilbereinheit wurden nach den neueren Messungen eingesetzt.

Die Gas- und Dampf-Tabellen und Constanten wurden,
durch überall sehr geringfügige Aenderungen, mit den von
Broch herausgegebenen Zahlen des internationalen Längen-
und Gewichts-Büreaus in Uebereinstimmung gebracht.

Besonders schätzenswert war für uns, dass die jedem Physiker willkommenen Tabellen von Landolt und Börnstein
hinreichend früh erschienen, um nach ihrem reichen Materiale
unsere Tabellen zu controliren und an mehreren Stellen zu ver-
bessern oder zu ergänzen (Tab. 14, 16a, 19a, 20, 25, 29).

Die Nennungen von Namen, an welche sich meines Wis-
sens die Methoden anknüpfen, sowie die Hinweise besonders
auf die neuere Literatur sind wieder etwas vermehrt worden.
Ich wiederhole aber meine frühere Bemerkung, dass die Citate
keinem Systeme folgen, sondern dass sie lediglich einen praktischen Nutzen bezwecken und dass sie keineswegs etwa ein
Urteil über Priorität enthalten sollen.

Würzburg im März 1884.

Inhalt.

III. Luftdruck.

IV. Wärme.

V. Elasticität und Schall.

1) Ueber die Bestimmung von MH mit der Wage vgl. Töpler, Wied. Ann. XXI. 158. 1884.

Tabellen.

I. Allgemeines.

1. Beobachtungsfehler. Mittlerer und wahrscheinlicher Fehler.

Der durch eine Messung gewonnene Zahlenwurt einer physikalischen Grösse wird wegen der Unvollkommenheit der Beobachtung mit einem Fehler behaftet sein. Wenn die nämliche Grösse wiederholt gemessen worden ist, so bietet die Wahrscheinlichkeitsrechnung ein Mittel, um aus der Übereinstimmung der einzelnen Resultate ein Urteil über die wahrscheinliche Fehlergrenze zu gewinnen.

Wir nehmen an, dass die einzelnen Bestimmungen sämmtlich denselben Grad von Zuverlässigkeit besitzen. Dann gibt bekanntlich das arithmetische Mittel aus den einzeln gewonnenen Resultaten den wahrscheinlichsten Wert der gesuchten Grösse.

Hierbei mag hervorgehoben werden, dass es im Allgemeinen durchaus ungerechtfertigt ist, aus einer Reihe von Beobachtungen einzelne willkürlich blos deswegen auszuschliessen, weil sie mit der Mehrzahl nicht übereinstimmen. Der Wahrscheinlichkeit eines bei den abweichenden Zahlen begangenen grösseren Fehlers wird durch das arithmetische Mittel von selbst Rechnung getragen; denn als einzelne unter einer grösseren Anzahl haben diese Zahlen einen geringen Einfluss auf den Mittelwert.

Vergleicht man nun die einzelnen Zahlen mit dem Mittelwert, so findet man grössere oder kleinere Differenzen, aus deren Betrage der wahrscheinliche Fehler einer Beobachtung sowie derjenige des Resultates nach folgenden Regeln bestimmt wird. Man bildet zuerst die Summe der Fehlerquadrate, das heisst man erhebt die Differenz zwischen jeder einzelnen Beobachtung und dem Mittelwert in's Quadrat und addirt die entstehenden Zahlen zu einander. Die Summe durch die um 1 verminderte Anzahl der einzelnen Beobachtungen dividirt, gibt das mittlere Fehlerquadrat; die Quadratwurzel aus diesem den mittleren Fehler einer einzelnen Beobachtung. Dividirt man den letzteren endlich durch die Quadratwurzel aus der Anzahl der Beobachtungen, so erhält man den sogenannten mittleren Fehler des Resultates.

Die Multiplication des mittleren Fehlers mit 0,674 (oder $\frac{27}{40}$, oder auch meistens genügend genau mit $\frac{2}{3}$) gibt den wahrscheinlichen Fehler. Der letztere Ausdruck will sagen, dass mit gleicher Wahrscheinlichkeit behauptet werden kann, der wirkliche, unbekannte Fehler des gefundenen Wertes sei kleiner, wie er sei grösser als der in dieser Weise abgeleitete „wahrscheinliche Fehler". Was das Vorzeichen des Fehlers betrifft, so ist es im Allgemeinen ebenso wahrscheinlich, dass der gefundene Wert zu gross als dass er zu klein ist, was man durch ein dem Fehler vorgesetztes $\pm$ Zeichen anzudeuten pflegt.

Bezeichnen wir also durch

n die Anzahl der einzelnen Bestimmungen,

$\delta_1, \delta_2 \ldots \delta_n$ die Abweichungen derselben von dem arithmetischen Mittel,

S die Summe der Fehlerquadrate, d. h.

$$S = \delta_1^2 + \delta_2^2 + \cdots + \delta_n^2,$$

so ist der mittlere Fehler

der einzelnen Bestimmung $= \pm \sqrt{\dfrac{S}{n-1}}$;

des arithmetischen Mittels $= \pm \sqrt{\dfrac{S}{n.(n-1)}}$;

und der wahrscheinliche Fehler

der einzelnen Beobachtung $= \pm 0{,}674 \cdot \sqrt{\dfrac{S}{n-1}}$;

des Resultates $\qquad = \pm 0{,}674 \cdot \sqrt{\dfrac{S}{n.(n-1)}}$;

Ueber die Fehlerrechnung bei mehreren unbekannten Grössen vergl. 3.

Selbstverständlich wird durch die so berechneten Grössen nur derjenige Teil des Fehlers ausgedrückt, welcher durch die eigentliche Unsicherheit der Beobachtung entsteht, das heisst durch solche Beobachtungsfehler, die eben so häufig einen zu grossen als einen zu kleinen Wert ergeben. Ausserdem können aber con stan te Fehler vorhanden sein, deren Ursache in den Angaben der Instrumente oder auch darin gelegen sein kann, dass der Beobachter vorwiegend Fehler in einer bestimmten Richtung macht. Es ist eine besondere Aufgabe, solche Fehler entweder zu ermitteln und dann am Resultat zu corrigiren oder aber solche Combinationen der Beobachtung oder eine derartige Abwechselung der Methoden eintreten zu lassen, dass die constanten Fehler dadurch herausfallen.

Beispiel. Die Dichtigkeit eines Körpers wurde zehnmal bestimmt, wobei die folgenden in der ersten Spalte enthaltenen Werte gefunden wurden.

Gefunden	Abweichnng δ vom Mittel	δ^2
9,662	— 0,0019	0,000004
9,673	+ 091	083
9,664	+ 001	000
9,659	— 049	024
9,677	+ 131	172
9,662	— 019	004
9,663	— 009	001
9,680	+ 161	259
9,645	— 189	357
9,654	-- 0,0099	0,000098
Mittel 9,6639		$S = 0,001002$

Es ist also, da $n = 10$,

der mittlere Fehler einer Bestimmung $\sqrt{\dfrac{0,001002}{9}} = \pm 0,011$,

„ „ „ des Resultates $\sqrt{\dfrac{0,001002}{10 \cdot 9}} = \pm 0,0033$,

der wahrsch. Fehler einer Bestimmung $0,674 \cdot \sqrt{\dfrac{0,001002}{9}} = \pm 0,0071$,

„ „ „ des Resultates $0,674 \cdot \sqrt{\dfrac{0,001002}{10 \cdot 9}} = \pm 0,0023$.

Man kann hiernach Eins gegen Eins wetten, dass der Fehler, welchen die einzelne Dichtigkeitsbestimmung dieses Körpers, mit gleichen Instrumenten, mit gleicher Sorgfalt und Erfahrung angestellt wie die obigen Beobachtungen, kleiner ist als 0,0071. Zufällig ist in der That gerade

1*

die Hälfte der obigen einzelnen Abweichungen kleiner, die andere Hälfte grösser als dieser Wert.

Der aus einer Reihe von nur 10 Beobachtungen abgeleitete wahrscheinliche Fehler kann nur als eine Annäherung betrachtet werden, so dass die obige Ausrechnung auf zwei Stellen genügt. Ebenfalls hätte anstatt des Factors 0,674 der Näherungswert $^2/_3$ gesetzt werden können.

Die obigen Bestimmungen sind von verschiedenen Beobachtern, unter Benutzung verschiedener Gewichtsätze sowie verschiedener Thermometer angestellt worden. Fehler der Wage, welche die Dichtigkeitsbestimmung in einer einseitigen Richtung beeinflussen, sind nicht anzunehmen. Es würden also von dieser Seite aus constante Fehler vermieden sein. Damit aber wirklich die oben berechneten Fehlergrössen die wahrscheinlichen Fehler darstellen, müsste man u. A. voraussetzen können, dass alle Beobachter gehörig für Entfernung der Luftbläschen gesorgt haben, welche dem Körper bei der Wägung in Wasser leicht anhaften. Sonst würde in den Beobachtungen ein wenn auch nicht constanter doch einseitiger Fehler enthalten sein, denn durch den erwähnten Umstand kann die Dichtigkeit immer nur zu klein gefunden werden. Dieser etwaige Fehler kann sich also nicht in den Abweichungen vom Mittelwert aussprechen.

2. Einfluss der Beobachtungsfehler auf das Resultat.

Oft finden wir ein Resultat nicht direct durch die Beobachtung, sondern müssen es aus der beobachteten Grösse oder auch aus mehreren Grössen durch Rechnung ableiten. So wird die Dichtigkeit eines Körpers aus mehreren Wägungen, der Elasticitätsmodul aus Längenmessungen, die Stärke eines galvanischen Stromes aus dem Ausschlag einer Magnetnadel nach gewissen Formeln berechnet. Hierbei entsteht nun die Aufgabe, zu bestimmen, um wieviel das Resultat fehlerhaft wird, wenn die beobachtete Grösse mit einem gewissen Fehler behaftet ist.

Zweck dieser Fehlerrechnung kann erstens das Urteil über die Genauigkeit des Resultates selbst sein. Ferner erfahren wir dadurch, welche Abkürzungen der Rechnung wir uns erlauben dürfen, ohne die Ungenauigkeit merklich zu vergrössern. Sodann ergibt sich daraus, falls die Messung sich aus mehreren Beobachtungen zusammensetzt, auf welchen Teil wir die grösste Sorgfalt zu verwenden haben. Endlich steht es häufig in unserer Gewalt, die Verhältnisse des Versuches in verschiedener Weise anzuordnen: nur diese Fehlerrechnung gibt den Anhalts-

punct, welche Wahl der Verhältnisse die günstigste ist d. h.
den geringsten Einfluss der Beobachtungsfehler auf das Resultat
stattfinden lässt.

Solche Betrachtungen sind es, aus denen z. B. die für die Bestimmung
der horizontalen Intensität des Erdmagnetismus gegebene Regel folgt,
dass es am günstigsten ist, die beiden Abstände des ablenkenden Magnets
etwa im Verhältnis 1,4 zu nehmen. Desgleichen gehören hierher die
Regeln, dass die Messung der Stärke eines galvanischen Stromes mit der
Tangentenbussole den relativ genauesten Wert bei einem Ablenkungswinkel der Magnetnadel von ungefähr 45° liefert; dass die beiden Stromstärken, aus denen der Widerstand oder die elektromotorische Kraft einer
galvanischen Säule bestimmt wird, am vorteilhaftesten im Verhältnis 1 : 2
gewählt werden; dass das Dämpfungsverhältnis eines Schwingungszustan-
des bei einem Verhältnis der beiden Schwingungsweiten gleich 2,8 am
genauesten beobachtet wird u. s. f.

Bezeichnen wir die zu beobachtende Grösse durch x, das
gesuchte Resultat durch X, wobei x und X die richtigen Werte
darstellen sollen, so wird X als eine Function von x, d. h.
durch irgend einen mathematischen Ausdruck gegeben sein, in
welchem x vorkommt. Nennen wir nun f den in x begangenen
Fehler, so wird der hierdurch hervorgebrachte Fehler von X,
den wir F nennen, gefunden dadurch, dass wir in den Ausdruck, aus welchem X berechnet wird, $x + f$ anstatt x einsetzen. Dabei muss selbstverständlich der Fehler f in
derselben Einheit ausgedrückt werden wie die Grösse x
selbst. Jetzt werden wir ein von dem richtigen Werte X
etwas verschiedenes Resultat finden: die Grösse dieses Unter-
schiedes ist offenbar der Fehler F.

Vorausgesetzt, dass die Beobachtungsfehler relativ kleine
Grössen sind, lassen sich diese Rechnungen sehr vereinfachen.
So beachte man zunächst folgende Regeln:

1. Es ist zur Bestimmung des Fehlers im Resultate erlaubt,
für die beobachtete Grösse, die wir oben x genannt haben,
einen genäherten Wert zu setzen. Eigentlich ist man hierzu
ja immer gezwungen, weil der genaue, fehlerfreie Wert eben
nicht bekannt ist.

2. Correctionsglieder (4), welche in der Formel für das
Resultat X vorkommen, können, insofern man nicht etwa deren

Einfluss selbst untersucht, bei der Fehlerrechnung vernachlässigt werden.

3. Wenn eine Messung aus mehreren von einander unabhängigen Beobachtungen besteht, so wird das schliessliche Resultat ein aus den einzelnen beobachteten Grössen zusammengesetzter Ausdruck sein. Von diesen können mehrere einen Fehler enthalten. Wenn man aber den Einfluss des in einer Grösse begangenen Fehlers bestimmen will, so braucht man sich um die der anderen nicht zu kümmern.

4. Der Fehler im Resultat, welcher aus einem Beobachtungsfehler entsteht, wächst im Allgemeinen der Grösse des letzteren proportional. Mit anderen Worten: der Fehler des Resultates, die oben durch F bezeichnete Differenz, lässt sich als ein Product darstellen, in welchem der Fehler f der beobachteten Grösse der eine Factor ist.

5. Hieraus folgt auch, dass die Fehler des Resultates, welche aus gleich grossen, aber im entgegengesetzten Sinne begangenen Fehlern einer Beobachtung hervorgehen würden, an Grösse gleich sind, aber entgegengesetztes Vorzeichen haben.

Zuweilen kommt es vor, dass der Resultatfehler nicht dem Beobachtungsfehler, sondern z. B. dessen Quadrate oder auch dem Producte mehrerer Fehler proportional ist. Dann werden die Sätze unter 4 und 5 bez. auch unter 3 hinfällig.

Es kann nun die Rechnung fast immer sehr gekürzt werden, indem man von Näherungsformeln für das Rechnen mit kleinen Grössen Gebrauch macht. Diese lassen sich mit Hilfe der Differentialrechnung leicht zusammenfassen. Ist f der in dem beobachteten Werte x begangene Fehler, so wird der Fehler F des Resultates X erhalten, indem man den partiellen Differentialquotienten von X nach x mit f multiplicirt. Also

$$F = f \cdot \frac{\partial X}{\partial x}.$$

Um ohne Differentialrechnung den Ausdruck für den Fehler auf eine einfache Form zu bringen, wird man wenn auch nicht immer, so doch sehr oft von den am Schlusse dieses Artikels angegebenen Näherungsformeln Gebrauch machen können.

Wenn das Resultat aus mehreren Beobachtungs-Daten

zusammengesetzt ist, so kann man nach Nr. 3 (v. S.) den Einfluss der einzelnen Fehler abgesondert untersuchen. Jeder von ihnen kann naturgemäss das Resultat entweder zu klein oder zu gross machen, und je nach dem zufälligen Zusammentreffen der Vorzeichen wird der Gesammtfehler grösser oder kleiner ausfallen. Das Fehler-Maximum wird erhalten, wenn man die Partialfehler sämmtlich mit gleichem Vorzeichen nimmt. Den durch das Zusammenwirken wahrscheinlich entstehenden Fehler findet man, indem man die zweiten Potenzen der Partialfehler addirt und aus der Summe die Wurzel zieht. Die Anwendung dieser Regeln auf einen speciellen Fall wird hinlänglich zur Erläuterung dienen.

1. Wir wählen als Beispiel die Dichtigkeitsbestimmung eines festen im Wasser untersinkenden Körpers auf dem gewöhlichen Wege, wo der Körper in der Luft und im Wasser gewogen wird. Wir wollen den Einfluss der Wägungsfehler auf die aus diesen Wägungen abgeleitete Dichtigkeit bestimmen. Nennen wir m das Gewicht des Körpers in der Luft, m' sein Gewicht im Wasser, so ist die Dichtigkeit gleich

$$s = \frac{m}{m - m'}.$$

Zu dieser Formel kommen freilich noch die von dem Gewichtsverlust in der Luft uud von der Ausdehnung des Wassers herrührenden Correctionen hinzu, aber um diese haben wir uns nach Nr. 2 S. 5 bei der blossen Fehlerrechnung nicht zu kümmern.

Nach Nr. 3 dürfen wir die Fehler in m und in m', da beide Beobachtungen von einander unabhängig sind, einzeln betrachten. Untersuchen wir also zuerst den Einfluss eines bei der Wägung in der Luft begangenen Fehlers auf das Resultat. Hätten wir bei dieser Wägung den Fehler f begangen, so würden wir $m + f$ anstatt des richtigen Gewichts m gefunden haben, würden also die Dichtigkeit erhalten $\frac{m + f}{m + f - m'}$.

Unter Anwendung der Formel 8, S. 10 schreiben wir hierfür

$$\frac{m}{m - m'} \cdot \frac{1 + \frac{f}{m}}{1 + \frac{f}{m - m'}} = \frac{m}{m - m'} \left(1 + \frac{f}{m} - \frac{f}{m - m'}\right) = s - f \frac{m'}{(m - m')^2}.$$

Das erste Glied des zuletzt geschriebenen Ausdruckes ist aber das fehlerfreie Resultat, wonach also

$$F = -f \frac{m'}{(m - m')^2}$$

den Fehler des Resultates vorstellt, welcher durch den Fehler $+ f$ bei der Wägung in der Luft bewirkt wird. Mit anderen Worten: wenn man bei der Dichtigkeitsbestimmung eines Körpers, der in der Luft m, im Wasser m' wiegt, das Gewicht in der Luft um f zu gross bestimmt, so wird das Resultat, alles Uebrige als richtig vorausgesetzt, um $f\dfrac{m'}{(m-m')^2}$ zu klein.

Die Differentialrechnung ergibt (v. S.) sofort dasselbe, indem

$$F = f\,\frac{\partial \dfrac{m}{m-m'}}{\partial m} = -f\,\frac{m'}{(m-m')^2}\,.$$

Es ist nach Nr. 5 S. 6 überflüssig, eine besondere Untersuchung über den Einfluss eines zu klein gefundenen Gewichtes anzustellen. Wenn der Fehler der Wägung in der Luft $= -f$ wäre, so würde das Resultat dadurch um $f\dfrac{m'}{(m-m')^2}$ zu gross werden.

Betrachten wir zweitens den bei der Wägung im Wasser begangenen Fehler, welchen wir durch f' bezeichnen wollen, setzen wir also $m'+f'$ anstatt m', so wird das fehlerhafte Resultat, ähnlich wie oben

$$\frac{m}{m-(m'+f')} = \frac{m}{(m-m')\left(1-\dfrac{f'}{m-m'}\right)} = \frac{m}{m-m'}\left(1+\frac{f'}{m-m'}\right) = s + f'\frac{m}{(m-m')^2}$$

Das heisst: dadurch, dass das Gewicht im Wasser um f' zu gross gefunden wird, würde das Resultat um $F' = f'\dfrac{m}{(m-m')^2}$ zu gross ausfallen.

Fragen wir endlich nach dem Gesammtfehler, welcher aus den beiden Beobachtungsfehlern f und f' zusammengesetzt ist, so hat dieser offenbar den grössten Wert $\pm\dfrac{m'f + mf'}{(m-m')^2}$, wenn entweder m zu gross und m' zu klein gefunden ist, oder beide umgekehrt. Wahrscheinlich beträgt der Gesammtfehler

$$\pm\sqrt{F'^2 + F''^2} = \pm\frac{\sqrt{(fm')^2 + (f'm)^2}}{(m-m')^2}\,.$$

Nehmen wir hierzu als Zahlenbeispiel die Dichtigkeitsbestimmung desselben Körpers, von welchem bereits auf S. 3 gesprochen wurde. Wir haben damals die Fehlergrösse aus der Abweichung der einzeln gewonnenen Resultate von ihrem Mittelwert bestimmt. Jetzt wollen wir sehen, wie grosse Fehler aus der unrichtigen Beobachtung bei dem Wägen zu erwarten sind.

Das Gewicht des Stückes war in runden Zahlen

in der Luft $m = 243600$ mg
im Wasser $m' = 218400$ mg.

Der grösste Wägungsfehler der gebrauchten Wage, bei mässiger Sorgfalt, für Belastungen wie die obige kann auf 5 mg, bei einer Wägung im Wasser, welche wegen der Reibung in dem Wasser weniger genau ist, auf 8 mg geschätzt werden, wonach

$$f = 5 \text{ mg} \qquad f' = 8 \text{ mg.}$$

Die angegebenen Grössen in die obigen Formeln eingesetzt, liefern

als den von m herrührenden Fehler $\pm \dfrac{5 \cdot 218400}{25200^2} = \pm 0{,}0017 = F'$,

„ „ „ m' „ „ $\pm \dfrac{8 \cdot 243600}{25200^2} = \pm 0{,}0031 = F'.$

Im ungünstigsten Falle beträgt der Gesammtfehler $\pm 0{,}0048$, im wahrscheinlichen Falle aber $\pm \sqrt{F'^2 + F''^2} = \pm 0{,}0035$.

Wenn also einzelne der obigen Bestimmungen (S. 3) erheblich grössere Abweichungen zeigen, so müssen andere Fehlerquellen als die Unsicherheit der Wägung vorhanden gewesen sein. (Luftbläschen, ungenaue Temperaturbestimmung, fehlerhaftes Abzählen der Gewichtstücke.)

2. Als zweites Beispiel mag die Messung einer galvanischen Stromstärke i mit der Tangentenbussole dienen. Wenn φ den Ablenkungswinkel der Nadel bezeichnet, so ist

$$i = C \cdot \operatorname{tang} \varphi,$$

wo C einen für dasselbe Instrument constanten Factor bedeutet. Wird bei der Ablesung des Winkels φ ein Fehler f begangen, so folgt der Winkel F in i aus

$$i + F = C \cdot \operatorname{tang}(\varphi + f) = C\left(\operatorname{tang}\varphi + \frac{f}{\cos^2\varphi}\right)$$

nach Formel 10 III (S. 11). Also ist

$$F = C\,\frac{f}{\cos^2\varphi} = i\,\frac{f}{\sin\varphi\,\cos\varphi} = i\,\frac{2f}{\sin 2\varphi}.$$

Es ist also $\dfrac{2f}{\sin 2\varphi}$ der in Bruchteilen von i ausgedrückte Fehler, welcher dem Ablesungsfehler f entspricht. Hieraus geht eine für den Gebrauch der Tangentenbussole wichtige Regel hervor, nämlich dass Winkel von ungefähr 45° für die Genauigkeit der Messung am günstigsten sind. Derselbe Ablesungsfehler nämlich bringt einen von dem Ausschlag abhängigen relativen Fehler im Resultat hervor, der sowohl für sehr kleine wie für nahe an 90° kommende Ausschläge sehr gross ist und für $\varphi = 45^\circ$ ein Minimum hat.

Näherungsregeln für das Rechnen mit kleinen Grössen.

Wenn in einem mathematischen Ausdrucke einzelne Grössen vorkommen, welche gegen andere darin enthaltene sehr klein sind, so kann man den Ausdruck oft durch Anwendung von Näherungsformeln in eine für die Rechnung bequemere Gestalt bringen. Sehr häufig wird es sich dabei als das einfachste empfehlen, dem Ausdruck zunächst eine Form zu geben, welche die Correctionsgrösse nur in einem zu 1 addirten oder von 1 subtrahirten und gegen 1 selbst sehr kleinen Gliede enthält; nicht selten ist diese Form auch schon von vornherein gegeben. Hierauf wird man oft zur Vereinfachung des Ausdrucks von einer der folgenden Formeln Gebrauch machen können.

In diesen Formeln sollen die mit δ, ε, ζ... bezeichneten **Grössen gegen 1 sehr klein sein, und zwar so klein, dass ihre zweiten und höheren Potenzen** δ^2, ε^2... **sowie ihre Producte** $\delta.\varepsilon$, $\delta.\zeta$..., die ja wieder gegen δ, ε... selbst sehr klein sind, **praktisch gegen 1 vollkommen vernachlässigt werden dürfen.**

Ist z. B. $\delta = 0,001$, so ist $\delta^2 = 0,000001$. Wenn etwa ferner $\varepsilon = 0,005$, so wird $\delta.\varepsilon = 0,000005$. Es kommt oft vor, dass Einflüsse von einigen Tausendteln noch wichtig sind, während einige Milliontel mehr oder einige weniger vollkommen gleichgiltig erscheinen. Eine Länge von etwa 1 m bis auf Zehntel eines Mm genau zu messen, ist meistens sehr leicht. Man wird also nicht eine Correction von ein Tausendtel der Länge, nämlich 1 mm vernachlässigen. Ein oder einige Milliontel der ganzen Länge, also Tausendtel Mm werden aber in den seltensten Fällen noch von irgend einem praktischen Einfluss sein, da die Beobachtungsfehler grösser sind.

Unter dieser Voraussetzung gelten, wie leicht zu zeigen ist, die folgenden Formeln, in denen die rechts vom Gleichheitszeichen stehenden Ausdrücke meist für die Rechnung bequemer sein werden.

Wo einer Grösse das $\pm$ oder $\mp$ Zeichen vorgesetzt ist, soll sie überall in der Formel entweder mit dem oberen oder mit dem unteren Zeichen genommen werden.

1) $\qquad (1 + \delta)^m = 1 + m\delta. \qquad (1 - \delta)^m = 1 - m\delta.$

Also in einzelnen Fällen

2) $\qquad (1 + \delta)^2 = 1 + 2\delta. \qquad (1 - \delta)^2 = 1 - 2\delta.$

3) $\qquad \sqrt{1 + \delta} = 1 + \tfrac{1}{2}\delta. \qquad \sqrt{1 - \delta} = 1 - \tfrac{1}{2}\delta.$

4) $\qquad \dfrac{1}{1 + \delta} = 1 - \delta. \qquad\quad \dfrac{1}{1 - \delta} = 1 + \delta.$

5) $\qquad \dfrac{1}{(1 + \delta)^2} = 1 - 2\delta. \qquad \dfrac{1}{(1 - \delta)^2} = 1 + 2\delta.$

6) $\qquad \dfrac{1}{\sqrt{1 + \delta}} = 1 - \tfrac{1}{2}\delta. \qquad \dfrac{1}{\sqrt{1 - \delta}} = 1 + \tfrac{1}{2}\delta.$

Ferner

7) $\qquad (1 \pm \delta)(1 \pm \varepsilon)(1 \pm \zeta)\ldots = 1 \pm \delta \pm \varepsilon \pm \zeta\ldots$

8) $\qquad \dfrac{(1 \pm \delta)(1 \pm \zeta)\ldots}{(1 \pm \varepsilon)(1 \pm \eta)\ldots} = 1 \pm \delta \pm \zeta\ldots \mp \varepsilon \mp \eta\ldots$

So kann man auch anstatt des geometrischen Mittels zweier nur wenig verschiedener Grössen p_1 und p_2 das arithmetische setzen.

9) $$\sqrt{p_1\,p_2} = \frac{p_1 + p_2}{2}.$$

Ferner die trigonometrischen Näherungsformeln

10)
$$\sin(x + \delta) = \sin x + \delta \cos x,$$
$$\cos(x + \delta) = \cos x - \delta \sin x,$$
$$\operatorname{tang}(x + \delta) = \operatorname{tang} x + \frac{\delta}{\cos^2 x},$$

in denen δ einen kleinen Winkel bedeutet, gemessen nach dem Winkel (57,3°) gleich Eins, für welchen der Bogen dem Radius gleich ist.

3. Bestimmung empirischer Constanten mit kleinsten Quadraten.

Wenn eine und dieselbe Grösse wiederholt direct gemessen worden ist, so liefert das arithmetische Mittel den wahrscheinlichsten richtigen Wert. Nun aber ist häufig die gesuchte Grösse nicht das direct gemessene Object, sondern man muss die erstere aus den Beobachtungen nach bekannten physikalischen Gesetzen durch Rechnung ableiten, und alsdann genügt das arithmetische Mittel nicht immer, um aus wiederholten Messungen das wahrscheinlichste Resultat zu finden.

Mathematisch betrachtet, kommt hier die gesuchte Grösse als eine Constante in einer Gleichung vor, welche ausserdem die beobachteten Grössen enthält. Nicht selten sind in dieser Gleichung noch andere unbekannte Constanten vertreten, die gleichzeitig bestimmt oder wenigstens eliminirt werden müssen. Zu diesem Zwecke werden also mindestens so viele Beobachtungen verlangt, als unbekannte Grössen vorkommen; und wenn gerade nur diese Anzahl vorliegt, so werden durch das Einsetzen der beobachteten Werte in den mathematischen Ausdruck so viele Gleichungen wie Unbekannte gewonnen, aus denen man die letzteren auf gewöhnlichem Wege bestimmt. Aber wenn im Interesse der Genauigkeit eine grössere Anzahl von Beobachtungen angestellt worden ist, so muss man, um alles Material auszunutzen, einen anderen Weg einschlagen, eine Arbeit, die durch allerlei Kunstgriffe erleichtert werden kann, besonders dadurch, dass man die Beobachtungen einem zum Voraus bestimmten Plane anpasst.

Jedoch verlangen diese Kunstgriffe eine sehr sorgfältige und umsichtige Ueberlegung, um Willkür auszuschliessen, und lassen nicht selten ganz im Stich. Da ist es sehr wichtig, dass die Wahrscheinlichkeitsrechnung in der Methode der kleinsten Quadrate ein systematisches Verfahren darbietet, nach welchem ohne Willkür gerechnet werden kann. Freilich mag gleich hervorgehoben werden, dass man auch hier oft auf mühsame Rechnungen geführt wird, und deswegen ist ein wiederholter Hinweis auf die grossen Vorteile am Platze, welche ein vor der Beobachtung vollständig durchdachter Plan liefert.

Als Beispiel wählen wir die einfache Aufgabe, die Länge eines Stabes für 0° Temp. und seine Verlängerung auf 1° Temperaturerhöhung aus einer Anzahl von Längenmessungen bei verschiedenen Temperaturen abzuleiten. Nennen wir a die Länge bei 0°, b die Verlängerung für 1°, so ist für die Temperatur x die Länge y

$$y = a + bx.$$

a und b sind zwei unbekannte Constanten, zu deren Bestimmung zwei Beobachtungen genügen würden. Hätten wir z. B. für die Temperaturen x_1 und x_2 die resp. Längen y_1 und y_2 beobachtet, so ist

$$y_1 = a + bx_1, \qquad y_2 = a + bx_2,$$

also

$$a = \frac{x_1 y_2 - x_2 y_1}{x_1 - x_2}, \qquad b = \frac{y_1 - y_2}{x_1 - x_2}.$$

Nun aber mögen mehr als zwei Beobachtungen vorliegen, nämlich ausser den obigen noch die Paare x_3, y_3 x_4, y_4 u. s. w. Wären die Beobachtungen fehlerfrei, so würden die gesuchten Grössen a und b aus irgend welchen zwei Paaren berechnet, stets dieselben Zahlenwerte annehmen; und umgekehrt: jeder Wert von y aus dem zugehörigen x nach der Formel mit diesen Constanten berechnet, müsste mit dem beobachteten Werte identisch sein. In Wirklichkeit aber finden wir der Fehler wegen keine Zahlen für a und b, die den sämmtlichen Beobachtungen völlig genügten.

Der Grundsatz der Methode der kleinsten Quadrate sagt: Die Constanten sollen so bestimmt werden, dass die Summe der Fehlerquadrate ein Minimum wird. Das heisst: Je nach verschiedenen Zahlenwerten der Constanten werden die mit letzteren aus dem Gesetze berechneten Werte von den beobachteten um verschiedene Grössen (die Fehler) abweichen. Die wahrscheinlichsten Werte der Constanten sind diejenigen, bei denen die Summe der zweiten Potenzen aller Abweichungen die möglichst kleine Zahl wird.

Bezeichnen wir den mathematischen Ausdruck von bekannter Form, welcher die Abhängigkeit der beobachteten Grösse y von einer anderen x (oder auch von mehreren anderen) darstellt, durch den allgemeinen Ausdruck $f(x)$ d. h. Function von x, so kommen hierin also die gesuchten Grössen als Constanten vor, die wir durch a, b ... bezeichnen. Unsere Gleichung also ist

$$y = f(x).$$

Beobachtet seien mehrere Grössen y_1, y_2 ... y_n, welche zu den bekannten Grössen x_1, x_2 ... x_n gehören. Nach obigem Satze sollen die Zahlenwerte von a, b ... so bestimmt werden, dass wenn man sie in $f(x)$ einsetzt, die Summe der Quadrate der Differenzen zwischen den berechneten und den beobachteten Grössen y den möglichst kleinen Werth erhält. Also es soll sein

$$\left[y_1 - f(x_1)\right]^2 + \left[y_2 - f(x_2)\right]^2 + \cdots + \left[y_n - f(x_n)\right]^2 = \text{Min.}$$

oder kurz durch das Summenzeichen Σ bezeichnet

$$\Sigma \left[y - f(x)\right]^2 = \text{Min.}$$

Es ist im Auge zu behalten, dass sämmtliche x und y bekannte, beobachtete Grössen sind.

Nach einem Satze der Differentialgleichung führt diese Bedingung auf ebensoviele Gleichungen, als zu bestimmende Grössen a, b ... vorhanden sind. Wir differenziren den Ausdruck $\Sigma \left[y - f(x)\right]^2$ nach a, b ..., indem wir letztere Grössen als Veränderliche behandeln, und setzen jeden partiellen Differentialquotienten gleich Null.

Die Gleichungen, aus denen a, b ... zu bestimmen sind, werden also

$$\frac{\partial \Sigma \left[y - f(x)\right]^2}{\partial a} = 0,$$

$$\frac{\partial \Sigma \left[y - f(x)\right]^2}{\partial b} = 0 \quad \text{u. s. w.}$$

So ist ein von Willkür freier Weg gefunden, auf welchem beliebig viele Beobachtungen gleichmässig benutzt werden können.

Freilich kommt es nicht selten vor, dass die durch Differentiation nach a, b ... entstehenden Gleichungen nicht direct auflösbar sind. Dann muss man durch Probiren und Annäherungsmethoden die Lösung suchen. In dem wichtigen Falle jedoch, wo $f(x)$ die Form hat $f(x) = a + bx + cx^2 \ldots$, ist die directe Lösung immer möglich.

Führen wir die Aufgabe an unserem obigen Beispiel durch. Es seien bei den Temperaturen $x_1 \, x_2 \ldots x_n$ die Stablängen $y_1 \, y_2 \ldots y_n$ beobachtet worden. Nach dem Gesetz der Wärmeausdehnung ist (für mässige Temperaturen x) $y = a + bx$; also was wir oben durch $f(x)$ bezeichnet haben, ist hier $f(x) = a + bx$. Es sollen also a und b so bestimmt werden, dass

$$(y_1 - a - bx_1)^2 + (y_2 - a - bx_2)^2 + \cdots + (y_n - a - bx_n)^2 = \text{Min.}$$

oder kurz $\qquad \Sigma(y - a - bx)^2 = \text{Min.}$

Die Differentiation ergibt

nach a $\qquad\qquad \Sigma(y - a - bx) = 0,$

nach b $\qquad\qquad \Sigma x(y - a - bx) = 0,$

oder indem man berücksichtigt, dass bei n Beobachtungen $\Sigma a = a.n$ ist,

$$\Sigma y - an - b\Sigma x = 0$$

und

$$\Sigma xy - a\Sigma x - b\Sigma x^2 = 0.$$

Durch Auflösung dieser Gleichungen auf a und b findet sich

$$a = \frac{\Sigma x \, \Sigma xy - \Sigma y \, \Sigma x^2}{(\Sigma x)^2 - n\Sigma x^2}, \quad b = \frac{\Sigma x \, \Sigma y - n\Sigma xy}{(\Sigma x)^2 - n\Sigma x^2}.$$

Zum Beispiel sei die Länge eines zu controlirenden Meterstabes durch Vergleichung mit einem Normalmassstabe (dessen Ablesungen nach der für ihn bekannten Temperaturausdehnung bereits auf seine Normaltemperatur reducirt worden seien), gefunden

bei der Temp. $x = 20^0 \qquad 40^0 \qquad 50^0 \qquad 60^0$
die Längen $\qquad 1000,22 \quad 1000,65 \quad 1000,90 \quad 1001,05$ mm.

Um die Zahlenrechnung zu verkürzen, werden wir als y nur die beobachteten Ueberschüsse der Länge über 1000 mm einführen, dann erhalten wir für a auch nur den Ueberschuss der Länge bei 0^0 über 1 m. Die Rechnung stellt sich in folgendem Schema dar:

x	y	x^2	xy
20	$+0,22$	400	4,4
40	0,65	1600	26,0
50	0,90	2500	45,0
60	1,05	3600	63,0
$\Sigma x = 170$	$\Sigma y = 2,82$	$\Sigma x^2 = 8100$	$\Sigma xy = 138,4$

also ist

$$a = \frac{170.138,4 - 2,82.8100}{170^2 - 4.8100} = -0,196 \text{ mm}$$

$$b = \frac{170 \cdot 2,82 - 4 \cdot 138,4}{170^2 - 4.8100} = +0,0212 \text{ mm}.$$

Die Länge des Stabes bei 0^0 ist also 999,804 mm und für die Temperatur t

$$999,804 + 0,0212\,t.$$

Berechnet man nun hiernach die Längen für 20, 40, 50, 60°, so wird gefunden

x	y berechn.	y beob.	Fehler $\varDelta$	$\varDelta^2$
	mm	mm	mm	
20^0	1000,228	1000,22	$+ 0,008$	0,000064
40	1000,652	1000,65	$+ 0,002$	0004
50	1000,864	1000,90	$- 0,036$	1296
60	1001,076	1001,05	$+ 0,026$	0676

$$\Sigma\varDelta^2 = 0,002040$$

Man kann sich davon überzeugen, dass jede Aenderung von a oder b die Summe der Fehlerquadrate vergrössert.

Ganz das nämliche Verfahren würde angewendet werden, um aus einer Anzahl bei verschiedener Belastung beobachteter Längen eines Stabes den Elasticitätsmodul zu finden oder um den gegenseitigen Gang zweier Uhren aus mehreren Vergleichungen ihres Standes zu bestimmen, — überhaupt da, wo Proportionalität des Zuwachses zweier Grössen statt-findet.

Die Ausdehnung der meisten Flüssigkeiten durch die Temperatur ist ungleichmässig; das Naturgesetz ist aber nicht bekannt. Hier und in vielen ähnlichen Fällen pflegt man als Annäherung eine algebraische Form höheren Grades einzuführen, z. B. $y = a + bx + cx^2$. Die Bestimmung von a, b, c aus beliebig vielen Beobachtungen ist wesentlich die nämliche wie oben.

Für die Zahlenrechnung beachte man hier, dass dieselbe meistens auf eine ziemlich grosse Stellenzahl genau ausgeführt werden muss, weil nämlich in den Differenzen, welche schliess-lich Nenner und Zähler bilden, sich oft der grösste Teil weghebt.

Den sogenannten mittleren Beobachtungsfehler erhält man bei diesen Aufgaben aus der Summe der Quadrate der Differenzen zwischen beobachteten und berechneten Grössen, wenn n die Anzahl der Beobachtungen, m diejenige der zu bestimmenden Constanten a, b ... bedeutet, als

$$\pm \sqrt{\frac{\varDelta_1^2 + \varDelta_2^2 + \cdots + \varDelta_n^2}{n - m}}.$$

Also in obigem Beispiele, wo $n = 4$, $m = 2$ ist

$$\pm \sqrt{\frac{0,00204}{4 - 2}} = \pm 0,032 \text{ mm}.$$

Rechnung bei gleich grossen Intervallen.

Liegen die beobachteten Grössen in gleichen Abständen von einander, so wird die Rechnung einfacher. Dergleichen Verhältnisse kommen nicht selten vor: ein periodisches Ereignis sei z. B. wiederholt beobachtet worden, und es werde die Zwischenzeit zwischen zwei aufeinanderfolgenden Ereignissen gesucht [Schwingungsdauer (52), Umlaufszeit]. Oder man will den Abstand zweier benachbarter Puncte bestimmen, wenn nicht· nur zwei, sondern eine grössere Anzahl solcher Puncte nebeneinander liegt, deren Oerter auf einem Maassstab beobachtet wurden. [Abstand der Knotenpuncte eines Wellenzuges (37).]

Allgemeiner gefasst, ändere sich eine Grösse proportional einer zweiten; von letzterer Grösse sei eine Anzahl gleichweit von einander abstehender bekannter Puncte genommen, zu denen man die zugehörigen Werte der anderen Grösse beobachtet hat.

So könnten in der vorhin durchgeführten Aufgabe die Stablängen in gleichen Temperaturabständen gemessen sein. Die Verlängerungen (33) oder Durchbiegungen (35) eines Körpers bei mehreren gleichen Belastungszunahmen bieten ein ferneres Beispiel. Auch die gleichförmige Abnahme des Logarithmus eines Schwingungsbogens (51) gehört hierher.

Die beobachtete Grösse y möge nun der Reihe nach mit den Werten $y_1, y_2 \ldots y_{n-1}, y_n$ gefunden sein. Wären die Werte richtig beobachtet, so sollten die Intervalle $y_2 - y_1$, $y_3 - y_2 \ldots$ $y_n - y_{n-1}$ alle gleich gross sein. In Wirklichkeit sind dieselben ungleich gross und man sucht den wahrscheinlichsten Wert. Das arithmetische Mittel aus allen Intervallen würde offenbar auf dasselbe hinauslaufen, als wenn man nur den ersten und den letzten Wert berücksichtigte. Die gleichförmige Benutzung aller Beobachtungen verlangt, dass man das Intervall berechnet als

$$6 \frac{(n-1)(y_n - y_1) + (n-3)(y_{n-1} - y_2) + \cdots}{n(n^2 - 1)}.$$

Denn halten wir uns an unsere obige Formel $y = a + bx$, so ist b das gesuchte Intervall, wenn x die Nummer der Beobachtung bedeutet

$$x_1 = 1, \quad x_2 = 2\ldots, \quad x_{n-1} = n-1, \quad x_n = n.$$

Da nun

$$\Sigma x = 1 + 2 + \cdots + (n-1) + n = \tfrac{1}{2}n(n+1),$$

und

$$\Sigma x^2 = 1^2 + 2^2 + \cdots + (n-1)^2 + n^2 = \tfrac{1}{6}n(n+1)(2n+1),$$

so wird (S. 14)

$$b = \frac{\Sigma x \, \Sigma y - n \, \Sigma xy}{(\Sigma x)^2 - n \, \Sigma x^2}$$

$$= \frac{\frac{1}{2} n (n+1)(y_1 + y_2 + \cdots + y_{n-1} + y_n) - n (y_1 + 2 y_2 + \cdots + (n-1) y_{n-1} + n y_n)}{\frac{1}{4} n^2 (n+1)^2 - \frac{1}{6} n^2 (n+1)(2n+1)}$$

$$= \frac{y_1 (n-1) + y_2 (n-3) + \cdots + y_{n-1}(3-n) + y_n(1-n)}{n(n+1)[\frac{1}{4}(n+1) - \frac{1}{6}(2n+1)]},$$

woraus sofort der obige Ausdruck folgt.

4. Correctionen und Correctionsrechnungen.

Durch beinahe die ganze praktische Physik ziehen sich als ein gemeinsamer, unbequemer Bestandteil die Correctionen, welche dieses häufigen Vorkommens wegen eine besondere Erwähnung verdienen. Die gesuchten Resultate gehen nämlich fast niemals aus den Beobachtungen ohne Weiteres rein hervor, vielmehr pflegen die letzteren von Nebenumständen beeinflusst zu werden, welche bei genauen Bestimmungen nicht vernachlässigt werden dürfen. Mit dem erhöhten Anspruch auf Genauigkeit wächst sowohl die Anzahl der zu berücksichtigenden Nebeneinflüsse als die Schwierigkeit sie zu eliminiren, so dass oft der wesentlichste Teil der Arbeit durch diese Correctionen hervorgebracht wird. Hier entsteht demnach das Bedürfnis, sich über den Betrag solcher Correctionen leicht orientiren zu können, woran sich die zweite Aufgabe anschliesst, sie auf möglichst einfache Weise, soweit es nötig ist, in die Rechnung aufzunehmen. Wie weit man in der Berücksichtigung der Correctionen gehen kann, das hängt natürlich von der Grenze ab, welche auch hier durch die mangelhafte Beobachtung sowie durch die unvollkommene Kenntnis der Naturgesetze und der in diesen vorkommenden Zahlenwerte gesteckt ist. Andrerseits aber ist es oft selbst überflüssig, die Genauigkeit der Correction bis zu dieser Grenze zu führen; es genügt vielmehr offenbar immer, die Genauigkeit so weit zu treiben, dass der vernachlässigte Teil der Correctionen erheblich kleiner wird als der mögliche Einfluss der Beobachtungsfehler auf das Resultat. Hieraus ergeben sich für die Correctionen in Anbetracht ihrer Kleinheit ähnliche abgekürzte Regeln, wie wir sie für die Fehlerrechnung entwickelt haben. Die Uebung in

diesen oft vorkommenden Rechnungen ist eine wesentliche Vor-
bedingung des genauen und doch bequemen physikalischen
Arbeitens.

Eine der einfachsten physikalischen Messungen ist z. B.
die Wägung oder Massenbestimmung. Wenn wir diese von den
angeführten Gesichtspuncten aus betrachten, so haben wir zunächst die eigentlichen Beobachtungsfehler, welche aus der
Unvollkommenheit unserer Gesichtswahrnehmung und des Ur-
teils über dieselbe, sowie aus einigen nicht zu berechnenden
Mängeln der Wage, wie Reibung, Veränderlichkeit der Hebel-
arme u. s. w. zusammengesetzt sind. Auch die fehlerfreie Herstellung oder Prüfung eines Gewichtsatzes ist unmöglich. Indessen werden keineswegs besonders ausgezeichnete Instrumente oder feine Beobachtungen vorausgesetzt, damit andere
ebenfalls unvermeidliche aber ihrer Grösse nach bestimmbare
und daher aus dem Resultat zu eliminirende Fehler in der
directen Angabe der Wage merklich werden. Sie zu berücksichtigen ist daher, wo Genauigkeit beansprucht wird, durchaus geboten. Hierher gehört zunächst die Ungleicharmigkeit
der Wage, welche wenigstens bei grösseren Gewichten in der
Regel einen merklichen Einfluss hat. Sie wird nach den in
8 und 10 gegebenen schon für den Gebrauch abgekürzten Vorschriften eliminirt.

Zweitens aber erleiden die Gewichtstücke und der zu
wägende Körper einen Gewichtsverlust durch die verdrängte
Luft, welcher unter Umständen schon bei einer Krämerwage,
die bei 1 kg Belastung noch 1 g anzeigt, grösser werden kann
als der Wägungsfehler. Um nun diese Correction anzubringen
(die Wägung auf den leeren Raum zu reduciren) muss man
die Dichtigkeit der Luft kennen, eine innerhalb gewisser
Grenzen veränderliche Grösse. Aber obwohl die vollständige
Vernachlässigung der Correction nur bei einer sehr rohen Wägung gestattet ist, so lässt sich andrerseits leicht überschlagen,
dass für gewöhnliche Ansprüche auch bei wissenschaftlichen
Untersuchungen die Veränderungen der Dichtigkeit der Luft
nicht berücksichtigt zu werden brauchen; man darf der Correction einen mittlern Wert zu Grunde legen. Indem man
sich dem entsprechend auch auf eine genäherte Ausrechnung

der Correction beschränkt, reducirt sich die erhebliche Ver-
besserung des Resultates auf eine Ueberlegung von etwa einer
Minute.

Etwas mühsamer wird die Arbeit, wenn die mittlere Luftdichtigkeit nicht genügt. Dann muss zum Mindesten die Temperatur und der Druck der Luft beobachtet werden, worauf die
Dichtigkeit aus Tab. 6 entnommen werden kann. Bei weiter
gesteigertem Anspruch an die Genauigkeit darf aber die am
Barometer abgelesene Höhe der Quecksilbersäule nicht als der
genaue Barometerstand betrachtet werden, sondern, da das Quecksilber sich mit steigender Temperatur ausdehnt, so ist auch die
letztere zu berücksichtigen [der Barometerstand auf 0^0 zu reduciren; (20)]. Dasselbe gilt von dem Maafsstabe, mit welchem im Barometer gemessen wird. Auch die Veränderlichkeit
der Schwere an der Erdoberfläche wäre in Rechnung zu ziehen.
Endlich hängt die Dichtigkeit der Luft von dem immer vorhandenen aber veränderlichen Wassergehalt ab, weswegen bei
sehr feinen Wägungen auch dieser bestimmt und in Rechnung
gesetzt werden muss.

Wollte man nun alle diese Beobachtungen und Rechnungen
mit vollkommener Schärfe durchführen, so würden sie eine grosse
Mühe verursachen. Allein hier tritt das oben Gesagte in Gel-
tung. Nachdem man sich über das verlangte oder erreichbare
Maass der Genauigkeit des Resultates und über den Einfluss
der Correctionen orientirt hat, findet man, dass und in wie
weit eine Annäherung bei letzteren immer erlaubt ist und ge-
langt auch hier bei einiger Uebung mit geringer Mühe zum Ziele.

In ähnlicher Weise treten Correctionen in die meisten
praktischen Aufgaben ein. Insbesondere ist es die wechselnde
Temperatur, welche in mannigfaltiger Weise die Messungen
beeinflusst und deswegen häufig zu Correctionen Veranlassung
gibt.

Zu der abgekürzten Correctionsrechnung wird meistens von
dem S. 9 beschriebenen Verfahren und den Näherungsformeln
S. 10 Gebrauch gemacht werden können. Gelegenheit zur Anwendung liefert fast jede physikalische Aufgabe.

Beispiele.

1. **Bekanntlich nennt man** 3α **den cubischen Ausdehnungscoefficienten einer Substanz,** wenn α den linearen bedeutet. Streng
genommen ist, sobald die Längen-Dimensionen im Verhältnis $1 + \alpha t$ ge-
ändert werden, das Volumenverhältnis $(1 + \alpha t)^3 = 1 + 3\alpha t + 3\alpha^2 t^2 + \alpha^3 t^3$.
Aber für fast alle festen Körper ist $\alpha < 0{,}00003$, so dass selbst für Temperaturänderungen von 100^0 der vernachlässigte Teil $3\alpha^2 t^2 < 0{,}000027$
oder $\dfrac{1}{37000}$ des Ganzen ist. Also nur wenn so kleine Grössen in Betracht
kommen, dürfte man die abgekürzte Rechnung nicht anwenden. Dann
müsste aber auch in Betracht gezogen werden, dass der Ausdehnungscoefficient selbst sich mit der Temperatur ein wenig ändert. Ganz ohne
merklichen Einfluss wird $\alpha^3 t^3$.

2. **In 20 behandeln wir die Ausdehnung des Quecksilbers als**
Correctionsgrösse, indem wir bei der Reduction eines Barometerstandes
auf Null $\dfrac{l}{1 + 0{,}00018\,t} = l - 0{,}00018\,l\,t$ (Formel 4, S. 10) setzen. Dabei
vernachlässigen wir höhere Potenzen von $0{,}00018\,t$. Man sieht aber, dass
schon die nächste für $t = 30^0$ nur $0{,}00003$, also mit $l = 760$ mm multiplicirt nur etwa $^1/_{45}$ mm, eine hier fast immer zu vernachlässigende
Grösse beträgt.

Unerlaubt dagegen würde es meistens sein, die Ausdehnung der
Gase, welche etwa 20 mal grösser ist, als Correction zu behandeln.

3. **Wird das Gewicht eines Körpers,** um die Ungleicharmigkeit der
Wage zu eliminiren, **durch Doppelwägung (10)** bestimmt, und hat
man auf der einen Seite das Gewicht p_1, auf der anderen p_2 gefunden,
so ist streng genommen $\sqrt{p_1 p_2}$ das wirkliche Gewicht. Anstatt dieses
geometrischen Mittels kann aber ohne Bedenken immer das arithmetische
$\frac{1}{2}(p_1 + p_2)$ gesetzt werden (Formel 9, S. 11). Denn setzen wir $p_1 = p + \delta$,
$p_2 = p - \delta$, wo eben $p = \frac{1}{2}(p_1 + p_2)$ ist, so wird

$$\sqrt{p_1 p_2} = \sqrt{p^2 - \delta^2} = p\sqrt{1 - \frac{\delta^2}{p^2}} = p\left(1 - \frac{1}{2}\frac{\delta^2}{p^2}\right) \quad \text{(Formel 3)}.$$

Nun müsste eine Wage sehr schlecht justirt sein, wenn δ den Wert
$\dfrac{1}{1000} p$ erreichte. In diesem Falle wäre $\frac{1}{2}\dfrac{\delta^2}{p^2} = \frac{1}{2}$ Milliontel, eine Grösse,
welche im Verhältnis zu 1 jedenfalls nicht in Betracht kommt, wenn
man mit einer solchen Wage wägt.

Andere Beispiele finden sich später unter den einzelnen Aufgaben.

4a. Interpolation bei einer Beobachtung.

Häufig besteht die nächste Aufgabe einer Beobachtung darin, dass man zu ermitteln hat, durch welche Verhältnisse eine ganz bestimmte Einstellung des Beobachtungsobjectes bedingt wird. Es ist jedoch oft mühsam, teilweise sogar unmöglich, die Verhältnisse ganz genau bis zur Erfüllung dieser Bedingung einzurichten. So ist es meistens mit Schwierigkeiten verknüpft, die Temperatur eines Körpers auf einem vorbestimmten Grade, bei welchem etwa sein Volumen, seine Elasticität, sein elektrisches Leitungsvermögen bekannt sein sollen, genau zu erhalten; bei einer Wägung die Gewichtstücke gerade so abzupassen, dass der Zeiger genau auf Null steht, erfordert Zeit und ist unter Umständen sogar unmöglich. Aehnliches gilt, wenn galvanische Leitungen so abgeglichen werden sollen, dass eine Galvanometernadel einen bestimmten Teilstrich anzeigt, zum Beispiel die Nulllage.

In solchen sehr häufigen Fällen kann man oft aus Beobachtungen in der Nachbarschaft die genauen gesuchten Verhältnisse interpoliren und dadurch wesentliche Vorteile in der Einfachheit der geforderten Hilfsmittel, in dem Zeitaufwand und bei allem dem noch in der Genauigkeit erzielen.

Es sei e der Punct, auf welchen das Instrument einstehen soll, und x die gesuchte Grösse, welche diese Einstellung erzielt. Anstatt x habe man angewendet

$$x_1 \text{ und als Einstellung erhalten } e_1,$$
$$x_2 \text{ } n \text{ } n \text{ } n \text{ } n \text{ } e_2.$$

Liegen die Einstellungen so nahe bei einander und bei e, dass innerhalb dieser Grenzen die Aenderung von e derjenigen von x proportional ist, so hat man offenbar

$$(x - x_1) : (e - e_1) = (x_2 - x_1) : (e_2 - e_1),$$

woraus

$$x = x_1 + (e - e_1)\frac{x_2 - x_1}{e_2 - e_1}.$$

Am vorteilhaftesten ist, e_1 und e_2 auf **verschiedenen** Seiten von e zu nehmen.

Beispiele siehe unter Anderem in **7** und **70**.

5. Regeln für das Zahlenrechnen.

Die numerische Berechnung der Resultate kann immer nur mit einer beschränkten Anzahl von Ziffern ausgeführt werden, was bei den meisten Rechnungsoperationen die vollständige Genauigkeit unmöglich macht. Auch hier ist es wichtig, die verlangte Genauigkeit ohne überflüssige Mühe und Zeit zu erreichen.

Im Allgemeinen halte man die Regel fest, das Resultat in so vielen Ziffern mitzuteilen, dass die letzte von ihnen wegen der Beobachtungsfehler keinen Anspruch auf Genauigkeit machen, dass die vorletzte aber noch für ziemlich richtig gelten kann. Im zweifelhaften Falle soll eher eine Stelle zu viel als eine zu wenig genommen werden.

Der Rechnung nach aber sollen alle mitgeteilten Ziffern richtig sein. Hieraus folgt, dass wenigstens eine längere, beispielsweise logarithmische Rechnung mit einer Stelle mehr geführt werden muss, als man im Resultat mitteilen will; denn durch das Vernachlässigen der späteren Ziffern kann die letzte Stelle nach und nach um einige Einheiten falsch werden. Daher wirft man die letzte Ziffer der Rechnung schliesslich im Resultat fort, wobei man die vorletzte Ziffer, wenn das Weggeworfene mehr als 5 beträgt, um Eins erhöht.

Bei der Ziffernzahl werden natürlich die angehängten oder die einen Decimalbruch beginnenden Nullen nicht mitgezählt.

Beispiel. Die Bestimmung der Dichtigkeit des schon mehrfach erwähnten Körpers (S. 3 u. 8) lieferte im Allgemeinen die zweite Decimale noch ziemlich richtig, die dritte dagegen nicht mehr. Letztere bildet demnach den Schluss. In dem Mittelwerte aus 10 Beobachtungen dagegen wird eine Decimale mehr anzugeben sein. Zur Berechnung des Resultates einer Bestimmung wird man hier fünfstellige Logarithmen wählen, insofern 4 Ziffern genau sein sollen.

II. Wägung und Dichtigkeitsbestimmung.

6. Aufstellung und Prüfung einer Wage.

Die hier folgenden Vorschriften beziehen sich, soweit eine besondere Construction ins Auge zu fassen ist, auf die zu chemischen Analysen gebräuchliche Form der Wage.

Einstellung der Wage. In der Regel ist vom Mechaniker eine Wasserwage oder ein Senkel an dem Wagestativ angebracht, welches man zuerst mit den Fussschrauben einstellt. Wo diese Einrichtung fehlt, setzt man eine Dosenlibelle in den Wagekasten und stellt sie ein.

Nun löst man die Arretirung aus, corrigirt ein etwaiges gröberes einseitiges Uebergewicht durch Verstellen der zu dieser Correction bestimmten Vorrichtung oder durch Auflegen kleiner Gewichtstücke und überzeugt sich, dass alsdann die Wage eine stabile Gleichgewichtslage hat. Sollte das Gleichgewicht labil sein (die Wage „umschlagen"), so wird zunächst das in der Mitte befindliche Laufgewicht so weit herabgeschraubt, bis diesem Umstande abgeholfen ist.

Die Empfindlichkeit der Wage kann durch das Hinaufschrauben des genannten Laufgewichtes beliebig regulirt werden. Mit der Empfindlichkeit wächst die Schwingungsdauer, welche bei der gewöhnlichen Form der Wage etwa zwischen 10 und 15 sec (bei den kurzarmigen von Bunge eingeführten Wagen zwischen 6 und 10 sec) zu wählen ist. Eine grössere Schwingungsdauer verursacht Zeitverlust beim Wägen und bedingt meistens Unregelmässigkeiten der Einstellung, welche den grösseren Ausschlag nutzlos machen.

Nachdem die passende Schwingungsdauer hergestellt worden, bewirkt man mittels der für diesen Zweck vorhandenen Einrichtung (Laufgewicht am Ende des Balkens; Durchbohrung des verticalen Laufgewichtes; drehbarer Arm u. s. w.), dass der

Zeiger der unbelasteten Wage auf den mittelsten Teilstrich einsteht, bez. nach beiden Seiten gleich weit schwingt. Man braucht übrigens nicht zu scheuen, nachdem mittels des Laufgewichtes die verlangte Einstellung bis auf den kleinen Bruchteil eines Teilstriches erreicht worden ist, die letzte feine Regulirung auf den Nullpunct dadurch zu erleichtern, dass man sie mit den Fussschrauben der Wage ausführt, wobei man die eine um gleich viel verkürzt wie man die andere verlängert.

Prüfung der Wage. Für die Erfüllung folgender Bedingungen muss der Mechaniker sorgen.

1. Wiederholt arretirt und ausgelöst muss die Wage eine unveränderte Einstellung annehmen (vorausgesetzt, dass die drei Schneiden sorgfältig gereinigt sind). 2. Wenn die Wage frei schwingt, darf die Schwingungsweite nur langsam abnehmen. 3. Bei gehobener Arretirung soll der Zeiger gerade über dem mittelsten Teilstrich stehen, und bei dem Senken sollen die beiden Zapfen, auf denen der arretirte Balken ruht, diesen gleichzeitig loslassen.

Die obigen Eigenschaften müssen auch dann noch vorhanden sein, wenn die Wage mit dem grössten Gewicht belastet wird, welches bei ihrem Gebrauch vorkommen soll; insbesondere muss auch für diesen Fall die Stabilität der Gleichgewichtslage, die unveränderte Einstellung und die langsame Abnahme der Schwingungen geprüft werden.

Hierzu kommt noch 4. die Gleicharmigkeit, welche daran erkannt wird, dass (nicht zu kleine) Gewichte, die sich im Gleichgewicht halten, dieselbe Einstellung der Wage geben, nachdem sie mit einander vertauscht worden sind; und 5. die Bedingung, dass die Wirksamkeit eines aufgesetzten Gewichtes auf jeder Stelle der Wagschale dieselbe ist. Ueber die genaue Bestimmung der Gleicharmigkeit und der Empfindlichkeit siehe 8 und 9.

Folgende Nebenpuncte sind bei der Anschaffung einer Wage zu beachten. Die Reiterverschiebung soll mit Anschlägen versehen sein, welche das Anstossen an den Balken verhindern. Die Verschiebung sowie die Arretirung, auch die Thüren des Kastens sollen einen sanften Gang haben. Zur Vermeidung der Parallaxe beim Ablesen spiele die Zeigerspitze sehr nahe vor oder noch besser über der Teilung. Als Grösse des Scalenteils empfiehlt sich etwa das Millimeter. Dass die beiden Wagschalen genau gleiches Gewicht haben ist weniger wichtig, als dass die zu specifischen Wägungen bestimmte kürzere Schale einer der längeren an Gewicht genau gleich sei.

Gebrauch der Wage. Dieselbe soll auf einem vor den Erschütterungen des Fussbodens geschützten Tische stehen. Kann man nicht umhin, im geheizten oder von der Sonne bestrahlten Zimmer zu wägen, so ist die Wage wenigstens vor Ungleichheiten der Erwärmung zu bewahren. Zum Schutz gegen Rost und um hygroskopische Einflüsse während der Wägung möglichst auszuschliessen, dient ein in den Wagekasten gestelltes Gefäss mit Aetzkalk oder Chlorcalciumstücken.

Das Auflegen von Gewichten geschieht nur bei arretirter Wage; bei dem Aufsetzen grösserer Gewichte oder bei dem Entlasten der Wage wird auch die Schalenarretirung, wo eine solche vorhanden ist, angewandt. Pendelschwingungen der Schalen während der Wägung können zu Fehlern Veranlassung geben. Nach jeder Wägung mit grösserer Belastung überzeuge man sich von der Unveränderlichkeit des Nullpunctes oder nehme eine neue Bestimmung desselben vor. Etwa notwendig werdende kleinere Correctionen können mit den Fussschrauben der Wage ausgeführt werden (vgl. oben).

Selbstverständlich wird die definitive Wägung bei geschlossenem Wagekasten ausgeführt.

7. Wägung durch Beobachtung der Schwingungen einer Wage.

Das gewöhnliche Wägungsverfahren, wobei man Gewichte auflegt, bez. schliesslich den Reiter verschiebt, bis der Zeiger der Wage gleich weite Schwingungen nach beiden Seiten vom mittelsten Teilstrich macht, leidet an mehreren Mängeln. Erstens setzt es voraus, dass bei unbelasteter Wage der Zeiger genau auf den mittelsten Teilstrich einsteht, verlangt also wegen der unvermeidlichen Wandelbarkeit des Nullpunctes ein oft wiederholtes zeitraubendes Einstellen der Wage. Sodann ist dieses Verfahren, falls man nicht über beliebig kleine Gewichtstücke verfügt, nur bei einer mit Reiterverschiebung versehenen Wage anwendbar. Drittens ist das Probiren zeitraubend und erfordert mehrere sorgfältige Beobachtungen, welche doch nicht zur Ermittelung des Resultates benutzt werden. Endlich soll, wo es möglich ist, eine feine Messung überhaupt nicht auf das Probiren, ob zwei Grössen gleich sind, gestützt werden, da die Gleichheit nur näherungsweise erreichbar ist; vielmehr soll man immer die Frage stellen, um wieviel sie verschieden sind.

Allen diesen Einwänden entgeht das nachfolgende Verfahren der Wägung durch Schwingungsbeobachtung und Interpolation (vgl. 4a).

Erste Aufgabe ist die Bestimmung des Nullpunctes, worunter wir den Punct der Scala verstehen, auf welchen der Zeiger bei unbelasteter Wage einsteht. Da man um die Einstellung zu bestimmen nicht warten kann und darf, bis Ruhe eingetreten ist, so muss man den Nullpunct aus einigen Umkehrpuncten des schwingenden Zeigers ableiten.

Für mässige Genauigkeit genügt es hierbei, zwei auf einander folgende Umkehrpuncte zu beobachten und aus ihnen das arithmetische Mittel zu nehmen. Verlangt man grössere Genauigkeit und will man Rücksicht darauf nehmen, dass die Schwingungen allmählich kleiner werden, so beobachte man mehrere Umkehrpuncte auf beiden Seiten, wobei zur Vereinfachung der Reductionen die Schwingung nach derselben Seite den Anfang und den Schluss bilde, d. h. man mache eine ungerade Zahl Beobachtungen. Fünf oder sieben sind immer genügend. Alsdann wird das arithmetische Mittel aus den Beobachtungen auf der einen Seite d. h. aus Nr. 1, 3, 5, und aus denen auf der anderen Seite d. h. aus Nr. 2, 4, genommen und aus diesen beiden Zahlen wiederum das Mittel. Dieses ist der gesuchte Nullpunct. Damit man nicht nötig habe, die Ausschläge nach rechts und links durch das Vorzeichen zu unterscheiden, bezeichnen wir den mittelsten Teilstrich der Wage nicht mit Null, sondern mit 10.

Beispiel.

Umkehrpuncte:					Mittel:	Nullpunct:
Nr. 1.	2.	3.	4.	5.		
10, 4		10, 3		10,3	10,33	
	9,1		9,2		9,15	9,74

Nachdem nun einerseits der Körper und andrerseits, durch fortgesetztes Einschliessen in immer engere Grenzen (möglichst durch Halbiren) eine solche Zahl von Gewichtstücken aufgelegt, resp. schliesslich der Reiter auf einen vollen Teilstrich aufgesetzt ist, dass die Einstellung nur um ein Weniges (bis zu 1 oder 2 Scalenteilen) vom Nullpunct verschieden ist, macht man wieder nach obigem Schema einen Satz von Schwingungsbeobachtungen. Darauf nimmt man ein oder einige Mg fort oder legt zu, je nachdem die Gewichte zu schwer oder zu leicht waren, so dass die Einstellung auf die andere Seite vom Nullpunct fällt und bestimmt dieselbe wieder durch die Beobachtung einiger Umkehrpuncte.

Das gesuchte Gewicht p_0, d. h. die Anzahl Gewichtstücke, welche man auflegen müsste, damit die belastete Wage auf den Nullpunct zeigt, wird aus diesen Beobachtungen folgenderweise erhalten.

Es sei gefunden worden   der Nullpunct e_0,
bei der Belastung P die Einstellung E,
„ „ „ p „ „ e,

so hat man, weil für kleine Ausschläge die Differenz der Einstellungen der Differenz der Gewichte proportional ist,

$$\frac{e_0 - e}{E - e} = \frac{p_0 - p}{P - p},$$

also

$$p_0 = p + (P - p)\frac{e_0 - e}{E - e}.$$

Selbstverständlich sind die obigen Differenzen sämmtlich mit Rücksicht auf das Vorzeichen zu nehmen, wobei eine Erleichterung darin besteht, die Scalenteile nach derjenigen Richtung wachsend zu zählen, welcher eine Zunahme der Belastung entspricht.

Etwas übersichtlicher lässt das Verfahren sich auch so aussprechen. Die beiden Beobachtungen mit den verschiedenen Belastungen liefern den Unterschied $a = (E - e)/(P - p)$ der Einstellung (den Ausschlag), welcher 1 mg Zunahme der Belastung entspricht. Indem man ferner durch Subtraction die Scalenteile $A = e_0 - e$ bestimmt, um welche eine der Einstellungen mit Belastung (gleichgiltig welche, nur wird man zur Vereinfachung

der Rechnung die dem Nullpuncte nächste wählen) vom Nullpunct unterschieden ist, findet man die Anzahl Mg, welche
man hätte zulegen oder wegnehmen müssen, damit die Wage auf
den Nullpunct einsteht, durch Division $= \dfrac{A}{a}$ oder $(e_0 - e)\,\dfrac{P-p}{E-e}$,
wie oben. (Vgl. auch den Anfang des nächsten Artikels.)

Beispiel. Als Nullpunct sei der obige Werth 9,74 gefunden. Nach
Auflegung des Körpers wurde beobachtet

Belastung:	Umkehrpuncte:			Mittel:	Einstellung:
3036 mg	7,8	7,8	7,9	7,83	9,04
	10,3	10,2		10,25	
3037 mg	9,5	9,4	9,3	9,40	9,95
	10,5	10,5		10,50	

Ausschlag auf 1 mg $=$ 0,91 Sc. T.

3037 mg waren folglich zu schwer um $\dfrac{9,95 - 9,74}{0,91} = \dfrac{0,21}{0,91} = 0,23$ mg.

Also ist

$$p_0 = 3036,77 \text{ mg},$$

oder nach obiger Formel berechnet

$$p_0 = 3036 + \frac{1 \cdot 0,70}{0,91} = 3036,77 \text{ mg}.$$

Bei einiger Uebung spart man durch diese Beobachtungsweise gegenüber der gewöhnlichen an Zeit, da die Ausführung der Reductionen bald
ganz mechanisch geschieht, während die Genauigkeit eine grössere ist.
Der Schwingungsbogen betrage etwa zwischen 1 und 4 Scalentheilen. —
Ob man die Gewichte nach Gr oder nach Mg zählen will, ist gleichgiltig,
nur gewöhne man sich an eine bestimmte Zählung. — Auch das Protokoll
der Beobachtungen soll nach einem bestimmten Schema, z. B. dem obigen
geführt werden.

8. Bestimmung der Empfindlichkeit einer Wage.

Empfindlichkeit der Wage nennen wir die Aenderung der
Zeiger - Einstellung für 1 Milligramm Mehr - Belastung einer
Schale. Die Bestimmung dieser Grösse für verschiedene Belastungen ist als Kennzeichen für die Güte der Wage und ferner
zur Vereinfachung der Wägungsmethode von Wichtigkeit. Besitzt man nämlich eine Tabelle, in welcher der Ausschlag auf
1 mg für die verschiedenen Belastungen angegeben ist, so
genügt für jede Wägung, ausser der Bestimmung des Null-

punctes, eine einzige Beobachtung der Einstellung mit nahe richtigem Gewicht.

Das Verfahren ergibt sich von selbst. Man setzt auf beide Schalen die Belastung, für welche man die Empfindlichkeit bestimmen will, und auf eine der Schalen ein kleines Uebergewicht, so dass die Einstellung um einige (etwa 2) Scalenteile vom mittelsten Teilstrich abweicht. Diese Einstellung e wird nach dem vorigen Artikel genau beobachtet. Nun bringt man durch Mehrbelastung der anderen Schale um a mg eine Einstellung, um ungefähr ebensoviele Teilstriche nach der anderen Seite entfernt, hervor und beobachtet dieselbe. Sie sei e'; dann ist die gesuchte Empfindlichkeit $= \dfrac{e - e'}{a}$.

Hat man diese Grösse für verschiedene Belastungen (bei der gewöhnlichen Analysenwage etwa von 10 zu 10 g auf jeder Schale fortschreitend) bestimmt, so stellt man die Resultate durch Eintragen in Coordinatenpapier graphisch dar, als Abscisse die Belastung, als Ordinate die Empfindlichkeit, verbindet die entstehenden Puncte durch eine Curve und kann nun entweder diese direct benutzen, oder aus ihr eine Tabelle für passende Intervalle der Belastung entnehmen.

Ueber die Regulirung der Empfindlichkeit siehe 6. — Wie die letztere von der Belastung abhängt, das richtet sich nach der gegenseitigen Stellung der mittleren und der beiden Endschneiden. Aus Zweckmässigkeitsgründen wird in der Regel für feinere Wagen eine von der Belastung unabhängige Empfindlichkeit gewünscht, welche Eigenschaft voraussetzt, dass die drei Schneiden in einer Ebene liegen. Da nun diese Bedingung wegen der Durchbiegung des Balkens streng genommen nur für eine bestimmte Belastung erfüllt sein kann, so pflegen sorgfältige Mechaniker sie für eine mittlere Belastung herzustellen. Dann findet man anfangs eine kleine Steigerung der Empfindlichkeit mit der Belastung, für grössere Gewichte dann eine Abnahme. — Unter Belastung kurzweg pflegt man diejenige der einzelnen Schale zu verstehen.

9. Verhältnis der Wagebalken.

Die beiden Wagearme verhalten sich umgekehrt wie die Gewichte, welche als gleichzeitige Belastung der resp. Schalen die Wage auf den Nullpunct (7) einstellen. Da im Allgemeinen die vollkommene Richtigkeit des Gewichtsatzes nicht vorausgesetzt werden darf, so schlägt man folgenden Weg ein.

Man beobachte den Nullpunct bei unbelasteter Wage. Man setze auf beide Schalen Gewichtstücke von gleichem Nennwert, etwa gleich der Hälfte der grössten für die Wage zulässigen Belastung, und bestimme die Zulage, welche links oder rechts notwendig ist, um die Wage wieder zum Einstehen auf den Nullpunct zu bringen. Dabei werde im Interesse der Genauigkeit das Interpolationsverfahren (7) angewandt. Alsdann vertauscht man die Gewichte und verfährt gerade so. Bezeichnen wir die beiden nominell gleichen Gewichte mit p und P, und haben wir gefunden, dass die Wage einsteht, wenn

	links	rechts
bei der einen Wägung	$p + l$	P
„ „ anderen „	P	$p + r$

so ist, die Länge des linken Wagebalkens mit L, die des rechten mit R bezeichnet,

$$\frac{R}{L} = 1 + \frac{l - r}{2p}.$$

Ein kleines Uebergewicht auf der einen Schale kann dabei als negatives Uebergewicht auf der anderen behandelt werden; siehe Beispiel 1.

Auch bei der Doppelwägung eines Körpers wird das Verhältnis der Wagebalken gefunden; siehe **10, 1**.

Beweis. Nach dem Hebelgesetze ist $L\,(p + l) = R\,P$ und $L\,P = R\,(p + r)$, woraus nach S. 10, Formel 8 und 3

$$\frac{R}{L} = \sqrt{\frac{p + l}{p + r}} = \sqrt{\frac{1 + \frac{l}{p}}{1 + \frac{r}{p}}} = 1 + \frac{l - r}{2p}.$$

1. Beispiel. Wage von 100 g Tragfähigkeit.

<table>
<tr><td>Links</td><td>Rechts</td></tr>
<tr><td>(50 g)</td><td>(20 + 10 +...) + 0,83 mg</td></tr>
<tr><td>(20 + 10...)</td><td>(50)   + 2,56 „</td></tr>
</table>

$$l = -\,0{,}83 \qquad r = +\,2{,}56$$

$$\frac{R}{L} = 1 + \frac{-\,0{,}83 - 2{,}56}{100000} = 1 - 0{,}0000339$$

oder

$$\frac{L}{R} = 1{,}0000339 .$$

2. Beispiel. Wage von 500 g Tragfähigkeit.

<table>
<tr><td>Links</td><td>Rechts</td></tr>
<tr><td>(100 + 100 g) + 3,3 mg</td><td>(200)</td></tr>
<tr><td>(200)</td><td>(100 + 100) + 0,7 mg</td></tr>
</table>

$$l = +\,3{,}3 \qquad r = +\,0{,}7$$

$$\frac{R}{L} = 1 + \frac{3{,}3 - 0{,}7}{400000} = 1{,}0000065 .$$

In obigen Beispielen bedeuten die eingeklammerten Zahlen die mit diesen Ziffern bezeichneten Grammstücke. — Der Nullpunct ist wegen der grossen Belastungen vor und nach jeder Wägung zu bestimmen. Findet man erhebliche Aenderungen, so wiederhole man die betreffende Wägung; andernfalls nimmt man als den für die Wägung giltigen Nullpunct das Mittel aus der vorhergehenden und nachfolgenden Bestimmung.

Aus der ersten Bestimmung folgt zugleich (12)

$$(50) = (20 + 10 + \ldots) - 0{,}86 \text{ mg} ,$$

aus der zweiten

$$(200) = (100 + 100) + 2{,}0 \text{ mg} .$$

10. Absolute Wägung eines Körpers.

Man eliminirt die Ungleicharmigkeit der Wage, wenn man das scheinbare bei der Wägung gefundene Gewicht multiplicirt mit dem Verhältnis der Wagearme, als Zähler die Länge des Armes, an welchem die Gewichtstücke wirkten.

Ohne die Kenntnis dieses Verhältnisses kann man auf zweierlei Weise verfahren.

1. Man führt eine Doppelwägung aus, bei welcher man den Körper einmal auf die rechte Schale, das andere Mal auf die linke Schale setzt. Wenn wieder R und L die Längen des rechten und linken Armes bezeichnen, ferner p_1 und p_2 die Gewichtstücke, welche auf die rechte resp. die linke Schale gesetzt dem Gewichte des Körpers das Gleichgewicht hielten,

so ist das gesuchte Gewicht P des Körpers das arithmetische Mittel

$$P = \frac{p_1 + p_2}{2}.$$

Beweis siehe S. 20, Nr. 3.

Zugleich findet man das Verhältnis der Wagebalken (Formel 3, S. 10)

$$\frac{R}{L} = \sqrt{\frac{p_2}{p_1}} = \sqrt{1 + \frac{p_2 - p_1}{p_1}} = 1 + \frac{p_2 - p_1}{2p_1}.$$

2. **Tarirmethode.** Der Körper auf einer Schale wird durch irgend eine Belastung der anderen Schale äquilibrirt, alsdann weggenommen und durch Gewichtstücke bis zur gleichen Einstellung der Wage ersetzt. Letztere geben sein Gewicht.

Die Tarirung verlangt im Allgemeinen einen Hilfs-Gewichtsatz. Die Doppelwägung ist ferner auch deswegen vorzuziehen, weil bei ihr die zweimalige Beobachtung den Einfluss der Wägungsfehler vermindert.

11. Reduction der Wägung auf den leeren Raum.

Zweck einer Wägung ist die Bestimmung der Masse eines Körpers, d. h. ihre Vergleichung mit der bekannten Masse der Stücke aus einem sogenannten Gewichtsatze. Statt dessen kann man praktisch mit demselben Erfolge auch sagen: Vergleichung des Körper-Gewichtes mit demjenigen der Stücke; vorausgesetzt, dass die Wägung im leeren Raume stattfindet, wo die Masse eines jeden Körpers seinem Gewicht proportional ist. In der Luft erleiden sowohl Körper als Gewichtstücke einen Verlust an Gewicht gleich dem Gewicht der verdrängten Luft.

Nennt man

m das scheinbare Gewicht des Körpers in der Luft, d. h. die Gewichtstücke, welche ihm in der Luft das Gleichgewicht halten,

λ die Dichtigkeit der Luft ($\lambda = 0{,}0012$ im Mittel. Siehe auch **18** und Tab. 6),

s die Dichtigkeit (das specifische Gewicht) des Körpers,

δ die Dichtigkeit der Gewichtstücke,

so ist das Gewicht im leeren Raume

$$M = m \left(1 + \frac{\lambda}{s} - \frac{\lambda}{\delta} \right).$$

Es ist also zu dem gefundenen scheinbaren Gewicht m hinzuzufügen $m\lambda\left(\dfrac{1}{s} - \dfrac{1}{\delta}\right)$, eine Correction, welche desto grösser ist, je grösser der Unterschied von s und δ. Es genügt fast immer, den mittleren Wert 0,0012 für λ zu setzen. Die Correction kann in diesem Falle für Messinggewichte aus Tab. 8 entnommen werden.

Beweis. Das Volumen des Körpers ist $V = M/s$, dasjenige der Gewichtstücke $v = m/\delta$. Jeder Körper verliert in der Luft so viel an Gewicht, als die von ihm verdrängte Luft wiegt; der gewogene Körper also verliert λV, die Gewichtstücke λv. Da die Gewichte nach Abzug dieser Verluste gleich sind, so ist also

$$M - \lambda V = m - \lambda v \quad \text{oder} \quad M\left(1 - \frac{\lambda}{s}\right) = m\left(1 - \frac{\lambda}{\delta}\right),$$

woraus der obige Wert M nach S. 10, Formel 8 sich ergibt.

Beispiel. Die Correction des scheinbaren Gewichtes w einer Wassermenge, wenn man mit Messinggewichten ($\delta = 8,4$) gewogen hat, beträgt

$$w \cdot 0,0012 \left(\frac{1}{1} - \frac{1}{8,4}\right) = w \cdot 0,00106 \text{ d. h. } 1,06 \text{ mg auf jedes Gramm.}$$

Bei einer Volum-Bestimmung durch Auswägen mit Wasser ist noch die Temperatur zu berücksichtigen. Wiegt eine Wassermenge in der Luft w Gramm und hat sie die Dichtigkeit Q (Tab. 4), so ist ihr Volumen in Cbcm gleich $w \cdot (2,00106 - Q)$.

Auch wo es nicht auf das absolute Gewicht, sondern nur auf Gewichtsverhältnisse ankommt, wie bei chemischen Analysen, muss der Gewichtsverlust in der Luft berücksichtigt werden. Doch vernachlässigt man alsdann den Gewichtsverlust der Gewichtstücke. Die durch Druck- und Temperaturschwankungen verursachten Aenderungen in der Dichtigkeit der atmosphärischen Luft bewirken nämlich bei Messinggewichten einen Fehler, welcher den Betrag von 1/100000 des Gesammtgewichts nur in extremen Fällen erreicht. — Analysirt man z. B. eine verdünnte Silberlösung durch die Wägung eines Quantums Lösung und des daraus erhaltenen Chlorsilbers (Dichtigkeit = 5,5), und sind P und p die von der Wage angegebenen Gewichte, so sind die auf den leeren Raum reducirten

$P\,(1 + 0,0012)$ und $p\left(1 + \dfrac{0,0012}{5,5}\right)$. Der Chlorsilbergehalt beträgt also

$$\frac{p \cdot \left(1 + \dfrac{0,0012}{5,5}\right)}{P \cdot (1 + 0,0012)} = \frac{p}{P}\left[1 - 0,0012\left(1 - \frac{1}{5,5}\right)\right] = \frac{p}{P} \cdot 0,9990.$$

Der uncorrigirte Wert p/P würde also um 0,1 % zu gross sein. Die gewöhnliche Vernachlässigung solcher einfacher Correctionen muss Angesichts der Kostbarkeit der Wage, der auf die Wägungen verwandten Sorgfalt und des meistens durch die grosse Zahl der mitgeteilten Decimalen erhobenen Anspruchs auf Genauigkeit als unstatthaft bezeichnet werden.

Ueber die principielle Frage, ob das Gramm eine Massen- oder eine Gewichtseinheit sei, vgl. die Einleitung des Anhanges über das absolute Maafssystem. In der gewöhnlichen Praxis der Messungen macht es in der Regel keinen Unterschied, ob man von Gewichten oder Massen spricht, insbesondere entstehen keine Irrtümer. Für die chemische Analyse oder irgend eine andere auf Procentgehalte hinausführende Operation ist es offenbar ganz gleichgiltig, ob man Gewichte oder Massen meint. Ebenso wird man zu den nämlichen Zahlen geführt, wenn man von dem specifischen Gewicht eines Körpers oder unter dem Namen Dichtigkeit von der specifischen Masse eines Körpers redet; vorausgesetzt, dass man wie immer, diese Eigenschaften des Körpers mit derjenigen des Wassers als Einheit vergleicht. Nur wenn die Gewichte wirklich zur Kraftmessung dienen, wie bei der Messung von Arbeit, Druck, Elasticität muss man principiell unterscheiden.

12. Correctionstabelle eines Gewichtssatzes.

Allgemein kommt die Aufgabe, die Fehler eines Gewichtsatzes zu bestimmen, darauf hinaus, dass man sich durch Ausführung so vieler Wägungen, als Gewichte zu prüfen sind, eben so viele Gleichungen bildet, aus denen das Verhältnis der Wagearme und dasjenige der Gewichte zu einander abgeleitet wird.

Bei dem zu Analysen gewöhnlich gebrauchten Gewichtsatz kann man nach folgendem Schema verfahren. Wir bezeichnen die grösseren Stücke mit

$$50'\ 20'\ 10'\ 10''\ 5'\ 2'\ 1'\ 1''\ 1'''.$$

Man führe eine Doppelwägung mit $50'$ einerseits und der Summe der übrigen Gewichte andererseits aus. Man habe gefunden, dass die Wage einsteht (der Zeiger in der Stellung ist, welche er bei unbelasteter Wage einnimmt), wenn

Links	Rechts
$50'$	$20' + 10' + \ldots + r$ mg
$20' + 10' + \ldots + l$ mg	$50'$

so ist das Verhältnis der Wagearme (9)

$$\frac{R}{L} = 1 + \frac{l - r}{100000}$$

und

$$50' = 20' + 10' + \ldots + \frac{r + l}{2}.$$

Ebenso vergleicht man 20′ mit 10′ + 10″ und 10′ mit 10″ sowie mit 5′ + 2′ + ... Man wird dabei das Balkenverhältnis im Allgemeinen von der Belastung etwas abhängig finden. Doch wird dasselbe so weit constant sein, dass für die kleineren Stücke eine einzelne Wägung genügt. Es bedeutet dann ein Stück p, rechts aufgelegt, auf die Balkenlänge der linken Seite reducirt, $p \cdot \dfrac{R}{L}$.

Beispiel. Es sei $r = -0{,}83$ $l = +2{,}53$ mg, so ist

$$50' = 20' + 10' + \ldots + 0{,}85 \text{ mg} \quad \text{und} \quad \frac{R}{L} = 1{,}0000336.$$

Ferner sei bei der Vergleichung des 5 g-Stückes mit der Summe der kleinen Gewichte gefunden, dass die Wage einsteht, wenn

links	rechts
5′ + 0,31 mg	2′ + 1′ + 1″ + 1‴,

so würden an einer gleicharmigen Wage sich das Gleichgewicht halten

$$5' + 0{,}31 \text{ mg} \quad \text{und} \quad (2' + 1' + \ldots) \cdot 1{,}0000336 \text{ oder } 2' + 1' + \ldots + 0{,}17 \text{ mg}.$$

Folglich ist

$$5' = 2' + 1' + 1'' + 1''' - 0{,}14 \text{ mg}.$$

Durch fünf Wägungen habe man so gefunden

$$50' = 20' + 10' + \ldots + A$$
$$20' = 10' + 10'' \qquad + B$$
$$10'' = 10' \qquad\qquad + C$$
$$5' + 2' + 1' + 1'' + 1''' = 10' \qquad + D,$$

wo natürlich A, B, C, D positiv oder negativ sein können. Aus diesen Gleichungen muss der Wert der fünf Stücke, die Summe der einzelnen Gramme vorläufig als ein Stück betrachtet, in irgend einer Einheit ausgedrückt werden. Man wird, wenn man nicht etwa zugleich eine Vergleichung mit einem Normalgewicht vornimmt, diese Einheit so wählen, dass die Correctionen der einzelnen Stücke möglichst klein werden, und das ist der Fall, wenn man die ganze Summe als richtig annimmt, d. h. wenn man setzt

$$50' + 20' + 10' + \ldots = 100000 \text{ mg}.$$

Nun findet man leicht, indem man alle Gewichte zuerst in 10′ ausdrückt,

$$50' + 20' + 10' + \ldots = 10 \cdot 10' + A + 2B + 4C + 2D = 100000 \text{ mg}$$

und ferner, indem man

$$\frac{A + 2B + 4C + 2D}{10} = S$$

setzt,

$$10' = 10000 \text{ mg} - S$$
$$10'' = 10000 \text{ „ } - S + C$$
$$5' + \ldots = 10000 \text{ „ } - S + D$$
$$20' = 20000 \text{ „ } - 2S + B + C$$
$$50' = 50000 \text{ „ } - 5S + A + B + 2C + D = 50000 + \tfrac{1}{2}A.$$

Die Probe für die Richtigkeit der numerischen Rechnung ist leicht dadurch gegeben, dass wenn man die Correctionen in Zahlen bestimmt hat, die Summe derselben $= 0$ sein muss, und dass die vier Beobachtungs-Gleichungen erfüllt sein müssen.

Ferner habe man durch Vergleichung der Stücke 5' 2' 1' 1'' 1''' unter einander gefunden

$$5' = 2' + 1' + 1'' + 1''' + a$$
$$2' = 1' + 1'' \qquad\qquad + b$$
$$1'' = 1' \qquad\qquad\quad + c$$
$$1''' = 1' \qquad\qquad\quad + d.$$

Setzen wir nun zur Abkürzung

$$\frac{a + 2b + 4c + 2d + S - D}{10} = s,$$

so ist ähnlich wie oben

$$1' = 1000 \text{ mg} - s$$
$$1'' = 1000 \text{ „ } - s + c$$
$$1''' = 1000 \text{ „ } - s + d$$
$$2' = 2000 \text{ „ } - 2s + b + c$$
$$5' = 5000 \text{ „ } - 5s + a + b + 2c + d.$$

Ebenso wird mit den kleineren Gewichtstücken verfahren, wobei zu bemerken, dass in der Regel die Ungleicharmigkeit der Wage bei diesen nicht mehr berücksichtigt zu werden braucht.

Wir haben bisher die Summe aller grösseren Gewichtstücke als richtig angenommen, um die Fehler so klein wie möglich zu erhalten. Für die meisten Arbeiten (chemische Analyse, specifisches Gewicht), welche nur relative Wägungen verlangen, ist diese Annahme erlaubt. Soll die Fehlertabelle auf richtiges

Grammgewicht bezogen werden, so ist es notwendig, die Gewichtstücke oder eins derselben mit einem Normalgewicht zu vergleichen (**10. 11**). Die Rechnung ergibt sich dann aus Obigem.

Einen ähnlichen Weg, um etwa einen Gewichtsatz von anderer Anordnung zu prüfen, wird man leicht finden.

Zur Unterscheidung der Gewichtstücke von gleichem Nennwerte sollten die Ziffern in verschiedener Weise eingeschlagen oder mit einem Index versehen sein; anderenfalls muss man zufällige Merkzeichen aufsuchen. Bei den Blechgewichten hilft man sich durch das Umbiegen verschiedener Ecken. — Auf den Gewichtsverlust in der Luft braucht keine Rücksicht genommen zu werden, wenn die grösseren Stücke von gleichem Materiale sind, weil bei den kleineren der Unterschied ohne merklichen Einfluss ist. — Zur Prüfung der kleineren Stücke wendet man womöglich eine leichtere, d. h. bei gleicher Schwingungsdauer empfindlichere Wage an. — Die Wägungen sind durch Schwingungsbeobachtung nach 7 auszuführen, wobei die Nullpunctsbeobachtung häufig wiederholt wird. — Gewöhnt man sich daran, alle Gewichtstücke in bestimmter Reihenfolge zu benutzen, so wird jedes Gesammtgewicht immer durch dieselben Stücke dargestellt; man kann also die Fehlertabelle leicht für die Gesammtgewichte berechnen, indem man diese nach Hunderteln, Zehnteln, Einern, Zehnern u. s. w. abteilt.

13. Dichtigkeit oder specifisches Gewicht.

Dichtigkeit oder specifisches Gewicht s (vgl. Tab. 1 und 3) nennt man bei einem festen sowie einem tropfbaren Körper das Verhältnis seiner Masse zu der Masse eines gleichen Volumens Wasser von 4^0. Letzteres Wasser also bildet die Einheit, und zwar muss die Wahl einer anderen Temperatur (0^0 oder häufig 15^0) als unwissenschaftlich bezeichnet werden, insofern dem metrischen Maafssystem Wasser von 4^0 zu Grunde gelegt worden ist.

Anstatt des Massen-Verhältnisses kann auch das Verhältnis der Gewichte im leeren Raum gesetzt werden. Vorausgesetzt, dass man nach dem Meter- und Gramm-System misst, kann man specifisches Gewicht auch das Verhältnis des Gewichtes zum Volumen nennen oder, einen homogenen Körper vorausgesetzt, das Gewicht der Volumeneinheit. Dabei gehören natürlich Mg und Mm, Gr und Cm, Kg und Dm paarweise zusammen. Den beiden Bezeichnungen Dichtigkeit oder specifisches

Gewicht, welche im Princip unterschieden werden, legt die Praxis die gleiche Bedeutung bei.

Ein Gas nimmt man, wenn nicht Anderes bemerkt wird, in dem Zustande von 0^0 und 760 mm Quecksilberdruck. Meistens aber vergleicht man ein Gas, anstatt mit Wasser, mit trockner atmosphärischer Luft von gleicher Temperatur und gleichem Druck, wobei die nähere Bezeichnung der Verhältnisse unnötig wird. Wir werden in der letzteren Bedeutung den Ausdruck Dichte gebrauchen.

Die Methoden der specifischen Gewichtsbestimmung sind, vorläufig ohne Correctionen betrachtet, über welche das Nähere in 14 und 15, die folgenden.

A. Für Flüssigkeiten.

1. Wägung eines in einem calibrirten Gefässe, Flasche, Röhre, Pipette gemessenen Volumens. Wegen der Capillar-Erhebung wird das Volumen in einem geteilten Rohre zweckmässig nach dem vorherigen Eingiessen einer kleinen Menge durch Differenzbeobachtung gemessen, wobei man stets den Stand des horizontalen (höchsten oder tiefsten) Oberflächenteiles abliest. Das zur Vermeidung der Parallaxe notwendige Visiren in einer und derselben Richtung wird durch ein Fernrohr erreicht, welches an einer verticalen Stange verschiebbar ist; oder einfacher, indem man stets einen und denselben fernen Punct als Augenpunct nimmt.

Ein Gefäss wird calibrirt oder ein geteiltes Gefäss geprüft durch Wägung mit Wasser (11, S. 32) oder mit Quecksilber. Im letzteren Falle kann man nach Bunsen die wiederholte Wägung durch ein einfacheres Verfahren ersetzen. Man stellt sich ein unten verschlossenes oben abgeschliffenes Glasröhrchen her, welches unter einer bedeckenden Platte ein bekanntes Quecksilbervolumen [spec. Gewicht des Quecksilbers bei der Temperatur t nach Regnault 13,596 $(1 - 0{,}000181\ t)$] fasst. Die Quecksilberfüllung des Röhrchens wird wiederholt in das zu calibrirende Gefäss eingegossen und darin der Stand des Quecksilbers jedesmal abgelesen. Der Einfluss des Meniscus lässt sich ermitteln, indem man eine verdünnte Lösung von Sublimat auf das abgelesene Quecksilber aufgiesst, wodurch dessen Oberfläche sich abflacht. (Bunsen, gasometrische Methoden. 2. Aufl. S. 36.)

2. Man wägt die Flüssigkeitsmenge m und die Wassermenge w, welche von einem und demselben Gefäss (Tarirgläschen, Pyknometer, Stöpselglas, constantes Gefäss) aufgenommen wird. Dann ist $s = \dfrac{m}{w}$.

3. Man wägt einen Körper (Glaskörper) in der Luft, in der Flüssigkeit und im Wasser. Ist m der Gewichtsverlust in der Flüssigkeit, w im Wasser, so ist wieder $s = \dfrac{m}{w}$. Sehr einfach und zweckmässig bei mässiger Anforderung an die Genauigkeit ist die Wage von Mohr, mit Reitergewichten, deren Einheit das von dem Glaskörper verdrängte Gewicht Wasser von 4^0 sein soll. Zur Richtigkeit der Mohr'schen Wage gehört 1) dass die Gewichte oder Reiter sich wie $1:10:100$ verhalten, 2) dass die Teilstriche gleiche Zwischenräume haben, 3) das die Wage im Wasser von der Temperatur t diejenige Dichtigkeit Q zeigt, welche in Tab. 4 zu t gehört. Zeigt die Wage Q' statt Q, so sind alle Angaben derselben mit Q/Q' zu multipliciren.

4. Die Scalenaräometer geben an dem Teilstrich, bis zu welchem sie einsinken, entweder die Dichtigkeit oder das „Volumen", d. h. den reciproken Wert der Dichtigkeit, oder den Gehalt einer Lösung, oder endlich auf älteren Scalen sogenannte „Dichtigkeitsgrade". Die Bedeutung dieser letzteren siehe in Tab. 2. Die Ablesung des Aräometers geschieht an der Oberfläche durch die Flüssigkeit hindurch, indem man das Auge so hält, dass die Fläche als Linie verkürzt erscheint. Das Aräometer soll in Wasser von 4^0 die Zahl 1 ergeben, oder in Wasser von der Temperatur t die Zahl Q, welche laut Tab. 4 zu t gehört. Man prüft andere Puncte der Scale, indem man Flüssigkeiten von bekanntem specifischem Gewichte anwendet.

5. Die Höhen verschiedener Flüssigkeitssäulen, welche sich in communicirenden Röhren das Gleichgewicht halten, stehen im umgekehrten Verhältnis der Dichtigkeiten. (Hydrometer.)

B. Für feste Körper.

1. **Wägung und Volummessung.** Die Ausmessung kann bei regelmässiger Gestalt des Körpers mit dem Maafsstabe ausgeführt werden. Bei unregelmässiger Gestalt wird das Volumen gemessen, um welches ein in einer calibrirten Röhre enthaltenes Flüssigkeitsquantum bei dem Hineinwerfen des Körpers ansteigt. Besonders auf zerkleinerte Substanzen ist die Methode leicht anwendbar. Für in Wasser lösliche Substanzen dient z. B. Alcohol, Petroleum, oder auch eine gesättigte Lösung der Substanz.

2. Ist m das Gewicht des Körpers, und verliert der Körper, in Wasser gewogen, das Gewicht w, so ist $s = \dfrac{m}{w}$.

Gewöhnlich hängt man dabei den Körper mit einem möglichst dünnen Faden oder Draht an einer Wagschale auf. Das Gewicht des Drahtes wird besonders bestimmt und in leicht ersichtlicher Weise in Rechnung gesetzt. Von w ist der Gewichtsverlust des Drahtes abzuziehen, den man leicht schätzen kann, indem man aus dem Verhältnis der untergetauchten zur ganzen Länge das Gewicht des untergetauchten Stückes berechnet. Dieses dividirt durch die Dichtigkeit des Drahtes (Tab. 1) gibt die von dem Drahte verdrängte Wassermenge.

Bei der Wägung im Wasser nehmen die Schwingungen der Wage rasch ab; man beobachtet die Einstellung, nachdem Ruhe eingetreten ist. — Der Aufhängefaden soll durch die Oberfläche des Wassers nur einmal hindurchtreten, um die Capillarkräfte, welche ohnehin die Genauigkeit der Wägung beeinträchtigen, nicht zu vermehren.

Kann man den Körper nicht an die Wagschale hängen, so lässt sich vielleicht ein Gefäss mit Wasser auf die Wage stellen und seine Gewichtszunahme bestimmen, wenn der mit einem Faden an einem festen Stativ aufgehängte Körper untergetaucht wird. Diese Zunahme ist gleich dem scheinbaren Gewichtsverlust des Körpers im Wasser.

Nicholson'sche Senkwage. Das Gewicht in der Luft und im Wasser wird durch die Differenz der Gewichtstücke bestimmt, welche zum Einsinken bis zu der Marke am Hals

zugelegt werden müssen. Temperaturschwankungen beeinträchtigen die Genauigkeit, um so mehr, je kleiner der Körper gegen
die Senkwage ist. Die Sicherheit der Einstellung wird durch
Abreiben des Halses mit Weingeist erhöht.

Federwage. Auch ein spiraliger Draht mit zwei übereinander angehängten Wagschalen, von denen die untere constant in ein Gefäss mit Wasser taucht, ist zur Dichtigkeitsbestimmung, besonders kleiner Körper, sehr bequem. (Jolly.)
Man beobachtet, gerade wie an der Senkwage, die Gewichte,
welche auf die obere Schale gelegt, eine Marke am unteren
Ende des Drahtes auf eine bestimmte Stellung bringen, wenn
1) die Schalen leer sind, 2) der Körper auf der oberen, 3) wenn
er auf der unteren Schale liegt. Als fester Index dient, um
die Parallaxe zu vermeiden, ein Strich auf einem Stück belegten
Spiegelglases.

Ein einfacheres Wägungsprincip mit der Federwage ist
auch ohne Gewichtsatz dadurch gegeben, dass die Senkung x
dem angehängten Gewichte p nahe proportional ist, wonach
$p = A \cdot x$. Durch eine einmalige Belastung mit bekanntem
Gewicht wird A bestimmt. Genauer setzt man $p = A \cdot x + B \cdot x^2$.
Man bestimmt A und B aus zwei Belastungen, von denen die
eine etwa die grösste anzuwendende Senkung bewirke, während
die andre halb so gross sein mag. Man kann hiernach leicht
eine Tabelle aufstellen, welche zu den Senkungen die zugehörigen Belastungen angibt.

Da für specifische Wägungen die Gewichtseinheit gleichgiltig ist, so kann man dabei den Scalenteil der Federwage
als Einheit nehmen, nötigenfalls wegen der Abweichungen von
der Proportionalität corrigirt. Zu letzterem Zwecke sei die Senkung, welche ein Gewicht (von ungefähr der grössten vorkommenden Belastung) hervorbringe, gleich s; das halbe Gewicht
gebe die Senkung $\frac{1}{2}s + \sigma$. Zu irgend einer abgelesenen anderen Senkung x hat man dann, um dieselbe der zugehörigen
Belastung proportional zu machen, hinzuzufügen

$$\xi = -\frac{4\sigma}{s^2} x(s-x).$$

Diesen Wert bringt man in eine Curve oder eine Tabelle;
$x + \xi$ ist dann als Gewicht zu setzen.

In Wasser lösliche Körper wägt man in einer anderen Flüssigkeit von bekannter Dichtigkeit. Mit letzterer ist dann das wie oben berechnete Resultat zu multipliciren.

Leichte Körper werden durch Verbindung mit einem anderen von hinreichendem Gewicht zum Untersinken gezwungen; z. B. mit einer Metallklemme, oder einer Glocke von Drahtnetz, unter welcher man den Körper aufsteigen lässt. Der Belastungskörper kann bei allen Wägungen im Wasser bleiben.

3. Das Gewicht der dem Körper an Volumen gleichen Wassermenge kann mit dem Pyknometer bestimmt werden. Das letztere wiege mit Wasser P, mit Wasser und dem Körper P', während der Körper selbst m wiege. Dann ist $w = P + m - P'$. Besonders bei kleinen Körpern wird das Verfahren gebraucht, doch sind alsdann auch möglichst kleine Fläschchen anzuwenden. Ueber die Correctionen vergl. folgenden Artikel.

In jedem Falle sind die den Körpern leicht anhaftenden Luftbläschen durch wiederholtes Eintauchen und Herausziehen oder durch Benetzen mit einem Pinsel zu entfernen.

14. Correction der Beobachtungen mit dem Pyknometer oder dem Glaskörper wegen der Temperatur.

Eins der feinsten Hilfsmittel für Dichtigkeitsbestimmungen ist das Tarirfläschchen (Stöpselglas, Pyknometer, constantes Gefäss, vgl. 13). Sobald man nur sehr kleine Mengen eines Körpers besitzt, ist es oft das einzig anwendbare, verlangt aber alsdann grosse Sorgfalt wegen der Ausdehnung des Wassers mit der Temperatur. Man kann auf folgende Weise aus einer einmal ausgeführten Wägung des Gefässes mit Wasser das Gewicht, welches dasselbe bei beliebiger Temperatur haben würde, berechnen.

Nennen wir für die ausgeführte Wägung die Temperatur und Dichtigkeit (Tab. 4) des Wassers t_0 und Q_0, das gefundene Nettogewicht des Wassers p_0 und die entsprechenden Grössen für eine andere Temperatur t, Q und p. Letztere Grösse ist zu berechnen.

1. Soll nur die bedeutendste, von der Ausdehnung des Wassers herrührende Correction angebracht werden, so hat man $p = p_0 \, Q/Q_0$ oder merklich $p = p_0 + p_0 (Q - Q_0)$.

2. Mit Rücksicht auf die Ausdehnung des Gefässes beachte man, dass das Volumen im Verhältnis $1 + 3\beta(t - t_0)$ grösser ist, wo 3β den cubischen Ausdehnungscoefficient des Glases bezeichnet. Für gewöhnlich kann man setzen

$$3\beta = \frac{1}{40000}.$$

Es ist also

$$p = p_0\left[1 + 3\beta(t - t_0)\right] \cdot \frac{Q}{Q_0} = p_0 + p_0\left[3\beta(t - t_0) + Q - Q_0\right].$$

Für die Dichtigkeitsbestimmung mit dem Glaskörper (13, 2) gilt genau dasselbe, wenn man unter p_0 und p den Gewichtsverlust des Körpers im Wasser von der Temperatur t_0 und t versteht.

3. Besondere Bedeutung haben diese Vorschriften bei der Dichtigkeitsbestimmung kleiner fester Körper mit dem Pyknometer, da man ohne die Correctionen zu ganz falschen Resultaten gelangen kann. Man erhält das scheinbare Gewicht w des dem Körper gleichen Volumens Wasser aus folgender Formel:

$$w = m + P_0 - P + (P_0 - \pi)\left[Q - Q_0 + 3\beta(t - t_0)\right].$$

Das specifische Gewicht des Körpers wird alsdann erhalten (15)

$$s = \frac{m}{w}(Q - \lambda) + \lambda.$$

Hierin bedeutet

m das Gewicht des Körpers in der Luft,
P_0 das Gewicht des mit Wasser gefüllten Gefässes,
P das Gewicht des mit Wasser und dem Körper gefüllten Gefässes,
π das Gewicht des leeren Gefässes (nur angenähert zu bestimmen).

Ferner sind die Temperatur und Dichtigkeit des Wassers:

t_0, Q_0 bei der Wägung mit Wasser allein,
t, Q bei der Wägung mit Wasser und Körper,
3β ist der cubische Ausdehnungscoefficient des Glases,
$\lambda = 0{,}0012$ ungefähr (vgl. 15) die Dichtigkeit der Luft.

Beweis. Offenbar ist, wenn p_0 und p die Nettogewichte des Wassers bei den Temperaturen t_0 und t bedeuten, $p = p_0\left[1 + 3\beta(t - t_0)\right]Q/Q_0$.

In Anbetracht dessen, dass 3β, der cubische Ausdehnungscoefficient des Glases, immer eine sehr kleine Zahl ist, und dass ferner Q und Q_0 nur sehr wenig von 1 verschieden sind, kann man diesen Ausdruck vereinfachen. Denn indem man für Q schreibt $1 + (Q - 1)$ und für Q_0 ebenso $1 + (Q_0 - 1)$, erhält man aus Formel 8, S. 10

$$\frac{Q}{Q_0} = \frac{1 + (Q - 1)}{1 + (Q_0 - 1)} = 1 + (Q - Q_0).$$

Nach Formel 7 S. 10 entsteht also wie oben

$$p = p_0 \left[1 + 3\beta(t - t_0) + Q - Q_0\right] = p_0 + p_0 \left[3\beta(t - t_0) + Q - Q_0\right].$$

Um aus dem bei der Temperatur t_0 beobachteten Gewicht P_0 des Gläschens mit Wasser dasjenige bei t zu berechnen, muss also zu P_0 addirt werden das Nettogewicht des Wassers $P_0 - \pi$ multiplicirt mit $3\beta(t - t_0) + Q - Q_0$. Das Glas mit Wasser würde also bei der Temperatur t wiegen

$$P_0 + (P_0 - \pi) \left[3\beta(t - t_0) + Q - Q_0\right].$$

Nun hat man aber den Körper vom Gewicht m in das Gefäss gebracht, wodurch die Wassermenge w ausgeflossen ist, und hat nunmehr das Gewicht $= P$ gefunden. Offenbar ist also

$$P + w = P_0 + (P_0 - \pi)\left[3\beta(t - t_0) + Q - Q_0\right] + m,$$

woraus der gesuchte Ausdruck folgt.

Zugleich ist ersichtlich, dass das Gewicht π des leeren Gefässes nur angenähert bestimmt zu sein braucht, denn dasselbe kommt nur mit einer Correctionsgrösse multiplicirt vor.

Den Beweis der Formel für s siehe in **15**. Es möge hier noch bemerkt werden, dass unter Umständen auch die Correction **wegen der Aenderungen der Luftdichtigkeit** zwischen den verschiedenen Wägungen berücksichtigt werden muss (**11, 18**, Tab. 8), besonders bei der Bestimmung von kleinen festen Körpern in grösseren Pyknometern.

Füllung des Fläschchens. Das Wasser soll stets das Gefäss und den durchbohrten Stöpsel bis an den Rand oder bis zu einer Marke des letzteren anfüllen. Zuerst wird das Fläschchen ohne Stöpsel mit Wasser von bekannter Temperatur gefüllt, welche letztere nicht niedriger sein darf als die des Zimmers. Dann setzt man den mit einer Spur von Fett versehenen **trocknen** Stöpsel rasch ein, wobei ein wenig Wasser ausspritzen wird. Wenn nötig tupft man alsdann mit zusammengedrehtem Fliesspapier das über der Marke stehende Wasser heraus. —

15. Dichtigkeit. Reduction der Wägung auf Wasser von 4^0 und auf den leeren Raum.

Die in **13** unter Nr. 2 und 3 aufgezählten Methoden der Dichtigkeitsbestimmung verlangen eine Correction, welche nach folgender gemeinschaftlichen Regel ausgeführt wird.

Man muss erstens darauf Rücksicht nehmen, dass gewöhnlich das. Wasser eine andere Temperatur als $+ 4^0$ und daher nicht die Dichtigkeit Eins hat. Man findet die wirkliche Dichtigkeit Q aus der Temperatur mit Hilfe der im Anhang gegebenen Tabelle 4. Zweitens sind die Wägungen auf den leeren Raum zu reduciren. Tabelle 6 giebt die Dichtigkeit λ der trockenen Luft für die in Betracht kommenden Temperaturen und Barometerstände. Ueber die Berechnung siehe 18. Meistens genügt es, den mittleren Wert $\lambda = 0,0012$ zu setzen, indem der hierdurch hervorgebrachte Fehler sehr selten und nur bei Körpern, welche mindestens die Dichtigkeit 10 haben, die dritte Decimale des Resultates um eine Einheit beeinflussen wird. Die Vernachlässigung der Ausdehnung des Wassers kann das Resultat um ¼ Procent beeinflussen, die des Gewichtsverlustes in der Luft um 2 Einheiten der zweiten Decimale. Auf Gleicharmigkeit der Wage, vorausgesetzt dass man immer an derselben Schale wägt, und auf die durch die Gewichtstücke verdrängte Luft braucht in der Regel keine Rücksicht genommen zu werden. Wir nennen

Q die Dichtigkeit des Wassers, welches zur Beobachtung gedient hat (Tab. 4);

λ die Dichtigkeit der Luft bei der Wägung bezogen auf Wasser (im Mittel $\lambda = 0,0012$);

m das scheinbare d. h. von der Wage angegebene Gewicht des in der Luft gewogenen festen oder flüssigen Körpers; oder bei Bestimmung einer Flüssigkeit auch den scheinbaren Gewichtsverlust eines in die Flüssigkeit getauchten Körpers;

w das scheinbare Gewicht des dem Volumen des Körpers gleichen Volumens Wasser von der Dichtigkeit Q.

Die Grösse w kann also sein:

1. für feste Körper: der scheinbare Gewichtsverlust des Körpers im Wasser bei einer Bestimmung nach dem Archimedischen Gesetz mit Wage oder Aräometer; oder das Gewicht des durch Einbringen des Körpers ausgeflossenen Wassers bei Anwendung des Tarirfläschchens;

2. für Flüssigkeiten: das scheinbare Gewicht des Wassers

in dem Tarirfläschchen, oder des von dem Glaskörper verdrängten Wassers.

Alsdann ist das auf Wasser von 4° reducirte und von dem Einflusse der verdrängten Luft befreite specifische Gewicht

$$s = \frac{m}{w}(Q - \lambda) + \lambda.$$

m/w ist das rohe, uncorrigirte specifische Gewicht. — Vgl. über die Rechnung auch die folgende Seite.

Man sieht, dass der Einfluss des Gewichtsverlustes in der Luft verschwindet, sobald die Dichtigkeit gleich Eins ist. Er wird von da an desto grösser, je leichter oder je dichter der untersuchte Körper ist, und erreicht bei dem Platin $\left(\frac{m}{w} = 21\right)$ den Wert 0,024. Würde man ausserdem die Ausdehnung des Wassers durch die Temperatur vernachlässigen, so könnte man in diesem Falle ein um 8 Einheiten der zweiten Decimale zu grosses Resultat erhalten.

Vgl. R. Kohlrausch, Praktische Regeln zur genaueren Bestimmung des specifischen Gewichtes. Marburg 1856.

Beweis. Wenn der Körper, fest oder flüssig, in der Luft das Gewicht m hat, während er die Luftmenge l verdrängt, so wiegt er im leeren Raume $m + l$. In Betreff der Bestimmung von w können wir drei Fälle unterscheiden. Hat man das Gewicht w des gleichen Volumens Wasser durch Abwägen bestimmt, so ist das Gewicht des Wassers im leeren Raume $= w + l$. Oder wenn der scheinbare Gewichtsverlust w eines festen Körpers durch Eintauchen in Wasser gemessen wurde, so ist derselbe ebenfalls um l zu vermehren, da das Gewicht im leeren Raume um l grösser gewesen wäre als in der Luft. Ebenso ist drittens, wenn die Dichtigkeit einer Flüssigkeit dadurch bestimmt wird, dass man den scheinbaren Gewichtsverlust eines und desselben Körpers in der Flüssigkeit und im Wasser sucht, jeder derselben um l zu vergrössern.

Das Wasser aber habe nicht die Temperatur $+ 4°$, sondern eine andere gehabt, bei welcher seine Dichtigkeit (Tab. 4) $= Q$ ist, so würde dasselbe Volumen Wasser bei der Normaltemperatur $(w + l)/Q$ wiegen. Man erhält also in allen Fällen die wahre Dichtigkeit s des Körpers

$$s = \frac{m + l}{w + l} Q.$$

Da nun $(w + l)/Q$ das Volumen der verdrängten Luftmasse, so ist, wenn ihre Dichtigkeit (bezogen auf Wasser) durch λ bezeichnet wird,

$$l = \frac{w + l}{Q} \cdot \lambda \quad \text{oder} \quad l = \frac{w\lambda}{Q - \lambda},$$

und diesen Wert in obigen Ausdruck eingesetzt, erhält man

$$s = \frac{m}{w}(Q - \lambda) + \lambda.$$

Beispiel. Ein Stück Silber wiege in der Luft . . . $m = 24,312$ g
im Wasser von $19,2^0$ . . . . $21,916$ g

so ist der scheinbare Gewichtsverlust im Wasser $w = 2,396$ g.
Das uncorrigirte specifische Gewicht würde also sein

$$\frac{m}{w} = \frac{24,312}{2,396} = 10,147.$$

Das corrigirte erhalten wir, indem wir aus Tab. 4 für $19,2^0$ $Q = 0,99843$
entnehmen,

$$s = 10,147 \, (0,99843 - 0,0012) + 0,0012 = 10,120.$$

Bequem für die Ausrechnung ist, falls man nicht Logarithmen
anwendet, Q von 1 abzuziehen und den Unterschied $\delta = 1 - Q$, immer
eine kleine Zahl, in die Formel einzuführen, indem man dieselbe schreibt

$$s = \frac{m}{w} - (\delta + \lambda)\frac{m}{w} + \lambda.$$

Im obigen Beispiel also

$$s = 10,147 - 0,00277 \cdot 10,1 + 0,0012 = 10,120.$$

Die Reductionen lassen sich dabei im Kopfe ausführen.

16. Dichtigkeit. Reduction auf eine Normaltemperatur.

s ist die auf Wasser von 4^0 bezogene Dichtigkeit des
Körpers bei der Temperatur t, welche er bei der Wägung be-
sass. Für einen festen Körper, dessen Gewichtsverlust im
Wasser bestimmt wurde, ist natürlich die Temperatur des
Wassers zu setzen.

Hieraus wird die Dichtigkeit s_0 bei einer anderen Temperatur t_0 mit Hilfe des cubischen Ausdehnungscoefficienten α
(oder 3β; Tab. 9) gefunden als

$$s_0 = s\left[1 + \alpha\,(t - t_0)\right].$$

Die meisten Flüssigkeiten haben eine ungleichförmige
Ausdehnung, welche durch mehrgliedrige Formeln mit höheren
Potenzen der Temperatur oder aus besonderen Tabellen entnommen werden muss. Findet man in diesen die Volumina
derselben Flüssigkeitsmenge v_0 und v für die Temperaturen t_0
und t, so ist

$$s_0 = s\,\frac{v}{v_0}.$$

Vgl. z. B. Hofmann-Schädler, Tabellen für Chemiker; Gerlach,
Salzlösungen. Landolt u. Börnstein p. 63 ff.

17. Dichtigkeitsbestimmung mit dem Volumenometer.

Der Zweck des Instrumentes ist die Volumenausmessung eines Körpers, welchen man nicht in eine Flüssigkeit eintauchen will, mittels Volumenbestimmung einer abgeschlossenen Luftmenge nach dem Mariotte'schen Gesetz.

Das zu bestimmende Volumen der Luftmenge sei V, wenn sie unter dem atmosphärischen Druck H mm Quecksilber (Barometerstand) abgeschlossen wird. Man vergrössere V ohne Luftzutritt um die gemessene Grösse v und beobachte die dabei stattfindende Druckverminderung h mm Quecksilber, so ist $V.H = (V + v)(H - h)$ also

$$V = v \frac{H - h}{h}.$$

Wird umgekehrt V um v verkleinert und eine Druckzunahme h beobachtet, so ist

$$V = v \frac{H + h}{h}.$$

Nachdem so das Volumen des leeren Gefässes gemessen worden ist, bringt man den Körper in dasselbe und verfährt ebenso. Die Differenz der gefundenen Werte ist das Volumen des Körpers, die Dichtigkeit also ist sein Gewicht dividirt durch diese Differenz.

Je kleiner v und h gegen V und H, desto grösser ist der Einfluss der Beobachtungsfehler auf das Resultat. — Man vermeide Temperaturänderungen der abgeschlossenen Luftmenge durch die Nähe des Körpers u. s. w. während des Versuches.

18. Berechnung der Dichtigkeit der Luft oder eines anderen Gases aus Druck und Temperatur.

Ist d_0 die auf Wasser bezogene Dichtigkeit unter dem Drucke von 760 mm Quecksilber und für 0^0 (Tab. 1), so ist sie für den Druck b (20) und die Temperatur t nach dem Mariotte'schen und Gay-Lussac'schen Gesetz

$$d = \frac{d_0}{1 + 0,00367 . t} \cdot \frac{b}{760}.$$

Die Ausdrücke $1 + 0,00367\, t$ und $b/760$ siehe in Tab. 7.

Die Dichtigkeit der trocknen atmosphärischen Luft für 0^0 und 760 mm Barometerstand unter 45^0 geogr. Breite (20) ist nach den Versuchen von Regnault $\lambda_0 = 0{,}0012930$. Der Temperatur t und dem Barometerstand b entspricht also die Dichtigkeit der Luft

$$\lambda = \frac{0{,}001293}{1 + 0{,}00367.t} \cdot \frac{b}{760}.$$

Man findet diese Grösse in Tab. 6.

Die auf Wasser bezogene Dichtigkeit eines anderen Gases für b und t erhält man am einfachsten durch Multiplication von λ mit der auf Luft bezogenen Gasdichte (Tab. 1 unten, 2. Spalte).

Zur genauen Bestimmung der Dichtigkeit atmosphärischer Luft gehört die Kenntnis der Luftfeuchtigkeit. Die Dichtigkeit des Wasserdampfes beträgt sehr nahe $^5/_8$ von derjenigen der Luft von gleichem Druck und gleicher Temperatur; kennt man also durch hygrometrische Messung die Spannkraft e (den Druck) des Wasserdampfes in der Atmosphäre (28), so ziehe man vom beobachteten Barometerstande $^3/_8$ e ab und gehe mit dem so corrigirten Wert b in Tab. 6 oder die obige Formel ein.

In Ermangelung der Kenntnis von e mag man im Mittel die Luft zur Hälfte mit Wasserdampf gesättigt annehmen. Diese Annahme ist sehr nahe gemacht, wenigstens für mittlere Temperaturen, wenn man für b den ganzen Barometerstand nimmt, aber als Factor von t die Zahl $0{,}004$ anstatt $0{,}00367$ einsetzt. Die Luftfeuchtigkeit kann λ um gegen 1 % beeinflussen.

$0{,}00367$ ist nahe gleich $^{11}/_{3000}$ oder $^1/_{273}$.

Leichter condensirbare Gase haben etwas grössere Ausdehnungscoefficienten. Mit steigendem Druck oder sinkender Temperatur wachsen dieselben ein wenig.

19. Bestimmung einer Dampf- oder Gasdichte.

Dampfdichte nennt man die Dichtigkeit eines Dampfes (oder Gases) bezogen auf trockene atmosphärische Luft von gleicher Temperatur und gleichem Druck.

Die Dampfdichte einer bekannten chemischen Verbindung wird berechnet, indem man ihr Moleculargewicht durch 28,88 dividirt; z. B. Wasser $= H_2O$ hat das Moleculargewicht 18, also ist seine Dampfdichte $18 : 28{,}88 = 0{,}623$.

A. Durch Wägung eines bekannten Dampfvolumens (Dumas).

Eine Glaskugel von $\frac{1}{8}$ bis $\frac{1}{2}$ Liter Inhalt mit einer ange-
schmolzenen Glasröhre wird gut ausgetrocknet und, nachdem
der Hals in eine Spitze von etwa 1 qmm Oeffnung ausgezogen
und daselbst abgebrochen worden ist, gewogen. Alsdann lässt
man einige Gramm der Flüssigkeit, von welcher die Dampfdichte bestimmt werden soll, durch die Spitze in die zuvor
etwas erwärmte Kugel aufsaugen, setzt diese nebst einem
Thermometer in ein Flüssigkeitsbad so, dass die Spitze heraus-
ragt, und erwärmt das Bad bis zum Sieden der Flüssigkeit im
Ballon. Nachdem letztere verdampft ist, erhitzt man noch mindestens 10^0 über dem Siedepunct und schmelzt den Ballon mit
der Lötrohrflamme vollständig zu. Die Temperatur des Bades
und der Barometerstand wird in diesem Augenblicke abgelesen.
Dann wird der abgekühlte und gut gereinigte Ballon wieder
gewogen, unter Beobachtung des Barometerstandes und der
Temperatur der Luft im Wagekasten. Endlich hält man die
Ballonspitze in vorher ausgekochtes oder unter der Luftpumpe
luftfrei gemachtes Wasser (oder in Quecksilber), feilt sie an
und bricht sie ab, worauf die Flüssigkeit in den Ballon steigt.
Der gefüllte Ballon nebst der abgebrochenen Spitze wird wiederum
gewogen. Ueber die zurückgebliebene Luft siehe Nr. III.

An Stelle der zuschmelzbaren Glasgefässe empfiehlt Pawlewski solche
mit engem Hals und aufgeschliffenen kleinen Stöpseln, die z. B. von
Geissler-Müller in Bonn gefertigt werden. Ber. d. chem. Ges. 1883 S. 1291.

Wir bezeichnen durch

1. m das Gewicht des mit Luft gefüllten Ballons,
2. m' „   „   „   „ Dampf „   „
3. M „   „   „   „ Wasser (od. Quecks.) „
4. t und b Temperatur des Dampfes und Barometerstand
   im Augenblicke des Zuschmelzens,
5. t' und b' Temperatur im Wagekasten und Barometerstand bei der Wägung mit Dampf. Hier ist, falls
   die Spannkraft e des Wasserdampfes im Wage-
   zimmer beobachtet wurde (28), der Wert $\frac{3}{8} e$ von
   b' (aber nicht von b) abzuziehen (18),
6. λ' die Dichtigkeit der Luft, wie sie zu t', b' aus dem
   vor. Art. oder aus Tab. 6 gefunden wird.

I. Näherungsformel. Die Dampfdichte ist, wenn mit Wasser gewogen wurde,

$$d = \left(\frac{m' - m}{M - m}\frac{1}{\lambda'} + 1\right)\frac{b'}{b}\frac{1 + 0{,}00367 \cdot t}{1 + 0{,}00367 \cdot t'}.$$

(Geschah die Wägung mit Quecksilber, so ist $13{,}56/\lambda'$ anstatt $1/\lambda'$ zu setzen.)

Beweis. Das Gewicht des den Ballon füllenden Wassers oder sein Volumen findet sich aus den Wägungen 1 und 3 $V = M - m$. Das Gewicht D des Dampfes wird aus 1 und 2 gefunden. Die Differenz beider nämlich ist das Gewicht des Dampfes weniger das Gewicht L des gleichen Volumens Luft, also $D - L = m' - m$.

Da nun, wenn δ die Dichtigkeit des Dampfes, λ' die der Luft, beide bezogen auf Wasser, $D = \delta(M - m)$ und $L = \lambda'(M - m)$, so wird die obige Formel

$$(\delta - \lambda')(M - m) = m' - m,$$

also

$$\delta = \frac{m' - m}{M - m} + \lambda'.$$

Endlich soll die Dampfdichte d auf Luft von der Temperatur t und dem Druck b des Dampfes bei dem Zuschmelzen bezogen werden. Zu dem Zweck ist obiger Wert δ durch die Dichtigkeit λ der Luft für t, b zu dividieren. Hieraus ergibt sich

$$d = \left(\frac{m' - m}{M - m} + \lambda'\right) \cdot \frac{1}{\lambda},$$

woraus man mit Rücksicht darauf, dass $\dfrac{\lambda'}{\lambda} = \dfrac{b'}{b}\dfrac{1 + 0{,}00367 \cdot t}{1 + 0{,}00367 \cdot t'}$ ist, den obigen Ausdruck erhält.

$13{,}56$ ist die Dichtigkeit des Quecksilbers bei mittlerer Temperatur.

II. Genauere Formel. Wir nehmen Rücksicht auf die Ausdehnung des Glases, auf die Ausdehnung des Wassers mit der Temperatur und auf den Gewichtsverlust des Wassers in der Luft. (Wir vernachlässigen hier die Aenderung des Gewichtsverlustes der Gefässwände und der Gewichtstücke durch Temperatur- und Barometerschwankungen, und dass der Flüssigkeitstropfen, welcher in dem Ballon bleibt, eine andere Dichtigkeit hat als das Wasser.)

Nennen wir ausser den obigen Bezeichnungen 1—6

7. Q die Dichtigkeit des zur Wägung angewandten Wassers (Tab. 4) [oder Quecksilbers (Tab. 1 und 9)];

8. 3β den cubischen Ausdehnungscoefficienten des Glases; im Mittel $3\beta = 0{,}000025 = 1/40000$, so ist

$$d = \left(\frac{m' - m}{M - m} \cdot \frac{Q - \lambda'}{\lambda'} + 1\right)\left[1 - 3\beta(t - t')\right]\frac{b'}{b}\cdot\frac{1 + 0{,}00367 \cdot t}{1 + 0{,}00367 \cdot t'}.$$

Beweis. Aus dem scheinbaren Gewicht $M - m$ des Wassers (Volumen $= V'$) wird dasjenige im leeren Raume erhalten durch Addition des Gewichtes $V'\lambda'$ der verdrängten Luft. Das Wasser hat die Dichtigkeit Q, also ist das Gewicht des Wassers von 4^0, welches den Ballon füllt, d. h. das Volumen des letzteren $V' = \dfrac{M - m + V'\lambda'}{Q}$, woraus

$$V' = \frac{M - m}{Q - \lambda'}.$$

Wie oben finden wir also das Gewicht des Dampfes

$$D = m' - m + V'\lambda' = m' - m + \frac{M - m}{Q - \lambda'}\lambda'.$$

Dieser Dampf erfüllte bei der Temperatur des Zuschmelzens t das Hohl-Volumen V, welches der Glasballon bei dieser Temperatur hat

$$V = \frac{M - m}{Q - \lambda'}\left[1 + 3\beta(t - t')\right].$$

Demnach findet sich die Dichtigkeit δ des Dampfes, bezogen auf Wasser (Formel 4, S. 10)

$$\delta = \frac{D}{V} = \left(\frac{m' - m}{M - m}(Q - \lambda') + \lambda'\right)\left[1 - 3\beta(t - t')\right].$$

Die Dampfdichte d, bezogen auf Luft von der Dichtigkeit λ für b, ist also

$$d = \left(\frac{m' - m}{M - m}(Q - \lambda') + \lambda'\right)\left[1 - 3\beta(t - t')\right]\cdot\frac{1}{\lambda},$$

wofür man auch, wie vorhin, den obigen Ausdruck setzen kann.

III. Es kommt häufig vor, dass die atmosphärische Luft bei dem Verdampfen der in den Ballon gebrachten flüssigen Substanz nicht vollständig ausgetrieben worden ist, was man daran erkennt, dass der Ballon sich nach Abbrechen der Spitze unter Wasser (oder Quecksilber) nicht ganz mit dem letzteren füllt. Will man hierauf keine Rücksicht nehmen, so fülle man ihn vor der Wägung vollständig mit der Spritzflasche und rechne nach den früheren Formeln. Der Fehler wird um so grösser, je mehr die Dampfdichte von 1 abweicht. Anderenfalls tauche man den Ballon nach dem Abbrechen der Spitze so weit ein, dass die innere und äussere

Oberfläche gleich hoch steht (die Luftblase unter atmosphärischem Druck abgeschlossen wird) und wäge ihn so weit gefüllt. Erst dann füllt man den Rest mit Flüssigkeit und führt die Wägung M aus. Wir setzen

9. Das Gewicht des partiell mit Wasser (oder Quecksilber) gefüllten Ballons $= M'$.

Dann ist die Dampfdichte

$$d_0 = \frac{(m' - m)\frac{Q}{\lambda'} + M' - m'}{(M - m)\frac{b}{b'}\frac{1 + 0,00367\,t'}{1 + 0,00367\,t}\left[1 + 3\beta\,(t - t')\right] - (M - M')}.$$

Vgl. R. Kohlrausch, Praktische Regeln zur genaueren Bestimmung des specifischen Gewichtes.

. Beweis. Das Volumen der eingeschlossenen Luftblase folgt aus den Wägungen M und M' bei der Temperatur der Füllung $= (M - M')/(Q - \lambda')$; dasselbe war also bei dem Zublasen

$$v = \frac{M - M'}{Q - \lambda'}\frac{b'}{b}\frac{1 + 0,00367\,t}{1 + 0,00367\,t'}.$$

Der oben berechnete Ausdruck d ist demnach die Dampfdichte eines Gemisches der Volumina v Luft und $V - v$ Dampf, und es ist, wenn wir die Dichte des reinen Dampfes durch d_0 bezeichnen, $Vd = v + (V - v)\,d_0$, woraus gefunden wird

$$d_0 = \frac{Vd - v}{V - v} = \frac{d - \dfrac{v}{V}}{1 - \dfrac{v}{V}}.$$

Nach diesem Ausdruck kann man rechnen, wenn für d der obige Wert (unter II.) eingesetzt wird und für v / V

$$\frac{v}{V} = \frac{M - M'}{M - m}\frac{1 + 0,00367\,.t}{1 + 0,00367\,.t'}\frac{b'}{b}\left[1 - 3\beta\,(t - t')\right],$$

worin die beiden letzten Factoren meistens vernachlässigt werden können.

Nach einigen Umformungen, zum Teil mit Anwendung der Näherungsformeln S. 10 findet man hieraus leicht die obige Formel.

Beispiel. Nach den obigen Formeln soll zur Orientirung über die Grösse der bei ihrer Anwendung begangenen Fehler ein Beispiel berechnet werden, welches ungefähr mittleren Verhältnissen entspricht.

Die Beobachtungsdata seien, die Gewichte in Grammen ausgedrückt,

$m = 68,4522$ (Luft) $M = 293,91$ (ganz mit Wasser),
$m' = 68,7863$ (Dampf) $M' = 291,78$ (teilw. „   „).

Barometerstand und Temperatur seien

$b = 745,6$ mm $t = 105,5^0$ (beim Zuschmelzen),

$b' = 742,2$ mm $t' = 18,7^0$ (beim Wägen mit Dampf).

Die Spannkraft des atmosphärischen Wasserdampfes bei letzterer Operation sei $e = 9,4$ mm (28).

Die Temperatur des zur Wägung gebrauchten Wassers sei $= 17,4^0$ wozu (Tab. 4) $\varrho = 0,99877$.

Man findet (18) $\lambda' = 0,0011818$ ohne Rücksicht auf e,

$\lambda' = 0,0011762$ mit   „   „ e.

Die richtige nach Formel III. berechnete Dampfdichte mit Rücksicht auf e ist 2,918, II. ergibt 2,894, I. 2,904. Ohne Rücksicht auf e erhält man entsprechend 2,925, 2,901 und 2,911.

Hieraus sieht man, dass in unserem Beispiel die dritte Decimale fehlerhaft wird durch Nichtberücksichtigung der Luftfeuchtigkeit um $+ 7$, der im Ballon zurückgebliebenen Luft (hier 2,2 auf 225 cbcm im Ganzen) um $- 24$, der Ausdehnung des Wassers und des Ballons, sowie des Gewichtsverlustes des erstern in der Luft um $+ 10$ Einheiten.

Der in den obigen Formeln häufig vorkommende Ausdruck $1 + 0,00367\,t$ findet sich in Tab. 7. Uebrigens kann auch gesetzt werden

$$\frac{1 + 0,00367\,t'}{1 + 0,00367\,t} = \frac{272,5 + t'}{272,5 + t}.$$

B. Durch Messung des Dampfvolumens einer gewogenen Flüssigkeitsmenge. (Gay-Lussac. Hofmann.)

Ein dünnwandiges Glaskügelchen oder besser ein ganz kleines Fläschchen mit eingeriebenem Stöpsel von etwa 0,1 cbcm Inhalt wird zuerst leer gewogen, darauf mit der Flüssigkeit, deren Dampfdichte bestimmt werden soll, gefüllt und wieder gewogen. Gläschen und Inhalt lässt man in einer mit trocknem und luftfreiem Quecksilber gefüllten, in einer Quecksilberwanne umgestürzten Glasröhre aufsteigen, die von dem geschlossenen Ende an geteilt ist, entweder nach Cbcm oder einfach in Mm, die nach S. 38 in Volumen verwandelt werden. Man beachte, dass für jeden Grad die Volumeinheit des Glases um 0,000025 zunimmt. Ist die Flüssigkeit leicht flüchtig, so springt das Kügelchen oder der Stöpsel während des Aufsteigens von selbst. In diesem Falle muss man während des Aufsteigens, um die Gefahr des Zertrümmerns zu vermindern, die Glasröhre so weit neigen, dass das Quecksilber oben fest anliegt.

Nun erwärmt man den oberen Teil der Röhre in einem geeigneten Flüssigkeits- oder Dampfbade zu einer Temperatur, die mindestens etwa 10° über derjenigen liegt, bei welcher die ganze Flüssigkeit gerade verdampft ist. [Z. B. Dampf von Wasser oder Anilin (183°).] Nennen wir

m das Gewicht der verdampften Substanz in Grammen,

t, v Temperatur und Volumen des Dampfes in Cbcm; ist v_0 das Volumen der Dampf-gefüllten Glasröhre bei 15°, so ist $v = v_0 [1 + 0,000025 (t - 15)]$,

b den äusseren Barometerstand,

h die Höhe der Quecksilbersäule, über welcher der Dampf sich befindet; b und h auf 0° reducirt (**20**, 1),

e die Spannkraft des Quecksilberdampfes für die Temperatur t (Tab. 15),

so ist die gesuchte Dampfdichte (vgl. Anf. des Art.).

$$d = \frac{m}{v} \frac{1 + 0,00367 \cdot t}{0,001293} \frac{760}{b - h - e} = \frac{m}{v} \cdot \frac{1}{\lambda}.$$

λ siehe in Tab. 6, wo $b - h - e$ als Barometerstand gilt.

C. Verdrängungsmethoden.

1. **Luftverdrängung** (V. Meyer). Das Dampfvolumen einer gewogenen kleinen Menge der Substanz wird aus der bei der Verdampfung verdrängten Luftmenge ermittelt. Ein Glaskölbchen mit angeschmolzenem Steigrohre wird — im Dampfbade von Wasser, Anilin 183°, Schwefel 448°, oder dergl., oder auch im Bade von geschmolzenem Paraffin bis 350° etwa, Blei über 330° etc., s. Tab. 9a — auf die erforderliche Temperatur gebracht, welche oberhalb des Siedepunctes der untersuchten Substanz liegt. Man wartet, bis die Temperatur constant geworden ist, d. h. bis aus dem engen Gasentbindungsrohre (1 mm Durchmesser) unter Wasser keine Luftblasen mehr entweichen. Die abgewogene Menge Substanz hat man wenn nötig in ein Körbchen, Fläschchen oder am besten in ein, ganz mit Flüssigkeit gefülltes, zugeschmolzenes Glaskügelchen (welches durch die Ausdehnung der Flüssigkeit springt) eingefüllt.

Man lüftet den Kork bei K, wirft rasch die Substanz in den Kolben (auf dessen Boden ein wenig Asbest liegt) und

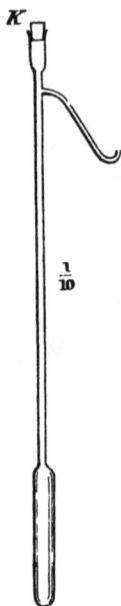

schliesst die Oeffnung sofort wieder. Alsbald schiebt man über das Gasentbindungsrohr einen mit Wasser gefüllten Messcylinder und fängt in demselben die Luft auf, welche durch die verdampfende Substanz verdrängt wird. Es ist wesentlich, dass der Vorgang in kurzer Zeit verlaufe; daher soll die Temperatur des Bades beträchtlich über dem Siedepuncte der Substanz liegen. (Länger dauernde Luftentbindung kann eine Zersetzung der Substanz anzeigen.) Nun liest man das Luftvolumen im Messcylinder ab.

Nennen wir

m die eingebrachte Substanz in Grammen,

v das gemessene Luftvolumen in Cbcm,

t die Zimmertemperatur,

H den Druck, unter welchem die gemessene Luft steht, in Mm Quecksilber von 0^0,

so finden wir die gesuchte Dampfdichte

$$d = \frac{m}{H} \frac{760}{0,001293} \frac{1+0,004t}{v} = 587800 \frac{m}{Hv}(1+0,004t).$$

Der Dampf hat nämlich eine Luftmenge verdrängt, welche unter gleichen Verhältnissen das gleiche Volumen besass. Folglich ist das Dampfgewicht m, geteilt durch das Gewicht dieser Luftmenge, die gesuchte Dampfdichte. Die gemessene Luft aber wiegt $v \dfrac{0,001293 \cdot H}{(1 + 0,004\,t) \cdot 760}$, wonach man ohne weiteres den obigen Ausdruck erhält. Der Factor 0,004 ist anstatt des Ausdehnungscoefficienten 0,00367 genommen, um der Luftfeuchtigkeit Rechnung zu tragen. Derselbe entspricht in gewöhnlicher Temperatur ungefähr der Annahme, dass die Luft im Kolben zweidrittel gesättigt, diejenige, welche über dem Wasser gemessen wird, ganz gesättigt ist. Vgl. V. Meyer Ber. d. chem. Ges. 1878, XI S. 2253.

Der Druck H ist natürlich gleich dem Barometerstande b, vermindert um die in Quecksilber umgewandelte Druckhöhe h der Wassersäule unter der Luft. Also

$$H = b - \frac{h}{13,6}.$$

Taucht man vor der Ablesung das Messrohr bis zur Gleichstellung der inneren und äusseren Oberfläche in das Wasser, so ist H einfach der Barometerstand.

Behufs genauer Bestimmung und Rechnung hat man noch

das Volumen v' der eingeworfenen Substanz zu berücksichtigen. Nehmen wir ferner an, der Glaskolben sei vorher mit trockener Luft gefüllt worden, so wird

$$d = \frac{587800}{\dfrac{v}{1 + 0,00367\,t} + \dfrac{v'}{1 + 0,00367\,t'}} \cdot \frac{m}{H - e}.$$

e bedeutet die Spannkraft des Wasserdampfes bei der Temperatur t (Tab. 13); t' die Temperatur des Bades, die nur genähert bekannt zu sein braucht.

2. **Metallverdrängung.** Der verdampfende abgewogene Körper (vgl. B und C, 1) verdrängt eine Flüssigkeit, welche selbst eine geringe Dampfspannung besitzt (in niederer Temperatur Quecksilber, Hofmann, vgl. Tab. 15; in höherer Temperatur Wood'sches Metall, V. Meyer). Es bedeute

m das Gewicht der verdampfenden Substanz,

M, s und M', s' das Gewicht bez. das specifische Gewicht des Metalles vor und bei der Verdrängung,

T die Temperatur des Bades, z. B. 448⁰ für siedenden Schwefel,

b den Barometerstand,

h die Druckhöhe des flüssigen Metalles im anderen Schenkel.

Dann erhält man die Dampfdichte

$$d = \frac{m}{\dfrac{M}{s}\left[1 + 0,000025\,(T - t)\right] - \dfrac{M'}{s'}} \cdot \frac{760\,(1 + 0,00367\,T)}{\left(b + \dfrac{h s'}{13,56}\right)0,001293}.$$

Den letzten Factor s. in Tab. 6. Die specifischen Gewichte sind für die Temperatur t

für Quecksilber $13,60 : (1 + 0,00018 \cdot t)$
für Wood'sches Metall $9,6 \;: (1 + 0,00009 \cdot t)$.

19a. Gasdichte-Bestimmung.

A. Durch Wägung.

Um die Dichte eines permanenten Gases zu bestimmen, fülle man mit demselben einen Glasballon mit angeschmolzenem Glasrohr (am bequemsten mit Hahnverschluss), etwa indem man den Ballon zunächst mit Quecksilber füllt, ihn über einer Quecksilberwanne umstürzt, und nun das Quecksilber durch das aufsteigende Gas verdrängen lässt. Der Ballon wird geschlossen und gewogen (m'). Dann wird das Gas durch einen hinreichenden Luftstrom (Luft des Wagezimmers, nicht getrocknet) verdrängt und der Ballon offen gewogen (m). Endlich habe die Wägung des mit Quecksilber gefüllten Ballons das Gewicht M ergeben. Wie oben sollen b und t den Barometerstand und die Temperatur im Augenblick des Abschliessens des Gases bedeuten, wobei eventuell die Höhe der noch vorhandenen Quecksilbersäule bei b bereits in Abzug gebracht sei. t' und b' gelten für die Wägung des mit Gas gefüllten Ballons. Dann berechnet man die Gasdichte nach Formel I oder II, S. 51, 52.

Eine etwaige bei der Füllung mit Gas zurückgebliebene Quecksilbermenge ist ohne Einfluss, wenn man sie bei allen Wägungen ungeändert lässt.

B. Durch Beobachtung der Ausströmungszeit (Bunsen).

Gasdichten verhalten sich nahe umgekehrt wie die Quadrate der Ausströmungsgeschwindigkeiten, mit denen die Gase unter gleichem Druck aus enger Wandöffnung austreten. Vergleicht man also die Zeit, welche eine bestimmte Gasmenge zum Ausströmen bedarf, mit der Zeit, welche ein gleiches Luftvolumen unter denselben Bedingungen braucht, so gibt das Zeitverhältnis ins Quadrat erhoben die Gasdichte.

Nach Bunsen nimmt man hierzu einen Glascylinder mit Hahn, der oben durch ein aufgeschmolzenes dünnes Metallblech mit ganz feiner ebener Oeffnung geschlossen ist, füllt denselben über reinem Quecksilber mit trockener Luft, bez. mit dem zu bestimmenden Gas, taucht ihn tief in das Quecksilber ein und öffnet den Hahn. Den Gasstand, welchen das undurchsichtige Quecksilber nicht direct ablesen lässt, beobachtet man mittels eines Schwimmers, der von dem Quecksilber im Cylinder getragen wird und der einige gut sichtbare Marken hat, eine am oberen Ende, die andere einige Cm. über dem unteren Ende. Man beobachtet die Zeitpuncte, wann diese Marken eben aus der Quecksilberoberfläche austreten. Irgendwelche dicht über den Marken befindliche Zeichen sollen auf den Austritt der ersteren vorbereiten.

Vgl. Bunsen, Gasometr. Methoden S. 188.

III. Luftdruck.

Die Barometerablesungen verlangen eine Correction von mehreren Nebeneinflüssen. Insbesondere beläuft sich diejenige wegen der Ausdehnung des Quecksilbers durch die Temperatur in der Regel auf mehrere Mm.

1. Der Barometerstand soll in der Höhe einer Quecksilbersäule von 0^0 angegeben werden, welche dem Luftdruck durch ihre Schwere das Gleichgewicht hält. Das Quecksilber dehnt sich für einen Grad um 0,000181 seines Volumens aus. Ist demnach l der bei der Temperatur t im Barometer abgelesene Barometerstand, so ist der auf 0^0 reducirte (**4**, Nr. 2)

$$b = l - 0{,}000181 . lt.$$

Meistens genügt es, indem man für l in dem Correctionsgliede den Wert 750 mm annimmt, die Correction durch Subtraction von $0{,}135 . t$ mm anzubringen.

2. Wegen der **Ausdehnung des Maaſsstabes** muss bei genauen Messungen auch dessen Länge auf seine Normaltemperatur t_0 reducirt werden, was durch Addition von $\beta(t - t_0)l$ erreicht wird, worin β den Ausdehnungscoefficienten des Maaſsstabes (0,000019 für Messing, 0,000008 für Glas) bedeutet. Wenn wie gewöhnlich die Normaltemperatur $= 0^0$, so wird der wegen der Temperaturausdehnung vollständig corrigirte Barometerstand

$$b = l - (0{,}000181 - \beta) . lt.$$

Die gesammte Correction des abgelesenen Standes l beträgt also

    für eine Messingscale $- 0{,}000162 . lt$
    für eine Glasscale $- 0{,}000173 . lt,$

welche Werte in Tab. 11 zu finden sind.

3. Um die **Capillardepression eines Gefässbarometers** zu corrigiren, mag man zum beobachteten Stande den

aus Tabelle 15 zu dem inneren Durchmesser der Röhre und der Höhe des Quecksilbermeniscus entnommenen Wert hinzufügen.

Durchaus sicher ist nur die Anwendung eines sogenannten Normalbarometers, dessen Rohrweite (25 mm) eine merkliche Depression ausschliesst. Die Vergleichung eines anderen Instrumentes mit dem Normalbarometer eliminirt die Capillardepression.

4. In höherer Temperatur t bewirkt die Spannkraft der Quecksilberdämpfe eine kleine Depression (Tab. 14), welche hinreichend genau corrigirt wird, indem man zu dem beobachteten Stande $0{,}001 . t$ mm addirt.

5. Durch die vorigen Correctionen wird der richtige Barometerstand gewonnen. Für manche Zwecke aber wird die Kenntnis des Luftdruckes verlangt, und für diese muss berücksichtigt werden, dass der Luftdruck nur unter der Voraussetzung constanter Schwere dem Barometerstande proportional ist. Als Norm pflegt man die Schwere g_0 am Meeresspiegel unter 45° geogr. Breite zu nehmen. Bezeichnen wir durch g die Schwere unter der Breite φ und in der Höhe H m über dem Meeresspiegel, so ist

$$\frac{g}{g_0} = 1 - 0{,}0026 . \cos 2\varphi - 0{,}0000002 . H.$$

Mit diesem Ausdruck, dessen letztes Glied übrigens nur in sehr bedeutenden Höhen merklich wird, ist also der beobachtete Barometerstand zu multipliciren, um denjenigen zu erhalten, welcher derselben Expansivkraft der Luft unter 45° am Meeresspiegel entspricht.

21. Barometrische Höhenmessung.

Wenn an zwei Stationen gleichzeitig der Barometerstand beobachtet worden ist, oder auch wenn die mittleren Barometerstände an ihnen bekannt sind, so ergibt sich die Höhendifferenz der Stationen nach folgenden Regeln. Es sollen bedeuten

b_0 und b_1 die beiden Barometerstände [auf dieselbe Temperatur reducirt und, wenn nötig, wegen des Dampfdrucks des Quecksilbers (vor. Art.), sowie endlich wegen

etwaiger Abweichungen beider Instrumente von einander corrigirt],

t_0 und t_1 die Lufttemperatur an beiden Orten,

h die gesuchte Höhendifferenz in Metern.

Zur Abkürzung nennen wir ferner

t die mittlere Lufttemperatur zwischen beiden Stationen
also $t = \frac{1}{2}(t_0 + t_1)$.

I. Für gewöhnlich rechnet man dann

$$h = 18420^{\text{met}} \cdot (\log b_0 - \log b_1)(1 + 0{,}0039 \cdot t),$$

wofür bis zu Höhendifferenzen von etwa 1000 m auch der bequemere angenäherte Ausdruck gesetzt werden kann

$$h = 16000^{\text{met}} \cdot \frac{b_0 - b_1}{b_0 + b_1}(1 + 0{,}0039\, t).$$

II. Soll die Aenderung der Schwere an der Erdoberfläche
in Rechnung gezogen werden, so setze man ferner

φ gleich der geographischen Breite,

H gleich der mittleren Höhe der beiden Orte über dem
Meeresspiegel in Metern. Hier genügt eine rohe Annäherung bis auf 500 m vollständig.

Dann ist

$$h = 18420^{\text{met}} \cdot (\log b_0 - \log b_1)(1 + 0{,}0039\, t)$$
$$\cdot (1 + 0{,}0026 \cdot \cos 2\varphi + 0{,}0000002\, H).$$

III. In obigen Formeln wird ein mittlerer Feuchtigkeits-
zustand der Luft vorausgesetzt. Ist aber mit dem Barometer
gleichzeitig an beiden Stationen das Hygrometer oder Psychro-
meter (28) beobachtet worden, so nennen wir

e_0 und e_1 die Spannkräfte des Wasserdampfes an den
beiden Stationen,

setzen ferner zur Abkürzung

$$k = \frac{1}{2}\left(\frac{e_0}{b_0} + \frac{e_1}{b_1}\right)$$

und berechnen die Höhendifferenz nach der Formel

$$h = 18405^{\text{met}} \cdot (\log b_0 - \log b_1)(1 + 0{,}00367 \cdot t)$$
$$\cdot (1 + 0{,}0026 \cdot \cos 2\varphi + 0{,}0000002\, H + \tfrac{3}{8}\, k).$$

Unter den Logarithmen in obigen Formeln sind die gewöhnlichen Briggischen verstanden.

Des bequemeren Transportes der Instrumente wegen wird bei Höhenmessungen häufig der Barometerstand aus der Siedetemperatur des Wassers abgeleitet. Die Tabellen 10 und 10a geben die zusammengehörigen Siedetemperaturen und Barometerstände. Da 1 mm Barometerstand etwa $\frac{1}{25}$ Grad entspricht, so folgt, dass sehr empfindliche, genau justierte Thermometer notwendig sind, und dass die grössten Vorsichtsmaassregeln der Temperaturbestimmung (22) angewandt werden müssen, um eine mässige Genauigkeit zu erzielen.

Beweis der hypsometrischen Formel. Die Dichtigkeit der atmosphärischen Luft ist (18 und 20) unter der geogr. Breite φ, in der Höhe H, bei dem Barometerstande b, der Temperatur t und der Spannkraft e des Wasserdampfes, wenn wir zur Abkürzung $0,0026 . \cos 2\varphi = \delta$, $0,0000002 = \varepsilon$ und $0,00367 = \alpha$ setzen, gleich

$$\frac{0,001293}{1 + \alpha t} \frac{b - \frac{3}{8} e}{760} (1 - \delta - \varepsilon H).$$

Die Dichtigkeit des Quecksilbers von $0°$ beträgt 13,596. Folglich ist, wenn bei einem Ansteigen um die Höhe dH der Barometerstand b um db abnimmt (d. h. dH die Höhe einer Luftsäule und db die Höhe einer Quecksilbersäule bedeutet, die sich im Gleichgewicht halten),

$$- db = \frac{0,001293}{13,596 . 760} (b - \frac{3}{8} e) \frac{1 - \delta - \varepsilon H}{1 + \alpha t} dH.$$

Hierin sind ausser b eigentlich e und t mit H veränderlich, aber nach einem unbekannten Gesetze. Deswegen führen wir für t den constanten Mittelwert ein und setzen e in ein constantes Verhältnis zum Barometerstand, $e = k b$. Rechnen wir sodann den Zahlenfactor aus und behandeln die kleinen Grössen $\frac{3}{8} k$, δ und εH nach S. 10 als Correctionsgrössen, so können wir schreiben

$$- 7993000 (1 + \alpha t) (1 + \delta + \frac{3}{8} k) \frac{db}{b} = (1 - \varepsilon H) dH.$$

Wird jetzt integrirt, auf der linken Seite von b_0 bis b_1, auf der rechten von H_0 bis H_1, so kommt

$$7993000 (1 + \alpha t) (1 + \delta + \frac{3}{8} k) (\log nat\, b_0 - \log nat\, b_1)$$
$$= (H_1 - H_0) [1 - \frac{1}{2} \varepsilon (H_1 + H_0)].$$

Endlich setzen wir $\log nat\, b = 2,3026 \log brigg\, b$, behandeln $\frac{1}{2} \varepsilon (H_1 + H_0) = \varepsilon H$ als Correctionsglied und erhalten

$$H_1 - H_0 = h = 18405000\, \text{mm} (\log b_0 - \log b_1) (1 + \alpha t) (1 + \delta + \varepsilon H + \frac{3}{8} k).$$

Die Näherungsformel unter II für unbekannte Luftfeuchtigkeit ergibt sich, wenn man die halbe Sättigung annimmt und den Einfluss des

Wasserdampfes in die Dichtigkeit und den Ausdehnungscoefficienten der Luft aufnimmt.

Die Näherungsformel unter I ohne Logarithmen, welche für kleine Höhenunterschiede gilt, ist nichts anderes als die obige Differentialformel, welche mit Weglassung der Correctionen für Schwere und Luftfeuchte und des Vorzeichens lautet

$$7993000 \, (1 + \alpha t) \, \frac{db}{b} = dH.$$

dH ist der Höhenunterschied; für den Unterschied der Barometerstände db schreiben wir $b_0 - b_1$, setzen den mittleren Stand $b = \frac{1}{2} (b_0 + b_1)$, lassen beim Uebergange vom Millimeter zum Meter 3 Nullen fort und runden 7993 zu 8000 ab. Dadurch entsteht ohne weiteres die Näherungsformel.

IV. Wärme.

22. Quecksilberthermometer. Eispunct und Siedepunct.

Wissenschaftlich definirt man die Temperatur nach der Ausdehnung eines vollkommenen Gases, indem man gleichen Volum- (oder Druck-)Zuwachsen des Gases gleiche Temperatur-Zuwachse zur Seite stellt. Ausserdem werden in der Praxis die beiden festen Puncte des Wassers 0^0 für die Eisbildung und 100^0 für das Sieden unter normalem Druck der Temperaturscale zu Grunde gelegt.

Das gewöhnlich gebrauchte Quecksilberthermometer hält nicht ganz gleichen Schritt mit dem Luftthermometer, weil das Quecksilber und auch das Glas sich nicht gleichmässig ausdehnen. Vgl. hierüber 24. Zunächst handelt es sich darum, das Quecksilberthermometer für sich zu berichtigen.

A. Eispunct.

Man taucht das Thermometer in reinen schmelzenden Schnee oder reines (gewaschenes) fein zerstossenes, besser geschabtes oder auf einem Reibeisen zerkleinertes Eis. Anfeuchten mit destillirtem Wasser ist zweckmässig. Die Quecksilbersäule soll möglichst ganz in das Eis eintauchen; Einschlussthermometer sind bis über den Nullpunct einzusenken und nur während der Ablesung soweit nötig vom Eise zu befreien. Besondere Beachtung verlangt das etwaige Abschmelzen des Eises von der Quecksilberkugel, welches in warmer Umgebung beträchtliche Fehler bewirken kann.

Dem Puncte, auf welchen sich die Quecksilbersäule einstellt, nachdem das Thermometer die Temperatur des Eises angenommen hat, entspricht die Temperatur Null.

Je wärmer die umgebende Luft ist, desto sorgfältiger muss man die obigen Vorsichtsmaassregeln beobachten.

B. Siedepunct.

Man bringt das Thermometer in die Dämpfe von Wasser, welches in einem Metallgefäss oder auch einem Glasgefäss mit hineingeworfenen Metallstücken kräftig siedet. Die Temperatur des Wasserdampfes ergibt sich aus dem Druck, unter welchem das Wasser siedet, d. h. aus dem nach **20** reducirten Barometerstande mit Hilfe von Tab. 10. Bis auf $\frac{1}{100}$ Grad richtig kann man zwischen 715 und 770 mm für jeden Barometerstand b die Siedetemperatur t des Wassers auch ohne Tabelle berechnen nach der Formel

$$t = 100^0 + 0{,}0375^0 . (b - 760).$$

Die Thermometerkugel wird **nicht** in das siedende Wasser gebracht, sondern etwa 1 cm über die Oberfläche. Uebrigens soll auch hier möglichst die ganze Quecksilbersäule im Dampf befindlich sein. — Der Ausgang für die, Dämpfe muss so weit sein, dass nicht im Innern des Gefässes ein Ueberdruck entsteht, oder man misst diesen Ueberdruck mittels eines aus dem Innern des Gefässes kommenden Wassermanometers. Der 14te Teil der gehobenen Wassersäule wird zu dem Barometerstande hinzugezählt. — Die Flamme wird von den Teilen der Gefässwände, welche nicht mit Wasser in Berührung sind, in einiger Entfernung gehalten. — Zweckmässig ist ein Gefäss von beistehender Gestalt, in welchem der Dampf nach dem Umspülen des Thermometers oben in eine äussere Hülle und aus dieser unten in die Luft austritt. In einem solchen Gefäss darf die Quecksilberkugel von der Oberfläche des Wassers weiter entfernt sein, als oben angegeben. — Die Durchwärmung eines Thermometers bedarf einige Zeit, besonders bei Einschlussthermometern. Man soll mit der Ablesung warten, bis das Quecksilber einen unveränderlichen Stand zeigt.

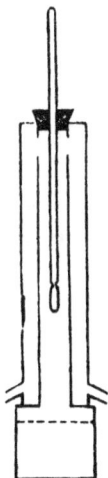

Zu feineren Bestimmungen wird am besten die Ablesung mit Fernrohr angewendet: man richtet das Thermometer durch Visiren nach einem Senkel, Fensterrahmen u. dergl. vertical und stellt das Fernrohr in der Höhe des abzulesenden Teilstriches

auf. Ein einfacheres Mittel zur Vermeidung der Parallaxe
bietet ein Streifchen belegten Spiegelglases, welches mit zwei
Kautschukringen an dem Thermometer befestigt wird. Man hält
das Auge so, dass sein Spiegelbild in derselben Höhe wie die
Quecksilberkuppe liegt.

Beispiel. Der reducirte Barometerstand betrug 742 mm. Das
Quecksilber des Thermometers stand im Wasserdampf auf 98,8. Die Siedetemperatur findet sich aus Tab. 10 gleich 99,33° (aus obiger Formel
100 — 0,0375.18 = 99,33°). Folglich liegt die Temperatur 100° bei dem
Teilstrich 98,8 + 0,67 = 99,47.

C. Veränderlichkeit der Fixpuncte.

1. Einen kleinen Einfluss auf die Einstellung des Quecksilbers hat bei langen Säulen wegen des Quecksilberdruckes die
Lage des Thermometers gegen die Verticale.

2. Wegen der allmählichen Zusammenziehung des geblase-
nen Glases rücken die beiden festen Puncte neuer Thermometer
zunächst aufwärts, und zwar um nahe gleich viel. Langes Erwärmen, etwa auf Siedetemperatur mit langsamer Abkühlung
scheint den Process des Aufrückens zu beschleunigen.

3. Da die Ausdehnung des Glases auch nach einer späteren
Erwärmung des fertigen Thermometers eine Nachwirkung hat,
welche erst mit der Zeit merklich vollkommen verschwindet, so
lässt jede Erwärmung vorübergehend eine Erweiterung des Gefässes und dadurch einen tieferen Stand des Quecksilbers,
eine sogenannte Depression des Nullpuncts zurück, welche
grossenteils in Stunden, merklich vollkommen aber erst in Mo-
naten verschwindet.

Die Grösse dieser Depression hängt von der Grösse und
der Dauer der vorangegangenen Erwärmung ab. Nach lange
dauernder Erwärmung erreicht die Depression einen Betrag, welcher ungefähr dem Quadrate der vorausgegangenen Temperaturerhöhung proportional ist (Pernet).

Längere Erhitzung auf 100° erzeugt, nach den Glassorten
verschieden, Depressionen von 0°,3 bis 0°,8. Also ist auch Zim-
mer- oder Blut-Temperatur nicht ganz ohne merklichen Einfluss.

Bringt man ein erwärmt gewesenes Thermometer auf eine
constante niedere Temperatur, so beginnt die Erweiterung des
Gefässes (die Nachwirkungs-Dilatation) alsbald sich wieder

zu verlieren, also fängt das Thermometer bald langsam zu steigen an.

War das Thermometer einige Zeit in siedendem Wasser und wird nun in Eis gebracht, so nimmt es nach kurzer Zeit einen tiefsten Stand an und beginnt nun langsam sich wieder zu erheben. Diesen tiefsten Stand nennt man wohl den „für 100⁰ maximal deprimirten Nullpunct". Der letztere charakterisirt ein Thermometer mit derselben Bestimmtheit wie der Eispunct, welcher nach sehr langem Verweilen im Eise entstehen würde, und da der letztere bei Thermometern, welche beträchtlich erwärmt worden waren, eine sehr grosse Zeit zur Beobachtung in Anspruch nimmt, so kann die Beobachtung des so maximal deprimirten Eispunctes Vorteile bieten.

D. Definition und Berechnung der Temperatur.

Wir setzen zunächst ein richtig calibrirtes Thermometer voraus oder nehmen an, dass die Ablesungen nach 23 auf richtiges Caliber reducirt seien. Die natürliche Definition der Temperatur lässt das Thermometer in allen Temperaturen zur Ruhe kommen. Nullpunct ist derjenige Punct, an welchem die Einstellung nach langem Verweilen im Eise anlangt, von hier bis zu der Einstellung bei längerem Sieden sind 100 Grade und nun wird die Temperaturscale einfach nach gleichen Volumteilen zwischen diesen festen Puncten gerechnet.

Hiergegen wird eingewandt, dass der Abstand zwischen dem Siedepunct (100⁰) und demjenigen Nullpunct, welchen das Thermometer gleich nach der Siedepunctsbestimmung zeigt, constanter sei und dass er viel leichter zu bestimmen ist, als das eben benutzte Intervall, weil die vorige Operation lange Zeiträume erfordert; auch dass vorausgegangene andere Temperaturen die folgenden Einstellungen beeinflussen. Deswegen brauchen feinere thermometrische Messungen folgende Definitionen:

1. Grad ist der 100ᵗᵉ Teil der Strecke zwischen dem Siedepunct und dem gleich nach dem Sieden gefundenen Eispunct.

2. Die Temperatur t wird immer von demjenigen Nullpunct gerechnet, welchen man unmittelbar nach der Temperaturbeobachtung findet oder finden würde. (Der Nullpunct ist in dieser Definition also eine veränderliche Grösse.) Dieser deprimirte Null-

punct liegt um $d \frac{t^2}{100^2}$ tiefer als derjenige nach langer Ruhe, wo
d die vorübergehende Depression bedeutet, welche der Nullpunct
eines Thermometers nach langer Ruhe durch längeres (halb-
stündiges) Erwärmen auf 100^0 erleidet.

E. Herausragender Faden.

Eine beträchtliche Schwierigkeit genauer Temperaturmes-
sung entsteht in der Regel, wenn grössere Strecken des Quecksilberfadens nicht an dem Eintauchen in den zu messenden
Raum teilnehmen. Da der scheinbare Ausdehnungscoefficient
des Quecksilbers im Glase, d. h. der Unterschied der Volum-
Ausdehnungscoefficienten beider Substanzen 0,000156 beträgt,
so hat man zu der Ablesung t eines Thermometers hinzuzufügen

$$0,000156 . a \, (t - t_0),$$

wenn t_0 die Temperatur, a die in Graden ausgedrückte Länge
des herausragenden Fadens ist. Schwierig ist aber die genaue
Feststellung der mittleren Temperatur des herausragenden Fadens.

1. Man nimmt ein kleines Hilfsthermometer, dessen Gefäss
etwa in der mittleren Höhe des herausragenden Fadens angebracht ist oder vielleicht mehrere in verschiedenen Höhen angebrachte und bestimmt die Temperatur des Fadens aus den
Ablesungen am Hilfsinstrument.

2. Zuverlässiger ist folgendes Verfahren (Mousson, Wüllner). Man setzt für die Temperatur des herausragenden Fadens
die Temperatur des Zimmers, aber als Fadenlänge, welche auf
dieser Temperatur sich befindet, nicht die ganze herausragende
Länge, sondern man zieht von der letzteren eine Grösse ab,
welche für ein bestimmtes Thermometer einen nahe constanten
Wert hat.

Diese Correctionsgrösse α bestimmt sich einfach folgendermaassen. Ein Bad habe die Temperatur T, während das Thermometer, wenn es um A Grade herausgezogen ist, nur t anzeigt.
t_0 sei die Lufttemperatur. Dann ist offenbar

$$\alpha = A - \frac{1}{0,000156} \cdot \frac{T - t}{t - t_0}.$$

α ist nun für das betreffende Thermometer immer von der herausragenden Fadenlänge a abzuziehen und dann ist nach der ersten Formel die Correction zu berechnen.

Literatur zu C und D: J. Pernet, Carl. Rep. XI. 257, 1875; Meteor. Zschr. 1877 S. 129. 206; Travaux et mémoires du bur. intern. des poids et mesures t. I, 1881. Ferner Thiesen, Grunmach, Wiebe, Weinstein, Metronomische Beiträge Nr. 3, Berlin 1881.

23. Calibrirung eines Thermometers.

Aus dem ungleichmässigen Querschnitt der Röhre entspringen bei den gewöhnlichen Thermometern Fehler, die in hohen Temperaturen sich zuweilen auf mehr als 10 Grad belaufen. Wir wollen zu einem Thermometer, bei welchem nur eine richtige Längenteilung und ungefähre Uebereinstimmung der Scala mit der richtigen Temperatur vorausgesetzt wird, eine Correctionstabelle verfertigen, durch welche die Ablesungen auf den Stand eines Normalthermometers reducirt werden, d. h. eines Thermometers, dessen Teilstriche Null und Hundert mit dem Eispunct und Siedepunct (vor. Art.) zusammenfallen, und dessen Scalenteile alle ein gleiches Volumen haben.

Wir müssen also die Thermometerröhre calibriren, das heisst die Volumina vergleichen, welche an verschiedenen Stellen dem Scalenteile entsprechen. Zu diesem Zwecke dient ein von der übrigen Masse abgetrennter Quecksilberfaden.

Ablösen eines Quecksilberfadens von beliebiger Länge. Man neigt den oberen Teil des Thermometers nach unten und führt einen leichten Stoss gegen das Ende aus. Dann löst sich entweder schon ein Faden ab oder es fliesst die ganze Quecksilbermasse, indem sie sich an einem Puncte der Kugel von der Wandung löst. Die Veranlassung des Abreissens wird meistens durch ein irgendwo dem Glase anhaftendes mikroskopisches Luftbläschen gebildet, welches sich zu einer grösseren Blase ausdehnt. Trennt das Quecksilber sich in der Kugel vom Glase, so sucht man durch rasches Aufrichten des Thermometers die dort gebildete Blase in den Eingang der Röhre aufsteigen zu lassen, was mit einiger Geduld immer gelingt. Dann reisst das Quecksilber im Eingang der Röhre.

Der Faden wird vorläufig zu lang sein, etwa um p Grade

länger, als gewünscht wird. Man erwärmt nun, während der
Faden abgetrennt ist, die Kugel; die Luft wird vor der an-
steigenden Quecksilberkuppe fortgeschoben. Darauf lässt man
den Faden rasch zu dem übrigen Quecksilber zurückfliessen und
beobachtet den Stand des oberen Endes des Fadens im Augenblick des Zusammenstosses. Das Luftbläschen bleibt, wenn die
beiden Quecksilbermassen in Berührung getreten sind, an dem
Puncte der Glasröhre haften, wo der Zusammenstoss erfolgte.
Lässt man also um p Grade abkühlen und wiederholt die Neigung
und Erschütterung, so reisst jetzt ein Faden von der verlangten
Länge ab.

Ist umgekehrt ein Faden um p zu kurz, so vereinigt man
ihn mit der übrigen Masse, erwärmt nach der Vereinigung um
p, dann reisst die gewünschte Länge ab.

Wenn auch vielleicht nicht auf das erste Mal, so gelingt
es nach einigen Wiederholungen dieser Handgriffe immer, bis
auf Bruchtheile eines Grades genau Fäden von willkürlicher
Länge zur erhalten. Nur für sehr kurze Fäden versagt das
Verfahren oft, so dass man sich dann, wie unten gezeigt wird,
durch combinirte Beobachtungen verschiedener Längen helfen
muss.

Einstellung und Ablesen des Fadens. Durch gelindes
Neigen und Erschüttern lässt sich das eine Ende des Fadens
mit grosser Genauigkeit auf einen beliebigen Teilstrich einstellen.
Für feinere Beobachtungen, insbesondere mit dem Fernrohr,
begnügt man sich mit genäherter Einstellung und schätzt die
Zehntel Grade an beiden Enden des Fadens. Dass die Beobachtungen wiederholt werden und durch Mittelnehmen verbes-
sert werden können ist selbstverständlich.

Da der Quecksilberfaden und die Teilung nicht in einer
Ebene liegen, so muss man bei den Ablesungen die Parallaxe
vermeiden. Am einfachsten legt man deswegen das Thermometer auf eine Spiegelplatte und hält das Auge so, dass sein
Bild mit dem abgelesenen Teilstrich zusammenfällt. Oder man
stellt eine Lupe fest auf und verschiebt das Thermometer parallel
mit sich selbst bis unter dieselbe. Die grösste Genauigkeit
gewährt die Ablesung mit dem Fernrohr.

Beobachtung und Berechnung. Die Calibrirung kann

man in mannigfaltiger Weise ausführen. In jedem Falle ist es geraten, vor der Beobachtung den Plan der Reduction genau festzustellen, weil man hinterher auf verwickelte Rechnungen geführt werden könnte. Immer wird die Berechnung dadurch erleichtert, dass Eis- und Siedepunct als Endpuncte verglichener Volumina vorkommen. Beobachtungen nach dem folgenden Schema werden für gewöhnliche Zwecke genügen, um so mehr, da vollständig rectificirte Quecksilberthermometer je nach der Glassorte nicht unerheblich differiren können. (Vgl. 24 Schluss.)

Es sei a das Intervall, in welchem wir calibriren wollen, und zwar sei a in 100 teilbar, also $a = 100/n$, wo n eine ganze Zahl ist. Wir lösen einen Faden von nahezu dieser Länge a ab. Diesen legen wir folgeweise auf die Strecken der Teilung von nahe 0 bis a, a bis $2a$ u. s. w. In den einzelnen Lagen nehme der Faden die Anzahl Teilstriche ein

$$a + \delta_1 \text{ auf der Strecke } 0 \text{ bis } a,$$
$$a + \delta_2 \text{ „ „ „ } a \text{ „ } 2a,$$
$$\cdot \cdot \cdot \cdot \cdot \cdot \cdot \cdot \cdot \cdot \cdot \cdot \cdot$$
$$a + \delta_n \text{ „ „ „ } (n-1)a \text{ bis } 100,$$
$$\cdot \cdot \cdot \cdot \cdot \cdot \cdot \cdot \cdot \cdot \cdot \cdot$$

Ferner sei (22) bestimmt worden,

dass die Temperatur 0^0 dem T.-Str. p_0,
„ „ „ 100 „ „ $100 + p_1$ entspricht.

Die Grössen δ_1 $\delta_2 \ldots$ sowie p_0 und p_1 sind also kleine Zahlen, in Scalenteilen und deren Bruchteilen ausgedrückt, die positiv oder negativ sein können.

Setzen wir dann zur Abkürzung

$$\alpha = \frac{p_0 - p_1 + \delta_1 + \delta_2 + \ldots + \delta_n}{n},$$

(die Summe der δ aber nur zwischen 0 und 100 genommen! so ist die Correctionstabelle des Thermometers)

Teilstrich	Correction
0	$- p_0$
a	$\alpha - p_0 - \delta_1$
$2a$	$2\alpha - p_0 - \delta_1 - \delta_2$
$\cdot \cdot \cdot \cdot \cdot \cdot$	
ma	$m\alpha - p_0 - \delta_1 - \delta_2 \ldots - \delta_m.$

Oder auch: für den Teilstrich ma ist die Correction $\varDelta_m$, wenn $\varDelta_{m-1}$ diejenige für den Teilstrich $(m-1)a$ ist,

$$\varDelta_m = \varDelta_{m-1} + \alpha - \delta_m.$$

Die unter der Rubrik „Correction" enthaltenen Werte sind also diejenigen Zahlen, welche man der nebenstehenden Ablesung hinzufügen, resp. wenn negativ von ihr abziehen muss, um den derselben Temperatur entsprechenden Stand zu erhalten, welchen dieses Thermometer einnehmen würde, wenn dasselbe richtig calibrirt und mit richtigem Nullpunct und Siedepunct versehen wäre. Vgl. übrigens noch **22 S. 67.**

Für die zwischenliegenden Grade interpolirt man eine Tabelle auf gewöhnlichem Wege.

Beweis. Der zur Beobachtung benutzte Quecksilberfaden, n mal aneinandergelegt, nimmt das Volumen der Röhre von Teilstrich 0 bis 100, vermehrt um $\delta_1 + \delta_2 + \ldots + \delta_n$ ein. Da aber 0^0 bei Teilstrich p_0, 100^0 bei Teilstrich $100 + p_1$ ist, also der Vermehrung des Quecksilbervolumens von Teilstrich 0 bis 100 eine Temperaturzunahme von $100 + p_0 - p_1$ Graden entspricht, so bedeutet die Vermehrung um das Volumen des Fadens die

Temperaturzunahme $\dfrac{100 + p_0 - p_1 + \delta_1 + \delta_2 + \ldots + \delta_n}{n} = a + \alpha$ (s. oben).

Also entspricht einem Steigen des Quecksilbers

vom T.-Str. 0 bis a die Temperatur-Zunahme $a + \alpha - \delta_1$,

„   „ a „ $2a$ „   „   „ $a + \alpha - \delta_2$

. . . .

und endlich

vom T.-Str. 0	die Temperatur-Zunahme
bis a	$a + \mid \alpha - \delta_1$
bis $2a$	$2a + \mid 2\alpha - \delta_1 - \delta_2$
. .	. . . .
bis ma	$ma + \mid m\alpha - \delta_1 - \delta_2 \ldots - \delta_m.$

Die Ausdrücke hinter dem Strich würden die Thermometercorrectionen sein, wenn dem T.-Str. 0 auch die Temperatur 0 entspräche. Da ihm die Temperatur $-p_0$ entspricht, so ist von jedem noch p_0 abzuziehen.

Wie man sieht, setzt die obige Anweisung voraus, dass das zu calibrirende Thermometer nicht etwa in hohem Grade uncalibrisch ist. Denn wir haben die mit $\delta_1 \, \delta_2 \ldots$ bezeichneten Werte als kleine Grössen angenommen und infolge dessen nicht berücksichtigt, dass dieselben eigentlich nicht Temperaturgrade sondern Scalenteile bedeuten. Je·unrichtiger das Thermometer wäre, desto weniger würde diese Vereinfachung gestattet sein.

Beispiel. Ein bis zum Siedepunct des Quecksilbers geteiltes Thermometer soll, was für gewöhnliche Zwecke genügen wird, von 50^0 zu 50^0

calibrirt werden. Es ist also hier $n = 100 : 50 = 2$. Ein Faden von nahe
50° Länge wurde abgelöst und nahm die Strecken ein

von T.-Str. $\quad$ 0,0 bis $\quad$ 50,9 $\quad \delta_1 = + 0,9$
$\qquad\quad$ 50,0 $\cdot$ „ $\quad$ 100,4 $\quad \delta_2 = + 0,4$
$\qquad\quad$ 100,1 „ $\quad$ 150,3 $\quad \delta_3 = + 0,2$
$\qquad\quad$ 149,8 „ $\quad$ 199,8 $\quad \delta_4 = \pm 0,0$
$\qquad\quad$ 200,4 „ $\quad$ 250,0 $\quad \delta_5 = - 0,4$ u. s. w.

Ausserdem war die Temperatur 0° auf T.-Str. $+ 0,6$ und die Temperatur 100° auf T.-Str. 99,7 gefunden; also $p_0 = + 0,6$, $p_1 = - 0,3$.
Hiernach ist

$$\alpha = \frac{p_0 - p_1 + \delta_1 + \delta_2}{n} = \frac{+ 0,6 + 0,3 + 0,9 + 0,4}{2} = + 1,1.$$

Die Correctionstabelle ist also:

Teilstrich		Correction
0	$-0,6$	$= - 0,6$
50	$1,1 - 0,6 - 0,9$	$= - 0,4$
100	$2,2 - 0,6 - 0,9 - 0,4$	$= + 0,3$
150	$3,3 - 0,6 - 0,9 - 0,4 - 0,2$	$= + 1,2$
200	$+ 1,2 + 1,1 - 0,0$	$= + 2,3$
250	$+ 2,3 + 1,1 + 0,4$	$= + 3,8$ u. s. w.

Die Uebereinstimmung der für 100 berechneten Correction mit der Siedepunctsbestimmung liefert teilweise eine Probe der Richtigkeit der Rechnung.

Aus der letzten Spalte interpolirt man nach gewöhnlichen Regeln die Correction für einen zwischenliegenden Teilstrich. Z. B. würde der Ablesung 167,3 die Temperatur $167,3 + 1,6 = 168,9^{\circ}$ entsprechen.

Calibrirung durch mehrere abgelöste Fäden. Nicht immer gelingt die Abtrennung eines so kurzen Fadens wie das Intervall a, in welchem calibrirt werden soll. Dann muss man sich mit mehreren Fäden, deren Längen verschiedene Vielfache von a sind, zu helfen suchen. Durch einen Faden von der ungefähren Länge ka kann man die Scalenräume 0 bis a und ka bis $(k + 1)a$ und so fort mit einander vergleichen, indem man den Faden zuerst zwischen 0 und ka und dann zwischen a und $(k + 1)a$ bringt; denn das Volumen, welches bei der Verschiebung auf der einen Seite frei wird, ist demjenigen gleich, welches auf der anderen Seite neu eingenommen wird. Der in beiden Lagen gemeinsam eingenommene Raum hebt sich weg. Zum Beispiel kann ein Faden von beiläufig 40° Länge dazu dienen, um 0 bis 20 mit 40 bis 60 zu vergleichen.

Um aber alle Teile auf ein gemeinsames Maass zurückzuführen, müssen offenbar Beobachtungen mit mehreren Fäden
angestellt werden. Zwei Fäden von der Länge $2a$ resp. $3a$
sind immer genügend, denn mit dem ersteren kann man etwa
0 bis a, $2a$ bis $3a$, $4a$ bis $5a$ u. s. w. auf ein gemeinsames
Maass zurückführen, und dann auf dasselbe Maass die noch
nicht verglichenen Teile durch den Faden $3a$, indem z. B. a bis
$2a$ auf $4a$ bis $5a$ reducirt wird u. s. f.

Ein allgemeines Schema lässt sich hier kaum geben; nur
einige Regeln, welche behufs der Bequemlichkeit und Genauigkeit zu beobachten sind. So führen überzählige Vergleichungen
bei der Reduction meistens auf umständliche Ausgleichungs-
rechnungen, welche sich oft nur mit Hilfe der Methode der
kleinsten Quadrate systematisch durchführen lassen. Man vermeide sie also und wiederhole lieber dasselbe Schema, welches
nur notwendige Vergleichungen enthält, durch mehrere Beobachtungsreihen. Ferner ist es für Genauigkeit und Bequemlichkeit unzuträglich, wenn einzelne Vergleichungen mit demselben Maass viele Zwischenglieder enthalten. Besser ist es
also, diese durch Zuhilfenahme eines ferneren Fadens zu verringern. Es muss also der Reductionsplan im einzelnen Falle
vor den Beobachtungen genau überlegt werden.

Um nun das auf S. 71 aufgestellte Schema für die Berechnung der Correctionstabelle benutzen zu können, ist es am einfachsten, aus den Ablesungen immer diejenige Strecke abzuleiten, welche ein und derselbe Faden von der Länge a an den
verschiedenen Stellen einnehmen würde. Man nimmt bei den
Beobachtungen hierauf Rücksicht, indem alle zu vergleichenden
Volumina auf möglichst kurzem Wege auf ein und dasselbe
Intervall, z. B. das mittelste von allen, zurückgeführt werden.
Ein Beispiel wird dies hinlänglich klar machen.

Beispiel. Ein Thermometer soll zwischen 0 und 100 von 20 zu 20
Grad calibrirt werden, mittels zweier Fäden von 40° resp. 60° Länge.
Wir betrachten am einfachsten zunächst die mittelste Strecke von T.-Str.
40 bis 60 als dasjenige Volumen, mit dem wir die übrigen vier Strecken
vergleichen wollen. Wir reduciren also die Beobachtungen auf diejenigen
Zahlen, welche uns ein Quecksilberfaden F geliefert haben würde, der
das Volumen von T.-Str. 40 bis 60 gerade ausfüllt. Nach der obigen Bezeichnung (S. 71) ist also $\delta_3 = 0.$

Nun nehme der Faden von nahe 40° in zwei Lagen die Strecken ein T.-Str. $+0,3$ bis 40,0 und 20,7 bis 60,0.

Der Faden F würde also gereicht haben

von T.-Str. $+0,3$ bis 20,7; also $\delta_1 = +0,4$.

Geradeso führen wir durch Beobachtungen zwischen 40 und 80, sowie 60 und 100 die Strecke 80 bis 100 auf F zurück. Es sei gefunden

$$\delta_5 = -0,7.$$

Jetzt nehmen wir einen Faden von 60° Länge, legen ihn zwischen 0 und 60, sowie 20 und 80. Dadurch wird 60 bis 80 auf 0 bis 20 reducirt, und da letztere Strecke bereits mit 40 bis 60 verglichen worden ist, auch auf den Faden F. Die eingenommenen Strecken seien

T.-Str. 0,0 bis 60,2 und 20,0 bis 79,6;

so ist

0 bis 20 = 60,2 bis 79,6.

Der Faden F aber ist um 0,4 länger als 0 bis 20, würde also um 60,2 bis 80,0 gereicht haben; also

$$\delta_4 = -0,2.$$

Endlich sei ebenso durch Beobachtungen zwischen 20 bis 80 und 40 bis 100 gefunden

$$\delta_2 = +0,3.$$

Es wurde bestimmt

die Temp. 0° und 100° bei T.-Str. $+0,1$ und 100,8,

also

$$p_0 = +0,1, \qquad p_1 = +0,8.$$

Die Anzahl der zwischen 0 und 100 verglichenen Strecken ist $n = 5$. Hieraus berechnen wir (S. 71)

$$\alpha = \frac{+0,1 - 0,8 + 0,4 + 0,3 + 0,0 - 0,2 - 0,7}{5} = -0,18.$$

Und die Correctionstabelle wird unter Benutzung der Formel

$$\varDelta_m = \varDelta_{m-1} + \alpha - \delta_m$$

erhalten

Teilstrich	Correction		
0			$-0,10$
20	$-0,10 - 0,18 - 0,4$	$=$	$-0,68$
40	$-0,68 - 0,18 - 0,3$	$=$	$-1,16$
60	$-1,16 - 0,18 + 0,0$	$=$	$-1,34$
80	$-1,34 - 0,18 + 0,2$	$=$	$-1,32$
100	$-1,32 - 0,18 + 0,7$	$=$	$-0,80.$

Die letzte Zahl ist eine Probe für die Richtigkeit der Rechnung.

Ueber Calibrirungsmethoden vgl. neuerdings Thiesen, Carl. Rep. XV. **285, 1879.**

Vergleichung zweier Thermometer. Die Correctionstabelle eines Thermometers lässt sich auch dadurch entwerfen,

dass man dasselbe bei verschiedenen Temperaturen mit einem
Normalthermometer vergleicht. Beide Instrumente werden dabei
in ein nicht zu kleines Gefäss mit Flüssigkeit gebracht, welches
gegen Wärmeabgabe und gegen Strahlung der Thermometer
möglichst geschützt wird. Zweckmässig ist eine Umkleidung
der Gefässwände mit Filz. Die Thermometerkugeln sollen in-
mitten der Flüssigkeit dicht neben einander stehen, und vor
jeder Ablesung wird letztere durch Rühren in Bewegung gesetzt. In hohen Temperaturen wird bei alledem die Vergleichung
auf diesem Wege leicht ungenau. Eine grössere Sicherheit als
das Flüssigkeitsbad bietet eine siedende Flüssigkeit, in welche
man beide Thermometer einführt. Siehe auch die Figur in **22**,
und den Schluss von **22**.

Um das Zerreissen des Quecksilberfadens in hoher Temperatur zu verhüten, gebraucht man Thermometer, die über dem
Quecksilber mit Stickstoff gefüllt sind. In solchen Thermometern lässt sich kein Faden abtrennen, also lässt sich auch
keine Calibrirung des fertigen Instrumentes ausführen. Die
Prüfung ist also auf die Vergleichung mit einem anderweitig
bekannten Quecksilberthermometer oder mit dem Luftthermometer beschränkt (**24**). Auch die Siedepuncte einiger hoch-
siedenden Flüssigkeiten (Tab. 9a) können zur Correction benutzt werden.

Manche Normalthermometer haben eine calibrirte im Uebrigen aber willkürliche Teilung. Wenn die Temperatur 0^0 bei
dem Teilstrich p_0, die Temperatur 100^0 bei p_1 liegt, so bedeutet
die Ablesung p die Temperatur

$$\frac{1}{p_1 - p_0}\,(p - p_0).$$

24. Luftthermometer.

Das Luftthermometer beruht auf der Annahme, dass ein
vollkommenes Gas (Wasserstoff und nahe auch die trockne
Luft) sich bei constantem Druck der Temperaturerhöhung proportional ausdehnt. Die Grösse der Ausdehnung beträgt für
jeden Grad 0,00367 (Wasserstoff 0,00366) des Volumens bei 0^0.
Identisch mit dieser Definition ist der Satz, dass der Druck bei

constantem Volumen für jeden Grad Temperaturerhöhung um 0,00367 des Druckes bei 0^0 zunimmt.

Das einfachste Luftthermometer (zweckmässige Gestalt von Jolly) beruht auf letzterem Satze. Ein mit trockener Luft gefüllter Glasballon von etwa 50 cbcm Inhalt steht durch ein Capillarrohr mit einer verticalen Glasröhre I in Verbindung, in welcher die Luft über Quecksilber abgegrenzt wird. Durch die Erhöhung oder Vertiefung des Quecksilberstandes in einem mit I durch einen Gummischlauch communicirenden Rohre II kann man die Oberfläche in I bis zu einer nahe an der Mündung des Capillarrohres befindlichen Marke „einstellen".

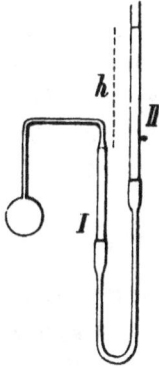

Um das Instrument zu graduiren, umgibt man die Kugel mit schmelzendem Eise (vgl. 22), stellt das Quecksilber ein und beobachtet den Barometerstand b_0 und die Höhe h_0 der Kuppe in II über derjenigen in I. Setzen wir $b_0 + h_0 = H_0$, wo h_0 negativ ist, wenn das Quecksilber in II tiefer steht. Alle b und h werden nach 20 auf 0^0 reducirt.

Wird nun der Luft in der Kugel eine andere zu messende Temperatur t mitgeteilt, alsdann das Quecksilber „eingestellt" und der Barometerstand b sowie die Quecksilberhöhe h beobachtet, so ist, wenn wieder $b + h = H$ gesetzt wird,

$$ t = \frac{H - H_0}{0,00367 . H_0 - 3\beta . H}. $$

3β bedeutet den cubischen Ausdehnungscoefficienten des Glases. Ist dieser für die betreffende Glassorte nicht bekannt, so mag man $3\beta = 0,000025$ setzen. Bis zu Temperaturen von etwa 60^0 kann dann hinreichend genau nach der bequemeren Formel gerechnet werden

$$ t = 275 \cdot \frac{H - H_0}{H_0}. $$

Hierbei ist vorausgesetzt, dass das Volumen der Capillarröhre bis zu der Marke, auf welche das Quecksilber eingestellt wird, gegen das Volumen des Ballons ganz vernachlässigt werden kann.

Andernfalls ist als Correction zu obigem t hinzuzufügen

$$t \cdot \frac{v'}{v} \frac{H}{H_0} \frac{1}{1+0,00367 \cdot t'},$$

worin v das Volumen des Ballons, v' dasjenige des Verbindungsstückes bis zur Marke, t' die Zimmertemperatur bedeutet.

Als Probe der Richtigkeit dient die Messung der Siedetemperatur des Wassers (Tab. 10). Oder man kann auch von der letzteren ausgehen, anstatt bestimmte Ausdehnungscoefficienten 0,00367 und 3β zu Grunde zu legen. Beobachtet man bei der Siedetemperatur t_1 die Druckhöhe H_1, so ist nachher

$$t = t_1 \frac{H-H_0}{H_1-H_0}\left[1 - \frac{H_1-H}{H_0} \cdot \left(\frac{3\beta}{0,00367} + \frac{v'}{v}\frac{1}{1+0,00367 \cdot t'}\right)\right].$$

Hier kommt 0,00367 und 3β nur in Corrections-Gliedern vor.

Das Verhältnis $v' : v$ wird durch Wägen mit Quecksilber gefunden. Wenn p das Gewicht des Quecksilbers im Ballon allein, P dagegen bei der Füllung bis zur Marke, so ist

$$\frac{v'}{v} = \frac{P-p}{p}.$$

Beweis. Die Luftmenge bleibt dieselbe. Ist v das Volumen des Ballons bei $0°$, d_0 die Dichtigkeit der Luft für $0°$ und 760 mm, so ist die Luftmenge, wenn wir $0,00367 = \alpha$ setzen, gegeben

bei der ersten Beobachtung durch $\dfrac{d_0 H_0}{760}\left(v + \dfrac{v'}{1+\alpha t'}\right)$,

bei der zweiten Beobachtung durch $\dfrac{d_0 H}{760}\left(\dfrac{v(1+3\beta t)}{1+\alpha t} + \dfrac{v'}{1+\alpha t'}\right)$.

Durch Gleichsetzung beider Ausdrücke, Weglassung von $d_0/760$, und Multiplication beider Seiten mit $(1+\alpha t)/v$ kommt

$$H_0(1+\alpha t)\left(1+\frac{v'}{v}\frac{1}{1+\alpha t'}\right) = H\left(1+3\beta t + \frac{v'}{v}\frac{1+\alpha t}{1+\alpha t'}\right),$$

oder durch Absonderung von t

$$t\left(\alpha H_0 - 3\beta H - \frac{v'}{v}\frac{\alpha}{1+\alpha t'}(H-H_0)\right) = (H-H_0)\left(1+\frac{v'}{v}\frac{1}{1+\alpha t'}\right).$$

Hieraus ergibt sich sofort der erste der obigen Ausdrücke, sobald man $v' : v$ gleich Null setzt. Um die Correction zu erhalten, schreiben wir die linke Seite $t(\alpha H_0 - 3\beta H)\left(1 - \dfrac{v'}{v}\dfrac{\alpha}{1+\alpha t'}\dfrac{H-H_0}{\alpha H_0 - 3\beta H}\right)$. In dem Factor der kleinen Grösse $v' : v$ können wir das im Nenner vorkommende $3\beta H$ gegen αH_0 vernachlässigen und bekommen endlich (Formel 7, S. 10)

$$t = \frac{H - H_0}{\alpha H_0 - 3\beta H} \left(1 + \frac{v'}{v} \frac{H}{H_0} \frac{1}{1 + \alpha t'} \right),$$

wie zu beweisen war.

Vergleichung von Quecksilber- und Luftthermometer. Das Quecksilber dehnt sich, verglichen mit der Luft, nicht genau gleichförmig aus. Sein Volumen, welches von 0 bis 100° nach Regnault um 0,01816 wächst, lässt sich nach Regnault bei der Temperatur t des Luftthermometers ausdrücken*)

$$v_t = v_0 \left(1 + 0,0001790 . t + 0,000000025 . t^2 \right)$$

oder auch bis $t = 100$ durch den oft bequemeren Ausdruck

$$\log v_t = \log v_0 + 0,000078 . t.$$

Hiernach etwa das Quecksilberthermometer auf das Luftthermometer zurückzuführen ist leider nicht möglich, weil auch das Glas sich ungleichmässig ausdehnt und zwar nach der Sorte sehr verschieden. Die meisten Thermometer zeigen zwischen 0 und 100° höher als das Luftthermometer. Bis 150° bleiben die Abweichungen in der Regel kleiner als 0,5°, bis 250° können sie 4°, bis 350° 10° betragen.

Wenn der Unterschied eines rectificirten Quecksilberthermometers gegen das Luftthermometer bei 50° gleich Δ beobachtet ist, so kann man bis zu 120° den Unterschied δ für eine Temperatur t berechnen (Bosscha, Pogg. Ann. Jub. 550)

$$\delta = \frac{\Delta}{2500} t (100 - t).$$

25. Temperaturbestimmung mit einem Thermoelement.

Bei Untersuchungen, wo die grosse Masse oder der Umfang eines Quecksilberthermometers hinderlich ist, kann oft die durch Temperaturdifferenz an den Contactstellen zweier Metalle

---

*) Nach **Recknagel** und **Wüllner** wird besser ein viergliedriger Ausdruck gesetzt:

$1 + 0,0001802 . t + 0,0000000094 . t^2 + 0,00000000005 . t^3$ nach Recknagel,
$1 + 0,00018116 . t + 0,0000000116 . t^2 + 0,000000000021 . t^3$ nach Wüllner.

Bosscha setzt $\lg v_t = \lg v_0 + 0,0000785 . t$. Der mittlere Ausdehnungscoefficient des Quecksilbers zwischen 0 und 100° ist nach Wüllner und Bosscha grösser als von Regnault angenommen, nämlich = 0,0001825.

(Wismuth-Antimon, Eisen-Neusilber, Platin-Eisen) auftretende elektromotorische Kraft zur Messung benutzt werden. Man lötet zwei gleich lange, z. B. Eisen- und Neusilber-Drähte an einander und mit den anderen Enden an Kupferdrähte. Bringt man die erstere Lötstelle an den Punct, dessen Temperatur gesucht wird, und erhält die beiden anderen Lötstellen zusammen auf einer bekannten Temperatur (etwa durch Eis auf 0^0), so entsteht eine elektromotorische Kraft. Letztere wird gemessen, indem man die Enden der Kupferdrähte mit einem Galvanometer verbindet und den Ausschlag beobachtet.

Für kleinere Temperaturdifferenzen (bis 20^0 etwa) kann Proportionalität der Stromstärke mit der Temperaturdifferenz angenommen werden. Man braucht also nur einmal die Stromstärke bei bekannter Differenz zu messen, um aus jeder Beobachtung die Temperatur abzuleiten. Als Galvanometer dient ein solches mit Spiegelablesung (**66**) mit einem Multiplicator von mässigem Widerstande.

Für grössere Differenzen, oder auch wenn der gewöhnliche Thermo-Multiplicator gebraucht wird, bei welchem die Stromstärken nicht aus den Ausschlägen berechnet werden können, wird empirisch eine Tabelle construirt, indem die Ausschläge für einige Temperaturen beobachtet werden. Hieraus interpolirt man durch Rechnung oder auf graphischem Wege eine Tabelle zum Gebrauch.

Eine bequeme Form des Thermoelementes ist folgende. a und b sind der Eisen- und Neusilberdraht (oder Platindraht zum Gebrauch in Quecksilber), welche durch einen Kork in ein Glasröhrchen mit Alcohol oder Petroleum gehen, innerhalb dessen die durch den zweiten Kork geführten Kupferdrähte angelötet sind. In die Flüssigkeit kann ein kleines Thermometer eingeführt werden.

26. Bestimmung des Wärme-Ausdehnungscoefficienten.

Linearen Ausdehnungscoefficienten (β) nennt man die Verlängerung eines Stabes von der Länge Eins, cubischen (3β) die Volumzunahme des Volumens Eins, bei der Temperaturerhöhung um 1^0. Für Flüssigkeiten wird natürlich die Ausdehnung stets nach Volumen gerechnet.

I. Durch Längenmessung.

Wenn ein Stab von der Länge l sich bei der Temperaturerhöhung t um λ verlängert, so ist der Ausdehnungscoefficient $\beta = \frac{\lambda}{lt}$. Vgl. übrigens das Beispiel in **3.**

Die geringen Verlängerungen verlangen feine Hilfsmittel zu ihrer Messung. Wird ein Contacthebel angewandt, dessen Drehungswinkel α gemessen wird, so ist $\lambda = r \sin \alpha$, durch r den Abstand des Contactpunctes von der Drehungsaxe bezeichnet, und vorausgesetzt, dass bei einer der Temperaturen der Hebelarm zur Richtung des Stabes senkrecht ist.

Der Drehungswinkel wird zweckmässig durch Beobachtung einer Scale in einem am Contacthebel befestigten Spiegel gemessen. Wir nehmen an, bei der einen Beobachtung erscheine im Fernrohr der Fusspunct des vom Spiegel auf die Scale gefällten Perpendikels, dessen Länge, in dem Scalenteil als Längeneinheit ausgedrückt, $= R$ sei. Die Verschiebung des Bildes bei der Temperaturänderung betrage n Scalenteile, so ist $\alpha = \frac{1}{2}$ arc tang $\frac{n}{R}$. Da man für ein kleines α setzen kann $2 \sin \alpha = \text{tang } 2\alpha$, so wäre in diesem Falle $\lambda = \frac{n}{2} \frac{r}{R}$. Vgl. auch **3** und **49**.

Für grössere Temperaturunterschiede ist die Ausdehnung nicht mehr dem Temperaturzuwachs genau proportional. Man setzt dann die Länge bei der Temperatur t

$$l = l_0 (1 + \beta t + \beta' t^2)$$

und bestimmt die beiden Coefficienten β und β' aus mindestens drei Beobachtungen.

II. Durch Wägung.

Am häufigsten entsteht für Glassorten das Bedürfnis einer genauen Kenntnis des Ausdehnungscoefficienten, wobei ein Gewichtsverfahren angewandt werden kann. Man wägt einen in eine Spitze ausgezogenen Ballon bei zwei verschiedenen Temperaturen mit Quecksilber gefüllt. Zur Füllung taucht man zuerst die Spitze des vorher erwärmten Ballons in Quecksilber, worauf beim Erkalten eine Quantität des letzteren aufgesaugt wird. Dies wiederholt man, bis der Ballon ganz gefüllt ist, wobei zuletzt das Quecksilber zum Sieden gebracht wird. End-lich taucht man· den Ballon in ein Gefäss mit erwärmtem Quecksilber unter und lässt dieses bis zu einer niedrigen Tem-peratur t abkühlen. Die Wägung des so ganz gefüllten Ballons ergebe das Nettogewicht p des Quecksilbers. Alsdann erwärmt man bis zur Temperatur t', wobei eine gewisse Quecksilber-menge ausfliesst, und bestimmt wieder das Gewicht p'. Dann berechnet sich der cubische Ausdehnungscoefficient des Glases

$$3\beta = 0{,}000182 \frac{p'}{p} - \frac{p - p'}{p(t' - t)}.$$

Auch die Wägung mit Wasser oder auch die Bestimmung des specifischen Gewichts bei zwei verschiedenen Temperaturen ergibt den Ausdehnungscoefficienten. (Vgl. **13** Nr. 2 und 3 für feste Körper und **14.**) Weil aber die Ausdehnung des Wassers in höherer Temperatur diejenige der festen Körper weit über-trifft, so wird eine äusserst genaue Bestimmung der Temperatur verlangt.

III. Ausdehnung von Flüssigkeiten.

1. Ein Glasgefäss — mit ausgezogener Spitze oder einge-schliffenem Stöpsel, ganz gefüllt — halte bei gewöhnlicher Tem-peratur t das Flüssigkeitsgewicht p, bei der höheren Temperatur t' das Gewicht p'. Wenn 3β der cubische Ausdehnungscoefficient des Glases (s. oben), so ist der mittlere Ausdehnungscoefficient der Flüssigkeit zwischen t und t' gleich

$$3\beta \frac{p}{p'} + \frac{p - p'}{p'(t' - t)}.$$

2. Man wäge einen Glaskörper bei zwei verschiedenen Temperaturen in einer Flüssigkeit. Wenn p und p' die Ge-wichtsverluste, so gilt die Formel unter 1.

3. Ein Glasgefäss mit angeblasenem engen Rohr mit Teilung (Dilatometer genannt) wird bis in das Rohr mit der Flüs-sigkeit gefüllt und die Einstellung der Säule bei der niedrigen Temperatur t und einer höheren t' beobachtet. Sind die abge-lesenen Volumina bez. v und v', so hat man als mittleren Aus-dehnungscoefficienten den Wert $3\beta \dfrac{v'}{v} + \dfrac{1}{v}\dfrac{v' - v}{t' - t}.$

Das Gefäss calibrirt man mit Quecksilber, die Strecken des Rohres desgleichen mit Quecksilberfäden, die man wägt. Noch einfacher ist es, zuerst eine Flüssigkeit von bekannter Ausdehnung in dem Apparat zu untersuchen und daraus die Volumenverhältnisse abzuleiten.

27. Siedepunct einer Flüssigkeit.

Siedepunct ist die Temperatur der Dämpfe, welche aus der unter dem Druck von 760 mm Quecksilber von 0^0 siedenden Flüssigkeit aufsteigen. Die directen Angaben des Thermometers erfordern zwei Correctionen.

A. In der Regel befindet sich ein Teil des Quecksilberfadens ausserhalb der Dämpfe. Vgl. über diese Correction 22 E.

B. Der Siedepunct muss von dem zufällig stattfindenden Barometerstande b (20) auf 760 mm reducirt werden. Nun wird freilich in den seltensten Fällen für die Flüssigkeit die Grösse der Zunahme des Siedepunctes mit dem Barometerstande bekannt sein, was zur genauen Correction nötig wäre. Da indessen die Siedetemperatur der meisten Flüssigkeiten in der Nähe von 760 mm Druck sich nahezu nach demselben Gesetze ändert, da nämlich im Mittel diese Temperatur auf 1 mm Quecksilberdruck um $0{,}0375^0$ oder $^3/_{80}$ Grad zunimmt, so lässt sich eine wahrscheinliche Correction anbringen dadurch, dass zu der beobachteten Temperatur hinzugefügt wird

$$0{,}0375 . (760 - b).$$

Das Thermometer taucht nur in den Dampf der Flüssigkeit. — Zum Zwecke gleichmässigen Siedens legt man in die letztere Stückchen Platinblech. Vgl. übrigens 22.

28. Bestimmung der Luftfeuchtigkeit (Hygrometrie).

Die hier zu ermittelnden Grössen können sein

1. die Dichtigkeit des Wasserdampfes in der Luft, d. h. das Gewicht des in 1 cbcm Luft enthaltenen Wassers in Gr. Weil diese Zahl sehr klein ist, pflegt man sie mit 1000000 multiplicirt anzugeben, wodurch man also den Wassergehalt von 1 cbm Luft in Gr. ausgedrückt erhält. Diese Grösse heisst in der Meteorologie die absolute Feuchtigkeit der Luft; wir bezeichnen sie im Folgenden mit f.

2. Die relative Feuchtigkeit, oder der Sättigungsgrad, d. h. das Verhältnis des wirklich vorhandenen Wassergehaltes zu demjenigen, bei welchem die Luft mit Wasser gesättigt wäre. Diese Grösse ergibt sich aus der absoluten Feuchtigkeit f und der Lufttemperatur, zu welcher man aus Tab. 13 das Maximum f_0 des möglichen Wassergehaltes entnimmt, als $\dfrac{f}{f_0}$.

3. Die Spannkraft e des Wasserdampfes in der Luft. Wird die Spannkraft in Mm Quecksilber gemessen, so hängen Spannkraft e, absolute Feuchtigkeit f und Lufttemperatur t durch die Formeln zusammen

$$e = 0{,}943 . (1 + 0{,}00367 . t) . f,$$

oder $$f = 1{,}060 \cdot \frac{e}{1 + 0{,}00367 . t},$$

so dass die Bestimmung von t und e oder f zur Berechnung aller Grössen ausreicht.

Die Dampfdichte des Wassers ist nämlich $= 0{,}623$, also wiegt 1 cbm Wasserdampf von der Spannkraft e bei der Temperatur t, da derselbe in gewöhnlicher Temperatur das Mariotte-Gay-Lussac'sche Gesetz befolgt (18)

$$0{,}623 \cdot \frac{1293}{1 + 0{,}00367 . t} \cdot \frac{e}{760} = \frac{1{,}060 . e}{1 + 0{,}00367 . t} \; \text{g} .$$

I. Daniell's und Regnault's Hygrometer.

Mit diesen Instrumenten wird direct der Thaupunct, d. h. die Temperatur τ, bei welcher die Luft mit Wasserdampf gesättigt ist, bestimmt. In Tab. 13 findet man alsdann zu jedem Werte von τ zwischen $- 10^0$ und $+ 30^0$ den zugehörigen Wassergehalt f von 1 cbm Luft oder die mit 1000000 multiplicirte Dichtigkeit, sowie die Spannkraft e des bei der Temperatur τ gesättigten Wasserdampfes, und zwar ist die so entnommene Spannkraft ohne Weiteres die in der Atmosphäre vorhandene. Die Dichtigkeit verlangt eine Correction, weil die Luft in der Nähe des Instrumentes abgekühlt und dadurch verdichtet worden ist. Der aus der Tabelle zu τ entnommene Wassergehalt ist also zu gross und muss, da der Dampf sich erfahrungsmässig ausdehnt wie ein permanentes Gas, multiplicirt werden mit

$\dfrac{1 + 0{,}00367 . \tau}{1 + 0{,}00367 . t} = \dfrac{273 + \tau}{273 + t}$, wenn t die Lufttemperatur bedeutet.

Bei dem Daniell'schen wie bei dem Regnault'schen Hygrometer lässt man zunächst durch Verdampfen von Aether die Temperatur der glänzenden Fläche sinken, bis man eine Trübung durch niedergeschlagenes Wasser bemerkt. Sofort unterbricht man das Verdampfen des Aethers, die Temperatur steigt, und man beobachtet den Stand des Thermometers, bei welchem der Niederschlag zu verschwinden anfängt. Nach einigen orientirenden Versuchen gelingt es leicht, die Temperaturen des Entstehens und Verschwindens einander auf einen kleinen Bruchteil eines Grades zu nähern. Das Mittel aus beiden ist dann der gesuchte Thaupunct τ der Luft. Als höchstes Ziel der Genauigkeit gibt Regnault für sein Instrument eine solche Regulirung des Wasserabflusses aus dem Aspirator (des Durchstreichens der Luft durch den Aether) an, dass zeitweilig ein Niederschlag entsteht und verschwindet. Die abgelesene Temperatur ist dann ohne Weiteres der Thaupunct. — Bei einer Bestimmung mit Daniell's Hygrometer sehe man darauf, dass die von dem Körper, vom Athmen u. s. w. herrührende Feuchtigkeit möglichst von der Thaufläche entfernt bleibe.

II. August'sches Psychrometer.

Die atmosphärische Feuchtigkeit wird aus der Geschwindigkeit bestimmt, mit welcher Wasser in der Luft verdampft, welche Geschwindigkeit wiederum aus der Abkühlung eines befeuchteten Thermometers erkannt wird. Wenn nämlich

t die Lufttemperatur (Temperatur eines trockenen Thermometers),

t' die Temperatur des feuchten Thermometers,

e' die Spannkraft des gesättigten Wasserdampfes bei t', wie dieselbe aus Tab. 13 entnommen wird,

b den Barometerstand in Mm

bedeutet, so erhält man die wirkliche Dampfspannung e, je nachdem t' über oder unter Null liegt,

$$e = e' - 0{,}00080 \cdot b \cdot (t - t') \text{ bez. } 0{,}00069 \cdot b \cdot (t - t').$$

Ist e gefunden, so kann man die absolute Feuchtigkeit f (Wassergehalt von 1 cbm Luft) aus der Formel S. 84 berechnen.

Obige Constanten gelten für Beobachtungen in freier, mässig bewegter Luft. In ruhender Luft sind grössere Zahlen einzusetzen, die für ein geschlossenes kleines Zimmer bis zu 0,0012 steigen können. Da allgemeine Regeln über die Veränderlichkeit nicht bekannt sind, so stellt man am besten bei Zimmerbeobachtungen durch Bewegung der Thermometer die Bedingungen der Constante 0,00080 her.

Bei den mancherlei Fehlerquellen, denen diese Bestimmungsweise unterworfen ist, genügt es häufig, für b einen mittleren Barometerstand anzunehmen. Setzt man $b = 750$, so wird

$$e = e' - 0,6\,(t - t') \text{ bez. } 0,52\,(t - t') \text{ unter Null.}$$

Genähert kann man auch f nach der Formel

$$f = f' - 0,64\,(t - t')$$

berechnen, worin man für f' den aus Tab. 13 zu t' entnommenen Wert setzt. Stellt man, etwa bei einer Dampfdichtebestimmung, Psychrometerbeobachtungen in einem mässig grossen geschlossenen Zimmer an, so wird man im Mittel die Spannkraft des Wasserdampfes gleich $e' - 0,8\,(t - t')$ setzen können.

Beispiel. Es sei gefunden $t = 19,50^\circ$, $t' = 13,42^\circ$, der Barometerstand sei $b = 739$ mm. Man findet zu t' in Tab. 13 $e' = 11,44$ mm. Davon ist abzuziehen $0,00080 . 739 . 6,08 = 3,59$ mm, also ist die Dampfspannung $e = 7,85$ mm. Hierzu berechnet sich der Wassergehalt von 1 cbm bei der Temperatur $19,5^\circ$ nach S. 84 $f = \dfrac{1,060 . 7,85}{1 + 0,00367 . 19,5} = 7,8\,\dfrac{\text{g}}{\text{cbm}}$.

Die genaue Regnault'sche Formel $e = e' - \dfrac{0,480 . b . (t - t')}{610 - t'}$

bez. unter Null 689 statt 610 gibt nur in besonders hohen Temperaturen merklich andere Werte als unser Ausdruck, der für mittlere Temperaturen aus jener abgeleitet ist. (Pogg. Ann. 65, 359.)

III. Ganz direct erhält man den Wassergehalt der Luft, wenn man ein gemessenes Volumen derselben durch eine mit Stücken Chlorcalcium, oder Bimstein mit concentrirter Schwefelsäure, oder wasserfreier Phosphorsäure gefüllte Röhre saugt und die durch die Absorption des Wassers eintretende Gewichtszunahme bestimmt.

IV. Die Gestalt (Krümmung, Länge, Torsion) eines hygroskopischen Körpers hängt von der Luftfeuchtigkeit ab. Die Graduirung der Scale geschieht empirisch.

29. Specifische Wärme. Mischungsverfahren.

Einheit der Wärmemenge (Calorie) ist diejenige Wärmemenge, welche die Wassermenge Eins (1 g oder 1 kg) von 0 auf 1⁰ erwärmt. Die Wärmemenge, welche die gleiche Menge einer anderen Substanz um 1⁰ erwärmt, heisst die specifische Wärme oder die Wärmecapacität der Substanz (Tab. 14).

Streng genommen, ist die specifische Wärme keine constante Grösse, indem die Wärmemenge, welche zur Temperaturerhöhung um 1⁰ notwendig ist, mit der Temperatur etwas steigt.

Dieses ist auch der Fall bei dem Wasser, dessen specifische Wärme bei der Temperatur t im Mittel aus verschiedenen Bestimmungen etwa

$$c = 1 + 0{,}0003\,t$$

betragen würde*). Zur Erwärmung von 16 auf 20⁰ bedarf hiernach die Wassermenge 1 nicht die Wärmemenge 4, sondern $4.(1 + 0{,}0003.18) = 4{,}022$; eine Correction, welche man meistens nicht vernachlässigen darf.

Wo nichts anderes bemerkt ist, pflegt unter specifischer Wärme einer Substanz die mittlere zwischen etwa 15⁰ und 100⁰ verstanden zu werden.

I. Feste Körper.

Der zu untersuchende Körper wird gewogen, auf eine gemessene Temperatur erwärmt, mit einer gewogenen Wassermenge gemischt und die Temperaturzunahme der letzteren sowie die Temperaturabnahme des Körpers bis zu der gemeinschaftlichen Endtemperatur bestimmt. Ist dabei

T die Temperatur des erhitzten Körpers,

t die Anfangstemperatur des Wassers,

τ die gemeinschaftliche Endtemperatur,

M das Gewicht des Körpers,

m das Gewicht des Wassers vermehrt um den Wasserwert der übrigen Teile des Calorimeters (siehe unten),

---

*) Die Messungen gehen weit auseinander. Regnault berechnete $c = 1 + 0{,}00004\,t + 0{,}0000009.t^2$. Aus denselben Versuchen schliesst Bosscha $c = 1 + 0{,}00022.t$. Pfaundler gibt 0,00031, Wüllner 0,00042, Jamin sogar 0,0011 als Factor von t.

so findet sich die specifische Wärme C des Körpers aus der Formel

$$C = \frac{m}{M} \frac{\tau - t}{T - \tau}.$$

Denn $m\,(\tau - t)$ ist die Wärmemenge, welche das Wasser erhält, $CM(T - \tau)$ die Menge, welche der Körper abgibt, und beide Mengen sind identisch.

Wenn man wie gewöhnlich mit Temperaturen im Calorimeter von 15 bis 20° arbeitet, so trägt man der Veränderlichkeit der specifischen Wärme des Wassers dadurch Rechnung, dass man diesen Ausdruck noch mit 1,005 multiplicirt. Für andere Temperaturen siehe unten.

Es muss berücksichtigt werden, dass die Gefässwände und das Thermometer im Calorimeter an der Erwärmung teilnehmen. Das Gefäss besteht aus dünnem Blech (z. B. Messing- oder Silberblech). Ist γ die specifische Wärme des betreffenden Metalles (Tab. 16), μ das Gewicht des Gefässes, so ist, um dasselbe von t auf τ zu erwärmen, die Wärmemenge $\mu\gamma\,(\tau - t)$ notwendig. Die Wärmemenge $\mu\gamma$, welche die Temperatur eines Körpers um 1° erhöht, nennt man den Wasserwert. Der Wasserwert des Thermometers muss durch einen Versuch bestimmt werden. Zu diesem Zweck erwärmt man dasselbe, etwa durch Eintauchen in erhitztes Quecksilber, um beiläufig 30°, taucht es rasch in eine gewogene Wassermenge, in welcher sich ein zweites empfindliches Thermometer befindet, und beobachtet die dadurch hervorgebrachte Temperaturerhöhung des Wassers. Dieselbe multiplicirt mit der Masse des Wassers, dividirt durch die Temperaturabnahme des vorher erhitzten Thermometers gibt dessen Wasserwert.

Der Veränderlichkeit der Wärmecapacität des Wassers selbst (vor. S.) wird Rechnung getragen, indem man die angewendete Wassermenge mit $1 + 0,00015\,(t + \tau)$ multiplicirt.

Für m ist also in obiger Formel einzusetzen die Summe der so ein für allemal bestimmten Wasserwerte der festen Teile des Calorimeters vermehrt um das mit $1 + 0,00015\,(t + \tau)$ multiplicirte Nettogewicht des zur Füllung gebrauchten Wassers.

Die unvermeidliche Wärmeabgabe des Calorimeters an die Umgebung während des Versuches wird am einfachsten dadurch eliminirt, dass man die Anfangstemperatur t des Calorimeters möglichst nahe um ebensoviel tiefer als die Zimmertemperatur nimmt, wie die Schlusstemperatur τ höher sein wird. Zu diesem Zwecke wird die zu erwartende Temperaturerhöhung durch einen Vorversuch, oder wenn die specifische Wärme ungefähr bekannt ist, durch Rechnung näherungsweise bestimmt. Damit übrigens die angenäherte Erfüllung dieser Forderung genüge, dürfen die Temperaturänderungen im Calorimeter eine mässige Grösse (10^0) nicht übersteigen. Auch die Zeit, welche zum Uebergang der Wärme aus dem Körper in das Wasser nötig ist, soll klein sein, weswegen man den Körper, besonders wenn derselbe die Wärme schlecht leitet, in kleineren Stücken anwendet, die etwa in ein Körbchen gefüllt oder auf einen Faden aufgezogen werden. Der Wasserwert des Körbchens wird in leicht ersichtlicher Weise in Rechnung gesetzt.

Das Wassergefäss besteht um der geringeren Ausstrahlung willen aus aussen polirtem Blech und wird auf eine die Wärme schlecht leitende Unterlage (3 Holzspitzen oder auch gekreuzte Seidenfäden) gestellt. Ausführliche Anweisungen über die Verbesserungen der Resultate wegen Wärmeverlust siehe Müller-Pfaundler Physik II, S. 297; Wüllner Exp.-Physik III, S. 396.

Die anfängliche Erwärmung des Körpers wird in einem durch siedendes Wasser oder die Dämpfe von siedendem Wasser äusserlich geheizten Raume (nach Regnault, Neumann, Pfaundler) hervorgebracht und muss fortgesetzt werden, bis das darin befindliche Thermometer eine stationäre Temperatur anzeigt. Während der Beobachtung am Calorimeter wird das Wasser beständig mit einem kleinen Rührer, dessen Wasserwert wie der des Gefässes bestimmt werden kann, in Bewegung erhalten. — Ist Wasser nicht anwendbar, so nimmt man eine andere Flüssigkeit (z. B. Terpentinöl) von bekannter specifischer Wärme (Tab. 16) und multiplicirt mit dieser das nach obiger Formel berechnete Resultat.

Beispiel. 1. Wasserwert des Gefässes und des Rührers. Beide Teile waren von Messing und wogen zusammen $\mu = 19$ g. Die specifische Wärme des Messings ist $\gamma = 0{,}094$, also der Wasserwert $\mu \gamma = 19 \cdot 0{,}094 = 1{,}8$ g.

2. Wasserwert des Thermometers. Das Thermometer wurde auf 45^0 erwärmt und in ein kleines Gefäss mit 20 g Wasser von der Temperatur $16{,}25^0$ gebracht. Diese Temperatur stieg dadurch auf $17{,}10^0$. Der

Wasserwert des Thermometers beträgt also $20 \cdot \dfrac{17,10 - 16,25}{45 - 17,1} = 0,6$ g. Der Wasserwert der festen Teile des Calorimeters ist also zusammen $= 2,4$ g.

3. Der zu bestimmende Körper wog $M = 48,3$ g.

Die Wassermenge wog netto 74,0 g, also $m = 74,0 + 2,4 = 76,4$ g.

Die Temperatur des erhitzten Körpers $T' = 96,7^0$.

Die Anfangstemperatur des Wassers $t = 11,05^0$.

Die gemeinschaftliche Endtemperatur $\tau = 16,74^0$.

(Die Zimmertemperatur $= 14^0$.)

Hieraus findet sich die specifische Wärme

$$C = (1 + 0,00015.27,8)\, \frac{76,4}{48,3} \cdot \frac{16,74 - 11,05}{96,7 - 16,7} = 0,1130.$$

II. Flüssigkeiten.

1. Die specifische Wärme einer Flüssigkeit lässt sich gerade wie oben ermitteln, wenn man die Flüssigkeit in ein Gefäss eingeschlossen hat, sie mit demselben erhitzt und in ein Wassercalorimeter einsenkt. Der Waserwert des Gefässes wird in einfacher Weise in Rechnung gesetzt.

Verfügt man über eine grössere Flüssigkeitsmenge, so füllt man mit ihr das Calorimeter, erhitzt einen gewogenen die Wärme gut leitenden Körper (Körbchen mit Kupfer- oder kleinen Glas-Stücken) von bereits bekannter specifischer Wärme und verfährt wie oben. Bedeuten

M, T, C Gewicht, Temperatur und specifische Wärme des erhitzten Körpers,

t die Anfangstemperatur der Flüssigkeit,

τ die Endtemperatur,

m das Nettogewicht der Flüssigkeit,

w den Wasserwert der festen Teile des Calorimeters,

so ist die gesuchte specifische Wärme c der Flüssigkeit

$$c = C\,\frac{M}{m}\,\frac{T - \tau}{\tau - t} - \frac{w}{m}.$$

2. Als Erhitzungskörper kann bequem eine Glaskugel mit einigen 100 Gr. Quecksilber dienen, welche ein Steigrohr mit einer hoch (80^0) und einer niedrig gelegenen (25^0) Marke hat. Man erhitzt im Quecksilberbade oder vorsichtig über der Flamme bis über die höhere Marke, lässt dann abkühlen und senkt im

Augenblick der Einstellung auf diese Marke den Erhitzungskörper in die Flüssigkeit ein. Wenn, unter Umrühren, die niedrige Marke erreicht ist, hebt man den Körper heraus und beobachtet nun wieder die Temperatur der Flüssigkeit (Andrews; Pfaundler).

m, w, t, τ mögen die obigen Bedeutungen behalten; ein gleicher mit einer Wassermenge m' angestellter Versuch ergebe die Anfangs- und Endtemperatur t' und τ', so ist offenbar

$$ c = \frac{m'\left[1 + 0{,}00015\,(t' + \tau')\right] + w}{m} \cdot \frac{\tau' - t'}{\tau - t} - \frac{w}{m}. $$

29a. Specifische Wärme. Galvanische Methode (Pfaundler).

Die beiden zu vergleichenden Flüssigkeitsmengen (von denen die eine Wasser sein mag) werden durch einen und denselben elektrischen Strom (63) erwärmt, indem dieser Strom gleiche Widerstände aus Platindraht in den Flüssigkeiten durchfliesst. Ein Vorversuch bestimme die zu erwartenden Erwärmungen ungefähr. Man nehme dann die Anfangstemperaturen um ebensoviel niedriger als die Zimmertemperatur, wie die Schlusstemperaturen höher sein werden.

Nennt man die Mengen, Temperaturen, Wasserwerte beider Teile wie in 29 II, so hat man auch nach derselben Formel wie daselbst zu rechnen.

Eine etwaige Ungleichheit der Widerstände eliminirt sich am einfachsten durch Vertauschen der Flüssigkeiten.

Fehlerquellen können darin bestehen, dass die Temperatur der Drähte bei starkem Strom vermöge der verschieden raschen Wärmeabgabe verschieden sein kann und dass ein Teil des Stromes von dem Drahte ab durch die Flüssigkeit gehen könnte.

Man wende nicht zu feine Drähte und kleine elektromotorische Kräfte an, z. B. mehrere Bunsen'sche Elemente nebeneinander geschaltet.

Vgl. Pfaundler in Müller-Pfaundler Lehrbuch der Physik, 8. Aufl. II. 2. S. 311.

30. Specifische Wärme. Erkaltungsmethode.

Hier werden die Zeiten verglichen, in denen erhitzte Körper, welche sich unter denselben Umständen abkühlen, eine gleich grosse Temperaturänderung erleiden. Das Verfahren liefert nur bei Flüssigkeiten oder bei gut leitenden, gepulverten festen Körpern brauchbare Resultate.

Man füllt mit der Substanz ein kleines Gefäss aus dünnem polirten Metall, in welchem ein empfindliches Thermometer sich befindet. Feste Körper werden fest eingestampft. Nach der vollständigen Füllung wird das Gefäss durch einen Deckel geschlossen. Man erwärmt es mit der Substanz, bringt es in einen Metall-Behälter, der durch eine Luftpumpe luftleer gemacht wird, und beobachtet die Temperatur in Verbindung mit der Zeit. Der Behälter wird von aussen durch Umgebung mit einer grösseren Wassermenge oder mit schmelzendem Eise auf constanter Temperatur erhalten.

Für nicht zu kleine Mengen flüssiger Körper kann man auch die Abkühlungsgeschwindigkeiten in einem und demselben geschlossenen Metallgefässe in der Luft beobachten.

Es seien also zwei Versuchsreihen bei der Füllung mit verschiedenen Substanzen angestellt worden. Nennen wir

m und M die zur Füllung des Gefässes gebrauchten Mengen,

w den Wasserwert des Gefässes mit dem Thermometer (S. 88),

ϑ und Θ die Zeiten, welche bei beiden Versuchen verflossen, während eine Abkühlung von derselben Anfangstemperatur zu derselben Endtemperatur erfolgte,

c und C die beiden specifischen Wärmen,

so gilt die Gleichung

$$c = \frac{1}{m} \left[(MC + w) \frac{\vartheta}{\Theta} - w \right].$$

Denn es verhalten sich die zu derselben Abkühlung notwendigen Zeiten wie die dabei abgegebenen Wärmemengen, das heisst

$$\frac{\vartheta}{\Theta} = \frac{mc + w}{MC + w}.$$

Ist also C bekannt, z. B. bei der Anwendung von Wasser $C = 1$, so findet man hieraus c.

Sollte die Temperatur der Umgebung bei den Versuchen nicht ganz constant sein, so gilt als die Temperatur der Substanz immer der Ueberschuss über die Temperatur der Umgebung.

Die erste Zeit nach der Erwärmung lässt man vor der Beobachtung verstreichen. Am besten wird jedesmal ein grösserer Satz von Beobachtungen angestellt, indem etwa die Temperatur von 30 zu 30 Secunden notirt wird. Dann stellt man sie in einer Curve dar, indem man die Zeit als Abscisse, die Temperatur als Ordinate auf Coordinatenpapier aufträgt, und entnimmt aus der Curve die Zeiten, welche gleichen Anfangs- und Endtemperaturen (resp. Temperatur-Ueberschüssen über die Umgebung) entsprechen. Man kann so aus einem einzigen Paare von Beobachtungsreihen eine grössere Anzahl von Bestimmungen erhalten, aus denen nachher das Mittel genommen wird.

Beobachtungsfehler haben den geringsten Einfluss, wenn der Ueberschuss der ersten Temperatur über die der Umgebung $2\frac{1}{2}$ bis 3 mal so gross ist als der der zweiten.

31. Specifische Wärme. Eisschmelzungs-Verfahren.

Man bringt den auf die Temperatur t erwärmten Körper vom Gewicht m in trockenes Eis von 0^0 und lässt ihn sich auf 0^0 abkühlen, indem er seine Wärme an das ihn allseitig umgebende Eis abgibt. Wird dadurch die Eismenge M geschmolzen, so ist die specifische Wärme des Körpers

$$c = \frac{M}{m}\frac{79,4}{t}.$$

Die Gewichtseinheit Eis von 0^0 braucht nämlich die Wärmemenge 79,4, um in Wasser von 0^0 verwandelt zu werden.

Die Zufuhr der Wärme von aussen zum Eiscalorimeter wird dadurch vermieden, dass das letztere allseitig mit schmelzendem Eise umgeben wird.

Um die geschmolzene Menge durch Wägung oder Volummessung des Wassers einigermassen genau zu bestimmen (Eiscalorimeter von Lavoisier und Laplace), sind wegen der Adhäsion des Wassers am Eise grosse Mengen des Körpers nötig.

Für eine genäherte Bestimmung dient auch ein Eisstück von ebener Oberfläche mit einer Höhlung, in welche der erhitzte Körper eingelegt wird. Während dessen Abkühlung bedeckt man die Platte mit einem ebenen Eisdeckel. Nachher wird das geschmolzene Wasser mit einem kalten Schwämmchen ausgetupft und gewogen. (Black.)

Eiscalorimeter von Bunsen. (Pogg. Ann. Bd. 141, S. 1.) Hier wird die geschmolzene Menge aus der Volumen-Abnahme bestimmt, welche das Wasser bei dem Uebergange aus dem festen in den flüssigen Zustand erleidet. Nimmt das Volumen eines Gemenges von Eis und Wasser um v cbcm ab, während sich ein Körper von der Masse m g von der Temperatur t auf 0 abkühlt, so ist die specifische Wärme des letzteren

$$c = \frac{v}{m}\frac{875}{t}.$$

1 g Eis hat nach Bunsen das Volumen 1,09082 cbcm, dagegen 1 g Wasser von 0° 1,00012 cbcm. Durch Schmelzung von 1 g Eis, wozu die Wärmemenge 79,4 verbraucht wird, entsteht also eine Volumverminderung um 0,0907 cbcm. Die Wärmemenge Eins vermindert demnach das Volumen um $\dfrac{0,0907}{79,4} = \dfrac{1}{875}$ cbcm.

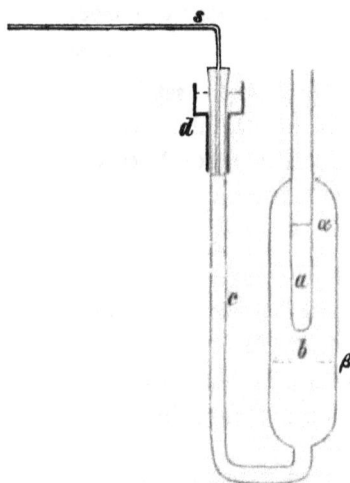

Das Bunsen'sche Calorimeter besteht aus den aus Glas zusammengeblasenen Teilen a, b und c; d ist ein aufgekitteter eiserner Aufsatz. b, c und d sind bis zu den punctirten Linien mit ausgekochtem Quecksilber gefüllt. Ueber letzterem befindet sich in b ausgekochtes Wasser; das Eis in demselben wird vor dem Versuche durch einen Strom von Weingeist, der in einer Kältemischung abgekühlt worden ist und durch a hindurchgeführt wird, als Umhüllung von a gebildet. Oder man füllt in a etwas Weingeist und senkt in den letzteren ein engeres Proberöhrchen mit einer Kältemischung wiederholt ein.

Zum Gebrauch wird das Instrument an d in einem Halter befestigt, mit reinem schmelzenden Schnee umgeben, und das calibrirte Scalenrohr s durch einen in d eingesetzten langen Kork eingedrückt, bis das Quecksilber hinreichend weit über der Teilung steht. Nachdem das Gefäss a bis α mit Wasser oder einer anderen Flüssigkeit gefüllt worden ist, welche den zu untersuchenden Körper nicht auflöst, erhitzt man denselben, lässt ihn in a hineinfallen (wobei eine weiche Unterlage auf dem Grunde des Probirröhrchens dessen Beschädigung verhindert) und verschliesst a mit einem Kork. Das Quecksilber in s sinkt und nimmt einen stationären Stand ein. Beträgt das Sinken p Scalenteile und ist das Volumen eines Teiles $= \varphi$, so ist $v = p.\varphi$.

Calibrirung des Rohres. Man erhält φ, indem man das Gewicht μ g eines Quecksilberfadens bestimmt, der n Scalenteile einnimmt. Wenn τ die Temperatur bei dieser Messung, so ist

$$\varphi = \frac{\mu(1 + 0{,}00018.\tau)}{13{,}596.n} \text{ cbcm.}$$

Auch empirisch lässt sich der Wärmewert des Scalenteils durch einen in das Calorimeter eingebrachten bekannten Körper bestimmen.

Geringe Verunreinigungen des Schnees oder Eises, womit das Calorimeter umhüllt ist, genügen, um den Quecksilberstand allmählich zu verschieben. Man beobachtet die Bewegung und setzt dieselbe für die Beobachtungszeit in Rechnung.

32. Vergleichung des Wärmeleitungsvermögens zweier Stäbe.

Wärmeleitungs-Vermögen oder Coefficient ist die Wärmemenge, welche in der Zeiteinheit durch den Querschnitt Eins hindurchfliesst, wenn senkrecht zu diesem Querschnitt das Temperaturgefälle Eins stattfindet, d. h. wenn die Temperaturänderung gleich der Längenänderung ist. Nach Despretz vergleicht man die Leitungsvermögen zweier Stäbe folgendermassen.

Wir setzen die beiden Stäbe von gleichem Querschnitt voraus und geben ihnen dieselbe Oberflächenbeschaffenheit durch Ueberziehen mit einem undurchsichtigen Lack oder durch Poliren und galvanische Versilberung. Die beiden Enden eines

Stabes werden auf verschiedene Temperatur gebracht, etwa indem man das eine Ende mit siedendem Wasser und das andere mit schmelzendem Eis umgibt. Weniger gut mag man das eine Ende in der Luft lassen, das andere durch eine sehr constant brennende Lampe erhitzen. Der mittlere Teil des Stabes, an welchem die nachfolgenden Temperaturbeobachtungen angestellt werden, ist durch Schirme vor Strahlung von den Wärmequellen geschützt. Die Temperaturverteilung wird mit der Zeit constant.

Nachdem dies eingetreten ist, werden an drei gleich weit von einander abstehenden Puncten I, II und III die Temperaturen des Stabes gemessen. Die Temperaturüberschüsse über die umgebende Luft mögen sein t_1, t_2 und t_3. Setzen wir

$$\tfrac{1}{2} \frac{t_1 + t_3}{t_2} = n.$$

Dasselbe Verfahren wird nun auf den anderen Stab angewandt; die Temperaturüberschüsse an drei ebensoweit von einander abstehenden Puncten durch T_1, T_2 und T_3 bezeichnet, setzen wir

$$\tfrac{1}{2} \frac{T_1 + T_3}{T_2} = N.$$

Dann verhalten sich die beiden Leitungsvermögen k und K

$$\frac{K}{k} = \left[\frac{\log \left(n + \sqrt{n^2 - 1}\right)}{\log \left(N + \sqrt{N^2 - 1}\right)} \right]^2.$$

Die Temperaturbestimmung geschieht durch ein Thermoelement. (25.)

Beweis. Wenn der stationäre Zustand eingetreten ist, so wird jedem Längenelement des Stabes ebensoviel Wärme durch Leitung zugeführt, wie von ihm an die Umgebung abgegeben wird. t ist der Temperaturüberschuss über die äussere Umgebung, die in der Zeiteinheit abgegebene Wärmemenge ist also mit t proportional, etwa gleich at, wo a für beide Stäbe denselben Wert hat. Die durch Leitung zugeführte gleiche Menge ist $k \cdot q \, \frac{d^2 t}{d x^2}$, wenn x den Abstand von der einen Endfläche, k das Leitungsvermögen, q den für beide Stäbe gleichen Querschnitt bezeichnet. Setzen wir $a/kq = \alpha^2$, so ist also α^2 eine dem betreffenden Leitungsvermögen umgekehrt proportionale Grösse, und es wird die Differentialgleichung für den stationären Temperaturzustand $\frac{d^2 t}{d x^2} = \alpha^2 t$. Das allgemeine Integral dieser Gleichung ist $t = Ce^{\alpha x} + C' e^{-\alpha x}$, wo C und C' zwei von der Erwärmung der Endflächen abhängige Integrationsconstanten bedeuten. Nennt man t_1, t_2, t_3 die Temperaturen für drei je um die Länge l auseinanderliegende Querschnitte, so findet man leicht durch Einsetzen von x_1, $x_1 + l$ und $x_1 + 2l$ in obige Gleichung, nach Elimination von C und C' die Beziehung $e^{\alpha l} + e^{-\alpha l} = \dfrac{t_1 + t_3}{t_2} = 2n$ (siehe oben). Oder

$$e^{\alpha l} = n + \sqrt{n^2 - 1}.$$

Es ist also, bei gleichem l, α proportional dem Ausdruck

$$\log (n + \sqrt{n^2 - 1}),$$

oder das Leitungsvermögen k dem reciproken Quadrate dieser Grösse.

Vgl. noch Wiedemann und Franz, Pog. Ann. LXXXIX. 497.

Ueber die nicht einfachen Bestimmungsweisen des absoluten Wärmeleitungsvermögens siehe Angström, Pogg. Ann. CXIV. 513. 1861 und CXXIII. 628. 1864; Heinrich Weber, ebd. CXLVI. 257; Kirchhoff und Hansemann, Wied. Ann. IX. 1. 1880; F. Weber, ebd. X. 103. 1882.

V. Elasticität und Schall.

33. Bestimmung des Elasticitätsmoduls eines Drahtes oder Stabes durch Ausdehnung.

Nach der gewöhnlichen Definition ist Elasticitätsmodul E dasjenige Gewicht, welches man an einen Draht vom Querschnitt Eins anhängen müsste, um seine Länge zu verdoppeln; vorausgesetzt, dass bis zu dieser Ausdehnung die Verlängerung der Belastung proportional bliebe. Die Grösse der Zahl E hängt natürlich von den Einheiten ab, in welchem Querschnitt und Gewicht gemessen werden. Man pflegt das Quadratmillimeter und das Kilogrammgewicht zu wählen, was man durch ein der Zahl beigesetztes $\dfrac{\text{Kg-Gewicht}}{\text{qmm}}$ bezeichnen kann. Streng genommen müsste man die Veränderlichkeit der Schwere in Rechnung setzen und die Beobachtung z. B. auf 45° Breite reduciren (S. 60). Doch sind meistens die Messungen nicht so genau, dass diese Correction merklich wird.

Man befestigt das obere Ende des zu untersuchenden Drahtes oder Stabes an der Wand oder an einer soliden Stütze, belastet das untere Ende wenn nötig zuerst mit soviel Gewicht, dass der Draht gestreckt ist, und misst seine Länge. Man fügt eine Mehrbelastung des unteren Endes hinzu und bestimmt die dadurch entstehende Verlängerung. Ausserdem muss der Querschnitt des Drahtes oder des als cylindrisch oder prismatisch angenommenen Stabes gemessen werden. Bedeuten

P die Mehrbelastung,

L die Länge,

l die Verlängerung, in derselben Einheit wie L ausgedrückt,

Q den Querschnitt,

so ist der Elasticitätsmodul E der Ausdehnung

$$E = \frac{LP}{lQ}.$$

Wenn das obere Ende des Drahtes als vollkommen fest angenommen werden kann, so mag man die Verlängerung als die Verschiebung einer Marke am unteren Ende messen. Im Allgemeinen ist es vorzuziehen, eine Marke oben und eine solche unten am Drahte anzubringen und deren Abstand bei jeder Belastung zu bestimmen.

Bei der mikroskopischen Längenmessung mit einem auf einem Maafsstabe verschiebbaren Mikroskop oder besser mit zwei feststehenden Mikroskopen mit Ocularmikrometern werden die Marken als zwei feine Querstriche mit dem Diamant oder mit einer feinen Feile angebracht.

Die grösste zur Messung angewandte Verlängerung muss innerhalb der Elasticitätsgrenze bleiben, das heisst, der Draht muss nach Entfernen der Belastung zu seiner früheren Länge zurückkehren, was nach den Versuchen zu controliren ist. Die Elasticitätsgrenze kann dadurch erweitert werden, dass man den Draht vor den Messungen mit einem grösseren Gewicht belastet. — Selbst bei harten Metallen wird man die Belastung zum Zwecke der Messung nicht über die Hälfte der Belastung steigern, bei welcher das Zerreissen eintritt. Siehe die Tragkraft einiger Substanzen in Tab. 17.

Die Genauigkeit des Resultates wird selbstverständlich vergrössert, wenn die Längen bei mehreren Belastungen beobachtet werden. Vgl. darüber das Beispiel oder, für die Rechnung mit kleinsten Quadraten, Nr. 3.

Die Grösse des Querschnittes kann durch Messung des Durchmessers bestimmt werden, wobei man sich für kleine Dicken des Fühlhebels oder des Mikroskopes (45) bedient.

Zweitens aber lässt sich der Querschnitt durch Wägung einer gemessenen Länge finden. Ist s (Tab. 1) das specifische Gewicht der Substanz, wiegen ferner h mm des Drahtes m mg, so ist der Querschnitt $Q = \dfrac{m}{h \cdot s}$ qmm.

Beispiel einer Bestimmung des Elasticitätsmoduls eines Eisendrahtes. 2 m des Drahtes wogen 1310 mg. Das specifische Gewicht wurde mit einem Pyknometer (14) $= 7{,}575$ gefunden, daraus folgt der Querschnitt $Q = \dfrac{1310}{2000 \cdot 7{,}575} = 0{,}08647$ qmm.

7*

Nach Tab. 17 ist die Tragkraft dieses Eisendrahtes $= 0{,}08647{.}61$
$= 5{,}4$ kg. Die höchste Belastung bei dem Versuche darf also etwa 2,7 kg
betragen.

Ein Gewicht von etwa $\frac{1}{2}$ kg war notwendig, um den Draht zu strecken;
dasselbe ist in den folgenden Zahlen nicht mitgerechnet. Vor den Beobachtungen wurde dem Draht zeitweilig eine Belastung von 4 kg gegeben.

Man beobachtete in der durch die Nummern angegebenen Reihenfolge den Abstand zweier auf dem Drahte gezogenen Marken bei verschiedenen Belastungen:

Nr.	Belastung.	Länge.	Nr.	Belastung.	Länge.	Verlängerung durch 2 kg
1.	0,0 kg	913,80 mm	2.	2,0 kg	914,91 mm	1,11 mm
3.	0,1 „	913,86 „	4.	2,1 „	914,95 „	1,09 „
5.	0,2 „	913,90 „	6.	2,2 „	915,00 „	1,10 „
7.	0,3 „	913,98 „	8.	2,3 „	915,09 „	1,11 „
					Mittel $=$	1,102 mm

Die Verlängerung ist hiernach $l = 1{,}102$ mm
auf eine Mehrbelastung $P = 2{,}00$ kg.

Folglich ist der Elasticitätsmodul (v. S.)

$$E = \frac{L.P}{l.Q} = \frac{913{,}8.2}{1{,}102.0{,}08647} = 19180 \ \frac{\text{Kg-Gew.}}{\text{qmm}}.$$

34. Elasticitätsmodul aus Längsschwingungen.

Ein Stab oder Draht, letzterer an beiden Enden eingeklemmt
und gespannt, wird der Länge nach gerieben und dadurch zum
Tönen gebracht. Durch Vergleichung mit einer Stimmgabel
von bekannter Tonhöhe wird die Schwingungszahl bestimmt.
Bedeutet

L die Länge des Drahtes in Metern,

s das specifische Gewicht desselben (Tab. 1),

9810 die Beschleunigung durch die Schwere in Mm,

n die Schwingungszahl des bei dem Reiben entstehenden Longitudinaltones in einer Secunde (Tab. 18),

so ist die Schallgeschwindigkeit u in dem Materiale in Metern

$$u = 2nL$$

und der Elasticitätsmodul

$$E = \frac{4n^2 L^2 s}{9810} \ \frac{\text{Kg-Gew.}}{\text{qmm}}.$$

Beweis. Es ist $u = \sqrt{\dfrac{Eg}{s}}$, wenn g die Beschleunigung der Schwere und s das Gewicht der Volumeneinheit der Substanz bedeutet. Da man für die Definition des Elasticitätsmoduls Mm als Längeneinheit und Kg als Gewichtseinheit gewählt hat — eine Inconsequenz, denn zum Mm gehört das Mg —, so wäre für s das Gewicht von 1 cbmm in Kg zu setzen. Es kommt aber offenbar auf das nämliche hinaus, wenn man für s das specifische Gewicht setzt und L in Metern, dagegen g in Mm ausdrückt.

Die Longitudinalschwingungen werden durch Reiben mit einem wollenen Lappen erzeugt, welcher für Metall oder Holz mit Colofonium bestrichen, für Glas angefeuchtet worden ist. — Ein gespannter, an den Enden eingeklemmter Draht wird in der Mitte gerieben. Einen Stab hält man in der Mitte fest und reibt die eine Hälfte.

Bei einem ausgespannten Drahte, dessen Länge sich vergrössern oder verkleinern lässt, beobachtet man genauer, indem man ihn auf die Tonhöhe der Stimmgabel abstimmt, als wenn man Ton-Intervalle zu schätzen versucht. — Es ist oft schwierig, die Octave zu bestimmen, in welcher die meistens sehr hohen Töne liegen. Ein derartiger Fehler wird übrigens im Resultate leicht bemerkt, weil er dieses immer mindestens viermal zu klein oder zu gross werden lässt, und weil der wahre Wert meistens innerhalb engerer Grenzen bereits bekannt ist.

Die aus der Tonhöhe bestimmten Elasticitätsmoduln fallen gewöhnlich um einige Procente höher aus, als die durch Verlängerung bestimmten, weil zwischen der Belastung und der Längenbestimmung Zeit verstreicht, und weil während derselben unvermeidlich eine kleine Ausdehnung vermöge der elastischen Nachwirkung hinzutritt.

Beispiel. Der vorige Eisendraht gab bei der Länge $L = 1{,}361$ m den Longitudinalton ais_3. Zu diesem findet sich aus Tab. 18 die Schwingungszahl $n = 1865$. Das specifische Gewicht $s = 7{,}575$ gesetzt, findet sich

$$E = \frac{4 \cdot 1865^2 \cdot 1{,}361^2 \cdot 7{,}575}{9810} = 19900 \ \frac{\text{Kg·Gew.}}{\text{qmm}}.$$

Andere Definitionen des Elasticitätsmoduls.

Eine andere Definition führt anstatt des Querschnittes die Masse der Längeneinheit ein und nennt Elasticitätsmodul diejenige Belastung (z. B. in Kg), welche die Länge eines Drahtes verdoppeln würde, dessen Längeneinheit die Masseneinheit hat (von welchem z. B. 1 mm 1 mg wiegt). Man kann diese Definition auch so aussprechen: die Belastung, welche notwendig wäre, um die Länge eines Drahtes zu verdoppeln, denke man

sich durch dieselbe Drahtsorte hergestellt. Die Länge des letzteren Drahtes ist gleich dem Elasticitätsmodul. Und zwar würde, um obigen Definitionen zu entsprechen, diese Länge in Km gemessen werden.

Den Elasticitätsmodul E' nach dieser zweiten Definition erhält man
aus dem obigen mit E bezeichneten, indem man letzteren durch die Dichtigkeit der Substanz dividirt. Bei der Bestimmung aus der Verlängerung
ist also unter Beibehaltung der Bezeichnungen S. 98 für L, P und l, indem man ausserdem

m gleich der Masse der Längeneinheit (Mg und Mm) setzt,

zu berechnen

$$E' = \frac{L}{l}\frac{P}{m}\,\text{km};$$

bei der Bestimmung aus der Tonhöhe (vor. S.)

$$E' = \frac{4\,n^2 L^2}{9810}.$$

Im ersteren Falle würde also anstatt der Querschnittsbestimmung die einfachere Wägung einer gemessenen Länge auszuführen sein, der andere
wird von jeder Wägung unabhängig.

Aus dem Beispiel S. 99 würde der Zahlenwert nach der letzteren
Definition für den Elasticitätscoefficienten des Eisendrahtes erhalten werden,
da 1 mm 0,655 mg wog,

$$E' = \frac{913,8.2}{1,102.0,655} = 2532\ \text{km};$$

aus dem Beispiel S. 101

$$E' = \frac{4.1865^2.1,361^2}{9810} = 2627\ \text{km}.$$

Elasticitätsmodul im absoluten Maafssystem. Fasst man
das Gramm u. s. w. als Masseneinheit, so stellt sein Gewicht die Kraft g
(Schwerbeschleunigung) dar (vgl. Anhang Nr. 6). Die Kraft Eins würde
eine g mal kleinere Ausdehnung u. s. w. bewirken und der Elasticitätsmodul würde g mal grösser erscheinen als im Vorigen. Einen in Kg-Ge-
wicht/qmm ausgedrückten Elasticitätsmodul hat man, um ihn in das
absolute Maafs des Cm,g-Systems umzurechnen, mit Kg/Gr = 1000, ferner mit Qcm/qmm = 100 und endlich mit g = 981, also im Ganzen
mit 98100000 zu multipliciren. Die alsdann erhaltene Zahl bedeutet die
Anzahl Gramme, welche an einen Draht von 1 qcm Querschnitt angehängt, seine Länge verdoppeln würde, aber an einem Orte, wo die Fallbeschleunigung 1 cm,sec betrüge. Obiger Eisendraht würde geben (S. 100)
19180.98100000 = 1882.10⁹ [cm,g].

35. Elasticitätsmodul durch Biegung eines Stabes.

I. Man klemme einen horizontalen Stab am einen Ende
fest ein und beobachte die Stellung des freien Endes an einem

verticalen Maaſsstab (z. B. Kathetometer). Man belaste ihn durch das Gewicht P am freien Ende und beobachte die dadurch hervorgebrachte Senkung s desselben. Die freie Länge des Stabes sei $= l$. Dann ist der Elasticitätsmodul E,

wenn der Querschnitt des Stabes ein Rechteck mit der aufrechtstehenden Seite a und der horizontalen b ist,

$$E = 4\,\frac{P}{s}\,\frac{l^3}{a^3 b};$$

wenn der Querschnitt ein Kreis vom Halbmesser r ist,

$$E = \tfrac{4}{3}\,\frac{P}{s}\,\frac{l^3}{r^4 \pi}.$$

Diese Bestimmungsweise ist schon auf sehr dünne Drähte anwendbar. Der Durchmesser wird aus dem Gewicht und specifischen Gewicht erhalten. Abweichungen vom kreisförmigen Querschnitt werden eliminirt, indem man eine zweite Bestimmung ausführt, bei welcher der horizontale und verticale Durchmesser vertauscht sind.

II. Die Schwierigkeit einer vollkommen festen Einklemmung wird vermieden, indem man den Stab mit seinen beiden Enden auf zwei feste Unterlagen lose auflegt. Der Abstand der beiden Lager von einander sei gleich l. Bringt dann ein in der Mitte des Stabes angehängtes Gewicht P daselbst die Senkung s' hervor, so ist

für rechteckigen Querschnitt (s. oben)

$$E = \tfrac{1}{4}\,\frac{P}{s'}\,\frac{l^3}{a^3 b};$$

für kreisförmigen Querschnitt

$$E = \tfrac{1}{12}\,\frac{P}{s'}\,\frac{l^3}{r^4 \pi}.$$

P ist in Kg-Gewichten, alle Längen sind in Mm auszudrücken, um die gewöhnliche Einheit des Elasticitätsmoduls (S. 98) zu Grunde zu legen.

Die obigen Formeln setzen voraus, dass die Senkungen im Vergleich mit der Länge klein sind. — Man hat sich auch hier zu überzeugen, dass die Formveränderungen innerhalb der Elasticitätsgrenze bleiben, d. h. dass nach Entfernung des Gewichtes die frühere Gestalt sich wieder herstellt. — Kleine Querschnitte werden durch Wägung bestimmt (S. 99), wobei die obigen Formeln sich vereinfachen lassen, indem man berücksichtigt, dass ab, resp. $r^2\pi$ den Querschnitt bedeutet.

Die Gleichung unter I für den rechteckigen Querschnitt ergibt sich folgendermassen. Bei der Krümmung werden die oberen Fasern ausgedehnt, die unteren verkürzt; die mittelste Schicht bleibt an Länge ungeändert. Bezeichnen wir, vom Befestigungspuncte an gerechnet, durch x die horizontale, durch y die verticale Coordinate eines Punctes dieser „neutralen" Schicht, so wird die Krümmung des Stabes an irgend einem Puncte durch $\dfrac{d^2y}{dx^2}$ dargestellt, da der Voraussetzung gemäss die Neigung überall klein ist. Es sei nun z der Abstand einer Faser von der neutralen Schicht, nach oben positiv, nach unten negativ gerechnet, so ist ein Stückchen der Faser im Verhältnis $z\,\dfrac{d^2y}{dx^2}$ zu seiner ursprünglichen Länge ausgedehnt (oder zusammengedrückt). Eine Schicht von der Breite b und der Dicke dz sucht sich also mit der Kraft $Ez\,\dfrac{d^2y}{dx^2}\,b\,dz$ zusammenzuziehen, also bilden diese Kräfte in den Schichten vom Abstand $+z$ und $-z$ zusammen ein Drehungsmoment $2Eb\,\dfrac{d^2y}{dx^2}\,z^2\,dz$. Das von einem ganzen Querschnitt von der Höhe a und der Breite b entwickelte Drehungsmoment ist also

$$2Eb\,\frac{d^2y}{dx^2}\int_0^{\frac{a}{2}} z^2\,dz = Eb\,\frac{a^3}{12}\,\frac{d^2y}{dx^2}.$$

Dieses Drehungsmoment der Elasticität muss dem von dem angehängten Gewicht an der Stelle ausgeübten statischen Moment $P(l-x)$ gleich sein, also

$$\frac{d^2y}{dx^2} = \frac{12}{E}\,\frac{P}{a^3b}\,(l-x).$$

Durch zweimalige Integration folgt hieraus die Senkung an der Stelle x

$$y = \frac{12}{E}\,\frac{P}{a^3b}\left(\frac{lx^2}{2} - \frac{x^3}{6}\right),$$

also die Senkung des Endes, für $x = l$

$$s = \frac{4}{E}\,\frac{Pl^3}{a^3b} \quad \text{oder} \quad E = 4\,\frac{P}{s}\,\frac{l^3}{a^3b}.$$

Dass ferner für denselben Stab, wenn er an beiden Enden lose aufliegt, das Gewicht in der Mitte den 16. Teil dieser Senkung hervorbringt, folgt daraus, dass man in diesem Falle die Mitte als fest eingeklemmt, jedes Ende durch das halbe Gewicht hinaufgezogen ansehen kann, wobei also $\frac{1}{2}P$ und $\frac{1}{2}l$ in den vorigen Ausdruck einzusetzen ist.

Andere Querschnitte. Fasst man den Querschnitt als eine Platte auf, welche in der Flächeneinheit die Masseneinheit besitzt, so ist $\frac{1}{12}a^3b$ das „Trägheitsmoment des Querschnittes" von rechteckiger Form bezogen auf die durch den Schwerpunct gehende Horizontale (54). Bezeichnen wir dieses mit K, so kann man also schreiben

$$E = \frac{1}{3}\,\frac{1}{s}\,\frac{Pl^3}{K} \quad \text{oder} \quad \frac{1}{48}\,\frac{1}{s'}\,\frac{Pl^3}{K}.$$

In dieser Form gilt die Gleichung für Stäbe von beliebigem Querschnitt, wenn die Horizontale eine Hauptaxe ist. Z. B. ist das „Trägheitsmoment des Kreises" gleich $\frac{1}{4}r^4\pi$, woraus die obigen Formeln für den Kreisquerschnitt folgen.

36. Torsionsmodul eines Drahtes aus Schwingungen.

Man hänge an den Draht ein Gewicht und versetze es in drehende Schwingungen. Wenn

l die Länge des Drahtes,

r seinen Halbmesser,

K das Trägheitsmoment des schwingenden Gewichtes, bezogen auf die Drehungsaxe (54),

t die Schwingungsdauer in Secunden (die Dauer einer einzelnen Schwingung, vgl. 52)

bedeutet, so ist der Torsionsmodul der Substanz des Drahtes

$$F = \frac{2\pi}{g}\,\frac{Kl}{t^2r^4},$$

wo g die Fallbeschleunigung bedeutet. Man pflegt, entsprechend der Wahl der Einheiten für den Elasticitätsmodul der Ausdehnung (33), die Längen in Mm, die Gewichte in Kg zu messen. Wird die Zeit in Secunden ausgedrückt, ist also $g = 9810$, so wird obige Formel

$$F = 0{,}0006405\,\frac{Kl}{t^2r^4}.$$

Wird als schwingendes Gewicht ein Cylinder mit verticaler Axe benutzt, so ist zu setzen $K = \frac{1}{2}MR^2$, wo R den Halbmesser in Mm, M die Masse in Kg bedeutet.

Erläuterung. Der Torsions- oder zweite Elasticitätsmodul F hat folgende Bedeutung. Man denke sich aus der Substanz eine Platte von der Fläche 1. In der Platte sei eine zur Grundfläche senkrechte Linie

markirt. Die Grundfläche sei unverschieblich befestigt und an der gegenüberliegenden Fläche wirke nun in der Richtung dieser Fläche eine Kraft k,
welche gleichförmig über die ganze Fläche verteilt sei. Dadurch werden
die Plattenschichten an einander verschoben werden und die vorher normale Linie wird jetzt mit der Normalen einen kleinen Winkel δ bilden.
Dann ist F das Verhältnis der Kraft k zu diesem Winkel, also $k = F\delta$.

Zu dem Elasticitätsmodul E der Ausdehnung steht der zweite Modul
F in folgender Beziehung. Mit der Ausdehnung eines Stabes durch ein
angehängtes Gewicht ist erfahrungsgemäss eine Verkürzung des Durchmessers verbunden. Ist l die Länge, d der Durchmesser, δ diese Verkürzung des letzteren, welche mit der Verlängerung λ verbunden ist,
setzen wir ferner das Verhältnis der Quercontraction zur Längenausdehnung
$\frac{\delta}{d} : \frac{\lambda}{l} = \mu$, so ist nach der Elasticitäts-Theorie $F = \frac{1}{2}\frac{E}{1+\mu}$. Erfahrungs-

gemäss ist $\mu \begin{smallmatrix} > 0 \\ < \frac{1}{2} \end{smallmatrix}$ also jedenfalls $F \begin{smallmatrix} < \frac{1}{2}E \\ > \frac{1}{3}E \end{smallmatrix}$. Für den Mittelwert $\mu = \frac{1}{4}$

würde $F = \frac{2}{5}E$ sein. (Poisson. Vergl. z. B. Clebsch, Theorie der
Elasticität §§ 3 und 92.)

Das von einem Drahte bei der Torsion ausgeübte Drehungsmoment
berechnet sich aus F, wenn man den Draht in dünne concentrische Röhren
zerlegt denkt. Eine von diesen Röhren habe den inneren und äusseren
Durchmesser ϱ und $\varrho + d\varrho$. Auf dem Umfange dieser Röhre sei eine
verticale Gerade gezogen. Drillen wir nun den Draht, indem wir den
untersten Querschnitt um den Winkel φ drehen, so wird diese Linie in
eine Schraubenlinie verwandelt, welche gegen die Verticale die Neigung
$\frac{\varphi\varrho}{l}$ hat. Dies ist also unser Verschiebungswinkel δ der Schichten gegen

einander. Somit wird die Torsionselasticität den untersten Querschnitt
$2\pi\varrho\,d\varrho$ der Röhre mit einer Kraftsumme $F\frac{\varphi\varrho}{l} \cdot 2\pi\varrho\,d\varrho$ in seine frühere

Lage zurückzudrehen suchen. Da ϱ der Halbmesser der Röhre, so gibt

diese Kraft das Drehungsmoment $2\pi F\frac{\varphi}{l}\varrho^3 d\varrho$.

Ein solches Drehungsmoment erfährt aber jede Röhre in ihrem End-
querschnitt, so dass das ganze Drehungsmoment eines Drahtes von der
Länge l und dem Halbmesser r bei einem Torsionswinkel φ beträgt

$$2\pi F\frac{\varphi}{l}\int\limits_0^r \varrho^3 d\varrho = F\frac{\pi r^4}{2l}\cdot\varphi.$$

Mit Hilfe von Anh. 9 und 10 ergibt sich hieraus sofort die Schwingungsdauer t, wobei aber zu beachten ist, dass zu dem Drehungsmoment der
Factor g hinzutritt, wenn man wie bei der Elasticität die Kräfte in Gewichten ausdrückt.

Ueber Umrechnung in das absolute Maasssystem gilt das auf S. 102
Gesagte.

37. Bestimmung der Schallgeschwindigkeit durch Staubfiguren (Kundt).

Die Schallgeschwindigkeit in trockner atmosphärischer Luft von 0^0 beträgt 330 $\dfrac{\text{Meter}}{\text{Secunde}}$, in trockner Luft von der Temperatur t aber $330 . \sqrt{1 + 0{,}00367 . t}$. Auf den gewöhnlichen Feuchtigkeitsgehalt der Luft wird in mittleren Temperaturen näherungsweise Rücksicht genommen, indem man setzt

$$u = 330 \sqrt{1 + 0{,}004 . t} \quad \text{(vgl. 18)}.$$

Diese Zahl kann man benutzen, um die Schallgeschwindigkeit in longitudinal geriebenen Stäben oder Röhren zu bestimmen. Der Stab wird horizontal gelegt und mit seiner Mitte fest eingeklemmt. Das eine Ende E wird longitudinal gerieben (S. 100), das andere ragt in eine, mindestens 20 mm weite, am hinteren Ende durch einen dicht schliessenden verschiebbaren Stöpsel S verschlossene Glasröhre, welche gut gereinigt ist und ein wenig Lycopodiumsamen oder Korkstaub oder Kieselsäure enthält. Beim Anreiben des Stabes erzeugen die Stösse des freien Endes in der Glasröhre stehende Luft-Schwingungen, durch welche sich der Staub in periodische Figuren ordnet. Durch Verschieben von S findet sich leicht eine Stellung, bei welcher das Aufwirbeln des Staubes möglichst energisch geschieht, und in dieser lässt man den Stöpsel stehen. Man kann auch die Röhre bei S fest verschliessen und anstatt des Stöpsels die ganze Röhre verschieben. — Auf einen Stab von kleinem Querschnitt kann man, um das Uebertragen der Stösse an die Luftsäule zu verstärken, eine leichte Kork- oder Pappscheibe aufkleben.

Misst man nachher den Abstand zweier Knotenpuncte l von einander, d. i. die halbe Länge der Staubwelle durch Unterlegen eines Maafsstabes, und ist L die Länge des geriebenen Stabes, so ist die Schallgeschwindigkeit in letzterem

$$U = 330 . \sqrt{1 + 0{,}004 . t} . \frac{L}{l} \text{ Meter}$$

der Elasticitätsmodul also (S. 100)

$$E = \frac{U^2 s}{9810} \frac{\text{Kg-Gewicht}}{\text{qmm}},$$

wo s die Dichtigkeit des Stabes bedeutet.

Um eine genaue Länge der Staubwelle zu erhalten, misst man den Abstand zweier um mehrere (n) Wellenlängen auseinander liegender Schwingungsknoten und dividirt den Abstand durch n. Ueber die Rechnung bei einer grösseren Anzahl von gemessenen Knotenpuncten vgl. **3** S. 16.

Beispiel. Ein 900 mm langer Glasstab gab bei der Lufttemperatur 17° die Länge der Staubwellen $l = 62,9$ mm. Die Schallgeschwindigkeit im Glase war also $330 \sqrt{1 + 0,004.17} \frac{900}{62,9} = 4890 \frac{m}{sec}$; und der Elasticitätsmodul des Glases $E = \frac{4890^2 . 2,7}{9810} = 6580 \frac{\text{Kg-Gewicht}}{\text{qmm}}$.

Den Wellenlängen, welche ein und derselbe geriebene Stab nach obigem Verfahren in **zwei verschiedenen Gasen** gibt, sind selbstverständlich die Schallgeschwindigkeiten in beiden Gasen proportional.

Allgemein hat man folgende Beziehungen. Bedeutet

h den in Quecksilber von 0° gemessenen Gasdruck,

σ das specifische Gewicht des Gases,

σ_0 dasselbe bei 0° und 0,76 m Druck,

t die Temperatur,

c' und c die specifische Wärme bei constantem **Druck** und constantem Volumen,

$g = 9,810$ m die Fallbeschleunigung,

so wird die Schallgeschwindigkeit u gegeben durch die Formel

$$u^2 = gh \frac{13,596}{\sigma} \frac{c'}{c} = 9,810 . 13,596 . 0,76 \frac{1 + 0,00367 \, t}{\sigma_0} \frac{c'}{c}.$$

$$= 101,37 . \frac{1 + 0,00367 . t}{\sigma_0} \frac{c'}{c}.$$

Diese Beziehungen können dazu dienen entweder die Schallgeschwindigkeit in einem Gase von bekanntem s_0 und c'/c zu berechnen, oder umgekehrt aus der beobachteten Schallgeschwindigkeit auf die Dichtigkeit oder das Verhältnis der specifischen Wärme zu schliessen.

37a. Bestimmung der Schwingungszahl eines Tones.

1. Um die Schwingungszahl einer Stimmgabel zu bestimmen, kann man dieselbe mittels einer angeklebten leichten biegsamen Spitze auf eine fortbewegte berusste Fläche (z. B. Walze mit einer Spindel-Axe) eine Sinuscurve schreiben lassen. Während dessen zeichnet eine Vorrichtung neben diese Curve Marken in bekanntem Tacte. Die Anzahl der Wellen, welche zwischen zwei oder mehreren Zeitmarken liegen, wird dann abgezählt. Ueber die Berechnung vgl. auch 3.

Die Marken werden z. B. durch eine elektromagnetische Schreibvorrichtung hergestellt, welche durch den Stromschluss (Quecksilbernapf) bei jeder Schwingung eines Secundenpendels bewegt wird. Oder dieser Stromschluss geht durch die innere Rolle eines Inductionsapparates, während die Pole der äusseren Rolle mit der berussten Walze bez. mit der Stimmgabel verbunden sind. Die Inductionsfunken durch die Schreibspitze geben dann die Marken ab.

2. Man erhält eine Sirene mit Zählerwerk auf der Höhe des zu bestimmenden Tones und zählt die Umdrehungen während einer Anzahl von Secunden. Durch häufige Wiederholung wird eine einigermassen zuverlässige Zahl entstehen können.

3. Stimmgabeln oder sonstige Tonquellen von nahe gleicher Schwingungszahl lassen sich aus der Anzahl der Schwebungen vergleichen, welche sie mit einander geben. Jede Schwebung bedeutet ein Vorauseilen des einen Tones um eine ganze Schwingung. Weiss man nicht, welcher von beiden Tönen der höhere ist, so kann man z. B. den einen von ihnen ein wenig vertiefen. Werden die Schwebungen dadurch langsamer, so war dieser Ton der höhere. Ein Stimmgabelton wird durch gelindes Erwärmen der Gabel oder durch Ankleben von etwas Wachs vertieft.

4. Eine gespannte weiche Saite (Monochord) von der Länge l m, gespannt durch ein Gewicht P, wenn 1 m der Saite das Gewicht p hat, gibt die Schwingungszahl des Grundtons

$$n = \frac{1}{2l} \sqrt{\frac{9{,}81\,P}{p}}.$$

VI. Capillarität.

37b. Bestimmung der Capillarconstante.

I. Aus der Steighöhe.

Ein kreiscylindrisches enges, von der Flüssigkeit benetztes, also sorgfältig gereinigtes Rohr von dem inneren Halbmesser r werde in die Flüssigkeit eingetaucht. Die Steighöhe der letzteren in dem benetzten Rohre sei $= H$ und s das specifische Gewicht der Flüssigkeit. Dann wird die Capillarconstante gefunden

$$\alpha = \tfrac{1}{2} r H s.$$

H muss gross sein gegen r. Man hat die Höhe H zu rechnen bis zu $\tfrac{1}{3} r$ über dem untersten Puncte des Meniscus.

Da der innere Umfang des Rohres $= 2 r \pi$, die gehobene Flüssigkeitsmenge $= r^2 \pi H s$, so ist also α oder $\tfrac{1}{2} r H s$ die Flüssigkeitsmenge, welche von der Einheit der Länge des Rohrumfanges getragen wird. — Eine andere, ältere Definition nennt wohl unter Bezeichnung a^2, das Product $r H$ Capillarconstante. Die beiden Definitionen stehen also im Verhältnis $\tfrac{1}{2} s : 1$. — Vgl. Quincke, Pogg. Ann. CLX. 341. 1877.

Calibrirung des Rohres. Wenn ein Quecksilberfaden, welcher bei der Temperatur t in dem Rohre n mm lang ist, m mg wiegt, so ist

$$r = \sqrt{\frac{1}{\pi} \frac{m}{n} \frac{1 + 0{,}00018 \cdot t}{13{,}60}} \text{ mm}.$$

Massgebend ist übrigens nur der Halbmesser am oberen Ende der gehobenen Säule, so dass man die Länge des Quecksilberfadens zu messen hat, während seine Mitte mit dieser Stelle zusammenfällt.

II. Aus der Höhe von Luftblasen oder Flüssigkeitstropfen (Quincke).

1. Luftblasen. Man erzeugt in der betreffenden Flüssigkeit, die sich in einem Trog mit einer verticalen Planwand

befinde, eine breite Luftblase unter einer eingetauchten horizontalen Platte. Die Blase habe 20 mm oder mehr Durchmesser. Wenn h der Verticalabstand von dem flachen untersten Teil der Blase bis zu dem Puncte weitester horizontaler Ausbauchung ist, so hat man

$$\alpha = \tfrac{1}{2} s.h^2.$$

Ueber eine Correction, welche die Beobachtung auf unendlich grosse Blasen reducirt, vgl. Quincke l. c. p. 364.

2. **Tropfen.** Flüssigkeiten, welche auf ebener Unterlage nicht benetzende Tropfen bilden, lassen sich mittels dieser Tropfen genau ebenso untersuchen. h bedeutet den Verticalabstand der Kuppe von der grössten horizontalen Ausbauchung.

Man misst diese Höhen mit einem kleinen Kathetometer (cf. Quincke l. c.) oder mit dem Sphärometer.

Randwinkel. Kennt man ausserdem die ganze Tiefe bez. Höhe h' der Blase oder des Tropfens, so wird der Randwinkel Θ zwischen Flüssigkeit und Platte erhalten aus

$$\cos \frac{\Theta}{2} = \frac{1}{\sqrt{2}} \frac{h'}{h}.$$

VII. Licht.

38. Messung eines Flächenwinkels mit dem Wollaston'schen Reflexionsgoniometer.

Das Instrument wird so aufgestellt, dass seine Drehungsaxe parallel ist mit einer entfernten horizontalen zur Sehlinie senkrechten Marke O (Fenstersprosse, Dachfirst). Wir setzen zunächst voraus, der Krystall sei bereits nach den auf der folgenden Seite gegebenen Vorschriften an der Axe so befestigt, dass diejenige Krystallkante, an welcher der Winkel gemessen werden soll, in der Axe liegt und ihr parallel ist. Indem man nun das Auge dicht vor den Krystall hält, dreht man an der Axe, bis das in einer Krystallfläche gesehene Bild der oben genannten Marke mit einer direct gesehenen tiefer gelegenen ebenfalls horizontalen Marke U (Rand des Fussbodens, oder auch Spiegelbild der oberen Marke in einem hinter dem Goniometer befestigten, passend geneigten Spiegel) zusammenfällt und liest den Stand der Kreisteilung am Index (Nonius) ab. Dann dreht man den Kreis mit dem Krystall, bis das Spiegelbild von O in der anderen Krystallfläche mit U zusammenfällt, und liest den Index wiederum ab. Der Winkel, um welchen man gedreht hat, ergänzt den gesuchten Winkel der zwei Flächen zu 180^0.

Zur genaueren Winkelmessung ist gewöhnlich innerhalb der Axe, um welche sich der geteilte Kreis dreht, concentrisch eine zweite Axe angebracht. Ueber die Verwendung dieser Axe zur Repetition der Winkelmessung vgl. 88.

Einstellung der Krystallkante parallel der Drehungsaxe. Zwei auf einander senkrechte Drehungen genügen, um der zu messenden Kante jede Richtung zu geben (ursprüngliche Einrichtung von Wollaston). Die gewünschte Stellung ist alsdann durch Probiren zu erreichen. Systematisch aber kann man die zu messende Kante parallel machen, wenn noch eine dritte Drehungsaxe hinzugefügt wird. (Naumann.)

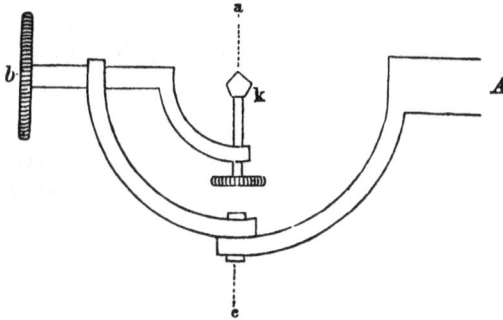

A ist die Axe des Kreises, a, b, c sind die Orientirungsaxen, k der mit etwas Wachs befestigte Krystall.

1. Man stelle durch Drehung um c die Vorrichtung so, dass b die Fortsetzung von A bildet, d. h. dass beim Drehen von A der Schraubenkopf von b ruhig läuft. Nun wird durch Drehen um a die eine Krystallfläche (1) zu A parallel gestellt. Vgl. darüber unten.

2. Man drehe c um einen Winkel von etwa 60 bis 90°, so wird sich im Allgemeinen die Stellung von Fläche (1) gegen die Axe A geändert haben. Durch Drehung um b stellt man (1) wieder parallel zu A. Hierdurch ist (1) parallel zu A und zu b, also senkrecht zu c gemacht; eine Drehung um c wird also die Lage von Fläche (1) nicht mehr verändern.

3. Durch Drehung um c stellt man die Fläche (2) parallel zu A.

Bei jeder folgenden Einstellung einer Axe dürfen die vorher orientirten nicht mehr gedreht werden.

Um zu erkennen, dass eine Fläche mit der Axe A parallel ist, markirt man an der oberen und unteren horizontalen Marke die in der Ebene des Teilkreises senkrecht unter einander liegenden Puncte. Stellt man auf eine horizontale Fenstersprosse ein, so wird man am bequemsten eine sie schneidende verticale Leiste und unten den Punct, wo ein von ihr herabgehängtes Senkel die tiefere Horizontalmarke trifft, benutzen. An der Dachfirste wählt man einen Schornstein oder Blitzableiter und unten dessen Bild in dem festen Spiegel.

Selbstverständlich wird das Goniometer von vorn herein in der durch die verticalen Marken gehenden Ebene aufgestellt, welche auf den Horizontalmarken senkrecht ist. Die Krystallfläche ist der Kreisaxe parallel, sobald bei passender Drehung um *A* das Spiegelbild des oberen Punctes in der Fläche mit dem unteren Puncte zusammenfällt.

Vor der genauen Orientirung des Krystalles prüfe man durch eine oberflächlich ausgeführte, ob nicht schliesslich in einer zur Beobachtung nötigen Stellung des Kreises einer der Bügel (s Fig.) sich zwischen das Auge und die Marke schieben würde.

Ueber Winkelmessung durch Reflexion vgl. auch 39, II.

39. Bestimmung eines Lichtbrechungsverhältnisses mit dem Spectrometer (Goniometer).

Allgemeine Regeln.

1. **Spaltrohr (Collimator).** Der an den Instrumenten angebrachte **Spalt** soll im Allgemeinen, durch die zu ihm gehörige Linse gesehen, **ein unendlich fernes Object vertreten.** Um dies zu erreichen wird zuerst das **Fernrohr auf parallele Strahlen eingestellt.** Hierzu macht man zunächst das Fadenkreuz des Fernrohres durch Verstellen des ersten Ocularglases oder des Fadenkreuzes selbst deutlich sichtbar. Dann richtet man das Rohr auf einen sehr entfernten Gegenstand und bewirkt mit dem Auszuge, dass das Bild dieses Gegenstandes keine Parallaxe gegen das Fadenkreuz zeigt, d. h. dass beide bei einer Seitenbewegung des Auges sich nicht gegen einander verschieben. Ist das Fadenkreuz beleuchtbar, so kann das unendlich ferne Object auch durch das Spiegelbild des Fadenkreuzes in einem Planglase vertreten werden. Vgl. auch Nr. 8 dieses Abschnittes. Zum Schluss richtet man das so eingestellte Fernrohr auf den beleuchteten Spalt und zieht das Spaltrohr so weit heraus, dass das Bild des Spaltes im Fernrohr keine Parallaxe gegen das Fadenkreuz zeigt; alsdann vertritt der Spalt ein unendlich fernes Object.

2. **Beleuchtetes Fadenkreuz.** Diese Beleuchtung wird hervorgebracht durch eine schräg gestellte Planglas-Platte zwischen dem Ocular und dem Fadenkreuz. Auf die Platte fallen

Lichtstrahlen von einer seitlich aufgestellten Flamme und werden von da nach dem Fadenkreuz und dem Objectiv geworfen. Ist das Fernrohr auf Unendlich eingestellt, so treten die Strahlen, welche von einem Punct des Fadenkreuzes kommen, als Parallelstrahlen aus dem Objectiv und geben, in das Fernrohr reflectirt, ein deutliches Bild des Fadenkreuzes.

3. **Kreisablesung.** Die Anbringung zweier gegenüberliegender Ablesepuncte an einer Kreisteilung hat nicht nur den Zweck, die Ablesungsfehler zu verringern, sondern auch noch die Excentricität der Kreisteilung gegen die Drehungsaxe zu eliminiren. Man beobachte also jedesmal beide Nonien, die keineswegs immer um genau 180⁰ auseinanderstehen müssen, bemerke aber, um nicht hinterher Unsicherheit zu haben, gleich, zu welchem Nonius jede Beobachtungszahl gehört. Den gesuchten Drehungswinkel findet man dann, indem man aus den Winkeln, die jeder Nonius angibt, das Mittel nimmt, oder etwas bequemer, indem man die Gradablesung immer nach Nonius I rechnet und nur in den Bruchteilen (Minuten), vor der Subtraction der Stellungen, die Mittelzahlen nimmt.

4. Um zu prüfen, **ob die Sehlinie des Fernrohrs senkrecht zu seiner Drehungsaxe ist,** dient das beleuchtbare Fadenkreuz im Oculare. Man befestigt (etwa mit Klebwachs oder Guttapercha) auf dem Tischchen des Instruments ein kleines beiderseitig spiegelndes, etwa versilbertes (48) Planparallelglas und orientirt dasselbe so, dass das mit dem Fernrohr gesehene Spiegelbild des beleuchteten Fadenkreuzes mit letzterem selbst zusammenfällt. Dreht man nun das Fernrohr um 180⁰, so müssen offenbar, wenn die Sehlinie zur Drehungsaxe senkrecht ist, abermals die Bilder zusammenfallen. Wenn nicht, so corrigirt man die Hälfte der Abweichung durch Neigen des Spiegelglases, die andere Hälfte durch Neigen des Fernrohres und wiederholt die Probe u. s. f.

5. **Dass die Drehungsaxe des Tischchens oder des Kreises senkrecht zur Sehlinie des Fernrohrs ist,** wird erkannt, indem man nach der Einstellung des Fadenkreuzbildes das Tischchen mit dem Spiegelglas um 180⁰ dreht; dann müssen die Bilder wieder zusammenfallen.

6. **Befindet sich das Spiegelglas selbst auf einem kleinen**

Fuss mit Stellschrauben, so kann man dasselbe endlich benutzen um zu prüfen, ob die Ebene des Tischchens mit der Sehlinie des Fernrohrs parallel ist. Man bringt mit den Stellschrauben die Fadenkreuze zur Uebereinstimmung, dreht den Fuss mit dem·Spiegelchen um 180⁰ und prüft wieder das Zusammenfallen. Stimmt diese Prüfung ebenso, nachdem man das Tischchen oder das Fernrohr um 90⁰ gedreht hat, so ist die Ebene des Tischchens senkrecht zur Drehungsaxe. (Dabei muss natürlich die Sehlinie des Fernrohrs bereits senkrecht zur Drehungsaxe gestellt sein.)

7. Auch um eine spiegelnde Fläche (Prismenfläche u. dergl.) mit der Drehungsaxe des Instrumentes parallel zu machen, kann das beleuchtete Fadenkreuz des berichtigten Fernrohrs gerade wie oben benutzt werden. Indessen kann zu diesem Zweck auch das Spaltrohr dienen. Zuerst nämlich richtet man das (berichtigte) Fernrohr gerade auf den Spalt und markirt (durch einen Querfaden) denjenigen Spaltpunct, welcher in das Fadenkreuz fällt. Alsdann betrachtet man den Spalt in der Fläche gespiegelt, so muss, wenn diese mit der Axe des Instrumentes parallel ist, dieselbe Spalthöhe im Fadenkreuz erscheinen.

Sind zwei Flächen eines und desselben Körpers (Prisma) einzustellen, so stellt man letzteren so, dass eine der Flächen auf der Verbindungslinie zweier Fufsschrauben des Tischchens senkrecht steht. Diese Fläche wird zuerst berichtigt, und alsdann die andere, wobei dann aber die genannten beiden Schrauben nicht mehr benutzt werden dürfen.

8. Prüfung einer Glasplatte auf Planparallelismus. Diese Eigenschaft wird vor dem Fernrohr mit beleuchtetem Fadenkreuz folgendermassen erkannt: 1) es muss bei passender Stellung des Fernrohrzuges das Spiegelbild des Fadenkreuzes einfach und deutlich erscheinen; 2) wenn man die Parallaxe des Spiegelbildes gegen das direct gesehene Fadenkreuz (durch Verstellen des Fernrohroculares) beseitigt hat, so darf auch bei der Spiegelung von der entgegengesetzten Seite der Glasplatte keine Parallaxe auftreten. Dann ist zugleich das Fernrohr auf unendliche Entfernung eingestellt.

Verfügt man nicht über ganz paralleles Glas, so schneide und stelle man die Glasplatte so, dass die beiden Bilder des

Fadenkreuzes neben einander liegen. Dann lässt sich das Glas zu den Prüfungen des Spectrometers verwenden.

Bestimmung des Brechungsverhältnisses.

Der Körper, dessen Brechungsverhältnis gemessen werden soll, sei als Prisma gegeben, welches aus einem festen Körper durch Schleifen, aus einer Flüssigkeit durch Eingiessen derselben in ein Hohlprisma aus planparallelen Glasplatten hergestellt wird. Die Aufgabe umfasst die beiden Messungen des Prismenwinkels und der Ablenkung des Lichtstrahles.

I. Messung des brechenden Winkels.

a) Wenn das Fernrohr des Spectrometers feststeht und das Prisma mit dem Kreise drehbar ist. Das Prisma wird so gestellt, dass nach passender Drehung des Kreises die eine brechende Fläche nahe den früheren Ort der anderen einnimmt. Man stellt zuerst durch die Fußschrauben des Tischchens, auf welchem das Prisma steht, nach Nr. 7 jede der Prismenflächen parallel der Drehungsaxe. Alsdann wird durch Drehung des Kreises das Spiegelbild eines fernen verticalen Objects oder des am Spectrometer befestigten Spaltes oder auch des beleuchteten Fadenkreuzes in der einen Prismenfläche mit dem Fadenkreuz zur Coincidenz gebracht und die Stellung des Kreises an den Nonien abgelesen. Ebenso verfährt man mit der anderen Fläche. Die Differenz der Ablesungen am Kreise, selbstverständlich mit Rücksicht auf eine etwaige Ueberschreitung des Nullpunctes der Teilung, ergibt von 180° abgezogen den gesuchten brechenden Winkel φ.

b) Wenn das Prisma feststeht, das Fernrohr mit dem Nonius oder mit dem Kreise drehbar ist. Man stellt das Prisma so auf, dass ungefähr die rückwärts verlängerte Halbirungslinie des brechenden Winkels ein sehr entferntes verticales Object resp. den Spalt des Instrumentes trifft. Sodann wird das Fadenkreuz des Fernrohres auf das Spiegelbild des Objectes resp. des Spaltes in beiden Flächen eingestellt. Der Unterschied der Ablesungen am Kreise in beiden Lagen ist der doppelte brechende Winkel.

Das Object muss hierbei so weit entfernt sein, dass die

Dimensionen des Prismas gegen diese Entfernung verschwinden. Dient als Object der Spalt, so muss das Spaltrohr nach Nr. 1 sorgfältig so herausgezogen werden, dass die durch die Spaltlinse auf das Prisma fallenden Strahlen parallel sind, dass also der Spalt ein unendlich fernes Object vertritt.

Auch das beleuchtete Fadenkreuz kann zur Messung dienen.

Selbstverständlich kann nach a) oder b) ebenso auch ein Krystallwinkel gemessen werden, wenn das Instrument eine Vorrichtung zum Befestigen und Orientiren der Krystalle zwischen Spalt und Fernrohr besitzt.

II. Messung des Ablenkungswinkels.

Die directe Einstellung des Fernrohres auf den Spalt ergibt die Richtung des nicht abgelenkten Lichtstrahles. Um den Ablenkungswinkel des durch das Prisma gegangenen Strahles und daraus den Brechungsindex zu finden hat man vier Methoden.

a) Minimumstellung (Fraunhofer). Man dreht, nachdem man das Spaltbild im Gesichtsfeld hat, das Prisma und folgt der Verschiebung des Bildes mit dem Fernrohr. In derjenigen Lage, in welcher der Lichtstrahl die möglichst kleine Ablenkung hat (wo das Bild sich nach derselben Seite bewegt, man mag das Prisma links oder rechts drehen), fixirt man das Prisma, stellt nun das Fadenkreuz auf den Spalt ein und liest den Kreis ab. Diese Einstellung wird von der directen Einstellung auf den Spalt abgezogen und ergibt den Ablenkungswinkel δ. Noch besser findet man δ, wenn man den Lichtstrahl einmal nach links, das andere Mal nach rechts durch das Prisma minimal ablenken lässt und von den beiden Einstellungen des Fernrohrs die halbe Differenz nimmt. Das Brechungsverhältnis n wird dann, wenn φ den Prismenwinkel bedeutet, nach der Formel berechnet

$$n = \frac{\sin \frac{1}{2}(\delta + \varphi)}{\sin \frac{1}{2}\varphi}.$$

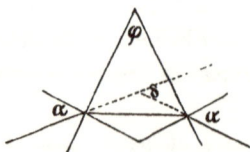

Die Minimalablenkung des Strahls bei dem Durchgang durch ein Prisma tritt ein, wenn der Strahl im Innern des Prismas gleiche Winkel mit beiden brechenden Flächen, also auch mit den beiden Normalen bildet. Letztere Winkel (s. Fig.) sind $=\frac{1}{2}\varphi$.

Der Einfallswinkel und ebenso der Austrittswinkel aus dem Prisma seien $= \alpha$, so ist nach dem Brechungsgesetz $\sin \alpha = n \sin \frac{\varphi}{2}$. Der Ablenkungswinkel des Strahles ist $\delta = 2\alpha - \varphi$, also $\sin \frac{1}{2} (\delta + \varphi) = \sin \alpha = n \sin \frac{1}{2} \varphi$, woraus obige Formel folgt.

b) **Stellung des senkrechten Austrittes.** Man gibt dem Prisma die Stellung, bei welcher die dem Fernrohre zugewandte Fläche zur Axe desselben senkrecht ist, d. h. bei welcher das gespiegelte Bild des Fadenkreuzes mit letzterem selbst zusammenfällt (Meyerstein). Das Verfahren setzt also eine Beleuchtbarkeit des Fadenkreuzes voraus. Ist δ wieder der Ablenkungswinkel, φ der brechende Winkel des Prismas, so ist

$$n = \frac{\sin (\delta + \varphi)}{\sin \varphi}.$$

c) **In sich zurückkehrender Strahl (Abbe).** Das Fernrohr mit beleuchtetem Fadenkreuz wird erstens auf die eine Prismenfläche senkrecht gestellt und abgelesen. Alsdann stellt man so, dass die Strahlen vom Fadenkreuz, welche durch die genannte Fläche ins Prisma dringen und an der zweiten Fläche reflectirt wieder austreten, wieder ins Fadenkreuz fallen (man stellt auf das Spiegelbild des Fadenkreuzes in der hinteren Prismenfläche ein). Beide Fernrohrstellungen mögen den Winkel ε mit einander bilden. Dann ist

$$n = \frac{\sin \varepsilon}{\sin \varphi}.$$

Vgl. **Abbe**, Apparate zur Bestimmung des Brechungsvermögens. Jena 1874.

d) **Streifender Eintritt.** (F. K.) Die eine Prismenfläche (*I*) werde von einem breiteren Lichtbündel streifend getroffen, etwa von einer Natronflamme beleuchtet, welche man in die Fortsetzung der Fläche gestellt hat. Durch die andere Prismenfläche sieht man das Licht dann scharf abgeschnitten. Man stellt auf diese Grenze zwischen dunkel und hell ein. Der Winkel dieser Sehrichtung mit der Normalen der Fläche *II* betrage α, während wieder φ den Prismenwinkel bedeute. α werde, wenn der Strahl nach der Prismenkante zu liegt, negativ genommen. Es folgt leicht

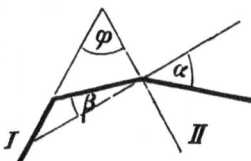

$$\sqrt{n^2 - 1} = \frac{\cos \varphi + \sin \alpha}{\sin \varphi},$$

woraus n berechnet wird.

Denn man hat (Fig.) $n = \sin \alpha / \sin \beta$ und von dem streifenden Eintritt an I noch $n = 1 / \sin (\varphi - \beta)$. Die Elimination von β aus beiden Gleichungen gibt obigen Ausdruck.

Der Winkel α wird gemessen: entweder mit beleuchtetem Fadenkreuz, indem man das Fernrohr auf die Normale der Fläche II einstellt (vgl. Nr. 2); oder man dreht nun das Prisma vor dem Fernrohr oder das Fernrohr um das Prisma, bis man die Grenze zwischen hell und dunkel in der Fläche I sieht, wenn II streifend beleuchtet wird. Nennt man den Drehungswinkel, um die Basis des Prismas herum gemessen, ω, so ist

$$\sin \alpha = \cos \frac{\omega - \varphi}{2}.$$

Vgl. F. K., Wied. Ann. XVI. 606. 1882.

Die Methoden unter c und d bedürfen keines Spaltes, sind dann aber zunächst nur auf homogenes Licht anwendbar. Die Methode d bedarf auch keiner Beleuchtungsvorrichtung im Ocular des Fernrohres und lässt sich mit jedem Fernrohr vor einem drehbaren Kreis ausführen.

a und d sind für Glasprismen bis zu $70-80^0$ brauchbar; zweckmässig ist ein Winkel von etwa 60^0. b und c können höchstens für Prismenwinkel gegen 40^0, für stärker brechendes Glas nur bis etwa 35^0 angewandt werden.

Das Brechungsverhältnis muss sich natürlich auf Licht von einer bestimmten Farbe beziehen. Im Sonnenlicht, welches man mit dem Heliostat horizontal auf den Spalt wirft, benutzt man die Fraunhofer'schen Linien, von denen die

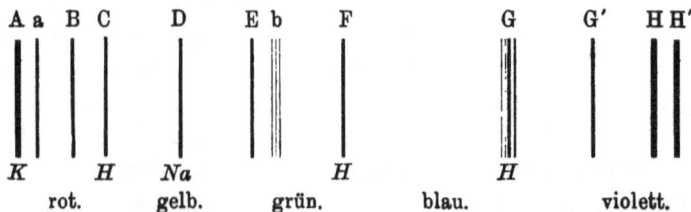

A a B C   D   E b   F   G   G'   H H'

K   H   Na   H   H

rot.   gelb.   grün.   blau.   violett.

kenntlichsten in beistehender Figur nach ihrer gegenseitigen Stellung, durch ein Flintglasprisma gesehen, gezeichnet sind.

Um A und a zu sehen, stelle man den Spalt nicht zu eng und halte ein rotes Glas vor denselben. D zeigt sich bei engem Spalte und starker Vergrösserung als eine sehr feine Doppellinie.

In Ermangelung oder bei Nichtanwendbarkeit von Sonnenlicht kann man die Linie A nahe durch die Kaliflamme, D durch die Natronflamme, C, F und eine Linie der Gruppe G durch das Licht des elektrischen Funkens in einer engen mit verdünntem Wasserstoffgase gefüllten Geissler'schen Röhre darstellen. Auch die rote Lithium- und die grüne Thallium-Linie, welche übrigens mit keiner Fraunhofer'schen Linie zusammenfallen, sind mit der Natriumlinie zusammen zur Charakterisirung der Lichtbrechung gut geeignet. Eine grosse Anzahl von Linien gibt auch das Cadmium-Spectrum (Mascart).

Der Unterschied der Brechungsverhältnisse für zwei bestimmte Farben (z. B. für B und H Fraunhofer), wird Dispersionsvermögen oder Zerstreuungsgrösse für diese Farben genannt. Mittleres Brechungsverhältnis nennt man dasjenige etwa für E.

Zur Reduction eines in der Luft gemessenen Brechungsverhältnisses auf den leeren Raum multiplicirt man dasselbe mit 1,00029, welche Zahl das Brechungsverhältnis des Lichtes bei dem Uebergang aus dem leeren Raum in atmosphärische Luft darstellt.

Vgl. Tab. 19, 19a und 20.

40. Bestimmung eines Licht-Brechungsverhältnisses aus dem Winkel der totalen Reflexion (Wollaston).

Wenn ein Lichtstrahl sich in einem Mittel vom Brechungsverhältnis N bewegt und auf die Grenzfläche zwischen diesem Mittel und einem zweiten vom kleineren Brechungsverhältnis n trifft, so tritt totale Reflexion des Lichtstrahles ein, sobald dessen Einfallswinkel an der Grenzfläche grösser als arc sin n/N wird. Die Beobachtung des Grenzwinkels φ der totalen Reflexion liefert also die Beziehung

$$\frac{n}{N} = \sin \varphi,$$

woraus, wenn das Brechungsverhältnis von einem der Mittel bekannt ist, dasjenige des anderen berechnet werden kann.

Diese Bestimmungsweise erfordert im Allgemeinen einfachere Hilfsmittel als die vorige und besitzt den Vorzug auf unvollkommen durchsichtige Körper anwendbar zu sein.

Selbstverständlich muss eine genaue Bestimmung sich auf Licht von einer bestimmten Farbe beziehen. (Siehe vor. Seite.)

I. Mit dem Prisma.

Die unter 39d beschriebene Methode kann anstatt mit streifend eintretendem Licht auch mit solchem Licht ausgeführt werden, welches die Fläche I des Prisma (s. Fig.) von innen trifft und reflectirt wird. Der Grenzwinkel der totalen Reflexion ist derselbe, wie der des streifend eingetretenen Strahles mit der Normalen. Man lässt zu diesem Zwecke diffuses (Natron-) Licht durch die 3te Prismenfläche auf I auffallen.

Ferner aber lässt sich das Brechungsverhältnis eines anderen Körpers mit dem Prisma bestimmen, indem man diesen Körper mit einer stark brechenden Flüssigkeitsschicht auf die Prismenfläche I anklebt und nun wie oben verfährt. Die Grenze der Totalreflexion erscheint hierbei als eine scharfe Begrenzungslinie zwischen hell und weniger hell. Falsches Licht wird durch Schwärzen der störenden Flächen abgeblendet.

Ist n das gesuchte Brechungsverhältnis, N das grössere des Prisma, so bekommt man

$$n = \sin \varphi \sqrt{N^2 - \sin^2 \alpha} - \cos \varphi \sin \alpha.$$

Denn es ist $N = n / \sin (\varphi - \beta) = \sin \alpha / \sin \beta$, woraus der Ausdruck folgt. Vgl. F. K., Wied. Ann. XVI. 607. 1882.

II. Mit dem Totalreflectometer. (F. K.)

Man befestigt den Körper so an dem Instrument, dass seine spiegelnde Fläche die Drehungsaxe enthält. Alsdann stülpt man das mit einer stärker brechenden Flüssigkeit (Schwefelkohlenstoff, Bromnaphtalin [Groth]) hinreichend gefüllte Fläschchen über den Körper, umgibt das Fläschchen mit einer stark durchscheinenden Hülle (Seidenpapier, nötigenfalls mit Petroleum bepinselt) und beleuchtet die Hülle auf einer Seite mit der Sodaflamme. Bei passender Neigung der spiegelnden Fläche nach der beleuchteten Seite und bei richtiger Stellung der Lampe wird dann das **auf grosse Entfernung akkomodirte Auge** das Gesichtsfeld im Körper in eine helle und in eine weniger helle Hälfte geteilt sehen. Man bringt die Grenzlinie durch Einstellung der Alhidade in die Visirlinie (Fernrohr oder Diopter mit halber Linse) und liest die Temperatur und die Einstellung der Nonien auf dem Teilkreise ab. Ebenso verfährt man dann auf der anderen Seite des Fläschchens. Der Winkel, um welchen man zwischen beiden Stellungen gedreht hat, ist der doppelte Grenzwinkel 2φ der totalen Reflexion zwischen der Flüssigkeit und dem Körper.

Einstellungsverfahren. Das **Fernrohr** wird zunächst **auf parallele Strahlen eingestellt** (39, 1). Der Teilkreis mit dem Fernrohr lässt sich zu diesem Zwecke um 90^0 aus seiner Hauptstellung herumdrehen.

Zur Prüfung, ob das **Fernrohr der Kreisebene parallel** steht, richtet man das Instrument so, dass ein entfernter gut markirter Punct in der Sehlinie des Fernrohrs liegt. Die freie Visirlinie nach demselben Punct muss dann in der Teilkreisebene liegen, was man durch Visiren über den Rand des Teilkreises oder über ein steifes an denselben angelegtes Lineal prüft.

Dass die **Fläche des Körpers der Drehungsaxe parallel** ist, erkennt man am bequemsten mittels eines **dieser Axe parallelen festen Spiegels.** Das Bild des Auges muss nämlich in diesem Spiegel in gleicher Höhe erscheinen wie in der Körperfläche.

Oder man nimmt zwei in der Kreisebene, einander nicht zu nahe liegende ferne Objecte. Visirt man nach dem einen Object an der spiegelnden Fläche vorbei, so muss das Spiegelbild des anderen Objectes in der Höhe des ersteren erscheinen. Mit dem bereits eingestellten Fernrohr prüft man die Stellung der Fläche so, dass man nach dem Spiegelbilde eines seitlich in der Kreisebene gelegenen fernen Objectes visirt. Dieses Bild muss bei passender Stellung der Alhidade in der Sehlinie des Fernrohrs erscheinen.

Je kleiner oder unvollkommener die spiegelnde Fläche (wie bei natürlichen Krystallflächen meistens der Fall ist), desto mehr ist Sorge zu tragen, dass die Fläche sowie die Sehlinie des Fernrohrs durch die Drehungsaxe selbst gehen.

Das Brechungsverhältnis des reinen Schwefelkohlenstoffs beträgt für 20° 1,6274 und nimmt auf jeden Grad Temperatursteigerung um 0,00080 ab. Der starke Einfluss der Temperatur verlangt eine sorgfältige Beobachtung des Thermometers und die möglichste Vermeidung der Erwärmung des Fläschchens durch die Flamme. Man stellt deswegen geeignete Schirme zwischen die Flamme und das Fläschchen, wobei die lichtgebende Oeffnung durch eine starke Glasplatte geschlossen sei.

Der Schirm wird zugleich benutzt, um den Hintergrund des Fläschchens dunkel zu erhalten. Die für die Deutlichkeit der Grenzlinie günstigste Stellung des Schirms sowie der Flamme muss durch Probiren gefunden werden. Die Umgebung des Objectes wird (z. B. durch Tusche, welche der Schwefelkohlenstoff nicht angreift) geschwärzt.

Untersuchung von Krystallen.

Doppelbrechende Objecte geben im Allgemeinen zwei Brechungsverhältnisse, denen entsprechend zwei Grenzen auftreten. Ein einaxiger Krystall wird am bequemsten in einer zur Hauptaxe senkrechten Fläche (Erkennung siehe 46 a) untersucht. Dann erhält man stets die beiden Hauptbrechungsverhältnisse. Der horizontal polarisirte (d. h. im Nicolschen Prisma bei verticaler Stellung der grösseren Diagonale verschwindende) Strahl ist der ordentlich gebrochene.

Ist die Krystallfläche der optischen Axe parallel, so bekommt man beide Hauptbrechungsverhältnisse, wenn die optische Axe der Drehungsaxe parallel liegt. Horizontal polarisirt ist der ausserordentliche Strahl.

Eine beliebig gelegene Krystallfläche liefert in jeder Richtung den ordentlichen Strahl. Jede Fläche enthält aber auch eine zur optischen Axe senkrechte Richtung (z. B. die Halbirungslinie des seitlichen Winkels in der Spaltfläche eines Rhomboeders; in der Quarzpyramidenfläche die Richtung der Grundlinie des Dreiecks). Stellt man diese Richtung horizontal, so liefert die Beobachtung die beiden Hauptbrechungsverhältnisse.

Liegt ein optisch zweiaxiger Krystall mit einem Schliff parallel einem Hauptschnitt vor, so erhält man zwei Hauptbrechungsverhältnisse, wenn eine optische Elasticitäts-

axe horizontal gestellt ist. Die hierzu senkrechte Richtung der
Ebene liefert das dritte Hauptverhältnis und eins der obigen
noch einmal. Ueber die Erkennung des zu der optischen Axen-
ebene senkrechten Schliffes siehe **46a**.

Flüssigkeiten.

1. Um das Brechungsverhältnis N der Flüssigkeit im
Fläschchen zu bestimmen, kann eine kleine Planplatte von
bekanntem Brechungsverhältnis n (z. B. Bergkrystall, dessen
ordentlicher Strahl $n = 1{,}5442$ für Na beträgt) dienen. Oder
man nimmt eine Luftschicht hinter einer Planplatte. Man
hat dann

$$N = \frac{n}{\sin \varphi} \quad \text{oder bei Luft} \quad N = \frac{1}{\sin \varphi}.$$

2. Ein **Flüssigkeitstropfen** hinter einer Planplatte kann
ebenso untersucht werden wie ein fester Körper.

Vgl. F. K., Wied. Ann. IV, 1.

III. Mit dem Refractometer (Abbe).

Das Abbe'sche Refractometer bietet den Vorteil, zugleich
die Dispersion zu liefern. Man bringt einen Tropfen der zu
untersuchenden Flüssigkeit zwischen die beiden Prismen des
Instrumentes, stellt die Alhidade mit den Prismen sowie den
Beleuchtungsspiegel so, dass das Gesichtsfeld des Fernrohrs hell
wird, und schiebt zunächst das Ocular auf Deutlichkeit des
Fadenkreuzes. Die Alhidade wird dann auf den Uebergang zwischen hell und dunkel gedreht. Die Grenze ist für Natriumlicht
scharf. Bei gewöhnlichem Licht dagegen erscheint wegen der
verschiedenen Lage der Grenze für die verschiedenen Farben
das Gesichtsfeld gefärbt. Man stellt den Compensator, d. h. die
Trommelteilung am Rohre, mit welcher zwei geradsichtige Prismen sich entgegengesetzt drehen, so, dass die Färbung einer
scharfen Grenze (mit einigen Interferenzstreifen) Platz macht.
Nun bringt man die Grenze auf das Fadenkreuz und liest Alhidade und Trommelteilung ab. Dann sucht man eine zweite
Stellung der Trommel mit scharfer Grenze, stellt wieder ein
und liest ab.

Das Mittel der Alhidadenstellungen gibt das Brechungsverhältnis für Natriumlicht; die Dispersion wird nach einer jedem Instrument beigegebenen Tabelle berechnet.

Ein fester Körper wird mit einem Tropfen einer stark brechenden Flüssigkeit (Cassiaöl, Arsenbromür) unter das obere der beiden Prismen geklebt.

Durchsichtige Körper werden mittels des Beleuchtungsspiegels durch Tageslicht oder Lampenlicht durchfallend beleuchtet. Andere erleuchtet man auffallend von der Seite. Einiges Probiren wird die Grenze deutlich sichtbar liefern.

Als Probe für die Richtigkeit, event. für die Correction der Teilungen dienen bekannte Flüssigkeiten (Tab. 20), insbesondere das Wasser oder eine bekannte Glas- oder Bergkrystallplatte (cf. II).

Vgl. Abbe, Apparate zur Bestimmung des Brechungsvermögens, Jena 1874 und Sitz.-Ber. d. Jenaischen Ges. f. Med. u. Nat. 1879, Febr. 21.

IV. Mit dem Spectrometer.

Das unter II beschriebene Verfahren lässt sich auch mit dem Spectrometer (39) ausführen, wenn man einen Flüssigkeitstrog mit vorderer Planwand fest aufstellen kann, in welchem die mit dem Teilkreise drehbare Objectplatte sich befindet.

Besteht das Object aus einem durchsichtigen Körper in Gestalt einer sehr dünnen grösseren planparallelen Platte, so kann das Licht des Spaltrohres angewandt werden. Der Trog muss zwei gegenüber stehende ebene Wände haben.

Man lässt paralleles Licht vom Spalt (39, 1) senkrecht zur einen Wand einfallen und visirt mit dem Fernrohr durch den Körper nach dem Spalt. Diejenigen beiden schrägen Stellungen des Körpers, in denen das Spaltbild plötzlich (bei Anwendung homogenen Lichtes) verschwindet, liegen um 2φ auseinander. Bringt man zwischen den Trog und das Fernrohr noch ein Prisma, am bequemsten ein geradsichtiges, und beleuchtet den Spalt mit Sonnenlicht, so erscheint ein Fraunhofer'sches Spectrum. Durch Drehung der Objectplatte kann man die Grenze der totalen Reflexion auf irgend eine Linie einstellen.

Ein Kästchen aus zwei einander parallelen und einzeln planparallelen durchsichtigen Wänden mit dünner zwischenliegender Luftschicht in den Flüssigkeitstrog gebracht und geradeso behandelt wie der eben vorausgesetzte Körper liefert aus dem halben Drehungswinkel φ sofort das Brechungsverhältnis N der Flüssigkeit gegen Luft als

$$N = \frac{1}{\sin \varphi}.$$

Beweis. Eine planparallele Platte vom Brechungsverhältnis n befinde sich zwischen Luft und einem Mittel vom Brechungsverhältnis N. Im letzteren Mittel treffe ein Strahl die Platte mit dem Einfallswinkel φ, so hat derselbe nach dem Eindringen in die Platte an der zweiten Grenzfläche einen Einfallswinkel Φ, gegeben durch $\frac{\sin \varphi}{\sin \Phi} = \frac{n}{N}$. Ist nun Φ der Grenzwinkel der totalen Reflexion in der Platte gegen Luft, d. h. $n \sin \Phi = 1$, so folgt die obige Beziehung.

Vgl. E. Wiédemann, Pogg. Ann. Bd. 158, S. 375, und Terquem und Trannin, ebd. Bd. 157, S. 302.

41. Spectralanalyse (Bunsen und Kirchhoff).

Der Apparat zur Spectralanalyse besitzt ausser dem auch am Spectrometer (**39**) vorhandenen Fernrohr und Spaltrohr ein drittes Rohr mit einer Mikrometerscale. Das Bild der Scale wird in der dem Fernrohre zugewandten Prismenfläche gespiegelt.

I. Einstellung des Spectralapparates.

Dieselbe wird in folgender Weise vorgenommen, wobei besonders auch die angegebene Reihenfolge der Operationen einzuhalten ist.

1. Der Spalt soll einem fernen Object entsprechen und deutlich erscheinen. Wenn die richtige Stellung des Spaltrohres gegeben ist, so hat man nur das Fernrohr auf ein deutliches Bild des Spaltes einzustellen; sonst stelle man erst das Fernrohr auf ein fernes Object ein, richte dann das Fernrohr auf den Spalt und verschiebe ihn so, dass er deutlich erscheint.

2. Das Prisma soll die Minimumstellung erhalten. Um letztere, falls sie nicht vom Mechaniker fixirt ist, zu erzielen, erleuchtet man den Spalt mit der Natronflamme, stellt

das Prisma in nahezu richtiger Stellung vor die Spaltlinse und sucht, nachdem man sich mit blossem Auge ungefähr über die Richtung des austretenden Strahles orientirt hat, das Bild des Spaltes mit dem Fernrohre. Nun dreht man das Prisma (indem man wenn nötig mit dem Fernrohre folgt), bis das Bild des Spaltes im Fernrohr umkehrt, und stellt in dieser Lage das Prisma fest.

3. Das reflectirte Bild der Scale soll deutlich erscheinen. Die Scale wird durch eine nicht zu nahe (20 cm) aufgestellte Lampe erleuchtet. Nachdem durch Drehen des Scalenrohres das Bild im Fernrohr gefunden ist, zieht man das Scalenrohr heraus, bis die Scale deutlich erscheint. Spalt und Scalenteile im Fernrohr dürfen sich bei dem Bewegen des Auges vor dem Oculare nicht gegen einander verschieben. Die Scale werde nicht heller beleuchtet als zur Deutlichkeit notwendig ist; im Allgemeinen gibt eine schmale Flamme ein besseres Bild als eine breitere.

4. Ein bestimmter Scalenteil, bei den den Zeichnungen von Bunsen und Kirchhoff angepassten Scalen der Teil 50, soll mit der Natronlinie zusammenfallen. Man dreht das Scalenrohr, bis diese Stellung erreicht ist und stellt es fest.

II. Auswertung der Scale.

Um zu wissen, welchen Puncten der Scale die den verschiedenen chemischen Elementen angehörigen Linien entsprechen, genügt es die Flammen der Stoffe einzeln zu beobachten und die Scalenteile der Linien (nebst Angabe ihrer ungefähren Helligkeit, Breite, Farbe und ihrer Schärfe) zu notiren. Bequemer ist die Anwendung der nach Bunsen-Kirchhoff's Scale veröffentlichten Abbildungen oder der auf dieselbe Scale bezogenen Tab. 19. Zu diesem Zwecke kann man auf folgende Weise die Scale des Apparates auf die obige reduciren.

Man beobachtet an der Scale des Apparates die Lage einiger bekannter Linien an den Enden und in der Mitte des Spectrums (Sonnenlicht a, D, E, G, H oder $K\alpha$, $Li\alpha$, $Na\alpha$, $Sr\delta$, $K\beta$), trägt auf carrirtes Papier die beobachteten Scalenteile als Abscissen, die entsprechenden der B.-K.'schen Scale als Ordinaten auf und verbindet die entstandenen Puncte durch eine Curve. Selten wird diese erheblich von einer Geraden abweichen. Aus der Zeichnung findet sich alsdann zu einem beliebigen beobachteten Scalenteil der entsprechende der Bunsenschen Scale als Ordinate. Ein grosser Teil der Spectralapparate besitzt Scalen, welche mit der B.-K.'schen nahe übereinstimmen. Bei einem solchen stelle man Naα auf den Strich 50 ein und mache ebenfalls einen Satz von vergleichenden Beobachtungen. Die Curve construirt man aber bequemer nur für die Correction der Scale, indem man die Unterschiede gegen die B.-K.-sche Scale als Ordinate graphisch aufträgt. Siehe Tab. 19.

III. Analyse.

Die Lichtlinien der in der Bunsen'schen Gasflamme verdampfenden Körper werden auf der Scale beobachtet und die Körper aus dem Zusammenfallen dieser Linien mit den Linien bekannter Stoffe erkannt. Dabei ist folgendes zu beachten. Zunächst notire man nicht nur die Lage, sondern auch die ungefähre Stärke, Breite und Schärfe der beobachteten Linien. Z. B. fallen Srβ und Liα der Lage nach zusammen; Srβ aber ist verwaschen, Liα ganz scharf. Graphisch kann man die Streifen übersichtlich darstellen, indem man überall die Lichtstärke an irgend einem Punct der Scale als Ordinate über diesem Puncte auffasst und so die Curven für die Spectra zeichnet (Bunsen).

Bezüglich der Unterscheidung der alkalischen Erden beachte man vorzugsweise die (lichtschwachen) charakteristischen blauen Linien von Strontium und Calcium.

Immer werden die Körper am Platindraht in den vorderen Saum der Flamme gebracht, der glühende feste Teil so tief, dass er kein störendes continuirliches Spectrum gibt. Es ist anzuraten, dass man jede Beobachtung einmal mit engem Spalte anstelle um dicht neben einander liegende Linien zu unterscheiden, und dass man sie mit weiterem Spalte wiederhole zur Auffindung lichtschwacher Linien; desgleichen einmal mit kleiner Gasflamme für die leicht verflüchtigten Stoffe (K, Li), das andere Mal mit grosser Flamme für schwer flüchtige (Sr, Ba, Ca). Die Spectra der letzteren treten oft erst nach längerer Zeit deutlich hervor. Gewöhnlich wendet man die Körper als Chloride an, Natron und Kali jedoch, wegen des Verknisterns der Chloride, bequemer als kohlensaure Salze. Das Schwächerwerden eines Spectrums bei längerer Dauer des Versuchs hat häufig seinen Grund darin, dass die Chlorverbindungen durch das Glühen in die schwerer flüchtigen Oxyde verwandelt werden. Dann lässt sich momentan die Lichtstärke steigern durch Anfeuchten der Perle am Platindraht mit Salzsäure. Zur Reinigung eines Platindrahtes von schwer flüchtigen Stoffen ist am wirksamsten wiederholtes Befeuchten mit Salzsäure und andauerndes Ausglühen in · der Spitze der Flamme, auch vor dem Lötrohr oder in der Gebläselampe.

Falsches Licht blende man sorgfältig ab: durch einen hinter der Gasflamme angebrachten schwarzen Schirm, durch eine über das Prisma gestellte Kapsel, welche nur den Weg nach den drei Rohren frei lässt, endlich durch eine auf das Fernrohr gehängte Blende aus dunklem Papier. Letztere macht zugleich das ermüdende Schliessen des anderen Auges überflüssig. Die Scale selbst wird niemals stärker beleuchtet, als zum Erkennen von Teilung und Ziffern notwendig ist. Im Interesse sehr lichtschwacher Linien mag man das Licht der Scale vorübergehend ganz abblenden.

Die Bunsen'sche Gasflamme gibt an sich schon eine Anzahl lichtschwacher, besonders grüner und blauer Linien. Um nicht durch dieselben beirrt zu werden, mag man sie vorher beobachten und die stärksten notiren. Auch die Natriumlinie sieht man in den meisten Präparaten, ja die Luft enthält häufig so viel Natrium, dass die Reaction deutlich hervortritt, ohne dass eine sichtbare Veranlassung für dieselbe vorläge.

42. Messung der Wellenlänge eines Lichtstrahles.
(Fraunhofer.)

Am einfachsten und genauesten wird diese Messung mit dem Spectrometer (39) ausgeführt, auf dessen Tisch man, anstatt des Prismas, eine Glasplatte mit feiner Gitterteilung (Nobert'sches Gitter) stellt, die Teilstriche dem Spalte parallel, die Platte senkrecht zum Spaltrohr, die geteilte Fläche dem Fernrohr zugewandt. Das Fernrohr wird zuvor auf unendlich und der Spalt auf dieses Fernrohr eingestellt (39, 1). Homogenes Licht vorausgesetzt, wird bei passender Stellung des Fernrohres dann ausser dem mittleren hellen Bild des Spaltes ein erstes, zweites u. s. w. abgelenktes schwächeres Bild auf jeder Seite beobachtet. Ist l der Wert eines Scaleteiles auf der Glasplatte, bedeuten $\delta_1 \delta_2 \delta_3$... die Ablenkungswinkel der Bilder gegen das mittelste Bild, so ist die Wellenlänge der Lichtsorte

$$\lambda = l \sin \delta_1 = \tfrac{1}{2} l \sin \delta_2 = \tfrac{1}{3} l \sin \delta_3 \text{ u. s. w.}$$

Denn in jeder von diesen Richtungen unterscheiden sich die Wege, welche von den einzelnen Gitteröffnungen zum Fernrohr führen, um ganze Vielfache einer Wellenlänge von einander. Die Lichterschütterungen, welche in einer solchen Richtung das (auf Parallelstrahlen eingestellte) Fernrohr treffen, sind also in gleichem Schwingungszustande und summiren sich demnach zu einem Bilde. Jede sonstige Richtung enthält gebeugtes Licht von ganz unregelmässigem Abstande von den einzelnen Oeffnungen, und deswegen in den verschiedensten Schwingungszuständen, die sich bei der Vereinigung durch das Fernrohr gegenseitig vernichten.

Die genau senkrechte Stellung der Gitterplatte ist dadurch charakterisirt, dass zusammengehörige Seitenbilder bei dieser Stellung den kleinsten Abstand haben.

Nicht homogenes Licht wird durch das Gitter in Spectra zerlegt, in denen nach obigen Formeln das Licht von grösserer Wellenlänge (rot) am stärksten abgelenkt erscheint. Bei Sonnenlicht, in welchem zur Definition und Einstellung der Farbe die Fraunhofer'schen Linien (S. 120) geeignet sind, ist das erste Spectrum und der grösste Teil des zweiten rein; von da an greifen die Spectra übereinander. Um die Linien im Interferenzspectrum nach der Zeichnung des Dispersionsspectrums (S. 120) zu erkennen, muss man beachten, dass ersteres, je weiter nach dem violetten Ende zu, desto mehr gegen letzteres zusammengeschoben erscheint.

43. Messung eines Krümmungshalbmessers.

I. Mit dem Sphärometer.

Der Krümmungshalbmesser einer kugelförmigen Fläche, z. B. der Oberfläche einer Linse, kann, wenn die Fläche gross genug ist, mit dem Sphärometer in folgender Weise bestimmt werden.

Zuerst wird das Instrument auf eine als eben bekannte (39, 8) Fläche aufgesetzt. Durch Drehen der Mikrometerschraube gibt man nun dem mittelsten Fusse des Sphärometers eine solche Höhe, dass alle vier Spitzen die Ebene berühren. Diese Einstellung wird mit grosser Schärfe daran erkannt, dass bei einer etwas tieferen Stellung der mittelsten Spitze das Instrument wackelt und sich leicht um diesen Stützpunct drehen lässt.

Darauf setzt man das Instrument auf die Fläche, deren Krümmungshalbmesser bestimmt werden soll, und dreht wieder an der Schraube, bis alle Spitzen die Fläche gleichzeitig berühren.

Die Stellungen der mittelsten Spitze bei beiden Versuchen unterscheiden sich von einander um eine Anzahl Schraubenumgänge. Die ganze Zahl wird durch Zählen der Umdrehungen oder durch Ablesung an dem seitlichen Maafsstab bestimmt, dessen einzelne Teile gleich der Höhe eines Schraubenganges sind; die Bruchteile werden an der mit der Schraube verbundenen Kreisteilung abgelesen. Diese Anzahl Schraubenumgänge, mit der Höhe eines Schraubenganges multiplicirt, gibt den Abstand des mittelsten Fusspunctes von der Ebene der drei festen Füsse, wenn alle vier die gekrümmte Fläche berühren. Es sei

a dieser Abstand,

l die Seite des gleichseitigen Dreiecks, welches die drei festen Spitzen als Eckpuncte hat,

so ist der gesuchte Krümmungshalbmesser r

$$r = \frac{l^2}{6a} + \frac{a}{2}.$$

Denn wenn h die Höhe in dem von den Seiten l gebildeten Dreiecke, so ist $2ra = \frac{1}{4}h^2 + a^2$. Da ferner $h^2 = \frac{3}{4}l^2$, so folgt obiger Ausdruck.

Beispiel. Aus der Stellung, in welcher alle vier Spitzen eine Ebene berührten, musste die mittelste Spitze um 6,272 Schraubengänge erhoben werden, damit alle vier die Oberfläche einer convexen Linse berührten. Die Höhe eines Schraubenganges war = 0,5 mm, also a = 3,136 mm. Die Seite des gleichseitigen Dreieckes der drei festen Spitzen war l = 82,5 mm. Folglich war der Krümmungshalbmesser der Linsenoberfläche

$$r = \frac{82,5^2}{6.3,136} + \frac{3,136}{2} = 363,3 \text{ mm}.$$

Wie das Sphärometer gerade so zur Bestimmung der Dicke einer Platte angewendet, oder wie mit demselben der

Planparallelismus einer solchen oder die sphärische Gestalt einer Oberfläche geprüft wird, ist ohne Weiteres klar.

Um das Berühren einer Glasplatte mit der Spitze des Sphärometers scharf zu erkennen, kann man die Interferenzstreifen benutzen, welche zwischen der Platte und ihrer Unterlage bei der Beleuchtung mit Natronlicht entstehen. Im Augenblick der Berührung erleiden diese Streifen Verschiebungen.

II. Durch Spiegelung.

Die Bestimmung des Krümmungshalbmessers mit dem Sphärometer ist auf grössere Oberflächen beschränkt. Für spiegelnde Oberflächen, auch wenn sie klein sind, lässt sich das folgende Verfahren anwenden.

Man befestigt das Object so, dass die zu messende Fläche aufrecht steht, und stellt in einiger Entfernung vor ihr zwei Lichter in derselben Höhe und in gleichem Abstande auf. Mitten zwischen die Lichter bringt man ein Fernrohr, welches nach der Fläche gerichtet und auf sie eingestellt wird. Endlich wird dicht vor der Fläche parallel mit der Verbindungslinie der beiden Lichter ein kleiner, am besten auf Glas geteilter Maafsstab angebracht. Die Lichter geben alsdann zwei in der Fläche reflectirte Bilder, deren Abstand auf dem kleinen Maafsstabe mit dem Fernrohre beobachtet wird. Bedeutet nun

l diesen Abstand der Bilder von einander,

L den wirklichen Abstand der beiden Lichter von einander,

A die Entfernung des Mittelpunctes der Lichter von der spiegelnden Fläche,

so ist der Krümmungshalbmesser r der Fläche, in derselben Einheit, in welcher die obigen Abstände ausgedrückt sind,

$$r = \frac{2Al}{L-2l} \text{ bei einer convexen,}$$

und

$$r = \frac{2Al}{L+2l} \text{ bei einer concaven Fläche.}$$

Je geringer die Krümmung ist, desto grösser muss die Entfernung A genommen werden, damit diese Formeln giltig sind. Auch aus einem anderen Grunde darf die Entfernung nicht zu klein sein, weil nämlich die Bilder nicht mit dem Maafsstab gleichzeitig deutlich gesehen werden würden. Je kleiner die Oeffnung des Fernrohrobjectives ist, desto weniger bemerklich macht sich dieser Uebelstand.

Als Lichter sind Spitzbrenner einer Petroleumlampe zweckmässig. Mit geringem Fehler mag man auch die Ränder eines Fensters nehmen, vor welchem sich der Beobachter mit dem Fernrohr aufstellt.

Wenn nach der beschriebenen Methode die Krümmung von Linsen bestimmt wird, so entstehen in der Regel auch reflectirte Bilder von der zweiten Fläche. Bei Biconcav- oder Biconvexlinsen sieht man leicht an der aufrechten oder verkehrten Lage der Bilder, welche die richtigen sind. Durch Schwärzen der hinteren Fläche fallen die falschen Bilder fort.

Beweis obiger Formel für eine convexe Fläche. Die Verbindungslinie L der beiden Lichter gibt ein Bild im Abstand a hinter der Kugelfläche nach der Regel $\frac{1}{a} = \frac{1}{A} + \frac{2}{r} \cdot \left(\frac{r}{2} \text{ ist die Brennweite.} \right)$ Die Länge λ dieses Bildes ist gegeben durch $\lambda : L = a : A$. Aus diesen beiden Formeln findet sich $a = \dfrac{Ar}{2A+r}$, $\lambda = \dfrac{Lr}{2A+r}$. Das Bild erscheint auf den die Glasfläche berührenden Maafsstab projicirt mit der Länge $l = \lambda \dfrac{A}{A+a}$, woraus durch Einsetzung obiger Werte von λ und a wird $l = \frac{1}{2} \dfrac{rL}{A+r}$ oder $r = \dfrac{2Al}{L-2l}$. Ganz analog findet man die Formel für Hohlflächen.

III. Der Krümmungshalbmesser einer Concavfläche lässt sich auch aus der gemessenen Brennweite (44) (als das Doppelte derselben) bestimmen, indem man die Fläche als Hohlspiegel benutzt.

44. Brennweite einer Linse.

Brennpunct einer Linse ist der Punct, in welchem zur Axe der Linse parallel einfallende Strahlen nach dem Austritt sich schneiden. Der Abstand des Brennpunctes von der Linse ist die Brennweite. Bei Zerstreuungslinsen gibt man der Brennweite das negative Vorzeichen. Nummer einer Brille nennt man ihre Brennweite in der Regel in Pariser Zollen ausgedrückt.

Die Schärfe einer Linse wird durch die reciproke Brennweite bestimmt; von einer Linse oder einer Linsencombination, welche die Brennweite f Meter besitzt, sagt man, sie habe $1/f$ Dioptrien.

Die reciproke Brennweite eines Systems von dicht aneinander gesetzten Linsen ist gleich der Summe (Vorzeichen!) der einzelnen reciproken Brennweiten, wenn die Dicke des Systems klein ist gegen die Brennweite.

Die beiden Krümmungshalbmesser r und r' einer Linse und ihre Brennweite f stehen mit dem Brechungsverhältnis n der Glassorte in der Beziehung:

$$\frac{1}{f} = (n-1)\left(\frac{1}{r} + \frac{1}{r'}\right) \quad \text{oder} \quad n = \frac{1}{f}\frac{rr'}{r+r'} + 1.$$

Ist eine Fläche concav, so wird hierin ihr Krümmungshalbmesser mit negativem Vorzeichen eingesetzt.

Die Brennweite ist für verschiedene Farben verschieden, muss daher streng genommen auf eine bestimmte Farbe (Sodaflamme, rotes Glas) bezogen werden.

Bei allen Versuchen werde die Linsenaxe (die Verbindungslinie der Krümmungsmittelpuncte) in die Richtung vom Object nach dem Bilde gebracht, weil andernfalls der Bildabstand zu klein gefunden wird. Um diese richtige Einstellung zu erkennen, dienen die Spiegelbilder des Objectes in den beiden brechenden Flächen, welche, wenn man mit einem Auge auf der Objectseite nach der Linse blickt, mit dem Auge und dem Object in einer Ebene liegen müssen.

1. Mit der Sonne. Die Brennweite einer Sammellinse kann gemessen werden, indem man mit derselben ein Sonnenbild auf einer matten Glastafel erzeugt und letztere so stellt, dass das Bild scharf begrenzt ist. Der Abstand der Tafel von der Linse ist dann die Brennweite.

2. Mit dem Fernrohr. Oder die Linse wird vor das Objectiv eines Fernrohres gebracht, welches vorher auf einen sehr weiten Gegenstand eingestellt war d. h. dessen Bild deutlich erscheinen lässt. Visirt man darauf mit dem Fernrohr durch die Linse nach einem ebenen Object (z. B. Papier mit Schrift), so wird dieses bei einem bestimmten Abstande von der Linse deutlich erscheinen. Dieser Abstand ist die gesuchte Brennweite.

3. **Aus Gegenstands- und Bildweite.** Das von einem näher liegenden Gegenstande entworfene objective Bild kann zur Bestimmung der Brennweite angewandt werden. Auf der einen Seite der Linse stellt man ein Licht, auf der anderen einen weissen Schirm in einem solchen Abstande auf, dass ein deutliches Bild des Lichtes auf dem Schirm entsteht. Nennt man a und b die Abstände des Lichtes und des Bildes von der Linse, f die gesuchte Brennweite, so ist

$$\frac{1}{f} = \frac{1}{a} + \frac{1}{b} \quad \text{oder} \quad f = \frac{ab}{a+b}.$$

4. **Durch Verschiebung.** Befindet sich ein Gegenstand in einem constanten grösseren Abstande l von einem Schirm, so gibt es zwei Stellungen einer Linse zwischen beiden, in denen dieselbe ein deutliches Bild entwirft. Es betrage zwischen den beiden genannten Stellungen die Verschiebung der Linse die Länge e, so ist die Brennweite der Linse

$$f = \tfrac{1}{4}\left(l - \frac{e^2}{l}\right).$$

Als Gegenstand kann ein Fadenkreuz dienen und anstatt des Schirmes ein eben solches mit Lupe, wobei das Zusammenfallen von Object und Bild aus der Abwesenheit der Parallaxe beurteilt wird.

Das Verfahren (Bessel, vgl. Oudemans, Wied. Beibl. 1879. 183) gewährt den Vorteil, dass die Verschiebung e sich genauer messen lässt als die Abstände von der Linse.

Beweis. Ist bei der ersten Einstellung der Abstand der Linse von dem Object gleich a, so liefern beide Versuche die beiden Beziehungen

$$\frac{1}{a} + \frac{1}{l-a} = \frac{1}{f}, \quad \frac{1}{a+e} + \frac{1}{l-a-e} = \frac{1}{f}.$$

Die Elimination von a aus diesen beiden Gleichungen führt zu dem obigen Ausdruck für f.

5. **Aus der Bildgrösse.** Wenn die Grösse des Bildes gleich der des Gegenstandes ist, so befinden sich beide in einem Abstande von der Linse gleich der doppelten Brennweite. Vgl. 6.

6. **Brennweite von dicken Linsen oder Linsensystemen.** Die bis hierher gegebenen Bestimmungsweisen setzen

voraus, dass die Dicke der Linse gegen die Brennweite vernachlässigt werden kann. Im anderen Falle versteht man unter Brennweite den Abstand des Vereinigungspunctes parallel einfallender Strahlen von der zugehörigen Hauptebene der Linse oder des Systemes von Linsen. Die Hauptebene würde durch Construction erhalten werden, wenn man von einem mit der Axe parallel einfallenden Strahl die Stücke vor dem Eintritt und nach dem Austritt verlängert, bis sie sich schneiden, und durch den Schnittpunct eine zur Axe der Linse senkrechte Ebene legt. Aber auch ohne die Hauptebene zu kennen, lässt sich die Brennweite von dickeren Linsen oder von Linsensystemen auf folgende Weise bestimmen.

Man stelle auf der einen Seite der Linse um ein Weniges ausserhalb des Brennpunctes einen hell beleuchteten Maafsstab auf, am besten von Glas mit durchfallendem Licht. Gegenüber, auf der anderen Seite der Linse wird ein weisser Schirm in einem solchen Abstande von der Linse aufgestellt, dass auf ihm ein **stark vergrössertes** deutliches Bild der Teilung erscheint. Ist dann

l die Länge eines Scalenteiles,

L die Länge seines Bildes,

A der Abstand des Schirmes von der Linse,

so ist die gesuchte Brennweite f

$$f = A \frac{l}{L + l}.$$

Auch umgekehrt mag man einen scharf begrenzten Gegenstand in grösserer Entfernung von der Linse aufstellen und das von ihm auf der anderen Seite der Linse entworfene, nun **stark verkleinerte Bild** messen. Zu diesem Zwecke dient am besten ein Mikrometer auf Glas mit vorgesetzter Lupe, welches so gestellt wird, dass Mikrometerteile und Bild des Gegenstandes durch die Lupe deutlich gesehen werden. Es ist dann in obiger Formel für l die Länge des Bildes, für L die des Gegenstandes, für A des letzteren Abstand von der Linse zu setzen.

Beweis. Die Abstände A und a des Bildes und des Gegenstandes von den zugehörigen Hauptebenen der Linse hängen durch die Formel $\frac{1}{A} + \frac{1}{a} = \frac{1}{f}$ zusammen. Die Grössen beider verhalten sich $\frac{L}{l} = \frac{A}{a}$. Durch

Einsetzen von $1/a = L/Al$ in erstere Gleichung entsteht obiger Ausdruck. Da A gegen die Dicke der Linse gross sein soll, so kann man anstatt des unbekannten Abstandes von der Hauptebene denjenigen von der Linse setzen.

7. Eine Zerstreuungslinse, welche kein objectives Bild gibt, das heisst, welche eine negative Brennweite hat, wird mit einer stärkeren Sammellinse von bekannter Brennweite verbunden und nun die gemeinschaftliche Brennweite beider zusammen nach einer der unter 1. bis 4. angegebenen Methoden gemessen. Ist

F diese gemeinschaftliche Brennweite,

F' die der Convexlinse allein, so findet sich die Brennweite f der Concavlinse allein aus der Formel

$$\frac{1}{f} = \frac{1}{F} - \frac{1}{F'} \quad \text{oder} \quad f = \frac{F \cdot F'}{F' - F}.$$

8. Endlich lässt sich die Brennweite einer Zerstreuungslinse auch dadurch ermitteln, dass man die Grösse des Zerstreuungsbildes misst, welches die Linse von der Sonne auf einem Schirm in gegebenem Abstande entwirft. Bedeutet nämlich

d den Durchmesser der Linsenöffnung,

D den Durchmesser des Zerstreuungsbildes,

A den Abstand des Schirmes von der Linse,

so ist die Brennweite

$$f = \frac{Ad}{d - D + 0{,}0094 \cdot A};$$

0,0094 ist die doppelte Tangente des scheinbaren Halbmessers der Sonne. Bei schärferen, nicht zu kleinen Linsen kann man dieses Glied vernachlässigen und hat die einfache Regel: derjenige Abstand des Schirmes, bei welchem das Zerstreuungsbild den doppelten Durchmesser der Linse hat, ist die Brennweite.

45. Vergrösserungszahl etc. eines optischen Instrumentes.

I. Lupe.

Die Vergrösserungszahl einer Lupe wird aus der Brennweite, welche für dickere oder zusammengesetzte Gläser nach Nr. 6, vor. Art., zu bestimmen ist, berechnet.

Bezeichnen wir nämlich durch

f die Brennweite,

A die kleinste deutliche Sehweite des unbewaffneten Auges,

so ist die Vergrösserungszahl m der Lupe

$$m = \frac{A}{f} + 1.$$

Für das mittlere Auge mag die kleinste deutliche Sehweite gleich 25 cm gesetzt werden.

Beweis. Wird ein kleiner Gegenstand von der Länge l in einem Abstande a unter die Lupe gelegt, so dass sein (nicht reelles) Bild im Abstand A erscheint, so ist $\frac{1}{a} = \frac{1}{A} + \frac{1}{f}$. Das Bild habe die Länge L, so ist die Vergrösserung $\frac{L}{l} = \frac{A}{a} = 1 + \frac{A}{f}$.

II. Fernrohr.

Die Vergrösserungszahl ist das Verhältnis des Winkels, unter welchem ein ferner Gegenstand im Fernrohre erscheint, zu dem Winkel, unter welchem derselbe mit blossem Auge gesehen wird.

1. Ein allgemein anwendbares Verfahren, die Vergrösserungszahl zu bestimmen, ist das folgende. Das Fernrohr wird in einem gegen die eigene Länge grossen Abstande vor einem Maafsstabe (Papierscale, Ziegeldach, Tapetenmuster) aufgestellt, auf welchem zwei Puncte hinreichend markirt sind; um mit blossem Auge gesehen zu werden. Während nun das eine Auge durch das Fernrohr hindurch nach dem Maafsstabe sieht, blickt man mit dem anderen Auge neben dem Fernrohr vorbei nach demselben, so dass die mit beiden Augen gesehenen Bilder sich decken. Wenn so die direct gesehene Länge zwischen den Marken n Teile des im Fernrohr gesehenen Maafsstabes bedeckt, während die wirkliche Länge N Teile beträgt, so ist die Vergrösserungszahl $m = N/n$.

Die Beobachtung wird ausserordentlich erleichtert dadurch, dass man das Fernrohr durch Ausziehen des Oculars so stellt, dass die beiden Bilder bei einer Drehung der Augenaxen sich nicht gegeneinander verschieben. Kurzsichtige Augen müssen natürlich mit der Brille bewaffnet sein.

2. Innerhalb kürzerer Abstände kann man folgendermassen verfahren (v. Waltenhofen). Man stellt zuerst das Fernrohr auf grosse Entfernung ein, befestigt dann vor seinem Objectiv eine ganz schwache dünne Convexlinse (Brillenglas von etwa 2 m Brennweite) und stellt das so vorgerichtete Fernrohr vor einem Maafsstabe so auf, dass dessen Teile deutlich erscheinen. Man beobachtet wie unter Nr. 1 mit beiden Augen. Decken n im Fernrohr gesehene Teile N mit blossem Auge gesehene Teile, beträgt der Abstand des Maafsstabes vom Objectiv a, vom Auge A, so ist die Fernrohrvergrösserung gleich

$$\frac{N}{n}\frac{a}{A}.$$

3. Bei Fernrohren mit convexen Oculargläsern lässt sich fast immer folgendes einfache Verfahren anwenden. Zuerst wird das Fernrohr so weit ausgezogen, dass es einen sehr entfernten Gegenstand deutlich erscheinen lässt. Alsdann nimmt man das Objectiv heraus und ersetzt es durch eine Blende von geringerer Oeffnung (rechteckig ausgeschnittenes Kartenblatt) oder auch durch einen durchsichtigen Maafsstab. Durch die noch übrigen Linsen des Fernrohres wird dann ein objectives Bild der Blende oder des Maafsstabes entworfen werden. Das Verhältnis der Länge des am Orte des Objectivs angebrachten Gegenstandes zu der des Bildes ist die gesuchte Vergrösserungszahl.

Zur Ausführung dieser Messung dient eine kleine durchsichtige Teilung mit vorgesetzter Lupe. Beides muss so vor dem Ocular angebracht werden, dass die Teilung und das Bild der Blende oder des in der Objectivöffnung befindlichen Maafsstabes deutlich erscheinen.

Die kreisförmige Objectivöffnung selbst kann anstatt obiger Blende benutzt werden, wenn man sich überzeugt hat, dass die von ihrem Rande kommenden Strahlen nicht etwa durch die Diaphragmen des Rohres abgehalten werden, was häufig der Fall ist. Eine Blende von eckiger Gestalt würde dies sogleich erkennen lassen.

Beweis für das Keppler'sche Fernrohr. Ist F die Brennweite des Objectivs, f des Oculars, so ist bekanntlich F/f die Vergrösserung. Der Abstand des Oculars vom Objectiv beträgt bei dem Deutlichsehen eines entfernten Gegenstandes $A = F + f$. Der Gegenstand von der Länge L am Orte des Objectivs gibt demnach ein Bild von der Länge $l = \dfrac{fL}{A-f} = \dfrac{fL}{F}$ (vgl. vor. Art. Nr. 6). Also ist $L/l = F/f$.

4. Sind die Brennweiten der einzelnen Gläser und ihre Abstände bekannt, so lässt die Vergrösserung sich berechnen. Zum Beispiel ist die Vergrösserung für ein astronomisches Fernrohr mit einfachem Ocular und für das Galileische Fernrohr gleich der Brennweite des Objectivs dividirt durch die Brennweite des Oculars. Diese Regel und andere Berechnungsweisen haben aber fast nur für den ein Fernrohr herstellenden Optiker eine praktische Bedeutung; denn die Brennweite des Galileischen Oculars kann nicht direct bestimmt werden, und die Fernrohre mit Convexlinsen sind meist zusammengesetzter Natur. Die oft sehr kleinen Abstände der Ocularlinsen genau zu messen bietet Schwierigkeiten, und ausserdem würde ohne die Bestimmung der Lage der Hauptpuncte nur ein rohes Resultat aus den Formeln hervorgehen.

5. Die Grösse des Gesichtsfeldes ist der Winkel zweier Strahlen, welche vom Fernrohre nach zwei Puncten eines gesehenen fernen Gegenstandes gezogen werden, deren Bilder am Rande des Gesichtsfeldes einander diametral gegenüber liegen. Ist l der wirkliche Abstand dieser Puncte von einander, a ihre Entfernung vom Fernrohr, so ist die Grösse des Gesichtsfeldes in Bogengraden ausgedrückt $= 57{,}3^0 \cdot l/a$.

Zur praktischen Ausführung dient wieder am bequemsten ein entfernt aufgestellter Maafsstab. Wenn man nicht über eine grosse Entfernung verfügt, so kann man wie bei 2. dem auf unendlich eingestellten Fernrohr eine schwache Sammellinse vorsetzen und den Maafsstab in die jetzige deutliche Sehweite rücken. a ist dann der Abstand des Maafsstabes von der Linse.

III. Mikroskop.

1. Vergrösserungszahl eines Mikroskopes nennt man das Verhältnis des Winkels, unter welchem ein kleiner Gegenstand im Mikroskop gesehen wird, zu demjenigen, unter welchem er in der kleinsten deutlichen Sehweite erscheint. Für das mittlere Auge pflegt man letztere gleich 25 cm zu setzen.

Das Verfahren, wonach die Vergrösserung bestimmt wird, entspricht dem unter II, 1 für das Fernrohr angegebenen. Unter das Mikroskop wird ein Gegenstand von bekannter Länge gebracht, am einfachsten wieder eine kleine Teilung. In 25 cm Abstand unter dem Ocular befestigt man einen Maafsstab. Während das eine Auge durch das Mikroskop nach dem Gegenstande sieht, blickt das andere nach dem Maafsstab, und nun muss wieder die Projection des im Mikroskop gesehenen Bildes auf den Maafsstab gemessen werden. Bedeckt das Bild N Scalenteile, während der Gegenstand wirklich die Länge von n Scalenteilen hat, so ist N/n die Vergrösserungszahl.

Besser noch kann man über dem Ocular einen kleinen Spiegel, dessen Belegung in der Mitte weggenommen ist, unter 45^0 geneigt anbringen und den Maafsstab 25 cm entfernt seitlich von demselben vertical aufstellen, so dass mit demselben Auge durch das Spiegelglas hindurch das Bild des Gegenstandes im Mikroskop, und im Spiegel reflectirt das Bild des Maafsstabes gesehen wird.

Anstatt mit dem 25 cm entfernten Maafsstabe zu vergleichen kann man das Bild des Gegenstandes auch auf eine Fläche in diesem Abstande vom Auge abzeichnen (projiciren) und die Zeichnung nachher ausmessen.

2. Wenn das Mikroskop zu Längenmessungen mittels eines im Ocularrohre angebrachten Mikrometermaafsstabes von bekanntem Teilwerte benutzt werden soll, so muss eine andere als die vorige Vergrösserungszahl, nämlich das Verhältnis der Länge des auf dem Mikrometer entstehenden objectiven Bildes zu der Länge des Gegenstandes bekannt sein. Die Bestimmung dieser Zahl kann mit Hilfe eines zweiten Mikrometers von gleichem Teilwerte, welches als Object dient, leicht ausgeführt werden. Die Anzahl Scalenteile des Mikrometers im Oculare, welche durch das Bild von einem Scalenteile des untergelegten Maafsstabes bedeckt werden, gibt die gesuchte Zahl.

Zum Zwecke mikroskopischer Längenmessung ist es übrigens unnötig, den wirklichen Teilwert des Mikrometers im Oculare zu kennen. Man kann ihn vielmehr direct im Verhältnis zu dem untergelegten Object bestimmen, indem man für das letztere einmal einen Gegenstand von bekannter Länge (Maafsstab) nimmt.

Es ist bei mikroskopischen Längenmessungen nicht zu übersehen, dass durch die gegenseitige Verschiebung von Objectiv und Ocular die Vergrösserung geändert wird. Das zum Messen dienende Ocular muss also immer dieselbe Stellung im Objectivrohre einnehmen.

46. Bestimmung des optischen Drehungsvermögens.
Saccharimetrie (Biot).

Wird das dunkle Gesichtsfeld eines Polarisationsapparates hell durch das Einschieben eines durchsichtigen Körpers, so ist der letztere entweder doppelbrechend oder „optisch activ", d. h. er dreht die Schwingungsebene des polarisirten Lichtes. „Rechts drehend" heisst eine Substanz, wenn die Schwingungsebene sich im umgekehrten Sinne des Korkziehers verschiebt, d. h. wenn dieselbe dem empfangenden Auge in der Richtung des Uhrzeigers gedreht erscheint.

Am häufigsten werden Zuckerlösungen in Bezug auf ihre Lichtdrehung beobachtet. Wir wollen uns an die Instrumente anschliessen, welche zu diesem Zwecke dienen. Die Drehungen anderer Körper können ebenso gemessen werden.

Der Drehungswinkel α der Polarisationsebene des Lichtes durch eine Rohrzuckerlösung, welche in 1 cbcm z g Zucker enthält, beträgt in einer Schicht von l mm Länge (nach Wild)

für das gelbe Licht der Natron-Flamme

$$\alpha = 0{,}6642^0 . zl, \quad \text{woraus} \quad z = 1{,}505\,\frac{\alpha}{l};$$

für das weisse Licht im Mittel

$$\alpha = 0{,}710^0 . zl, \quad \text{woraus} \quad z = 1{,}408\,\frac{\alpha}{l}.$$

Eine zur Axe senkrechte Quarzplatte dreht auf jedes Mm Dicke das Natronlicht, von der Temperatur praktisch unabhängig, um $21{,}67^0$.

Die Instrumente zur Messung der Lichtdrehung (Saccharimeter) haben entweder einen Teilkreis an der Polarisationsvorrichtung, durch dessen Drehung man die Drehung der untersuchten Substanz misst (Mitscherlich), oder Quarzkeile, deren Verschiebung dasselbe erreichen lässt (Soleil).

I. Saccharimeter mit gedrehtem Nicol.

1. Das ursprüngliche Instrument von Mitscherlich besteht nur aus einem feststehenden polarisirenden und einem auf dem Teilkreis drehbaren Ocular-Nicol. Man stellt eine Natronflamme (Berzeliuslampe mit Kochsalz am Docht oder Bunsen'sche Gasflamme mit eingeführter Soda-Perle am Platindraht, das Licht des glühenden Drahtes selbst abgeblendet) hinter dem Instrument vor einem schwarzen Schirm auf. Das von der Bunsen'schen Flamme selbst herrührende bläuliche Licht wird zweckmässig durch gelbes Glas oder eine Platte bez. Lösung von Kaliumbichromat abgeblendet.

Dann bringt man eine leere oder mit reinem Wasser gefüllte Röhre zwischen die Nicol'schen Prismen des Instrumentes und dreht den Index über dem dem Auge zugewandten geteilten Kreis so, dass die Mitte des Gesichtsfeldes dunkel erscheint. Endlich wird die mit der Zuckerlösung gefüllte Röhre eingeschoben, wobei das Gesichtsfeld in der früheren Stellung des Index hell erscheinen wird. Die Anzahl Grade, um welche man nach rechts (im Sinne des Uhrzeigers) drehen muss, damit wieder die Mitte dunkel wird, ist der gesuchte Drehungswinkel α.

Soll der Nullpunct der Kreisteilung auch der Punct sein, von welchem die Winkel gezählt werden, so stellt man ohne Zuckerlösung den Index auf Null und dreht nun am hinteren Nicol, bis die Mitte dunkel ist.

Für viele Augen ist die Anbringung einer schwachen Lupe vor dem Ocular oder die Bewaffnung mit einer Brille vorteilhaft.

Bei Anwendung gewöhnlichen Lampen- oder Sonnenlichtes entsteht, weil die Farben in der Reihenfolge ihrer Brechbarkeit verschieden stark gedreht werden, nach Einbringung der drehenden Lösung kein Dunkel mehr, sondern ein Wechsel von Farben. Man stellt auf die „empfindliche Farbe" ein, d. h. auf ein Violett, welches den ziemlich schroffen Uebergang von Rot in Blau bildet. Für die Einstellung gilt der Drehungswinkel 0,710° (v. S.).

Den Zweifelfall, ob ein Körper links oder rechts dreht, entscheidet man danach, dass in dem richtigen Sinne der Drehung des Oculares der empfindliche Farbenwechsel von blau nach rot stattfinden muss.

Sollte man endlich unsicher sein, ob der Drehungswinkel grösser oder kleiner als 180⁰ ist, so beobachtet man z. B. mit rotem Lichte (Kupferglas) und mit Natrongelb. Die beiden Drehungen verhalten sich etwa gelb : rot = 4 : 3.

Setzt man die Drehung für Natrongelb gleich eins, so stellen sich die Drehungen für die anderen Farben, bei Quarz und Zucker fast genau in gleichem Verhältnis, im Mittel etwa folgendermassen dar:

Mittleres	Rot	Gelb	Grün	Blau	Violett
Drehung =	³/₄	1	⁴/₃	⁵/₃	⁹/₄

Hiernach kann man mit Hilfe der im Eingang gegebenen Zahlen für Natrongelb die Erscheinungen der Färbung in jedem Falle übersehen.

Eine grössere Schärfe der Einstellung bieten die folgenden Abänderungen des Mitscherlich'schen Instrumentes.

2. Doppelquarzplatte. Zwei aneinander gesetzte gleich dicke links und rechts drehende Quarzplatten, am günstigsten 3,75 mm dick, werden vor den Polarisator eingesetzt. Die Platten müssen genau senkrecht zur Sehlinie stehen.

Bei gekreuzten Nicols erscheinen beide Platten im Natronlicht gleich hell, im weissen Licht gleich gefärbt, und zwar bei 3,75 mm Dicke mit der violetten empfindlichen Farbe.

Nach Einbringung einer drehenden Substanz werden beide Hälften ungleich. Dreht man den Ocular-Nicol um den Drehungswinkel α der Substanz nach, so wird die Gleichheit wieder hergestellt. Ist übrigens die Drehung der eingebrachten Substanz beträchtlich, so verhindert die damit verbundene Farbenzerstreuung des weissen Lichtes eine vollständige Gleichheit der Doppelplatte. Dann beobachtet man also mit einfarbigem Lichte vortheilhafter.

3. Polaristrobometer von Wild. Dasselbe gibt vermöge einer eingeschobenen Savart'schen Platte Streifen im Gesichtsfeld, welche bei homogenem Licht hell und dunkel, bei weissem Licht farbig sind. Das Ocular wird zunächst so weit herausgezogen, dass diese Streifen dem Auge möglichst scharf erscheinen.

Die saccharimetrische Einstellung findet gerade so, wie unter I auf die Verdunkelung, so hier auf das Verschwinden

der Streifung in der Mitte des Gesichtsfeldes statt. Da das
dem Auge abgewandte Nicol'sche Prisma gedreht wird, so ist
die Drehung vom Auge aus gesehen im entgegengesetzten
Sinne wie die Bewegung des Uhrzeigers zu rechnen.

Die Streifen verschwinden in vier um je 90° verschiedenen
Stellungen. Ueber die etwaige Frage, ob der Drehungswinkel α
grösser oder kleiner als 90° ist, vgl. vor. S.

Die Instrumente haben häufig noch eine zweite Kreisteilung, welche bei Anwendung einer 200 mm langen Röhre
direct den Gehalt von 1 l der Lösung an Gr Zucker ergibt.

4. Halbschattenapparat (Laurent). Die Hälfte des
Gesichtsfeldes ist von einer Krystallplatte (Quarz, Glimmer)
bedeckt, welche durch Doppelbrechung die Polarisationsebene
des Lichtes verschiebt, so dass aus dem belegten und dem un-
belegten Teile des Gesichtsfeldes Strahlen von verschiedener
Schwingungsrichtung heraustreten. Nullpunctstellung ist diejenige, bei welcher beide Hälften gleich hell erscheinen. Wird
eine drehende Substanz eingeschoben, so muss der Analysator
um deren Drehungswinkel nachgedreht werden, damit wieder
gleiche Helligkeit der Hälften eintritt.

5. Ein Jellet'sches Prisma gibt gleichfalls zwei Hälften
des Gesichtsfeldes, auf deren gleiche Helligkeit man einstellt.
Unter Nr. 4 und 5 wird Natronlicht verwendet.

II. Saccharimeter mit Quarzkeilen (Soleil).

Die Drehung der Polarisationsebene durch eine Zuckerlösung kann durch eine entgegengesetzt drehende Quarzplatte
compensirt werden, und zwar nicht nur für einfarbiges sondern
für beliebiges Licht, weil die Farbenzerstreuung im Quarz derjenigen in der Zuckerlösung sehr nahe proportional ist. Keil-
förmige Quarze, von denen beliebige Dicken eingeschaltet werden
können, lassen aus der zur Compensation notwendigen Dicke
die Drehung im Zucker beurteilen.

Zur Einstellung dient bei den Soleil'schen und verwandten
Instrumenten die schon vorhin erwähnte Doppelquarzplatte,
welche vor dem Objectivnicol sitzt und mit einem Fernrohr
beobachtet wird. Man beleuchtet mit gewöhnlicher, breiter
Flamme und zieht zunächst das Ocular so weit heraus, dass

die Quarzplatten scharf begrenzt erscheinen. Die saccharimetrische Einstellung findet immer auf gleiche Färbung der beiden Quarzplatten statt, und zwar wird in der Regel die „empfindliche" Uebergangsfarbe von Blau in Rot gewählt. Falls übrigens die Zuckerlösung gefärbt ist, kann eine andere als die violette Farbe vorteilhaft sein. Um die zweckmässigste Färbung zu erhalten, stellt man mittels der Zahnstange am Ocular oder durch Drehung des hinteren Nicol'schen Prisma zunächst auf nahe, aber nicht ganz gleiche Färbung der Halbkreise ein. Durch Drehung des vordersten Rohres im Ocular ist alsdann eine beliebige Färbung zu erreichen, wobei man diejenige wählt, welche den grössten Farbenunterschied der Halbkreise gibt.

Bei den am meisten verbreiteten Saccharimetern mit Quarzcompensator entspricht die Verschiebung um einen Teilstrich einer Drehung des gelben Natronlichtes:

bei den Berliner Instrumenten (Soleil-Ventzke) um $0,346^0$,

bei den Pariser Instrumenten (Soleil-Duboscq) um $0,217^0$.

Der Zuckergehalt von 1 cbcm der Lösung in Gr wird hiernach bei Anwendung einer 200 mm langen Röhre gefunden, wenn die Verschiebung am Maafsstabe von der leeren auf die gefüllte Röhre p Teilstriche betragen hat,

$$\text{Soleil-Ventzke} \quad z = 0,2605 \cdot p,$$
$$\text{Soleil-Duboscq} \quad z = 0,1635 \cdot p.$$

Für Zuckersorten, deren Gehalt an reinem Zucker gefunden werden soll, ergibt sich also die Regel: man löse 16,35 bez. 26,05 g des Rohrzuckers zu 100 cbcm Lösung, dann zeigt die Verschiebung des Maafsstabes den reinen Zuckergehalt in Procenten an.

Die Probe für richtige Teilung ist durch die Anwendung reiner „Normal-Lösung" von 16,35 bez. 26,05 g in 100 cbcm gegeben. Die Verschiebung muss dann 100 Teilstriche betragen. Teilungen von unbekanntem Wert werden durch bekannte Zuckerlösungen bestimmt.

Soll der Nullpunct der Teilung mit dem Zuckergehalt Null zusammenfallen, so stellt man bei leerer Röhre den Index auf

Null und dreht am hinteren Nicol'schen Prisma, bis die Quarz-platten gleich gefärbt sind.

Bestimmung des Zuckergehaltes, wenn noch andere drehende Substanzen vorhanden sind.

Die Elimination des Einflusses anderer drehender Sub-stanzen als Rohrzucker (z. B. Invertzucker oder Dextrin) beruht auf der Erfahrung, dass der rechtsdrehende Rohrzucker durch 10 Minuten langes Erwärmen mit Salzsäure auf etwa 70° in links drehenden Invertzucker verwandelt wird. Während Rohr-zuckerlösungen von der Temperatur unabhängig drehen, beein-flusst diese die Invertzuckerlösung ziemlich stark. Eine inver-tirte Lösung von der Länge l mm, welche in 1 cbcm z g früheren Rohrzuckers enthält, dreht die Polarisationsebene des Natron-Lichtes bei der Temperatur t' um den Winkel (Tuchschmid)

$$(0{,}2933^0 - 0{,}00336^0 . t') . z l.$$

Hieraus findet man leicht die praktische Regel: Nachdem die Drehung (d. h. der Winkel α oder die Verschiebung p der Quarzkeile) der gewöhnlichen Lösung bestimmt worden ist, nimmt man 100 cbcm derselben, versetzt sie mit 10 cbcm con-centrirter Salzsäure und erwärmt 10 Minuten lang auf 70°. Nach der Abkühlung füllt man mit dieser invertirten Lösung eine um den zehnten Teil längere Röhre als die erste (oder wenn dieselbe Röhre benutzt wird, so multiplicirt man die jetzt beobachteten Winkel mit 1,1) und beobachtet die nun-mehr erfolgende Drehung α' (bez. p') nach links. Die Tem-peratur der Lösung bei dieser zweiten Beobachtung sei t'. Um schliesslich die Drehung durch den Rohrzuckergehalt allein zu bekommen, teilt man die Summe $\alpha + \alpha'$ oder $p + p'$ durch $1{,}442 - 0{,}00506 \, t'$.

Denn wenn die zu eliminirende Drehung durch den Nichtzucker gleich β gesetzt wird, so hat man (S. 143 und oben)

$$\alpha = 0{,}6642 \, z l + \beta$$
$$\alpha' = (0{,}2933 - 0{,}00336 \, t') z l - \beta.$$

Folglich $\alpha + \alpha' = (0{,}9575 - 0{,}00336 \, t') z l = (1{,}442 - 0{,}00506 \, t') . 0{,}6642 \, z l.$
$0{,}6642 \, z l$ ist aber die Drehung durch den Zuckergehalt allein.

Vgl. Landolt, opt. Drehungsvermögen 1879, und Landolt und Börnstein, Tabellen S. 100.

46a. Untersuchung doppelbrechender Körper. Erkennung des optischen Charakters einaxiger Krystalle.

Ein Körper bricht das Licht entweder einfach oder doppelt: ersteres, wenn er amorph oder regulär krystallisirt ist, letzteres, wenn er einem der nicht regulären Krystallsysteme angehört oder wenn er aus anderen Ursachen, wie Druck, Zug, rasche Kühlung, nach verschiedenen Richtungen verschiedene Beschaffenheit erhalten hat.

Man unterscheidet die Körper nach diesen beiden Klassen mit Hilfe des Polarisationsapparates, d. h. einer Verbindung von zwei das Licht polarisirenden Vorrichtungen. Als solche hat man Nicol'sche Prismen, Turmalinplatten, unbelegte, meistens schwarze Glasplatten, von denen man das Licht unter einem Einfallswinkel von 56° spiegeln lässt, oder Sätze von aufeinandergelegten Glasplatten, durch welche das Licht unter dem genannten Neigungswinkel hindurchgeht. Für manche Zwecke bedarf man eines Lichtbündels von verschiedenen Richtungen im Krystall (eines „grossen Gesichtsfeldes"). Dann werden zwischen den Krystall und die Polarisatoren Convexlinsen eingeschaltet (Nörremberg'sches Polarisationsmikroskop). Zur Beobachtung kleiner Körper im polarisirten Lichte unter dem gewöhnlichen Mikroskop bringt man zwischen Beleuchtungsspiegel und Körper ein Nicol'sches Prisma und legt ein zweites auf das Ocular des Mikroskops.

Die dem Auge zugewandte Polarisationsvorrichtung heisst der Analysator, die andere wohl Polarisator schlechtweg.

Meistens gebraucht man den Polarisationsapparat mit „gekreuzten Polarisationsvorrichtungen", wobei das Gesichtsfeld dunkel erscheint. Die beiden in diesem Falle aufeinander senkrechten Polarisationsebenen der Vorrichtungen sollen „Hauptebenen" des Apparates heissen.

Ob ein durchsichtiger Körper einfach oder doppelt bricht, erkennt man mit gekreuzten Polarisatoren. Ein einfach brechender Körper lässt das Gesichtsfeld dunkel mit Ausnahme der wenigen Körper, welche das Licht drehen (46) ohne doppelt zu brechen. Ein doppelbrechender Körper erhellt bez. färbt im Allgemeinen das Gesichtsfeld. Nur in einzelnen Stel-

lungen und auch dann nur bei kleinem Gesichtsfelde bleibt die
Erhellung aus.

Es sei eine Planplatte von einem doppelbrechenden
Krystall gegeben. Das Licht zerlegt sich bei dem Durchgang
in zwei Wellenzüge, welche senkrecht zu einander polarisirt
sind. Die Schwingungsebenen werden leicht erkannt, wenn man
die Platte zwischen die gekreuzten Polarisationsvorrichtungen
bringt. Die Platte hat dann nämlich zwei um 90° verschiedene
Lagen, bei denen das Gesichtsfeld bez. die Mitte des Feldes
dunkel bleibt. In diesen Stellungen fallen die Schwingungsebenen mit den Hauptebenen des Apparates zusammen.

Einaxiger Krystall. In einer der beiden Schwingungsebenen muss die Hauptaxe liegen. Wenn die Mitte immer
dunkel bleibt, so zeigt dies an, dass die Platte senkrecht zur
Axe geschnitten ist. Die Dunkelheit erstreckt sich von da
weiter in die beiden Hauptebenen des Apparats (dunkles Kreuz);
die vier Quadranten sind von Ringen durchsetzt, welche im ein-
farbigen Lichte abwechselnd hell und dunkel, im weissen Lichte
gefärbt erscheinen. Nur lichtdrehende Körper (Quarz) zeigen
das dunkle Kreuz nicht.

Je enger die Ringe beisammenliegen, desto grösser ist bei
gleich dicken Platten die „Doppelbrechung", d. i. der Unterschied der Lichtgeschwindigkeiten des ordentlichen und des
ausserordentlichen Strahles.

Unterscheidung positiver und negativer Krystalle.

Diese geschieht einfach mit einer sog. Viertelwellen-
oder circular polarisirenden Glimmerplatte, d. h. einer
Platte von solcher Dicke, dass die beiden Schwingungen, welche
die Platte durchsetzen, einen Gangunterschied von ein Viertel
Wellenlänge erfahren. Diese Glimmerplatte legt man irgendwo
zwischen die Polarisationsvorrichtungen und zwar so, dass die
Ebene der optischen Axen der Glimmerplatte um 45° gegen
die Hauptebenen des Apparates geneigt ist. Dann zeigt die zu
untersuchende Krystallplatte nicht mehr das schwarze Kreuz
mit den gleichen Ringquadranten, sondern die Ringstücke sind
in benachbarten Quadranten gegen einander verschoben, und in
der Nähe des nunmehr hellen Mittelpunctes sind zwei dunkle

Flecke entstanden. Liegen diese Flecke in der optischen Axen-ebene der Glimmerplatte, so ist der Krystall negativ (der ausser-ordentliche Strahl wird schwächer gebrochen), liegen sie senk-recht dazu, so ist der Krystall positiv.

Das Glimmerplättchen lässt sich leicht in erforderlicher Dicke abspalten. Man erkennt seine Brauchbarkeit und die Richtung seiner optischen Axenebene am einfachsten dadurch, dass man dasselbe einmal auf einen bekannten Krystall (Kalk-spat, negativ) anwendet. Die Axenebene lässt sich auch aus der Lemniskatenfigur des Glimmers (f. S.) bestimmen.

Die Erscheinung erklärt sich in folgender Weise: Angenommen, die Krystallplatte sei negativ, also die ausserordentlichen, d. i. die im Apparate radial schwingenden Strahlen pflanzen sich rascher fort als die ordentlichen, peripherisch schwingenden Strahlen. In einer gewissen Neigung, d. h. in der Krystallfigur in einer gewissen Entfernung vom Mittelpuncte, welche innerhalb des ersten dunkelen Ringes liegen muss, wird der radial schwin-gende Strahl dem anderen im Krystall um eine Viertel-Wellenlänge vor-auseilen.

Nun pflanzt eine Glimmerplatte einen sie durchsetzenden Strahl, wenn er in der Axenebene schwingt, am langsamsten fort; unsere Viertelwellen-Platte verzögert also die in ihrer Axenebene schwingende Lichtcomponente gegen die andere um eine Viertelwelle. Fasst man nun von den oben genannten Strahlen, deren radiale Componente im Krystall um eine Viertelwelle vorausgeeilt war, diejenigen ins Auge, welche in der Axen-ebene der Glimmerplatte liegen, so sieht man, dass hier der Gangunter-schied im Krystall durch die Glimmerplatte aufgehoben wird. Daher ent-stehen die beiden dunkelen Flecke neben dem Mittelpunct in der Axen-ebene der Glimmerplatte.

Dass ein positiver Krystall sich umgekehrt verhalten muss, folgt von selbst. — Zugleich übersieht man leicht, dass die Durchmesser der Ringe in zwei Quadranten um $^1/_4$ Ringabstand vergrössert, in den anderen beiden Quadranten um ebensoviel verkleinert sein müssen.

Ueber die Messung von Lichtbrechungsverhältnissen der Krystalle vgl. 40.

47. Bestimmung des Winkels der optischen Axen eines Krystalles.

Aus einem optisch zweiaxigen Krystall sei eine zur Mittel-linie der beiden Axen senkrechte Platte geschliffen. Im ge-kreuzten Polarisationsapparat (46 a) liefert dieselbe, wenn das Gesichtsfeld hinreichend gross ist, eine Figur aus hellen und

VIII. Hilfsbeobachtungen für Magnetismus und Elektricität.

48. Winkelmessung mit Fernrohr, Spiegel und Scale (Poggendorff und Gauss).

Die Winkelmessung mit Fernrohr, Spiegel und Scale findet eine vielfache Anwendung. Sie ist an den Magnetometern und Galvanometern entstanden und soll hier um der Kürze willen auf diese bezogen werden. Die Methode setzt voraus, dass die zu messenden Winkel klein sind.

Mit dem am Faden aufgehangenen Magnet u. s. w., dessen horizontale Drehung gemessen werden soll, ist ein verticaler Spiegel verbunden. Wir nehmen an, dass der Spiegel in oder wenigstens nicht weit ausserhalb der Drehungsaxe liegt, wodurch die Verhältnisse vereinfacht werden. In dem Spiegel wird mit einem Fernrohre eine horizontale, etwa in derselben Höhe wie der Spiegel befindliche, nach Umständen bis 5 m von diesem entfernte Scale beobachtet. Die Scale wird so aufgestellt, dass in der Gleichgewichtslage des Magnetes, auf welche meistens die anderen Stellungen bezogen werden, nahezu der Punct, welchen ein vom Spiegel auf die Scale gefälltes Perpendikel trifft, in dem Fadenkreuz des Fernrohres erscheint. Wir nennen diesen Punct kurz den „mittleren Scalenteil", ebenso die Stellung des Magnets, in welcher dieser Scalenteil mit dem Fadenkreuz zusammenfällt, die „mittlere Stellung".

Einstellung von Fernrohr und Scale. Die erste Operation sei immer, dass man das Fernrohr durch Verschieben des Ocularrohres genähert auf die richtige Sehweite, d. h. auf die doppelte Entfernung der Scale vom Spiegel einstellt. Dann gibt man ihm, während das Rohr nach dem Spiegel gerichtet ist, diejenige Stellung, bei welcher das dicht über dem mittleren Scalenteil visirende Auge das Objectiv des Fernrohres, oder das neben dem Fernrohr visirende den mittleren Scalenteil und der totalen Reflexion überhaupt kein Licht, welches die Platte in der Richtung der Axen durchlaufen hat, in die Luft austritt. In diesem Falle kann man die Messung innerhalb einer Flüssigkeit ausführen, welche von zwei ebenen zur Sehlinie senkrechten Glasflächen begrenzt wird. Das Verfahren ist im Uebrigen das nämliche wie vorhin. Der hier beobachtete Axenwinkel sei α', so findet man α, wenn N das Brechungsverhältnis der Flüssigkeit ist, aus der Gleichung

$$\sin \tfrac{1}{2}\alpha = N \sin \tfrac{1}{2}\alpha'.$$

Da der Axenwinkel von der Farbe abhängt, so verlangt die genaue Messung eine bestimmte Lichtsorte, z. B. das Licht der Natronflamme oder auch eines roten mit Kupfer gefärbten Glases, welches man vor das Auge hält. Den Unterschied der Axenwinkel, wenn man in verschiedenen Farben beobachtet, nennt man die Axendispersion für diese Farben.

Die Messung eines und desselben Axenwinkels (z. B. Baryt) in der Luft α und in einer Flüssigkeit α' liefert ein bequemes Mittel, das **Brechungsverhältnis** N **der Flüssigkeit** nach obiger Gleichung zu bestimmen.

47a. Vergleichung von Lichtstärken.

I. Durch Beleuchtung aus verschiedener Entfernung.

Geben zwei Lichtquellen in den Abständen r_1 bez. r_2 gleiche Helligkeit, so verhalten sich ihre Lichtstärken

$$i_1 : i_2 = r_1{}^2 : r_2{}^2.$$

Zur Beurteilung der gleichen Helligkeit dienen folgende Mittel.

1. **Beleuchtung verschiedener Teile derselben weissen Oberfläche (Rumford).** Vor einen weissen Schirm kommt ein dunkler nicht zu schmaler Stab zu stehen. Die beiden Lichtquellen werden so gestellt, dass die beiden Schatten des Stabes dicht nebeneinander liegen. Die Entfernungen werden dann so geregelt, dass die beiden Schatten gleich dunkel erscheinen, wobei darauf zu achten ist, dass beide Lichtbündel den Schirm in den Schattengebieten unter gleichem Winkel treffen. Die Abstände r_1 und r_2 werden natürlich von jedem Lichte zu dem Schatten des anderen gemessen.

2. **Beleuchtung zweier Flächen.** Zwei gleiche Flächen-
stückchen werden unter gleichen Winkeln von den beiden Lichtquellen erhellt, deren Abstände r_1 und r_2 so ausgesucht werden,
dass die Flächenhelligkeit gleich erscheint (Foucault). Frem-
des Licht ist hier auszuschliessen. Entweder neigt man die
Flächen gegeneinander, beleuchtet von aussen und beobachtet
in der Mittellinie (Ritchie) oder man trennt durch eine Scheide-
wand und beobachtet das durchfallende Licht.

3. **Vergleichung auffallenden Lichtes mit durchfallendem (Bunsen).** Ein kleiner Schirm (Papier) sei an verschiedenen Stellen ungleich stark durchscheinend gemacht, entweder vermöge eines kreis- oder besser ringförmigen Fett- oder
Stearinfleckes oder auch durch teilweises Bekleben eines dünnen
Papieres mit einem zweiten.

Einseitig von dem Schirm in ungeändertem Abstande befinde sich eine constante Lichtquelle (Kerze, kleine Gasflamme,
Benzinlampe). Die beiden zu vergleichenden Lichtquellen werden folgeweise auf der anderen Seite des Schirmes in solchen
Abständen r_1 und r_2 aufgestellt, dass die verschiedenen Schirm-
teile bei constanter Visirrichtung gleich hell erscheinen.

II. Durch Polarisation.

Bildet die Schwingungsrichtung polarisirten Lichtes, welches durch eine Polarisationsvorrichtung geht, mit der Schwingungsrichtung der letzteren den Winkel φ, so wird (von einer
durch Reflexion stattfindenden Schwächung abgesehen) der
Bruchteil $\cos^2 \varphi$ durchgelassen (Malus).

1. Die eine Hälfte eines Gesichtsfeldes werde constant
durch polarisirtes Hilfslicht beleuchtet, die zweite Hälfte durch
eine weniger helle Lichtquelle, welche mit einer anderen verglichen werden soll. Man betrachte dieses Gesichtsfeld mit
einem Nicol. Die Hälften mögen gleich hell erscheinen, wenn
des letzteren Schwingungsrichtung mit derjenigen des Hilfslichtes
den Winkel φ_1 bildet. Nun beleuchtet man mit der anderen
Lichtquelle aus derselben Entfernung. Der Winkel φ_2 bewirke
die Gleichheit der beiden Hälften. Dann ist

$$i_1 : i_2 = \cos^2 \varphi_1 : \cos^2 \varphi_2.$$

2. Zwei Lichter werden senkrecht zu einander polarisirt und beleuchten so die beiden Hälften eines Gesichtsfeldes, welche durch einen drehbaren Nicol beobachtet werden. Man drehe letzteren so, dass die Helligkeit gleich erscheint. Sind φ_1 und $\varphi_2 = 90 - \varphi_1$ die Winkel, welche alsdann von der Schwingungsrichtung des Nicol mit denjenigen der beiden Lichtquellen eingeschlossen werden, so ist $i_1 : i_2 = \cos^2 \varphi_2 : \cos^2 \varphi_1$. Fehlerquellen können durch Auswechseln der Lichtquellen erkannt und eliminirt werden (Zöllner).

3. Gleiche Mengen senkrecht zu einander polarisirten Lichtes mit einander gemischt verhalten sich wie gewöhnliches Licht. Man kann also die gleichen Mengen beider Teile mittels eines Polariskopes (z. B. Savart) an dem Ausbleiben der Interferenzerscheinungen erkennen (Arago; Wild, Pogg. Ann. CXVIII. 193. 1863).

Verschiedene Färbung der zu vergleichenden Lichter erschwert die Messungen. Zur vollständigen Vergleichung verschieden gefärbten Lichtes gehört dessen Zerlegung durch das Prisma (Spectrophotometer; Vierordt, Glan, Wild).

VIII. Hilfsbeobachtungen für Magnetismus und Elektricität.

48. Winkelmessung mit Fernrohr, Spiegel und Scale (Poggendorff und Gauss).

Die Winkelmessung mit Fernrohr, Spiegel und Scale findet eine vielfache Anwendung. Sie ist an den Magnetometern und Galvanometern entstanden und soll hier um der Kürze willen auf diese bezogen werden. Die Methode setzt voraus, dass die zu messenden Winkel klein sind.

Mit dem am Faden aufgehangenen Magnet u. s. w., dessen horizontale Drehung gemessen werden soll, ist ein verticaler Spiegel verbunden. Wir nehmen an, dass der Spiegel in oder wenigstens nicht weit ausserhalb der Drehungsaxe liegt, wodurch die Verhältnisse vereinfacht werden. In dem Spiegel wird mit einem Fernrohre eine horizontale, etwa in derselben Höhe wie der Spiegel befindliche, nach Umständen bis 5 m von diesem entfernte Scale beobachtet. Die Scale wird so aufgestellt, dass in der Gleichgewichtslage des Magnetes, auf welche meistens die anderen Stellungen bezogen werden, nahezu der Punct, welchen ein vom Spiegel auf die Scale gefälltes Perpendikel trifft, in dem Fadenkreuz des Fernrohres erscheint. Wir nennen diesen Punct kurz den „mittleren Scalenteil", ebenso die Stellung des Magnets, in welcher dieser Scalenteil mit dem Fadenkreuz zusammenfällt, die „mittlere Stellung".

Einstellung von Fernrohr und Scale. Die erste Operation sei immer, dass man das Fernrohr durch Verschieben des Ocularrohres genähert auf die richtige Sehweite, d. h. auf die doppelte Entfernung der Scale vom Spiegel einstellt. Dann gibt man ihm, während das Rohr nach dem Spiegel gerichtet ist, diejenige Stellung, bei welcher das dicht über dem mittleren Scalenteil visirende Auge das Objectiv des Fernrohres, oder das neben dem Fernrohr visirende den mittleren Scalenteil im Spiegel sieht. Alsdann wird das Bild der Scale, wenn es nicht bereits im Gesichtsfelde des Fernrohres ist, durch eine kleine Drehung in demselben erscheinen. Schliesslich werden die feineren Einstellungen vorgenommen.

Zu den letzteren gehört das Deutlichsehen von Scale und Fadenkreuz. Zuerst wird das Fadenkreuz auf richtige Sehweite gestellt, dann das Ocularrohr verschoben, bis Scalenteile und Fadenkreuz keine Parallaxe zeigen, d. h. sich bei dem seitlichen Bewegen des Auges vor dem Ocular nicht gegeneinander verschieben.

Wechseln bei zusammenhängenden Ablesungen Beobachter von verschiedener Sehweite, so soll ein Jeder das deutliche Bild nur durch Verschieben des ersten, zwischen Auge und Fadenkreuz befindlichen Ocularglases hervorbringen.

Man kann die Winkelmessung mit Spiegel und Scale auch so vornehmen, dass man das Licht von einer scharf markirten Lichtquelle (Spalt, Faden vor einer Flamme) durch eine Linse auf den Spiegel und von da auf eine Scale fallen lässt. Durch richtige Linsenstellung kann ein deutliches objectives Bild der Marke auf der Scale erhalten werden, dessen Verschiebung zur Winkelmessung gerade so benutzt wird wie das Bild im Fernrohr.

Recept für die Versilberung des Glases (nach Böttger). 1) Man löst salpetersaures Silber in destillirtem Wasser, versetzt die Lösung mit Ammoniak, bis der entstandene Niederschlag beim Umrühren fast vollständig verschwindet, filtrirt die Lösung und verdünnt sie, so dass 1 g salpetersaures Silber auf 100 cbcm der Lösung kommt. 2) 2 g salpetersaures Silber werden in etwas Wasser gelöst und in 1 l siedendes Wasser eingegossen. Dazu setzt man 1,66 g Seignettesalz und lässt die Mischung kurze Zeit sieden, bis der entstandene Niederschlag grau aussieht. Die Lösung wird heiss filtrirt.

Die gut (mit Salpetersäure, Aetzkali, Alkohol) gereinigte Glasfläche wird in einem Gefäss mit einer einige Mm hohen Schicht aus gleichen Raumteilen beider Lösungen bedeckt. Nach einer Stunde ist die Reduction beendigt, die Platte wird abgespült, die Operation erneuert u. s. f., bis die genügende Dicke der Silberschicht erreicht ist. Nach dem Trocknen kann man die Silberfläche mit dem Ballen der Hand vorsichtig poliren. Soll das Silber als Belegung auf der Rückfläche dienen, so ist das Poliren natürlich überflüssig. Man mag in diesem Falle die Operation auch beschleunigen dadurch, dass man die zweite obiger Flüssigkeiten vor der Mischung auf etwa 70° erwärmt. Zum Schutz kann dann das Silber mit einem Firniss überzogen werden.

Die richtig bereiteten Flüssigkeiten erhalten sich an einem dunkelen Orte einige Monate lang brauchbar.

49. Reduction der Scalenablesung auf den Winkel und seine Functionen.

Wir wollen alle Drehungs-Winkel von der „mittleren" Stellung (48) als Nullpunct rechnen und unter Ausschlagswinkel φ den Winkel verstehen, um welchen der Magnet u. s. w. aus dieser Stellung gedreht ist. Scalenausschlag nennen wir die Differenz n des beobachteten vom mittleren Scalenteil.

1. Für kleine Ablenkungen ist der Ausschlagswinkel dem Scalenausschlag proportional. Und zwar, wenn A den Abstand der spiegelnden Fläche von der Scale, ausgedrückt in Scalenteilen (also Mm, wenn die Scale in Mm geteilt ist), bedeutet, so wird der Bogenwert eines Scalenteiles gefunden

$$= \frac{28{,}648^0}{A} = \frac{1718{,}9'}{A} = \frac{103132''}{A}.$$

Bei erdmagnetischen Variationsbeobachtungen z. B. kann die Proportionalität immer angenommen werden.

Die Fehler können höchstens betragen

bei Ablenkungen bis zu	1^0	2^0	3^0	4^0	5^0
in Teilen des Ganzen	0,0004	0,0016	0,0036	0,0064	0,010.

2. Für eine Ablenkung bis zu 6^0 wird meistens genügend genau gesetzt werden

$$\varphi = \frac{28{,}648^0}{A} \cdot n \left(1 - \tfrac{1}{3}\frac{n^2}{A^2}\right).$$

Oft will man nicht den Winkel, sondern eine trigonometrische Function desselben kennen. Es ist

$$\tan \varphi = \frac{n}{2A}\left[1 - \left(\frac{n}{2A}\right)^2\right]$$

$$\sin \varphi = \frac{n}{2A}\left[1 - \tfrac{3}{2}\left(\frac{n}{2A}\right)^2\right]$$

$$\sin \frac{\varphi}{2} = \frac{n}{4A}\left[1 - \tfrac{1}{2}\left(\frac{n}{4A}\right)^2\right].$$

Man reducirt hiernach einen Scalenausschlag n auf **eine** dem Bogen, der Tangente, dem Sinus, dem Sinus des **halben**

Winkels proportionale Grösse, indem man bez. $\frac{1}{3}$, $\frac{1}{4}$, $\frac{3}{8}$ oder $\frac{11}{12} \cdot \frac{n^3}{A^2}$ von n abzieht.

3. Für beliebig grosse Ablenkungen ist an gerader Scale

$$\varphi = \tfrac{1}{2}\, \text{arc tang}\, \frac{n}{A} = \tfrac{1}{2}\left(\frac{n}{A} - \tfrac{1}{3}\frac{n^3}{A^3} + \tfrac{1}{5}\frac{n^5}{A^5} \cdots\right).$$

Die letztere Formel ergibt sich durch eine einfache geometrische Betrachtung, die anderen, wenn man in den Reihenentwickelungen für φ, tang φ u. s. w. nur die ersten beiden Glieder nimmt.

In Tab. 21a findet sich die Reduction auf Bögen für eine Anzahl von Scalenabständen. Um auf die Tangente zu reduciren, hat man die Zahlen um ihren 4ten Teil zu verkleinern. Man stellt die Tabelle am besten graphisch dar und entnimmt aus der Curve die Werte für bestimmte Ausschläge.

Weicht die Spiegelebene von der Verticalen ab, so füge man zu dem gemessenen Horizontalabstande A der Scale vom Spiegel hinzu hh'/A. Hier bedeuten h bez. h' die Höhe der Spiegelnormale über (Vorzeichen!) der durch den Spiegel gelegten Horizontalen bez. über der Visirlinie; h und h' gemessen in der Verticalebene der Scale. Gleicherweise kann eine Krümmung eines Spiegels, wenn derselbe der Drehungsaxe nicht sehr nahe liegt, Correctionen bedingen.

Findet die Reflexion an der Rückfläche eines Glasspiegels statt, so gilt als Abstand A die Entfernung der Scale von der Vorderfläche, vermehrt um $\frac{2}{3}$ der Spiegeldicke. Ebenso ist von anderen in den Weg des Lichtes eingeschalteten Glasplatten nur $\frac{2}{3}$ der Dicke anzurechnen.

50. Ableitung der Ruhelage aus Schwingungen.

Der Scalenteil, auf welchen der Spiegel sich einstellen würde, wenn er in Ruhe wäre, die Ruhelage oder Gleichgewichtslage, lässt sich durch Beobachten des schwingenden Spiegels auf folgende Weise ableiten.

1. Umkehrbeobachtungen. Sind die Schwingungen rasch oder gross, so beobachtet man einige auf einander folgende Umkehrpuncte des Fadenkreuzes auf der Scale. Aus je dreien findet sich die Ruhelage, indem das arithmetische Mittel aus Nr. 1 und 3 mit Nr. 2 zum arithmetischen Mittel vereinigt wird.

Vgl. übrigens die Vorschriften zur Bestimmung der Ruhelage einer Wage in (7), welche auf den jetzigen Fall ohne Weiteres übertragen werden können.

2. **Standbeobachtungen.** Wenn die Bewegung der Nadel so langsam ist, dass man in jedem Augenblick den Stand des Fadenkreuzes auf der Scale genau angeben kann, so gibt das arithmetische Mittel aus zwei beliebigen um die Zeit der Schwingungsdauer auseinanderliegenden Ablesungen die Ruhelage.

Als Beispiel mag ein Satz Beobachtungen aus einem magnetischen Termine dienen, nach den von Gauss gegebenen Vorschriften beobachtet und berechnet. Gesucht wurde der Stand einer Nadel von 20^{sec} Schwingungsdauer für 10^h 0^m. p ist die von 10 zu 10^{sec} gemachte Ablesung, p_0 das Mittel aus je zwei um 20^{sec} auseinanderliegenden p.

Zeit			p	p_0	
9^h	59^m	30^{sec}	475,0		
		40	474,8	475,50	
		50	476,0	5,95	Hauptmittel
10^h	0^m	0^{sec}	477,1	6,40	476,28.
		10	476,8	6,60	
		20	476,1	6,95	
		30	477,1		

3. **Gedämpfte Schwingungen.** Beide Regeln setzen eine langsame Abnahme der Schwingungsweite voraus. Ist aber eine stärkere Dämpfung vorhanden (z. B. durch Umgebung eines Magnets mit einem Kupferrahmen), so findet sich aus zwei um die Schwingungsdauer auseinanderliegenden Ablesungen p_1 und p_2 die Ruhelage p_0

$$p_0 = p_2 + \frac{p_1 - p_2}{1 + k}.$$

Hierin bedeutet k das Dämpfungsverhältnis, d. h. das Verhältnis eines Schwingungsbogens zu dem nächstfolgenden. Vgl. das Beispiel im folg. Art. Die Correction der Scalenteile auf Bogen ist übrigens sehr selten nötig.

Zur Beruhigung der Schwingungen einer Magnetnadel bedient man sich häufig eines Hilfsmagnets, welcher nach dem Gebrauch hinreichend entfernt in derselben Höhe wie die schwingende Nadel vertical aufgestellt wird. Auch ein in der Nähe der Nadel vorbeigeführter galvanischer Strom, den man im geeigneten Augenblicke schliesst und unterbricht, kann zum Beruhigen gebraucht werden.

51. Dämpfung und logarithmisches Decrement.

Von grosser Bedeutung für magnetische und galvanische Messungen ist die Abnahme der Schwingungsbogen einer Magnetnadel, welche gedämpft, d. h. von einer Kupferhülse oder einem Multiplicator umgeben ist. Die Dämpfung entsteht durch die von der bewegten Nadel in dem Kupfer inducirten Ströme, und das Dämpfungsgesetz, welches sich aus der Theorie der Induction ergibt, sagt, dass kleine Bogen in geometrischer Reihe abnehmen. Das constante Verhältnis eines Schwingungsbogens zu dem darauf folgenden heisst Dämpfungsverhältnis, der Logarithmus des letzteren heisst das logarithmische Decrement der Nadel (Gauss).

·Die Beobachtung dieser Grösse geschieht einfach durch die Beobachtung einer Reihe von Umkehrpuncten der Nadel. Die Differenz zweier auf einander folgender Umkehrpuncte, bei grösseren Schwingungen nach 49 auf den Bogenwert corrigirt, gibt den Bogen. Ist a_m die Grösse des m^{ten}, a_n des n^{ten} Bogens, so ist das Dämpfungsverhältnis

$$k = \left(\frac{a_m}{a_n}\right)^{\frac{1}{n-m}},$$

und das logarithmische Decrement

$$\lambda = \frac{\log a_m - \log a_n}{n - m}.$$

Beobachtungsfehler haben den geringsten Einfluss auf λ, wenn die beiden durch einander dividirten Bogen etwa im Verhältnis 8 : 3 stehen.

Aus einer grösseren Reihe (am besten einer ungeraden Zahl) von Beobachtungen kann man die gesuchte Grösse so herleiten, wie im folgenden Beispiel gezeigt wird, in welchem 7 beobachtete Umkehrpuncte in der ersten Spalte enthalten sind. Die zweite Spalte enthält die Entfernung des Umkehrpunctes von dem mittleren Scalenteil (hier 500), die dritte und vierte die Correction, welche nach 49 die Scalenausschläge auf Grössen reducirt, die dem Bogen proportional sind. Die Entfernung der Scale vom Spiegel betrug nämlich $A = 2600$ Scalenteile. In Spalte 5 sind die sechs corrigirten Bogen enthalten, von denen dann wie unten angegeben die Combinationen 1 mit 4 u. s. f. je einen Wert für k oder λ ergeben. Hinter dem Verticalstrich ist gezeigt, wie man aus dem bekannten Dämpfungsverhältnis $k = 1{,}151$ aus je 2 Umkehrpuncten die Ruhelage der Nadel (50, Nr. 3) berechnet.

Beispiel.

Beob. Umk.-Puncte	n	$\dfrac{n^2}{3 \cdot 2600^2}$	Corrig. Umk.-Puncte	Bogen a	$\dfrac{a}{2{,}151}$	Ruhelage.
285,0	215	0,5	285,5		197,1	512,4
710,0	210	0,5	709,5	424,0	171,1	512,5
341,2	159	0,2	341,4	368,1	149,2	513,1
662,5	162	0,2	662,3	320,9	129,4	513,4
383,9	116	0,1	384,0	278,3	112,3	513,3
625,7	126	0,1	625,6	241,6	97,6	513,2
415,6	84	0,0	415,6	210,0		

Mittel = 513,09

Man erhält also

aus 1 und 4 $\lambda = \frac{1}{3}(\log 424{,}0 - \log 278{,}3) = 0{,}0610$

2 „ 5   368,1   241,6   0,0609

3 „ 6   320,9   210,0   0,0614

Mittel $\lambda = 0{,}0611$.

$k = 1{,}151$.

Bei der gewöhnlich gebrauchten Form der Multiplicatoren nimmt die Dämpfung mit zunehmender Schwingungsweite etwas ab, und zwar ist diese Abnahme ungefähr dem Quadrate der Schwingungsweite proportional. Sie ist um so merklicher, je schmaler und höher der Multiplicator oder Dämpfer und je länger der schwingende Magnet ist.

Ein Teil der Dämpfung rührt immer vom Luftwiderstand her. Wird die Dämpfung gesucht, welche ein Multiplicator allein geben würde, so stellt man einen Satz Beobachtungen bei geschlossener und einen bei unterbrochener Leitung an. Das logarithmische Decrement im letzteren von dem im ersteren Falle abgezogen gibt das gesuchte des Multiplicators* allein (71, III).

Die Anwendung natürlicher Logarithmen oder die Multiplication der obigen λ mit 2,3026 liefert das „natürliche log.
Decrement".

52. Schwingungsdauer.

Schwingungsdauer eines um eine Gleichgewichtslage oscil-
lirenden Körpers nennen wir die Zeit, welche zwischen einer
Elongation (Umkehr, grösste Entfernung von der Ruhelage) bis
zur nächsten auf der anderen Seite verfliesst. Bei langsamer
Bewegung ist der Zeitpunct einer Umkehr zur directen Beobachtung ungeeignet, denn die Bewegung des Körpers ist gerade
in diesem Augenblick unmerkbar. Dagegen passirt derselbe
einen der Gleichgewichtslage nahe gelegenen Punct mit der
grössten Geschwindigkeit, so dass die Zeit dieses Durchganges
scharf zu beobachten ist. Aus zwei auf einander folgenden
Durchgangszeiten durch denselben Punct (in entgegengesetzter
Richtung) findet sich der zwischenliegende Augenblick der Umkehr einfach als arithmetisches Mittel.

Man markirt also einen der Ruhelage des Magnets nahe
liegenden Punct (an der Scale durch Ueberhängen eines hinreichend sichtbaren Fadens), beobachtet die Zeiten, in welchen
dieser Punct passirt wird, nach dem Schlage einer Secundenuhr
und nimmt zunächst aus je zwei solchen benachbarten Zeiten
das Mittel. Die Zehntel Secunden schätzt man aus dem Verhältnis der Abstände des Fadens von der Marke bei dem dem
Durchgang vorausgehenden und dem nachfolgenden Secundenschlage (Gauss).

Berechnung der Schwingungsdauer. Würde man aus
n so beobachteten auf einander folgenden Schwingungsdauern
wieder das Mittel nehmen, so erhielte man dasselbe Resultat,
wie wenn man die Differenz der ersten von der letzten Um-
kehrzeit durch n dividirt. Die zwischenliegenden Beobachtungen wären also nutzlos. Um alle zu verwerten, kann man
sie in zwei Hälften teilen, immer die Differenzen der entsprechenden Nummern aus beiden Hälften nehmen, aus diesen
das arithmetische Mittel berechnen und dasselbe durch $\frac{1}{2} n$
dividiren.

1. Beispiel.

Durchgang beob.		Umkehrzeit berechnet	
min	sec	min	sec
10	3,3		
	16,5	10	9,90
	29,9		23,20
	43,0		36,45
	56,6		49,80
11	9,9	11	3,25
	23,3		16,60

Schwingungsdauer

$$\text{aus Nr. } 1 \text{ und } 4 \quad \frac{39,90}{3} = 13,30 \text{ sec}$$

$$2 \text{ und } 5 \quad \frac{40,05}{3} = 13,35$$

$$3 \text{ und } 6 \quad \frac{40,15}{3} = 13,38$$

Mittel = 13,34.

Ueber die Anwendung der Methode der kleinsten Quadrate auf solche Beobachtungen vgl. S. 16.

Am vorteilhaftesten ist es, sich einige, durch mehrere Beobachtungen genau bestimmte, weiter auseinanderliegende Umkehrzeiten auf folgende Weise zu verschaffen. Es wird zweimal (oder zur grösseren Sicherheit besser mehrmals) eine gerade Anzahl, z. B. sechs auf einander folgende Durchgangs-zeiten durch den markirten Punct beobachtet. Dann nimmt man in jedem Beobachtungssatz aus je zwei symmetrisch gegen die mittelste Elongation gelegenen Zeiten das arithmetische Mittel und aus diesem wieder das Hauptmittel.

2. Beispiel.

	Erster Satz.		Mittel.			Zweiter Satz.		Mittel.	
Nr.	min	sec				min	sec		
1.	7	40,7				10	10,5		
2.		49,0					18,9		
3.		55,6		min	sec		25,6	min	sec
4.	8	4,0	3. 4.	7	59,80		33,9	10	29,75
5.		10,7	2. 5.		59,85		40,6		29,75
6.		18,8	1. 6.		59,75		48,9		29,70
	Hauptmittel		7	59,80				10	29,73

Die beiden Hauptmittel sind die Zeitpuncte zweier Elonga-tionen, so genau als sie aus diesen Beobachtungen zu entneh-men sind. Ihr Unterschied = 149,93 Sec., dividirt durch die Anzahl der zwischen ihnen verflossenen Schwingungen gibt die Schwingungsdauer so genau als möglich. Es ist nun nicht notwendig diese Schwingungen wirklich gezählt zu haben; man kann sie aus den Beobachtungen selbst ableiten. Nämlich ein

Näherungswert der Schwingungsdauer ist leicht aus einem der beiden Sätze, zum Beispiel dem ersten zu entnehmen. Aus den beiden ersten und den beiden letzten Beobachtungen desselben finden sich 7^{min} $44,85^{sec}$ und 8^{min} $14,75^{sec}$ als Zeitpuncte zweier Elongationen, zwischen denen 4 Schwingungen liegen. Danach würde die Schwingungsdauer $= 29,9 : 4 = 7,475$ Sec. sein. Wären dieser Wert und die Beobachtungen vollständig genau, so würde 7,475 dividirt in 149,93 die gesuchte Anzahl der Schwingungen sein. Bei der Ausführung der Division findet sich 20,058, welcher Wert so nahe an der ganzen Zahl 20 liegt, dass ohne Zweifel 20 Schwingungen in der Zeit 149,93 Sec. ausgeführt worden sind. Die Schwingungsdauer ist daher $149,93 : 20 = 7,496$ Sec. (Wollte man annehmen, es wäre 19 oder 21 die Schwingungsanzahl, so käme die Dauer 7,89 resp. 7,14 heraus, was mit den einzelnen Beobachtungen durchaus unverträglich wäre.)

Um die Beobachtungsfehler zu eliminiren, macht man eine grössere gerade Anzahl $2m$ von Beobachtungssätzen, combinirt Nr. 1 mit $m + 1$, 2 mit $m + 2$, ... m mit $2m$ und nimmt das Mittel der einzelnen Resultate. Liegen die Beobachtungssätze gleich weit auseinander, so lässt sich die Methode der kleinsten Quadrate gerade wie auf S. 16 anwenden.

Das Verfahren setzt voraus, dass die Schwingungsdauer hinreichend gross ist, um die auf einander folgenden Durchgänge einzeln beobachten zu können. Doch steht nichts im Wege es auch auf kürzere Schwingungen anzuwenden, indem man bei der Beobachtung immer zwei (allgemein eine gerade Anzahl) Durchgänge überspringt, z. B. aus den Durchgängen Nr. 1 4 7 10 13 16 den Satz von Beobachtungen bildet. Uebrigens rechnet man wie oben, und teilt schliesslich das Resultat durch 3. Auf die Bestimmung der Schwingungsanzahl muss natürlich eine um so grössere Vorsicht verwandt werden, je grösser diese Anzahl, also unter übrigens gleichen Umständen, je kürzer die Schwingungsdauer ist. Die Möglichkeit eines Irrtums wird dadurch verringert, dass man zu einem Durchgang bemerkt, ob er einer Bewegung nach kleineren oder grösseren Zahlen entspricht; oder auch dadurch, dass man immer mit einer bestimmten Richtung beginnt, wobei dann die Schwingungsanzahl gerade sein muss.

Sehr kurz dauernde Schwingungen von einer oder wenigen Secunden beobachtet man besser in ihren Umkehrpuncten als in den Durchgängen durch die Mitte, und zwar am bequemsten in lauter einseitigen Umkehrpuncten, wobei man nach Bedürfnis überspringen kann.

Die Schwingungsdauer einer gedämpften Nadel vom logarithmischen Decrement λ (**51**) verhält sich zu derjenigen ohne Dämpfung wie $\sqrt{\pi^2 + (2{,}306 . \lambda)^2}$ zu π.

Ob der Magnet mit Spiegel und Scale oder mit blossem Auge beobachtet wird, ist für die Methode natürlich gleichgiltig.

Methode der Coincidenzen. Diese kann gebraucht werden, wenn eine Schwingungsdauer sehr nahe eine Secunde oder ein ganzes Vielfaches derselben (Secundenpendel) beträgt. Es werden die Zeiten notirt, zu denen ein Durchgang durch die Ruhelage genau mit einem Secundenschlage zusammenfällt. Die Schwingungsdauer wird sodann erhalten, indem man die Anzahl n der zwischen zwei solchen Augenblicken verflossenen Secunden durch $n + 1$ oder durch $n - 1$ dividirt, je nachdem die Durchgänge allmählich dem Secundenschlage vorausgeeilt oder hinter demselben zurückgeblieben sind.

53. Reduction der Schwingungsdauer auf unendlich kleine Bogen.

Bei der Schwingungsform, welche ein Magnet oder ein bifilar aufgehangener Körper oder auch ein durch die Schwere getriebenes Pendel befolgt, allgemein, wenn das zurücktreibende Drehungsmoment dem Sinus des Ablenkungswinkels proportional ist, nimmt die Schwingungsdauer mit der Schwingungsweite um ein Weniges zu. Fast immer suchen wir den Grenzwert, welchem sie sich annähert, wenn die Schwingungsweite sehr klein wird: wir müssen also, sobald die Schwingungen nicht klein genug waren, den durch Beobachtung gefundenen Wert auf diesen Grenzwert corrigiren. Nennen wir

t die durch Beobachtung gefundene Schwingungsdauer,
α den ganzen Bogen, welchen der schwingende Magnet dabei beschrieb,

so kann man die auf unendlich kleine Bogen reducirte Schwingungsdauer t_0 am bequemsten und stets hinreichend genau berechnen als

$$t_0 = t - \left(\tfrac{1}{4} \sin^2 \frac{\alpha}{4} + \tfrac{5}{64} \sin^4 \frac{\alpha}{4} \right) t.$$

Zur Erleichterung der Reduction findet sich in Tab. 21 der in Klammer befindliche Ausdruck bis zu Bogen von 40^0 berechnet, einer Grösse, über welche man niemals hinausgehen wird.

Die Beobachtung mit Fernrohr und Scale gewährt den Vorteil, dass die Schwingungen (etwa 50 bis 300 Scalenteile) stets so klein sind, dass der erste Teil des Correctionsgliedes genügt. Man kann dann setzen, wenn

p den Schwingungsbogen in Scalenteilen,

A den Scalenabstand in Scalenteilen bedeutet,

$$t_0 = t - \frac{t}{256} \cdot \frac{p^2}{A^2}.$$

Als den Wert von α oder p, welcher in obige Formeln eingesetzt wird, kann man das arithmetische Mittel aus den bei der ersten und der letzten Schwingung beschriebenen Bogen einsetzen. Doch richte man es dann so ein, dass die Abnahme der Schwingungsweite in der Zwischenzeit nicht mehr als etwa den dritten Teil des Anfangsbogens betragen habe. Nennen wir das arithmetische Mittel aus dem ersten und letzten Bogen a, ihre Differenz d, so ist es genauer und immer genügend, wenn man für α oder p einsetzt $a \left(1 - \tfrac{1}{24} \frac{d^2}{a^2} \right).$

Die vollständige Formel ist $t = t_0 \left(1 + \tfrac{1}{4} \sin^2 \frac{\alpha}{4} + \tfrac{9}{64} \sin^4 \frac{\alpha}{4} \dots \right).$

Wird t_0 durch t ausgedrückt und bei der Division nur die vierte Potenz berücksichtigt, was praktisch immer erlaubt ist, so entsteht die erste Formel. Die Reductionsformel für die Scalenbeobachtungen wird mit Hilfe von **49** leicht gefunden.

53a. Bifilare Aufhängung (Harris, Gauss).

Ein an zwei Fäden aufgehangener schwerer Körper verlangt für seine Gleichgewichtslage, dass die Fäden in derselben Verticalebene liegen. Es sei

e_1 und e_2 der obere bez. untere Horizontalabstand der beiden Fadenenden,

h die mittlere Fadenlänge. Sollten die Fäden von der

Verticalen abweichen, so soll h den mittlern Verticalabstand der beiden Fadenenden bedeuten.

Für kleine horizontale Drehungen des Bifilarkörpers ist das
rücktreibende Drehungsmoment allgemein dem Sinus des Drehungswinkels proportional. Unter der Voraussetzung, dass die
Länge der Fäden sehr gross gegen ihren Abstand ist, gilt dies
auch für grössere Ablenkungen.

Wir setzen voraus, dass die unteren wie die oberen Fadenenden nahe in derselben Horizontalen liegen und dass die Fäden
nahe gleiche Spannung haben. P sei die Summe der Vertical-
spannungen. Dann ist das rücktreibende Drehungsmoment für
den Ablenkungswinkel α

$$P \frac{e_1 e_2}{4h} \sin \alpha \, .$$

P bedeutet das Gewicht des angehängten Körpers, vermehrt um das halbe Gewicht der Fäden.

Im „absoluten Maaßsystem" ist das Gewicht als die Masse
multiplicirt mit der Schwerbeschleunigung zu setzen (vgl. Anhang Nr. 6 und Tab. 36).

Die beiden Fäden sind gleich gespannt, wenn der Schwerpunct des Bifilarkörpers in der mittleren Verticalen zwischen
ihnen liegt. Man prüft diese Bedingung durch Heben des Körpers an einem Puncte in der mittleren Verticale.

Steifheit der Fäden. Die Steifheit hat denselben Einfluss als ob die Drähte verkürzt würden. Es sei

ϱ der Halbmesser (aus Masse und Dichtigkeit zu berechnen),

E der Elasticitätsmodul der Drähte.

Dann muss man von der gemessenen Länge abrechnen

$$\delta = \varrho^2 \, \sqrt{\frac{2 \pi E}{P}} \, .$$

Es ist hier zu beachten, dass der Elasticitätsmodul in der
gewöhnlichen technischen Definition (33 und Tab. 17) sich auf
das Gewicht eines Kilogramms als Krafteinheit und auf das
Quadratmillimeter als Flächeneinheit bezieht. Wollen wir überall
Gramm und Centimeter anwenden, so werden die Elasticitätsmodul 100000 mal grösser; also z. B. für Eisen $E = 200.10^7$,

Messing 90.10^7 u. s. w. Wenn hierzu ϱ in Cm, P in Gramm-gewichten ausgedrückt wird, so erhält man die Verkürzung in Cm.

Torsionselasticität. Das elastische Torsionsmoment bei-der Fäden zusammen, welches zu dem Schweremoment hinzu-kommt, beträgt (36)

$$\frac{2\pi}{5} \frac{\varrho^4 E}{h} \cdot \alpha.$$

Wenn α klein ist, so kann sin α dafür geschrieben werden (Anhang 3).

Ueber die Einheiten gilt das oben gesagte. Im absoluten Maafssystem kommt der Factor g ($= 981$ cm) hinzu. Man hat also im Ganzen die mit sin α zu multiplicirende „Directionskraft"

$$D = gm\, \frac{e_1\, e_2}{4\,(h - \delta)} + \frac{2\pi}{5}\, gE\, \frac{\varrho^4}{h},$$

wo m die Masse des Bifilarkörpers vermehrt um die halbe Masse der Aufhängefäden bedeutet.

Beispiel: Der obere und untere Fadenabstand beträgt $e_1 = e_2 = 12$ cm. Die 300 cm langen Aufhängedrähte aus Messing haben 0,01 cm Dicke, also $\varrho = 0,005$. Der Bifilarkörper wiegt 100 gr. Dann ist

$$\delta = 0,005^2\, \sqrt{\frac{2\pi.90.10^7}{100}} = 0,19 \text{ cm} \qquad h - \delta = 300 - 0,19 = 299,81 \text{ cm}.$$

Ferner ist

$$\frac{2\pi}{5}\, g\, E\, \frac{\varrho^4}{h} = \frac{2.3,14}{5}\, 981.90.10^7 . \frac{0,005^4}{300} = 2,3\ [\text{cm}^2.\text{g.sec}^{-2}].$$

Die Drähte wiegen zusammen 0,42 g, also $m = 100 + 0,21 = 100,21$ g

$$gm\, \frac{e_1\, e_2}{4\,(h - \delta)} = 981,0.100,21\, \frac{12.12}{4.299,81} = 11829\ [\text{cm}^2.\text{g.sec}^{-2}].$$

Die gesammte Directionskraft beträgt danach 11831 $[\text{cm}^2.\text{g.sec}^{-2}]$ (vgl. Anh. 9 und Tab. 28).

Vgl. F. K., Wied. Ann. XVII. 737. 1882.

Bestimmung der Directionskraft durch Schwing-ungsbeobachtungen. Ist das Trägheitsmoment K des Bifilar-körpers, bezogen auf die Drehungsaxe, bekannt, so findet man aus der Schwingungsdauer t die Directionskraft als (54; Anh. 10)

$$D = \pi^2 \cdot \frac{K}{t^2}.$$

Bei dickeren Aufhängedrähten oder bei geringem Abstande derselben ist man auf dieses Verfahren angewiesen.

54. Bestimmung eines Trägheitsmomentes.

Das Trägheitsmoment eines materiellen Punctes bezogen auf eine Axe, um welche er sich dreht, ist $l^2.m$; unter m die Masse des Punctes, unter l seinen Abstand von der Axe verstanden. Das Trägheitsmoment einer Anzahl von fest mit einander verbundenen Puncten oder eines Körpers ist die Summe oder das Integral aller dieser Ausdrücke bezogen auf alle einzelnen Körperelemente. Es muss natürlich angegeben werden, nach welcher Einheit Länge und Masse gemessen sind, was am kürzesten durch ein der Zahl für das Trägheitsmoment beigesetztes [g.cm^2] oder [mg.mm^2] u. s. w. geschieht. (Vgl. Anhang Nr. 10.)

I. Berechnung des Trägheitsmomentes.

Dieselbe ist auf einen Körper von regelmässiger Gestalt und homogenem Material beschränkt. In den am häufigsten vorkommenden Fällen erhält man folgende Ausdrücke:

m bedeute immer die Masse des Körpers,

K das gesuchte Trägheitsmoment.

Dünner Stab. Die Länge sei l, die Dicke überall gleich und gegen l sehr klein. Bezogen auf eine durch den Mittelpunct gehende zum Stabe senkrechte Axe ist

$$K = m \cdot \frac{l^2}{12}.$$

Rechtwinkliges Parallelepipedum. a und b seien zwei Kanten desselben. Das Trägheitsmoment, bezogen auf eine durch den Schwerpunct (Mittelpunct) gehende zur dritten Kante parallele, also auf a und b senkrechte Axe ist

$$K = m \cdot \frac{a^2 + b^2}{12}.$$

Cylinder vom Halbmesser r. Es ist, bezogen auf die Axe des Cylinders,

$$K = m \cdot \frac{r^2}{2}.$$

Bezogen auf eine durch den Mittelpunct senkrecht zu der

Axe gezogene Gerade ist, wenn l die Länge des Cylinders,

$$K = m \cdot \left(\frac{l^2}{12} + \frac{r^2}{4}\right).$$

Hohlcylinder von r_0 innerem und r_1 äusserem Halbmesser. Trägheitsmoment bezogen auf die Axe (Ring)

$$K = m \cdot \frac{r_0{}^2 + r_1{}^2}{2};$$

bezogen auf eine zur Axe senkrechte Mittellinie

$$K = m \cdot \left(\frac{l^2}{12} + \frac{r_0{}^2 + r_1{}^2}{4}\right).$$

Kugel vom Halbmesser r. Bezogen auf einen Durchmesser ist

$$K = m \cdot \tfrac{2}{5} r^2.$$

Beispiel. Das Trägheitsmoment eines um seine Querlinie schwingenden 88,03 g schweren, 10,0 cm langen, 1,2 cm dicken Cylinders ist

$$= 88{,}03 \left(\frac{10{,}0^2}{12} + \frac{0{,}6^2}{4}\right) = 741{,}5 \text{ g.cm}^2 \text{ oder } 74150000 \text{ mg.mm}^2.$$

Hilfssatz. Ist das Trägheitsmoment K eines Körpers in Beziehung auf eine durch seinen Schwerpunct gelegte Axe gegeben (wie in den vorigen Beispielen), so erhält man das auf eine beliebige andere, der ersteren parallele Axe bezogene Trägheitsmoment K', indem man zu K hinzufügt das Product aus der Masse des Körpers und der zweiten Potenz des Abstandes a des Schwerpunctes von der neuen Axe. Also

$$K' = K + a^2 m.$$

II. Bestimmung des Trägheitsmomentes durch Belastung (Gauss).

Man beobachtet die Schwingungsdauer, vermehrt dann das Trägheitsmoment, ohne die drehenden Kräfte zu ändern, um eine bekannte Grösse und beobachtet die Schwingungsdauer wiederum. Wenn

t die Schwingungsdauer des Körpers allein,

k das hinzugefügte Trägheitsmoment,

t' die Schwingungsdauer nach Vermehrung des Trägheitsmoments

bedeutet, beide Schwingungsdauern auf unendlich kleine Bogen reducirt (**53**), so ist $t'^2 : t^2 = (K + k) : K$, also das gesuchte Trägheitsmoment des Körpers allein

$$K = k \, \frac{t^2}{t'^2 - t^2}.$$

Dieses Verfahren findet vorwiegend Anwendung bei Körpern, welche an einem Faden aufgehängt unter dem Einfluss einer constanten Directionskraft um den Faden als verticale Axe schwingen, also besonders bei Magneten. Als bekanntes Trägheitsmoment kann z. B. dasjenige eines Ringes von bekannten Dimensionen und bekannter Masse (v. S.) dienen, mit welchem man den Magnet beschwert. Oder man verbindet zwei gleiche cylindrische Massen in gleichen horizontalen Abständen von der Drehungsaxe (dem Aufhängungsfaden) so mit dem Körper, dass die Axe der Cylinder vertical steht.

Dieser Ausdruck setzt voraus, dass die Cylinder sich mit dem Magnet drehen. Hingen die Cylinder an ganz dünnen Fäden, so dass sie keine merkliche Drehung mit dem Magnet erführen, so wäre $k = ml^2$ zu setzen. Wegen dieser Unsicherheit und da auch die Pendelschwingungen der aufgehängenen Cylinder einen kleinen Einfluss auf die Schwingungsdauer des Ganzen haben können, so ist es besser, die Massen auf Stifte aufzustecken. Um die etwaige Excentricität des Schwerpunctes zu eliminiren, werden zwei Beobachtungen gemacht, die zweite nach Drehung der Cylinder um 180°, so dass die vorher inneren Teile jetzt nach aussen kommen. (Ein Ring gestattet diese Elimination nicht.)

Nach dem Vorausgeschickten ist das Trägheitsmoment dieser Cylinder zusammengenommen

$$k = m \left(l^2 + \tfrac{1}{2} r^2 \right),$$

wo m die Masse beider zusammengenommen,

> l den horizontalen Abstand der Schwerpuncte (Spitzen oder Fäden) der Gewichte von der Drehungsaxe des Magnets,
>
> r den Halbmesser der Cylinder bedeutet.

Man bestimmt l durch Messung des Abstandes der beiden Aufhängepuncte der Gewichte von einander, als die Hälfte dieses Abstandes. Festgesteckte Cylinder haben Marken in Gestalt von eingedrehten Kreisen.

Beispiel. Die beiden cylindrischen Gewichte haben einen Durchmesser = 1,0 cm, $\qquad r = 0,5$ cm oder 5 mm.
Sie wiegen zusammen 50 g, $\qquad\qquad m = 50$ g oder 50000 mg.
Der Abstand der Coconfäden, mit denen sie am Magnet aufgehängt sind, von einander ist gemessen = 10,026 cm $\quad l = 5,013$ cm oder 50,13 mm.
Danach berechnet sich ihr Trägheitsmoment zusammengenommen

$$k = 50\left(5,013^2 + \frac{0,25}{2}\right) = 1262,8 \text{ g.cm}^2 \text{ oder } 126280000 \text{ mg.mm}^2.$$

Ferner seien die Schwingungsdauern gefunden
1. des unbelasteten Magnetes gleich 9,754[sec] bei einem mittleren Schwingungsbogen von 18,9°; so ist (53)
$$t = 9,754\,(1 - 0,00170) = 9,737;$$
2. des mit obigen Gewichten belasteten Magnetes gleich 14,311[sec] bei 25,5° Bogen; so ist $\qquad t' = 14,311\,(1 - 0,00310) = 14,267.$
Folglich das gesuchte Trägheitsmoment des Magnetes

$$K = k\,\frac{t^2}{t'^2 - t^2} = 1268,8\,\frac{9,737^2}{14,267^2 - 9,737^2} = 1101,1 \text{ g.cm}^2.$$

III. Durch bifilare Aufhängung.

Gegeben sei eine Bifilarsuspension, in welche man den zu bestimmenden Körper einlegen kann. Aus ihrem Gewicht und den Dimensionen der Aufhängefäden werde nach **53a** die Directionskraft D_0 berechnet. Die Schwingungsdauer betrage t_0. Dann ist das Trägheitsmoment der Suspension (**53a** am Schluss)

$$K_0 = \frac{D_0 t_0^2}{\pi^2}.$$

Nun legt man den Körper von dem gesuchten Trägheitsmoment K ein, so dass sein Schwerpunct in der mittleren Fadenverticale liegt. Die jetzige Directionskraft sei D und die Schwingungsdauer t; dann ist offenbar

$$K = \frac{1}{\pi^2}\,(Dt^2 - D_0 t_0^2).$$

K bezieht sich auf die durch den Schwerpunct gehende verticale Axe.

Ueber die Beobachtung der im allgemeinen hier sehr raschen Schwingungen s. S. 166.

Ist der zu bestimmende Körper magnetisirt, so kann man

denselben in den zwei entgegengesetzten Meridianlagen beobachten. Sind t_1 und t_2 die Schwingungsdauern, so ist zu setzen

$$t^2 = 2\,\frac{t_1{}^2 t_2{}^2}{t_1{}^2 + t_2{}^2}.$$

Vgl. F. K., Gött. Nachr. 1883, S. 411.

55. Torsionsverhältnis eines aufgehangenen Magnets.

Zum Zwecke absoluter Messungen ist es notwendig, die
von der Elasticität des Aufhängefadens eines Magnetes herrührenden drehenden Kräfte von den erdmagnetischen zu trennen.
Das Drehungsmoment des Fadens ist proportional dem ihm mitgeteilten Torsionswinkel. Das erdmagnetische Drehungsmoment
ist proportional dem Sinus des Winkels, um welchen der Magnet
aus dem magnetischen Meridian abgelenkt ist; wir können es
aber mit grosser Annäherung dem Winkel selbst proportional
setzen, solange derselbe klein ist. Unter dieser Vorraussetzung
also steht für denselben Winkel das Drehungsmoment der Torsion zu dem erdmagnetischen Drehungsmoment in einem bestimmten Verhältnisse, welches wir Torsionsverhältnis (Torsionscoefficient) nennen wollen. Dasselbe wird auf folgende
Weise bestimmt (Gauss).

Man beobachtet die Stellung des Magnets bei ungedrehtem
Faden. Alsdann wird dem Faden durch Drehen des oberen oder
unteren Befestigungspunctes eine gemessene Torsion mitgeteilt
und die Einstellung des Magnets wiederum beobachtet. Ist

α der Winkel, um welchen der Faden gedrillt worden ist,

φ der Winkel, um welchen der Magnet dadurch abgelenkt
wird,

so ist das gesuchte Torsionsverhältnis Θ

$$\Theta = \frac{\varphi}{\alpha - \varphi}.$$

Bei Instrumenten zu feinerer Messung ist der Aufhängefaden entweder oben oder unten an einem Torsionskreis
befestigt. Durch Drehung desselben wird die Torsion hervorgebracht; die Grösse des an der Teilung des Torsionskreises
abgelesenen Drehungswinkels ist α. In Ermangelung eines
Torsionskreises dreht man den Magnet einmal ganz herum,

ohne an der oberen Befestigung etwas zu ändern; dann ist $\alpha = 360^0$.

Für die Genauigkeit der Bestimmung ist es wünschenswert, dieselbe mit Spiegel·und Scale auszuführen (48), was meistens durch Anbringen eines kleinen Spiegels leicht geschehen kann, falls der Magnet nicht ohnehin damit versehen ist. Ist der Scalenausschlag $= n$, der Abstand der Scale vom Spiegel $= A$, so setzt man $\varphi = n / 2A$. Wenn α eine ganze Umdrehung beträgt, ist $\alpha = 2\pi = 6,28$ zu nehmen u. s. f.

Je leichter ein Magnet, desto kleiner kann man das Torsionsverhältnis machen, denn die Tragkraft eines Drahtes nimmt mit dem Quadrate, das Torsionsmoment aber mit der 4. Potenz der Dicke ab. Besonders geringe Torsionskraft haben die inneren feineren Teile eines Cocons, die man für leichte Spiegel mit angeklebten Magnetchen vorteilhaft wählt.

IX. Magnetismus.

55a. Allgemeines.

Der permanente Magnetismus eines Stahlstabes hängt bei grosser magnetisirender Kraft von der Masse, von den Dimensionen und von der Härte ab. Gestreckte Gestalt ist dem magnetischen Moment günstig, für gedrungene Magnete ist grosse Härte vorteilhaft.

Magnetisches Moment M geteilt durch die Masse m des Stabes nennt man den specifischen Magnetismus s. Die äusserste aber nicht permanent zu erreichende Grenze beträgt etwa 200 [cm, g] (Anh. 15) auf das Gramm Eisen (v. Waltenhofen). Permanent ist bei sehr gestreckter Gestalt höchstens etwa 100 zu erreichen. Magnete von gewöhnlicher Form haben selten über 40.

Ein frisch magnetisirter Stab verliert zunächst rasch, allmählich langsamer werdend einen Teil seines Magnetismus. Längeres Kochen beschleunigt die Erreichung eines stationären Zustandes. Man kocht zuerst nach dem Magnetisiren einige Zeit, magnetisirt wieder, kocht noch einmal und so fort. Nach dem letzten Magnetisiren lässt man längere Zeit (6 Stunden oder länger) kochen. Solche Magnete sind viel haltbarer als gewöhnlich hergestellte (Strouhal und Barus, Wied. Ann. XX S. 662, 1883).

Polabstand oder reducirte Länge eines gestreckten Magnets heisst der Abstand seiner Pole (Fernpole) von einander. In den Polen kann man die beiden Magnetismen concentrirt annehmen, wenn der Magnet in eine so grosse Entfernung wirkt, dass die vierte Potenz der halben Magnetlänge gegen die vierte Potenz der Entfernung verschwindet (vgl. Anh. 15). Der Polabstand beträgt etwa $^5/_6$ der Stablänge.

Erdmagnetische Horizontalintensität. Eine Zusammenstellung dieser für die magnetischen Arbeiten wichtigsten Grösse s. Tab. 22.

56. Erdmagnetische Inclination.

Inclination ist der Winkel, welchen die Richtung der erdmagnetischen Kraft mit der Horizontalen bildet (Tab. 24). Diese Richtung würde durch eine Magnetnadel angegeben werden, welche um eine, zum magnetischen Meridian und zur Nadel senkrechte Drehungsaxe ohne Reibung drehbar ist, wenn 1) die Drehungsaxe durch den Schwerpunct geht und 2) die magnetische

Axe der Nadel (Verbindungslinie der Pole) mit ihrer geometrischen zusammenfällt. Die Unmöglichkeit, diese beiden Eigenschaften dauernd zu erfüllen, verlangt das nachher vorgeschriebene Beobachtungsverfahren.

Die Orientirung des geteilten Kreises in den magnetischen Meridian geschieht mit Hilfe einer gewöhnlichen Bussolennadel, wobei eine Genauigkeit bis auf 1^0 ausreichend ist.

Die Bezifferung der Kreisteilung variirt bei verschiedenen Instrumenten. Am bequemsten ist es, wenn in allen Quadranten der Nadelspitzen die Bezifferung von dem horizontalen Teilstriche als Nullpunct ausgeht, was wir um der Einfachheit willen im Folgenden voraussetzen.

Ein Inclinatorium mit feststehendem Kreise wird zuerst nach einem von dem obersten Teilstrich herabhängenden Senkel vertical gestellt. An einem Instrumente mit drehbarem Kreise soll die Drehungsaxe vertical sein, was man daran erkennt, dass die Blase einer am Instrumente angebrachten Wasserwage in jeder Stellung des Kreises dieselbe Lage einnimmt. Zu diesem Zwecke stellt man, nach genäherter Berichtigung der Axe, zuerst die Wasserwage parallel mit der Verbindungslinie zweier Fufsschrauben und bringt sie zum Einspielen. Dann dreht man um 180^0 und corrigirt die nunmehrige Abweichung der Wasserwage zur Hälfte mit den Fufsschrauben (und wenn man zugleich die Libelle berichtigen will, die andere Hälfte mit deren Correctionsschrauben). Sollte hierauf in der ersten Lage noch eine Abweichung bestehen, so corrigirt man sie wieder zur Hälfte. Darauf wird das Instrument um 90^0 gedreht und die Berichtigung nach dieser Seite mit der dritten Fufsschraube geradeso vorgenommen.

Bei jeder Nadelstellung wird immer (um eine etwaige Excentricität der Nadelaxe gegen den Kreis zu eliminiren) die obere und die untere Spitze abgelesen. Das Mittel aus beiden Ablesungen wird im Folgenden unter beobachtetem Winkel kurzweg verstanden.

Nun verlangt die etwaige seitliche Verschiebung des Schwerpuncts ein Umlegen der Nadel (bei drehbarem Kreise eine Drehung des Kreises mit der Nadel um 180^0), wodurch zugleich die Abweichung der geometrischen von der magnetischen

Axe der Nadel herausfällt (und bei drehbarem Kreise eine Abweichung der Verbindungslinie des oberen und unteren Teilstriches 90 von der Drehungsaxe des Instrumentes). Die etwaige
Längsverschiebung des Schwerpunctes verlangt ein Ummagnetisiren der Nadel.

Es werde also beobachtet der Neigungswinkel

1. φ_1 bei irgend einer Auflegung der Nadel,

2. ψ_1, nachdem die Nadel um ihre magnetische Axe um
180⁰ gedreht und wieder aufgelegt worden ist; oder bei drehbarem Kreise, nachdem letzterer mit der Nadel um 180⁰ gedreht
worden ist.

3. φ_2, nachdem die Nadel durch Streichen mit einem
Magnet ummagnetisirt worden ist, in der Lage 1.

4. ψ_2, nachdem die ummagnetisirte Nadel wie oben in die
Lage 2 umgelegt, bez. nachdem der Kreis um 180⁰ gedreht
worden ist.

I. Sind die vier Winkel nahe gleich, so ist die Inclination i
das arithmetische Mittel

$$i = \frac{\varphi_1 + \psi_1 + \varphi_2 + \psi_2}{4}.$$

II. Jedenfalls kann man durch seitliches Abschleifen der
Nadel vor der Messung leicht bewirken, dass φ_1 und ψ_1, sowie
dass φ_2 und ψ_2 unter sich nahezu gleich sind, dann ist

$$\operatorname{tang} i = \tfrac{1}{2}\left(\operatorname{tang} \frac{\varphi_1 + \psi_1}{2} + \operatorname{tang} \frac{\varphi_2 + \psi_2}{2}\right).$$

III. Sollten aber auch φ_1 und ψ_1 um einen grösseren Betrag von einander abweichen, so setze man

$$\operatorname{cotg} \alpha_1 = \tfrac{1}{2}(\operatorname{cotg} \varphi_1 + \operatorname{cotg} \psi_1)$$
$$\operatorname{cotg} \alpha_2 = \tfrac{1}{2}(\operatorname{cotg} \varphi_2 + \operatorname{cotg} \psi_2),$$

und rechne endlich

$$\operatorname{tang} i = \tfrac{1}{2}(\operatorname{tang} \alpha_1 + \operatorname{tang} \alpha_2).$$

Dass durch das Umlegen eine Abweichung der magnetischen von der
geometrischen Axe der Nadel eliminirt wird, sieht man ohne Weiteres.
Die Formel I bedarf auch keines Beweises. Formel II und III ergeben
sich, wenn man die unbekannte Verschiebung des Schwerpunctes in ihre
Componenten parallel und senkrecht zur magnetischen Axe zerlegt denkt
und nun die Bedingungen des Gleichgewichts der magnetischen und der

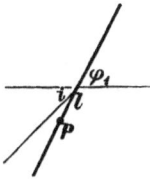

Schwerkräfte aufstellt. Wäre z. B. nur eine Längsverschiebung des Schwerpunctes um die Grösse l nach dem Nordende der Nadel vorhanden und dabei der Winkel φ_1 beobachtet, so ist, wenn wir das Gewicht der Nadel durch p bezeichnen, ihr magnetisches Moment durch M, und durch C die ganze Intensität des Erdmagnetismus (59 und Anhang. Nr. 16),

$$pl \cos \varphi_1 = MC \sin (\varphi_1 - i).$$

Wird nun ummagnetisirt, so dass die Verschiebung l des Schwerpunctes nach dem Südende gerichtet ist, so ist ebenso

$$pl \cos \varphi_2 = MC \sin (i - \varphi_2).$$

Die kreuzweise Multiplication beider Gleichungen und die Auflösung der Sinus gibt, wenn durch $\cos i \cos \varphi_1 \cos \varphi_2$ dividirt wird,

oder (II)
$$\tan i - \tan \varphi_2 = \tan \varphi_1 - \tan i,$$
$$\tan i = \tfrac{1}{2} (\tan \varphi_1 + \tan \varphi_2).$$

Vorausgesetzt wird hierbei, dass das magnetische Moment der Nadel vor und nach dem Umstreichen derselben gleich ist, was bei sorgfältig gleichem Streichen einer dünnen oft ummagnetisirten Nadel sehr nahe vorausgesetzt werden kann. Immerhin ist anzuraten, dass die Excentricität des Schwerpunctes nicht zu grosse Differenzen der Einstellung vor und nach dem Ummagnetisiren ergibt. Es ist ferner gut, eine Nadel, welche längere Zeit im einen Sinne magnetisirt war, zu Anfang einigemal umzumagnetisiren. Man streiche endlich vor den Beobachtungen φ_1 und φ_2 genau in gleicher Weise.

Das Streichen selbst geschieht etwa folgendermassen: man fasst die Nadel auf der einen Seite in der Nähe der Drehungsaxe mit den Fingern, setzt die andere Seite an den Pol des Magnets und führt die Nadel bis über das Ende an dem Pol entlang, etwa wie in beistehender Figur. So mögen z. B. beide Flächen des einen Endes je zweimal, dann die des anderen je viermal und endlich die des ersteren noch zweimal gestrichen werden.

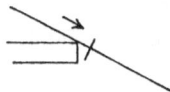

Wegen der Reibung ist es gut, die Ruhelage der Nadel aus Schwingungsbeobachtungen abzuleiten (7).

57. Erdmagnetische Declination.

Unter Declination versteht man den Winkel des magnetischen mit dem astronomischen Meridian. Um die Richtung der Abweichung festzustellen, zählt man den Winkel vom astronomischen zum magnetischen Norden. Man nennt also bei uns die Declination „westlich". Insofern man die Lage der magnetischen Axe in einem Magnet nicht verbürgen kann, so wird für eine genaue Declinationsbestimmung die Magnetnadel in zwei Lagen beobachtet.

Zur Bestimmung (nach Gauss) gehört ein Theodolith mit Horizontalkreis und eine entfernte (oder, wenn nahe, im Brennpuncte einer vorgesetzten Linse befindliche) Marke, deren astronomisches Azimut (d. h. der Horizontal-Winkel der nach ihr vom Theodolith aus gezogenen geraden Linie mit dem astronomischen Meridian) bekannt ist (vgl. 88). Endlich ein Magnetometer, dessen Magnet sich um 180⁰ um sich selbst umdrehen lässt. Der Theodolith befinde sich nahe im gleichen magnetischen Meridian wie der Aufhängefaden des Magnets, und sein Fernrohr in gleicher Höhe wie der Magnet.

Wir setzen als das Bequemste voraus, dass der Magnet eine Längsdurchsicht hat, an dem dem Theodolithen zugewandten Ende mit einer Linse von einer Brennweite gleich der Länge des Magnets geschlossen. Am anderen Ende befindet sich eine Marke (Blende mit kleiner Oeffnung, Fadenkreuz oder Glasteilung), welche also durch die Linse gesehen als ein sehr fernes Object erscheint.

Die Bezifferung des Theodolithen wird so angenommen, dass bei einer Drehung des Fernrohres in gleichem Sinne, wie die tägliche Bewegung der Sonne, die Zahlen der Kreisteilung wachsen.

Die Beobachtungen, nachdem die Drehungsaxe des Theodolithen mit der Libelle vertical gemacht ist (S. 177), sind die folgenden.

1. Man richtet das Fernrohr so, dass die terrestrische Marke im Fadenkreuz erscheint. Die Kreisablesung hierbei sei $= \alpha$. Ist A das astronomische Azimut der Marke, von der Nordrichtung als Nullpunct nach Westen gezählt (siehe oben),

so müsste der Theodolith auf den Teilstrich $\alpha + A$ gestellt werden, damit die Visirlinie des Fernrohres nach Norden gerichtet wäre.

2. Man richtet das Fernrohr auf die Marke im Magnet; die Kreisablesung sei α_1.

3. Man dreht den Magnet um 180^0 um seine Axe, so dass die vorher untere Seite die obere wird und stellt wieder auf seine Marke ein. Die Kreisablesung sei α_2. Die Ablesungen α_1 und α_2 weichen immer nur wenig von einander ab.

Nun würde offenbar

$$\delta' = \alpha + A - \frac{\alpha_1 + \alpha_2}{2}$$

die westliche Declination sein, wenn der Faden kein Torsionsmoment ausübte. Um letzteres zu bestimmen und zu eliminiren, muss der Winkel bestimmt werden, um welchen der Faden bei der Beobachtung gedrillt war. Zu diesem Zwecke nimmt man den Magnet von seinem Träger am Faden ab, ersetzt ihn durch einen unmagnetischen Stab von gleichem Gewicht und beobachtet die dann erfolgende Drehung des Trägers etwa über einem untergelegten Teilkreis. Beträgt der Drehungswinkel, in dem Sinne der täglichen Sonnenbewegung positiv gerechnet, φ, so ist die Declination

$$\delta = \delta' + \Theta\varphi,$$

unter Θ das Torsionsverhältnis (55) verstanden.

Den kleinsten Wert des Torsionsverhältnisses bei gleicher Tragkraft gibt der Coconfaden. Doch ist die Torsionsruhelage bei ihm sehr veränderlich und bei einem Bündel von Fäden vom angehängten Gewicht abhängig. Ausserdem wird bei kleinem Torsionsmoment die Beobachtung des Torsionswinkels ungenau und zeitraubend, so dass ein Metalldraht (dünner Messingdraht) für nicht zu kleine Magnete den Vorzug verdient.

Variationen. Um die Schwankungen der Declination zu messen dient ein Magnetometer, d. i. ein mit Spiegel versehener aufgehangener Magnet mit fest aufgestelltem Scalenfernrohr (48). Ist A der Scalenabstand vom Spiegel, in Scalenteilen gemessen Θ das Torsionsverhältnis (55), so hat ein Scalenteil in absolutem

Winkelmaaſs (Anhang 3) den Wert $\dfrac{1 + \Theta}{2A}$, in Bogenminuten

$1719 \cdot \dfrac{1 + \Theta}{A}$ (49).

Ueber die Beobachtung grösserer, wenig gedämpfter Nadeln s. 50.

58. Geodätische Bestimmungen mit der Bussole.

Die 23. Tabelle enthält für die geographischen Längen und Breiten des mittleren Europa die Winkel, um welche die Magnetnadel vom astronomischen Meridiane abweicht. Die hieraus entnommenen Declinationen werden im Freien von den wirklichen selten um $\frac{1}{4}$ Grad abweichen. Diese Möglichkeit, eine astronomische Richtung durch die Magnetnadel einfach festzulegen, wird bei geodätischen Bestimmungen, die nur auf mässige Genauigkeit Anspruch machen, in mannichfacher Form ausgebeutet.

Für den Gebrauch der betreffenden Instrumente, auf welche wir nicht näher eingehen, gelten die allgemeinen Vorschriften für Winkelmessinstrumente. Die Genauigkeit hängt hauptsächlich von der Länge der Bussolennadel ab, denn je kürzer diese, desto grösser ist die mögliche Abweichung der magnetischen von der geometrischen Axe der Nadel.

Den Einfluss der Reibung auf der Spitze verringert man durch geringe Erschütterungen der Bussole vor der Ablesung der Nadel. Dass immer beide Spitzen der Nadel beobachtet werden, ist selbstverständlich.

59. Bestimmung der horizontalen Intensität des Erdmagnetismus nach Gauss.

Intensität der magnetischen Kraft an einem Orte oder auch Stärke eines magnetischen Feldes heisst diejenige Kraft, welche daselbst auf einen Magnetpol Eins ausgeübt wird. Der Pol Eins wiederum ist dadurch bestimmt, dass er auf einen gleichen Pol aus dem Abstande Eins die Kraft Eins ausübt. Vgl. hierüber sowie über diesen Abschnitt überhaupt den Anhang Nr. 6 bis 16.

Die Messung besteht aus zwei Teilen, nämlich aus einer Schwingungsdauer- und einer Ablenkungsbeobachtung.

Erstere gibt das Product MH der horizontalen Intensität H des Erdmagnetismus in den Stabmagnetismus (das magnetische Moment) M des schwingenden Magnets, wenn dessen Trägheitsmoment bekannt ist. Das Verhältnis M/H wird gefunden, indem man die Ablenkung beobachtet, welche durch den vorigen Magnet aus gemessener Entfernung an einer anderen Magnetnadel hervorgebracht wird. Aus beiden Zahlen können M und H einzeln bestimmt werden.

Nach Gauss werden die Zeiten nach Secunden, die Längen nach Mm, die Massen nach Mg gerechnet. Dem jetzigen Gebrauch entsprechend werden wir in den Zahlenbeispielen Cm und Gr nehmen; die Zahl für die magnetische Intensität wird dadurch 10 mal kleiner. Vgl. Anhang 14—16 und Tab. 28.

I. Bestimmung von MH.

Man hängt den Magnet, die magnetische Axe horizontal, an einem Faden auf und beobachtet die Schwingungsdauer. Bedeutet

t diese auf unendlich kleine Bogen reducirte Schwingungsdauer in Secunden (52. 53),

K das Trägheitsmoment des Magnets (54),

Θ das Torsionsverhältnis des Fadens (55),

so ist das gesuchte Product $M.H$

$$MH = \frac{\pi^2 K}{t^2 (1 + \Theta)}.$$

Denn die auf den Magnet wirkende Directionskraft ist $MH(1+\Theta)$, und das Quadrat einer Schwingungsdauer geteilt durch π^2 gibt bekanntlich das Verhältnis des Trägheitsmoments zur Directionskraft (Anhang 10).

Die nach dem letzteren Ausdruck aus den Beobachtungen erhaltene Zahl wollen wir mit A bezeichnen.

Zum Aufhängen kleinerer Stäbe wählt man der geringen Torsionskraft wegen immer den Coconfaden, eventuell ein Bündel von solchen Fäden. Ein solches wird verfertigt, indem man zwei Glasstäbe in einem Abstande gleich der gewünschten Länge des Fadens an der Tischkante befestigt und den Faden um dieselben herumführt. Schliesslich werden die Enden aneinander geknüpft, dann die Stäbe ein wenig auseinander geführt, so dass der Faden gespannt ist, und die so entstandenen Schleifen in passender Weise an den Suspensionen befestigt. Auf jeden einzelnen Coconfaden mag man ohne Gefahr des Reissens etwa 15 g Belastung rechnen. Stäbe vom Gewicht 500 g und mehr können an Metalldrähten (Messing oder Stahl) aufgehängt werden. In diesem Falle besteht, um die Torsion des Drahtes zu eliminiren, ein einfacher Kunstgriff darin, dass man als Träger des Magnets unten an dem Draht ein Schiffchen befestigt, welches mit dem Draht allein die gleiche Schwingungsdauer hat wie mit eingelegtem Magnet.

II. Bestimmung von $\dfrac{M}{H}$.

Indem man den obigen Magnetstab, dessen magnetisches Moment wir M genannt haben, aus zwei mal zwei gleichen gemessenen Entfernungen auf eine horizontal drehbare Magnetnadel wirken lässt, und jedesmal den Winkel beobachtet, um welchen letztere hierbei abgelenkt wird, erhält man das Verhältnis des Stabmagnetismus M zum horizontalen Erdmagnetismus nach folgenden Regeln. Den Einfluss eines Aufhängefadens s. S. 187.

Erste Hauptlage. c ist der Mittelpunct der Bussole.

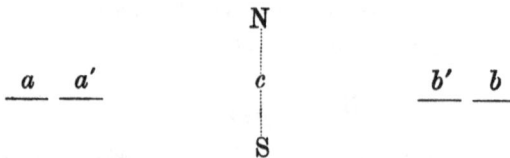

$$\text{N}$$

$$\underline{a}\quad\underline{a'}\qquad\qquad c\qquad\qquad\underline{b'}\quad\underline{b}$$

$$\text{S}$$

Die Linie NS bezeichne den magnetischen Meridian, d. h. die Richtung, in welche sich die freie Nadel einstellt. Der Ablenkungsstab wird in der gezeichneten Lage östlich oder westlich von der Nadel in der Höhe der letzteren hingelegt, so dass sein Mittelpunct folgeweise in a, a', b' b zu liegen kommt. Die Abstände des Mittelpunctes des Magnetes vom Centrum der Bussole sind paarweise gleich, $ac = bc$, $a'c = b'c$.

Der Stab befinde sich beispielsweise in a, mit seinem Nordpol westlich. 1. Man lese die Einstellung der Nadel an beiden Spitzen ab. 2. Dann vertausche man die Pole des Stabes, indem man ihn um 180^0 dreht, aber so, dass sein Mittelpunct wiederum in a zu liegen kommt, und lese die beiden Spitzen der nach der anderen Seite. abgelenkten Nadel ab. 3. Man nehme von den Unterschieden der beiden Einstellungen jeder Spitze die Hälfte und aus beiden Hälften das arithmetische Mittel. Dieses ist der zur Stellung a gehörige Ablesungswinkel.

Vorausgesetzt wird hierbei als das Bequemste, dass die Teilung der Bussole in einer Richtung von 0 bis 360 gezählt ist. Wird etwa von zwei Nullpuncten nach beiden Seiten gezählt, so muss natürlich anstatt der halben Differenz der Ablesungen ihre halbe Summe genommen werden.

Gerade so wird für die Stellungen a', b' und b verfahren.

Nun nimmt man aus den jedenfalls sehr nahe gleichen Winkeln für a und b und denen für a' und b' die arithmetischen Mittel. (Jedes entsteht also aus acht einzelnen Ablesungen.) Nennen wir

φ den mittleren Ablesungswinkel für a und b,

φ' denjenigen für a' und b',

r die halbe Länge ab in Mm,

r' „ „ „ $a'b'$ „ „

so ist die gesuchte Grösse

$$\frac{M}{H} = \frac{1}{2} \frac{r^5 \tan g \, \varphi - r'^5 \tan g \, \varphi'}{r^2 - r'^2}.$$

Die so entstehende Zahl mit B bezeichnet, findet man also die gesuchte Intensität H, indem man $MH = A$ durch $M/H = B$ dividirt und die Wurzel auszieht,

$$H = \sqrt{\frac{A}{B}}.$$

Beweis für eine kurze Nadel. Befindet sich in der Fortsetzung der magnetischen Axe eines von Westen nach Osten gelegten Magnets vom magnetischen Moment M eine kurze Nadel im Abstand r von der Mitte des Magnets, welche um den Winkel φ abgelenkt wird, so· ist (vgl. Anhang 15 u. 16) $\tan g \, \varphi = \frac{2}{r^3} \frac{M}{H} \left(1 + \frac{\varkappa}{r^2}\right)$, wo $\varkappa$ für jeden Magnet eine Constante ist. Wird aus einem zweiten Abstand r' die Ablenkung φ' beobachtet, so ist ebenso $\tan g \, \varphi' = \frac{2}{r'^3} \frac{M}{H} \left(1 + \frac{\varkappa}{r'^2}\right)$. Durch Multiplication der oberen Gleichung mit r^5, der unteren mit r'^5 und Subtraction fällt die Unbekannte $\varkappa$ heraus und es kommt $r^5 \tan g \, \varphi - r'^5 \tan g \, \varphi' = 2 \frac{M}{H} (r^2 - r'^2)$.

Beispiel s. unten.

Zweite Hauptlage. Man kann M/H auch durch Ablenkungsbeobachtungen nach dem in nebenstehender
a ———
a' ———
Figur gezeichneten Schema erhalten, indem nämlich der Ablenkungsstab nördlich und südlich von der Bussole c in je zwei paarweise gleichen
· c   Entfernungen hingelegt wird. Im Einzelnen wird genau das vorhin beschriebene Verfahren befolgt, sowohl was die Beobachtungen als was die Berechnung der Mittelwerte betrifft. Bedienen wir uns
b' ———
b ———   auch derselben Bezeichnungen für die Abstände
des Mittelpunctes des Ablenkungsstabes, indem wir $r = \frac{1}{2}ab$, $r' = \frac{1}{2}a'b'$ setzen, ferner φ und φ' die mittleren Ablenkungswinkel für die Stellungen a, b und a', b' nennen; so ist im obigen Ausdruck nur der Factor $\frac{1}{2}$ wegzulassen, also hier

$$\frac{M}{H} = \frac{r^5 \tan\varphi - r'^5 \tan\varphi'}{r^2 - r'^2}.$$

Die oben vorgeschriebene Anordnung der Beobachtungen erreicht folgende Zwecke. Dadurch dass der Ablenkungswinkel für beide Spitzen der Nadel beobachtet und das Mittel genommen wird, verschwindet der Einfluss einer etwaigen excentrischen Lage der Drehungsaxe gegen die Teilung der Bussole. Die Umkehrung des Stabes hat den Zweck, eine etwaige unsymmetrische Magnetisirung des Ablenkungstabes zu eliminiren. Für die Magnetnadel endlich geschieht letzteres durch Hervorbringen der Ablenkungen von beiden Seiten. Selbstverständlich wird hierbei zugleich die Genauigkeit des Resultates in demselben Maafse vergrössert, wie durch die achtmalige Wiederholung einer einzelnen Ablesung.

Günstigste Abstände. Für die Genauigkeit des Resultates ist am günstigsten, das Verhältnis der beiden Entfernungen $r/r' = 4/3$ bis $3/2$ zu wählen. — Ausserdem seien natürlich die Ablenkungswinkel möglichst gross. Jedoch darf man nicht zu diesem Zwecke mit der Annäherung des Stabes an die Nadel weiter gehen, als bis die kleinere Entfernung $a'b'$ etwa das Sechsfache der Stablänge ist (Anh. 15). Die Länge der Bussolennadel betrage wenn möglich nicht mehr als den 20. Teil von $a'b'$.

Spiegelablesung. Werden die Ablenkungen nicht an einer Bussole, sondern an einem Magnetometer mit Spiegel und Scale (48) gemessen, so verfährt man (bis auf die Ablesungen an zwei Spitzen) ganz wie oben. Die Scalenteile verwandelt man in Tangenten des Winkels (49). Nur muss die Torsion des Fadens in Rechnung gezogen werden, was durch Multiplication der Tangenten mit $1 + \vartheta$ geschieht, wo ϑ das Torsionsverhältnis (55) für den abgelenkten Stab bedeutet. Zugleich muss man die Schwankungen der Declination durch eine passende Abwechselung der Ablenkungen oder nach der Beobachtung eines Hilfs-Variometers eliminiren.

Vereinfachung bei wiederholter Benutzung derselben Magnete. Die Ablenkung aus zwei verschiedenen Entfernungen ist notwendig, um die unbekannte Verteilung des Magnetismus von Stab und Nadel zu eliminiren, was eben durch obige Formel geschieht. Wird derselbe Stab und dieselbe Nadel wiederholt zur Bestimmung von T benutzt, so lässt sich Beobachtung und Rechnung vereinfachen. Es genügt nämlich, die Beobachtung aus zwei Entfernungen ein einziges Mal angestellt zu haben. Aus diesen Beobachtungen berechnet man ein für allemal den Ausdruck

$$\varkappa = r^2 r'^2 \frac{r'^3 \, \text{tang} \, \varphi' - r^3 \, \text{tang} \, \varphi}{r^5 \, \text{tang} \, \varphi - r'^5 \, \text{tang} \, \varphi'}.$$

Wenn dann später für eine Entfernung R der Ablenkungswinkel Φ gefunden ist, so hat man einfach

$$\frac{M}{H} = \tfrac{1}{2} \frac{R^3 \, \text{tang} \, \Phi}{1 + \dfrac{\varkappa}{R^2}},$$

resp. ohne den Factor $\tfrac{1}{2}$ bei der zweiten Anordnung (v. S.).

Vereinfachung durch Einführung des Polabstandes. Den Magnetismus gestreckter Stäbe kann man behufs der Fernwirkungen in zwei Puncten concentrirt annehmen, welche die Pole (Fernpole) heissen. In den gewöhnlichen Magneten liegen diese Pole um etwa je $^1/_{12}$ der Länge von den Enden entfernt. Der Polabstand des Stabes beträgt also $^5/_6$ der ganzen Länge. Die so „reducirte Länge" soll mit l bezeichnet werden.

Ebenso sei l' die reducirte Nadellänge. Dann ist der Correctionsfactor $\varkappa$ zu setzen (vgl. Anh. 15)

in der ersten Hauptlage $\quad \varkappa = \frac{1}{2} l^2 - \frac{1}{4} l'^2$

in der zweiten Hauptlage $\quad \varkappa = -\frac{3}{8} l^2 + \frac{3}{2} l'^2$.

Magnetismus der Lage. Bei feineren Messungen ist auch zu berücksichtigen, dass der Magnetismus des Stabes in der Nordsüdlage der Schwingungen grösser ist, als in der Ostwestlage der Ablenkungen, wodurch also der Erdmagnetismus durch das obige Verfahren etwas zu gross gefunden wird. Die durch die Intensität Eins inducirte Vermehrung des magnetischen Momentes mag in den gewöbnlich gebrauchten Magnetstäben ungefähr 0,25 [cm, g] in jedem Gramm Stahl betragen, wonach man wenigstens die Grösse des Einflusses schätzen kann. Ist die relative Zunahme des Stabmagnetismus durch den horizontalen Erdmagnetismus bekannt, so hat man das gefundene H um den halben Bruchteil zu verkleinern, was unter ungünstigen Verhältnissen einige Promille ausmachen kann. Vgl. 81a.

Dass eiserne Gegenstände, welche einen Localeinfluss ausüben können, zu entfernen sind (insbesondere auch aus den Taschen des Beobachters, sowie etwaige Stahlbrille), ist selbstverständlich. Um Variationen des Erdmagnetismus und des Stabmagnetismus, letztere besonders durch Temperaturänderung, möglichst auszuschliessen, werden beide Sätze von Beobachtungen thunlich rasch hintereinander ausgeführt. Vgl. noch. 61 und 62a.

Beispiel. Messung von H mit dem Weber'schen transportabelen Magnetometer.

1. Bestimmung von MH.

Trägheitsmoment. Der Magnetstab bestand aus einem rechtwinkligen Parallelepipedum von der Länge $a = 10,00$ cm und der Breite $b = 1,25$ cm. Sein Gewicht betrug $m = 119,86$ g. Nach **54**, S. 170 folgt hieraus das Trägheitsmoment

$$K = 119,86 \, \frac{10,00^2 + 1,25^2}{12} = 1014,4 \; \text{cm}^2.\text{g oder } 101440000 \; \text{mm}^2.\text{mg}.$$

Torsionsverhältnis des Fadens. Es wurde gefunden, dass eine einmalige ganze Umdrehung des Aufhängefadens eine Drehung des Magnets um $1,4^0$ hervorbrachte. Nach **55** ist hiernach das Torsionsverhältnis

$$\Theta = \frac{1,4}{360 - 1,4} = 0,0039.$$

Schwingungsdauer. Dieselbe wurde (52) beobachtet $= 7,414^{sec}$ wobei der Schwingungsbogen im Mittel 30° betrug. Hiernach ist die auf unendlich kleine Schwingungen reducirte Schwingungsdauer (53)

$$t = 7,414 - 7,414 . 0,0048 = 7,382 \text{ sec.}$$

Berechnung von MH. Der gesuchte Wert ist (S. 183)

$$MH = \frac{\pi^2 . K}{t^2 (1 + \Theta)} = \frac{3,1416^2 . 1014,4}{7,382^2 . 1,0039} = 183,01 \frac{\text{cm}^2 . \text{g}}{\text{sec}^2}$$

oder $\qquad\qquad\qquad 18301000 \frac{\text{mm}^2 . \text{mg}}{\text{sec}^2}$.

2. Bestimmung von $\frac{M}{H}$.

Eine Bussole stand auf dem Teilstrich 50 eines in Cm geteilten, senkrecht zur Nadel gerichteten Meterstabes. Der vorige Magnet wurde folgeweise mit seinem Mittelpuncte auf die vollen Teilstriche 10 20 80 90 gelegt, und zwar in jeder Stellung einmal so, dass der Nordpol, das andere Mal so, dass der Südpol nach der Bussole gerichtet war. S. die Fig. S. 184. Dabei wurden folgende Beobachtungen der Nadel gemacht. Als z. B. der Magnet auf 10 lag, wurde abgelesen

	1. Spitze	2. Spitze	
N.-Pol zugewandt	99,4°	279,8°	
S.-Pol zugewandt	79,9°	260,6°	
Halbe Differenz =	9,75°	9,60°	Mittel = 9,67°.

Gerade so wurde gefunden, als der Mittelpunct des Magnets lag

auf 20 cm	22,41°		
„ 80 „	22,67°	auf 90 cm	9,87°.

Die beiden S. 185 mit φ und φ' bezeichneten Ablenkungswinkel sind also die paarweise erhaltenen Mittelwerte

$$\varphi = 9,77°, \qquad \varphi' = 22,54°.$$

Die beiden Entfernungen r und r' finden sich

$$r = \tfrac{1}{2}(90 - 10) = 40 \text{ cm}, \qquad r' = \tfrac{1}{2}(80 - 20) = 30 \text{ cm.}$$

Hieraus wird nun berechnet nach S. 185

$$\frac{M}{H} = \tfrac{1}{2} \frac{40^5 . \tan 9,77° - 30^5 . \tan 22,54°}{40^3 - 30^3} = 5388 \text{ cm}^3 \quad \text{oder} \quad 5388000 \text{ mm}^3.$$

Die gesuchte horizontale Intensität des Erdmagnetismus ist hiernach

$$H = \sqrt{\frac{183,01}{5388}} = 0,1843 \frac{\text{g}^{1/2}}{\text{cm}^{1/2} . \text{sec}} \quad \text{oder} \quad \sqrt{\frac{18301000}{5388000}} = 1,843 \frac{\text{mg}^{1/2}}{\text{mm}^{1/2} . \text{sec}} .$$

Der Ausdruck $\varkappa$ (S. 187) würde für unseren Magnet nach diesen Versuchen sein

$$\varkappa = 40^2 . 30^2 . \frac{30^3 . \tan 22,54° - 40^3 . \tan 9,77°}{40^5 . \tan 9,77° - 30^5 . \tan 22,54°} = 36,3 \, [\text{cm}, \text{g}] \text{ od. } 3630 \, [\text{mm}, \text{mg}].$$

In der That, wenn man etwa nur die eine Ablenkung 22,54° für 80 cm oder 9,77° für 40 cm beobachtet hätte, so führt die Rechnung nach der Formel

$$\frac{M}{H} = \tfrac{1}{2}\,\frac{30^2.\,\text{tang}\,22{,}54^0}{1 + \dfrac{36{,}3}{30^2}} \cdot \quad \text{oder} \; = \tfrac{1}{2}\,\frac{40^2.\,\text{tang}\,9{,}77^0}{1 + \dfrac{36{,}3}{40^2}} \cdot$$

auf denselben Wert 5388.

Die Länge des Magnets war 10,0, die der Nadel 2,0 cm. Berechnet man $\varkappa$ aus den reducirten Längen

$$l = \tfrac{5}{6}.\,10 = 8{,}3 \; \text{cm} \quad \text{und} \quad l' = \tfrac{5}{6}.\,2 = 1{,}7 \; \text{cm},$$

so wird (S. 188) $\varkappa = \tfrac{1}{2}\,8{,}3^2 - \tfrac{1}{2}\,1{,}7^2 = 33{,}0$,

woraus für $r = 30$ cm $M/H = 5406$ und $H = 0{,}1846$ und für $r = 40$ cm $M/H = 5400$ und $H = 0{,}1845$ entstehen würde.

Um die an dem Teilkreise abgelesenen Bruchteile von Graden nicht erst in Minuten umrechnen zu müssen, benutzt man am besten die vortrefflichen fünfstelligen Tafeln von Bremiker.

60. Bestimmung der Horizontal-Intensität mit dem compensirten Magnetometer (nach W. Weber).

Dieses Instrument ist bequem zur angenäherten Vergleichung der erdmagnetischen Horizontal-Intensität an zwei Orten, dient aber auch zu absoluten Messungen. Das compensirte Magnetometer besteht aus einer Bussole und einem Rahmen mit 4 Magneten. Die beiden kleineren sind von doppelter, die grösseren von dreifacher Länge, Breite und Dicke wie die Nadel. Die Pole der kleineren Magnete sollen entgegengesetzt gerichtet sein wie die der grösseren. Der Abstand der grösseren Stäbe soll nahe das 1,204fache der kleineren sein. Für die Genauigkeit sind Ablenkungswinkel von etwa 50° am günstigsten.

Man orientirt die Bussole so, dass bei dem Auflegen des Rahmens die Verbindungslinie der grösseren Magnete in den magnetischen Meridian zu liegen kommt. Man legt den Rahmen auf und beobachtet die Einstellung der Nadel; man dreht ihn in seiner Ebene um 180°, legt ihn wieder auf und beobachtet wieder die Einstellung, wobei jedesmal (S. 185) beide Nadelspitzen abgelesen werden. Die halbe Differenz der Einstellungen ist der Ablenkungswinkel.

Die Schwingungsdauer des Rahmens mit den Magneten kann man mittels eines anzuschraubenden Spiegels mit Fernrohr und Scale bestimmen. Zur Bestimmung des Trägheitsmoments

dienen zwei cylindrische Gewichte, die an einem kurzen Coconfaden über die äusseren Endflächen des Rahmens gehängt
werden.

I. Vergleichung der Horizontal-Intensität an zwei
Orten. Wenn der Magnetismus der Ablenkungsstäbe bei beiden
Beobachtungen als gleich angenommen werden kann, d. h. wenn
zwischen beiden eine kurze Zeit liegt und wenn die Temperatur
an beiden Orten nahe gleich ist, so brauchen nur die Ablenkungswinkel φ_1 und φ_2 beobachtet zu werden. Die Intensitäten
beider Orte verhalten sich umgekehrt wie die Tangenten der
Winkel,

$$\frac{H_1}{H_2} = \frac{\tan \varphi_2}{\tan \varphi_1}.$$

Um Temperaturunterschiede in Rechnung zu setzen, muss
man den Temperaturcoefficienten der Magnete kennen (62a).

Kann man den Magnetismus der Stäbe nicht als gleich
voraussetzen oder auf gleiche Verhältnisse zurückführen, so
wird ausserdem die Schwingungsdauer t_1 und t_2 des Rahmens
an beiden Orten beobachtet, nachdem man alle 4 Magnete mit
den Polen gleichgerichtet hat. Dann ist

$$\frac{H_1}{H_2} = \frac{t_2}{t_1} \sqrt{\frac{\tan \varphi_2}{\tan \varphi_1}}.$$

II. Bestimmung der absoluten Horizontal-Intensität. Nennen wir

$2r$ den Abstand der Mittelpuncte der kleineren (ost-west-
lichen) Magnete von einander,

$2R$ denselben für die grösseren Magnete,

φ den Ablenkungswinkel,

t die Schwingungsdauer mit gleichgerichteten Magneten,

τ dieselbe, wenn die kleineren Magnete um 180° gedreht sind,

Θ das Torsionsverhältnis des Fadens im ersteren Falle,

K das Trägheitsmoment,

so ist die absolute Horizontal-Intensität

$$H = \frac{\pi}{t\tau} \sqrt{\frac{K}{\tan \varphi} \left(\frac{\tau^2 - t^2}{r^3} + \frac{\tau^2(1 - 2\Theta) + t^2}{2R^3} \right)}.$$

Als Mittelpunct eines Magnetes wird der Mittelpunct des

Zapfens angesehen, um welchen er drehbar ist. Um eine etwaige Unsymmetrie der Magnete gegen diese Puncte zu eliminiren, kann man den Ablenkungswinkel zweimal beobachten, das zweite Mal, nachdem man alle Magnete um 180⁰ um ihre Zapfen gedreht hat, und das Mittel beider Winkel für φ nehmen.

Bei einem von Osten oder Westen ablenkenden Magnet (Fig. S. 184) nimmt die Ablenkung einer kurzen Nadel mit verminderter Entfernung rascher zu als der reciproke Cubus der letzteren, bei einem aus Norden oder Süden wirkenden (Fig. S. 186) dagegen langsamer; d. h. die in dem Beweis auf S. 185 mit ϰ bezeichnete Grösse ist im ersteren Falle positiv, im zweiten negativ. Diese Correctionen compensiren sich bei ähnlich gestalteten Magneten, deren Dimensionen im Verhältnis 2:3 stehen, wenn die Entfernungen das Verhältnis 1,204 haben. Hieraus folgen die vereinfachten Verhältnisse der Intensitätsbestimmung mit dem compensirten Magnetometer.

Vgl. F. K., Pogg. Ann. Bd. 142 S. 551.

60a. Bestimmung der Horizontal-Intensität auf bifilar-magnetischem Wege (F. K.).

I. Bestimmung von MH. Absolutes Bifilarmagnetometer.

Die Suspension einer bifilaren Aufhängung sei ostwestlich gerichtet. Man lege einen Magnetstab ein und beobachte die jetzige Einstellung der Ablesescale. Man lege dann den Magnet um und lese wieder ab. Die Hälfte des Winkels zwischen beiden Stellungen sei gleich α (48. 49).

Die Directionskraft der Bifilarsuspension (53a) sei D, H der Erdmagnetismus und M der Stabmagnetismus. Dann ist

$$MH = D \operatorname{tang} \alpha.$$

II. Bestimmung von M/H.

Derselbe Magnet, ostwestlich gerichtet, lenke aus der grossen Entfernung r eine kurze Magnetometernadel, die im Norden oder Süden aufgestellt ist, um den Winkel φ ab. Es sei Θ das Torsionsverhältnis dieser Nadel (55) und l die reducirte Länge des Magnetstabes (d. h. ⁵⁄₆ der Stablänge; s. S. 176). Dann ist

$$\frac{M}{H} = r^3 \frac{1 + \Theta}{1 - \frac{3}{8}\frac{l^2}{r^2}} \operatorname{tang} \varphi.$$

Durch Multiplication beider Gleichungen kann man M erhalten; die Division liefert

$$H^2 = \frac{D}{r^3 (1 + \Theta)} \left(1 - \tfrac{3}{8} \frac{l^2}{r^2}\right) \frac{\tan g\, \alpha}{\tan g\, \varphi}.$$

Von den Schwankungen des Stabmagnetismus und Erdmagnetismus wird man unabhängig, wenn die Ablenkung des Magnetometers durch den bifilar aufgehangenen Stab geschieht. Man beobachtet mit nördlich und südlich gestelltem Magnetometer. Abstand r ist dann die halbe Entfernung des Aufhängefadens in beiden Stellungen des Magnetometers.

Correctionen. Alsdann tritt eine kleine Correction herein wegen der Rückwirkung der Magnetometernadel auf den Bifilarmagnet und wegen der schrägen Stellung des letzteren. Nennt man $\varkappa$ das Verhältnis des Magnetismus der Nadel zum Erdmagnetismus, so ist der obige Wert für H^2 zu multipliciren mit

$$\left(1 - 2\frac{\varkappa}{r^3}\right)(\cos\alpha - 2\tan g\, \alpha \tan g\, \varphi).$$

Die Correctionen werden in der Regel klein sein.

Scalenabstände. Sind die Scalenabstände beider Instrumente nahe gleich, so braucht man genau nur den Unterschied beider Abstände zu messen, was mit Hilfe ausgespannter Fäden leicht geschieht.

Erste Hauptlage. Man kann das Unifilarmagnetometer auch östlich und westlich vom Bifilarmagnet aufstellen, dann hat man

$$\frac{M}{H} = \tfrac{1}{2} r^3 \frac{1 + \Theta}{1 + \tfrac{1}{2}\frac{l^2}{r^2}} \tan g\, \varphi.$$

Der Correctionsfactor von H^2 beträgt alsdann

$$\left(1 + \frac{\varkappa}{r^2}\right)\left(\cos\alpha + \tfrac{1}{2}\tan g\, \alpha \tan g\, \varphi\right).$$

Vgl. F. K., Wied. Ann. XVII, 765. 1882.

61. Messung der erdmagnetischen Intensitätsvariationen.

Haltbarkeit der Magnete. Die erdmagnetischen Intensitätsvariometer beruhen auf der Unveränderlichkeit von Magnet-

stäben, welche niemals vollkommen zu erreichen ist, da die
Magnete mit der Zeit und besonders im Anfange verlieren.
Ueber ein Verfahren der Haltbarmachung s. 55a.

I. Bifilarvariometer (Gauss).

Um die zeitlichen Variationen der erdmagnetischen
Horizontal-Intensität zu bestimmen, ist ein Magnet bifilar
aufgehängt. Die Verbindungslinie der oberen und diejenige der
unteren Befestigungspuncte der Fäden werden so gegen einander
gedreht, dass das erdmagnetische und das statische (durch das
Gewicht des aufgehangenen Magnets hervorgebrachte) Drehungsmoment der Fäden zusammen den Magnet senkrecht zum
magnetischen Meridian stellen.

Die mit Spiegel und Scale abzulesende geringe Drehung,
welche der Magnet alsdann durch eine Aenderung der horizontalen Stärke des Erdmagnetismus erfährt, kann dieser Aenderung
proportional gesetzt werden. Wachsende Intensität bewegt den
Nordpol des Magnets nach Norden; es ist daher bequem, wenn
dieser Drehung wachsende Scalenteile entsprechen.

Bestimmung des Scalenwertes. Unter Scalenwert verstehen wir die in Bruchteilen der Intensität ausgedrückte Aenderung derselben, welcher eine Drehung der Nadel um 1 Sc. T.
entspricht.

1. Man lässt auf das Bifilarvariometer in gleicher Höhe
aus der Entfernung r im Norden oder Süden einen nordsüdlich
gerichteten Magnet von der Länge L ablenkend wirken. Einer
Umdrehung dieses Magnets in die entgegengesetzte Lage möge
eine Drehung der Nadel um n Sc. T. entsprechen; dann ist
der Scalenwert

$$E = \frac{1}{n}\frac{4}{r^3}\frac{M}{H}\left(1 + \tfrac{1}{3}\frac{L^2}{r^2}\right).$$

M ist der Magnetismus des ablenkenden Stabes, der aber,
wie man sieht, nicht absolut sondern nur im Verhältnis zum
Erdmagnetismus bekannt zu sein braucht, was nach 59 II oder
62 II durch eine einfache Ablenkung zu erreichen ist.

Wenn also der Einstellung des Bifilarmagnetometers auf
den Scalenteil p die Intensität H entspricht, so ist diejenige
bei der Einstellung p'

$$H' = H\left\{1 + E(p' - p)\right\}.$$

Beweis. Nennen wir m den Magnetismus des Bifilarstabes, so wird auf ihn vom Erdmagnetismus das Drehungsmoment mH ausgeübt. Durch eine Aenderung von H um $E.H$ entsteht eine Aenderung des Drehungsmomentes um $mE.H$. Die Annäherung des Magnetes M aus der grossen Entfernung r fügt das Moment $2Mm/r^3$ hinzu, resp. vermindert um so viel. Vgl. Anhang Nr. 15. Wenn also hierbei die Drehung um n Scalenteile beobachtet wird, so ist $mEH : 1 = (4Mm/r^3) : n$, q. e. d. Ueber das Correctionsglied siehe 55a und Anh. 15.

2. Mit dem Torsionskreise. Hat das Instrument einen Torsionskreis, so ergibt sich E aus dem Torsionswinkel α, d. h. aus dem Winkel, welchen die Verticalebenen der oberen und der unteren Aufhängepuncte mit einander bilden, als

$$E = \frac{1}{2A} \operatorname{cotg} \alpha,$$

wo A den Scalenabstand vorstellt.

Der Torsionswinkel wird bestimmt, indem man den Magnet in der Bifilarsuspension um 180^0 umlegt und nun den Torsionskreis dreht, bis wieder die Ostwestlage eingetreten ist. Der Winkel dieser Drehung beträgt 2α.

Das Verfahren setzt Aufhängefäden von geringer Torsionselasticität voraus, die z. B. aus feinem oder langem Messingdraht gebildet werden können.

Die Bifilarnadel steht immer so nahe senkrecht zum Meridian, dass das erdmagnetische Drehungsmoment mit Hm zu bezeichnen ist. Das bifilare Drehungsmoment ist $D \sin \alpha$ (53a). Also haben wir $Hm = D \sin \alpha$. Wenn sich nun H in $H(1 + E)$ und α in $(\alpha + 1/2A)$ ändert, d. h. wenn sich das Instrument um 1 Scalenteil dreht, so ist wieder

$$Hm(1 + E) = D \sin\left(\alpha + \frac{1}{2A}\right) =$$

$$= D\left(\sin \alpha + \frac{1}{2A} \cos \alpha\right) = Hm + \frac{D}{2A} \cdot \cos \alpha.$$

Nun beiderseitig Hm abgezogen und mit $Hm = D \sin \alpha$ dividirt, so entsteht der gesuchte Ausdruck.

Ueber die Wertbestimmung des Scalenteils aus Torsions- und Schwingungsbeobachtungen vgl. Gauss, Result. d. magn. Vereins 1841, S. 1, oder Abh. Bd. V, S. 404, und Wild, Carl Repert. XVI, 325. 1880. Vgl. ferner F. K., Wied. Ann. XV, 536. 1882.

Temperatur-Correction. Eine Temperaturerhöhung schwächt den Stabmagnetismus und lässt den Erdmagnetismus

zu klein erscheinen. Einen kleinen,Einfluss hat auch die Ausdehnung der Suspension und der Drähte. Ist μ der Temperaturcoefficient des Magnets (**62a**), β der Ausdehnungscoefficient
der Suspension, β' derjenige des Drahtes, so verlangt 1^0 Temperaturänderung eine Correction um $\dfrac{\mu + 2\beta - \beta'}{E}$ Scalenteile.

II. Ablenkungsvariometer (F. K.).

Eine Magnetnadel kann anstatt durch die bifilare Aufhängung auch durch Ablenkungsstäbe senkrecht zum Meridian
gerichtet werden und stellt alsdann gerade wie das Bifilar ein
Intensitätsvariometer dar. Für vorübergehende Beobachtungen
lässt ein solches Instrument sich leicht improvisiren.

Scalenwert. Man kann genau so verfahren, wie unter
I Nr. 1.

Für dauernde Beobachtungen geschieht die Ablenkung durch
einen Rahmen mit vier gleichen Magnetstäbchen, von denen
zwei aus der ersten, zwei aus der zweiten Hauptlage ablenken
(Anh. 15). Der Abstand der letzteren soll im Verhältnis 1,12
grösser sein.

Der Scalenwert wird durch den Winkel φ bestimmt, welchen die ablenkende Kraft mit dem Meridiane bilden muss,
damit die Nadel ostwestlich steht, als

$$E = \frac{\tan\varphi}{2A},$$

wo A der Scalenabstand ist. φ ist die Hälfte desjenigen Winkels, um welchen man die Ablenkungsstäbe mit dem Rahmen
drehen muss, bis die Nadel die entgegengesetzte Transversal-
stellung hat.

Temperatur-Correction. Höhere Temperatur lässt den
Erdmagnetismus zu gross erscheinen; ist μ der Temperaturcoefficient (**62a**), β der Ausdehnungscoefficient des Rahmens,
so entspricht einem Grade Temperatur eine Correction um
$\dfrac{\mu + 3\beta}{E}$ Scalenteile.

Vgl. F. K., Wied. Ann. XV, 540. 1882.

61a. Vergleichung der Horizontalintensität an zwei Orten.

I. Durch Schwingungen.

Man lässt eine und dieselbe Magnetnadel an beiden Orten schwingen; die Intensitäten verhalten sich

$$\frac{H_1}{H_2} = \frac{t_2^2}{t_1^2}.$$

Bei Anspruch an Genauigkeit müssen die Temperatur- und erdmagnetischen Schwankungen (**62a** und **61**) in Rechnung gesetzt werden.

II. Durch Ablenkungen.

1. Lenkt eine und dieselbe ostwestliche Directionskraft die Nadel an den beiden Orten um α_1 und α_2 ab, so ist (**60**, I)

$$\frac{H_1}{H_2} = \frac{\operatorname{tang} \alpha_2}{\operatorname{tang} \alpha_1}.$$

2. Local-Variometer (F. K.). Viel empfindlicher ist die Ablenkung der Nadel bis zu der ostwestlichen Stellung. Bewirkt eine und dieselbe Directionskraft, welche den Winkel φ mit dem Meridian bildet, an dem einen Orte nahe die ostwestliche Nadelstellung, an dem anderen Orte eine um δ gegen die erstere Richtung geänderte Stellung der Nadel, so beträgt der Unterschied des Erdmagnetismus in Teilen des Ganzen $\delta . \operatorname{tang} \varphi$. Man benutzt das Ablenkungsvariometer (v. S.).

Messung von δ. Man lässt die ablenkenden Stäbe aus zwei Stellungen wirken, welche um 2φ verschieden und durch Anschläge fixirt sind, so dass die Nadel sich nahe um 180^0 aus der einen in die entgegengesetzte Ostwest-Stellung dreht. Der gemessene Unterschied ist 2δ (Vorzeichen!). (Vgl. **61**,. II). Bei der Ablesung mit Spiegel und Scale ist der Unterschied der Einstellungen durch den vierfachen Scalabstand zu teilen.

Temperatur. Der Temperaturcoefficient kann bestimmt werden, indem man die Beobachtung an einem und demselben Orte im kalten und geheizten Raume ausführt.

Vgl. F. K., Wied. Ann. XIX, 130. 1883.

62. Bestimmung eines Stabmagnetismus nach absolutem Maaſse.

I. Die genaue Ausführung dieser Aufgabe wird durch die in **59** oder **60 a** beschriebenen Beobachtungen geleistet, denn aus den beiden beobachteten Zahlen $M.H = A$ und $M/H = B$ fällt durch Multiplication H heraus und es wird erhalten $M = \sqrt{A.B}$. M aber ist der Magnetismus (das magnetische Moment) des zu den Schwingungen und Ablenkungen gebrauchten Stabes nach absolutem Gauss'schen Maaſse (vgl. Anhang Nr. 15a Tab. 28).

Der auf S. 189 gebrauchte Magnet hat also den Magnetismus

$$\sqrt{183,01 . 5387,8} = 992,98 \text{ cm}^{5/2}\, g^{1/2}\, \sec^{-1},$$

oder

$$\sqrt{18301000 . 5387800} = 9929800 \text{ mm}^{5/2}\, g^{1/2}\, \sec^{-1}.$$

II. Bestimmung aus Ablenkungen.

Wegen der Veränderlichkeit des Stabmagnetismus durch Temperatur und Zeit ist grosse Genauigkeit selten gefordert; und insofern die horizontale Intensität des Erdmagnetismus für den Beobachtungsort genähert bekannt ist (der aus Tab. 22 entnommene Wert wird selten um mehr als 1 Procent fehlerhaft sein), so genügen die Ablenkungsbeobachtungen nach **59, II.**

Meistens wird man nur eine Ablenkung aus einer Entfernung zu messen brauchen. Wenn nämlich

H die horizontale Intensität des Erdmagnetismus,

r die gegenseitige Entfernung der Mittelpuncte von Magnet und Nadel in Mm,

φ der Ablenkungswinkel der letzteren durch den Magnet,

l die reducirte Länge des Magnets, d. h. $^5/_6$ der Länge,

so berechnet man das magnetische Moment M des Magnets, unter Voraussetzung einer kurzen Nadel, nach der Formel

$$M = \tfrac{1}{2}\, r^3 H \left(1 - \tfrac{1}{2}\frac{l^2}{r^2}\right) \tan \varphi ,$$

wenn der ablenkende Magnet östlich oder westlich von der Nadel, wie in der Figur auf S. 184 gelegt war; oder

$$M = r^3 H \left(1 + \tfrac{3}{8}\frac{l^2}{r^2}\right) \tan \varphi ,$$

wenn der Magnet nördlich oder südlich gelegt war, S. 186.
Vgl. Anh. 15.

Um eine genaue Beobachtung bei grossem Abstande zu
erzielen, wendet man auch hier die Winkelmessung mit Spiegel
und Scale an, wobei die Torsion des Fadens durch Multiplication von H mit $1 + \Theta$ (55) in Rechnung gesetzt wird.

Bei der Untersuchung eines nicht stabförmigen Magnets,
beispielsweise auch eines magnetischen Minerales, dessen magnetische Axe sich nicht aus der Gestalt erkennen lässt, bringt
man durch Drehen den Körper in die Lage, in welcher die ablenkende Wirkung am grössten ist. Zugleich erhält man hierbei
die Lage der magnetischen Axe, nämlich in der ersten Hauptlage S. 184 als die Verbindungslinie der Mittelpuncte von Magnet
und Nadel; in der zweiten Hauptlage S. 186 als die auf dieser
Verbindungslinie senkrechte Horizontale.

Oder man kann auch die Componenten des magnetischen
Moments in drei auf einander senkrechten Richtungen bestimmen. Man befestigt etwa das Mineral in einer würfelförmigen
Fassung und stellt es mit dieser östlich oder westlich von der
Magnetnadel so auf, dass eine Kante des Würfels parallel mit
der Verbindungslinie von der Mitte des Würfels nach der Magnetnadel ist. Nun beobachtet man den Ausschlag. Dann verfährt man ebenso mit der zweiten und dritten Kantenrichtung.
Sind die Nadelausschläge klein, so berechnen sich die Componenten parallel den einzelnen Kantenrichtungen gerade wie oben
für die erste Hauptlage. Der Abstand r wird von der Mitte
des Würfels an gerechnet. Findet man die Werte M_1, M_2, M_3,
so ist $M = \sqrt{M_1{}^2 + M_2{}^2 + M_3{}^2}$. Die Richtung der magnetischen
Axe wird daraus gefunden, dass $\dfrac{M_1}{M}$, $\dfrac{M_2}{M}$, $\dfrac{M_3}{M}$ die Cosinus der
Winkel sind, welche sie mit obigen drei Richtungen bildet.

III. Bestimmung durch Schwingungsbeobachtung.

Für einen Magnetstab von regelmässiger Gestalt lässt sich
das Trägheitsmoment K (54) leicht berechnen, und man erhält
aus der Schwingungsdauer t

$$M = \frac{\pi^2 K}{t^2 H (1 + \Theta)}$$

Θ bedeutet das Torsionsverhältnis (55). Die Torsion kann dadurch eliminirt werden, dass man als Träger des Magnetes ein Schiffchen anwendet, welches allein am Faden dieselbe Schwingungsdauer hat wie mit dem Magnet.

IV. Bestimmung durch bifilare Aufhängung.

Nach 60a, I auszuführen.

V. Mit der Wage (Helmholtz).

Erforderlich sind drei Magnetstäbe. Die gesuchten magnetischen Momente seien M_1 M_2 M_3, die reducirten Längen ($^5/_6$ der Stablängen) bez. l_1 l_2 l_3.

Der Stab M_1 wird vertical an das eine Ende einer eisenfreien empfindlichen Wage gehängt, der Stab M_2 horizontal an das andere Ende und zwar dem Wagebalken parallel und in die Höhe des Mittelpunctes von M_1. Die Wage sei zunächst ins Gleichgewicht gesetzt. Nun kehre man den einen der Stäbe um, so dass der Ort der Pole vertauscht ist. Das Gleichgewicht der Wage wird gestört sein und man müsse auf einer Seite p Gramm auflegen, um die Wage wieder einzustellen. Die Schwerbeschleunigung sei $= g$ (d. h. nahe 981 cm/sec²).

Der im Verhältnis zur Stablänge beträchtliche Abstand der beiden Schneiden von einander betrage r cm. Dann ergibt diese Messung das Product der beiden magnetischen Momente in absoluten Cm-g-Einheiten

$$M_1 M_2 = \tfrac{1}{12} \frac{r^4 p \cdot g}{1 - \tfrac{5}{2}\dfrac{l_1^2}{r^2} + \tfrac{10}{3}\dfrac{l_2^2}{r^2}} = K_{1,2}.$$

Um die Unsymmetrie der Magnetisirung zu eliminiren, kann man den Versuch wiederholen, indem man auch den anderen Magnet umhängt, und aus beiden Werten das Mittel nehmen.

Ferner werde gefunden

$$M_1 M_3 = K_{1,3}$$
$$M_2 M_3 = K_{2,3}.$$

Aus den drei Gleichungen findet man

$$M_1 = \sqrt{\frac{K_{1,2} \cdot K_{1,3}}{K_{2,3}}}.$$

Vgl. v. Helmholtz, Sitzungsber. d. Berliner Akad. XVI, 405. 1883.

62a. Temperaturcoefficient eines Magnets.

Temperaturcoefficient heisst die durch 1^0 hervorgebrachte Abnahme des Stabmagnetismus, geteilt durch den ganzen Stabmagnetismus. Dieser Coefficient rechnet nach Zehntausendteln.

Die in **62** gegebenen Methoden lassen natürlich auch die Abhängigkeit des Stabmagnetismus von der Temperatur bestimmen, aber nicht genügend genau. Man muss deswegen die durch die Temperaturänderung hervorgebrachten Ausschläge vergrössern.

I. Compensation (Weber).

Man nähert den zu bestimmenden Stab von der einen Seite ablenkend einem Magnetometer von kurzer Nadel bis zu dem kleinen Abstande r, macht aber dann die grosse Ablenkung durch einen Hilfsstab nahezu wieder gleich Null. Nun wird der erste Stab auf verschiedene Temperaturen t_1 und t_2 gebracht und die jedesmalige Scaleneinstellung abgelesen. n sei der Unterschied der beiden Einstellungen, A der Scalenabstand.

Der Temperaturcoefficient μ wird dann erhalten als

$$\mu = C\,\frac{n}{t_1 - t_2}.$$

Den Factor C bekommt man folgendermaassen.

1. Wenn der Magnet aus der gleichen Entfernung eine kurze Bussolennadel um φ ablenkt, so ist

$$C = \frac{1}{2A.\tan\varphi}.$$

2. Wenn der Magnetismus M des Stabes bekannt ist, so hat man, wenn l die reducirte Länge des Stabes (S. 176) bezeichnet,

für die erste Hauptlage $\qquad C = \dfrac{1}{2A}\dfrac{r^3}{2M}\left(1 - \tfrac{1}{2}\dfrac{l^2}{r^2}\right);$

für die zweite Hauptlage $\qquad C = \dfrac{1}{2A}\dfrac{r^3}{M}\left(1 + \tfrac{3}{8}\dfrac{l^2}{r^2}\right).$

3. Oder man nähert den Magnet und den Hilfsstab folgeweise in einzelnen Absätzen, so dass die Näherung des einen immer die Nadel nahe an das eine Ende der Scale bringt, die

Näherung des andern an das entgegengesetzte Ende. Die letzte
Näherung des Magnets oder des Hilfsstabes bringe die Nadel
wieder nahe auf die ursprüngliche Ruhelage. Nun bedeute N
die Summe sämmtlicher so von dem Magnete nach und nach
hervorgebrachter Verschiebungen der Nadel längs der Scale,
welche man nach **49**, S. 158 auf Grössen corrigirt habe, die
der Tangente der Ausschlagswinkel proportional sind. Dann
ist offenbar

$$C = \frac{1}{N}.$$

II. Durch bifilare Aufhängung (Wild).

Der zu untersuchende Stab wird durch eine bifilare Suspension in empfindlicher Weise ostwestlich aufgehängt und nun
durch Heizung u. s. w. des Raumes auf verschiedene Temperaturen gebracht. Nach **61**, I sei der Scalenwert $= E$ bestimmt
worden. Bewirkt eine Temperaturdifferenz $t_1 - t_2$ den Einstel-
lungsunterschied n, so ist

$$\mu = \frac{nE}{t_1 - t_2} - 2\beta + \beta'.$$

β bedeutet den Ausdehnungscoefficienten der Suspensionen, β'
denjenigen der Aufhängedrähte.

Die Beobachtungen dürfen nur zu einer Zeit sehr ruhigen
Erdmagnetismus vorgenommen werden, sonst muss man die
Schwankungen des letzteren (**62**) in Rechnung setzen.

Vgl. Wild, Carl Rep. IX, 277. 1873.

X. Galvanismus.

63. Allgemeines über galvanische Arbeiten.

I. Die Ohm'schen Gesetze.

Im einfachen, unverzweigten Stromkreise. Widerstand, Stromstärke, elektromotorische Kraft.

1. Der Leitungswiderstand w eines cylindrischen Leiters, welcher der Länge nach gleichförmig vom Strome durchflossen wird, ist seiner Länge l direct und dem Querschnitt q umgekehrt proportional $w = s \dfrac{l}{q}$. Der Factor s ist für verschiedenes Material von verschiedener Grösse. Man nennt ihn den specifischen Leitungswiderstand des Körpers. So wie man $1/w$ das Leitungsvermögen zu nennen pflegt, so nennt man auch $k = 1/s$ das specifische Leitungsvermögen. Den Querschnitt von Flüssigkeitssäulen bestimmt man durch Auswägen des Rohres.

Ausbreitungswiderstand. Geht der Strom aus der ebenen Endfläche eines Kreiscylinders vom Halbmesser r in einen weiten Raum über, dessen specifischer Widerstand $= s'$ ist, so beträgt der Ausbreitungswiderstand ebensoviel, als wenn man den Cylinder selbst um $0{,}81 . r . s'/s$ verlängerte. Ist der Ausbreitungsraum von derselben Substanz gefüllt wie der Cylinder, so beträgt die äquivalente Verlängerung also $0{,}81 . r$ (Rayleigh; vgl. Maxwell § 309).

Andere Gestalten. Ein Leiter beliebiger Gestalt hat, wenn die Ein- und Austrittsstellen des Stromes genau gegeben sind, einen bestimmten Widerstand. Ein Kegel von der Länge l und den Endhalbmessern r_1 und r_2 hat den Widerstand $s \dfrac{l}{r_1 r_2 \pi}$, wenn der Strom durch die Endflächen gleichmässig hindurchfliesst. Ein Hohlcylinder, radial vom Strome gleichmässig durchflossen (ähnlich wie die Flüssigkeitsschicht in einem galvanischen Element von gewöhnlicher Gestalt), hat den Widerstand $s . 2{,}303 (\log r_2 - \log r_1) / 2\pi h$, wenn r_1 und r_2 den inneren und äusseren Halbmesser und h die Länge bedeutet. $2{,}303$ ist der Modul der natürlichen Logarithmen.

Widerstandseinheiten. Praktische Bedeutung haben:

a) Die bisher meist gebrauchte Siemens'sche Quecksilbereinheit, d. i. der Widerstand einer Quecksilbersäule von 1 qmm Querschnitt und 1 m Länge bei 0°.

b) Die British-Association-Einheit, in England und den Vereinigten Staaten in Gebrauch. Dieselbe ist gleich derselben Quecksilbersäule von 1,0487 m.

c) Den jetzt allgemein einzuführenden Ohm (Anhang Nr. 21), welchen wir einstweilen definiren als Widerstand der Quecksilbersäule von 1 qmm bei 1,06 m Länge.

Tab. 25 und 26 enthalten das auf Quecksilber bezogene Leitungsvermögen k, bez. den spec. Widerstand s, der wichtigsten Substanzen. $\frac{1}{k}\frac{l}{q}$ oder $s\,\frac{l}{q}$ gibt dann den Widerstand in Siem., wenn l in Metern, q in Qmm ausgedrückt ist. Multiplicirt man k mit 1,06 oder dividirt s durch 1,06, so entstehen die auf Ohm bezogenen Zahlen $\varkappa = k.\,1,06$ und $\sigma = \frac{s}{1,06}$. Dann geben $\frac{1}{\varkappa}\frac{l}{q}$ oder $\sigma\frac{l}{q}\frac{m}{qmm}$ den Widerstand in Ohm's. $\Big(\frac{\sigma}{10000}$ würde den Widerstand eines Würfels von 1 cbcm in Ohm's geben und wird auch gelegentlich als specifischer Widerstand bezeichnet.)

Widerstand eines Kupferdrahtes von 1 m Länge und d mm Durchmesser. Der Querschnitt beträgt $q = \frac{1}{4}\,d^2\pi = 0{,}785\,.\,d^2$ qmm. Das auf Quecksilber bezogene Leitungsvermögen best leitenden Kupfers sei $k = 60{,}0$, so ist das auf Ohm bezogene $\varkappa = 1{,}06\,.\,60{,}0 = 63{,}6$. Der Widerstand beträgt also

$$\frac{1}{60}\frac{1}{0{,}785.\,d^2} = \frac{1}{47.\,d^2}\ \text{Siem. oder}\ \frac{1}{63{,}6}\frac{1}{0{,}785.\,d^2} = \frac{1}{50.\,d^2}\ \text{Ohm,}$$

(welches letztere sich leicht merken lässt).

2. Der gesammte Widerstand einer Leitung ist gleich der Summe der Einzelwiderstände.

3. Die elektromotorische Kraft einer Säule ist gleich dem Potential- oder Spannungsunterschied ihrer Pole im stromlosen Zustande. Die gesammte elektromotorische Kraft einer Kette ist gleich der algebraischen Summe der einzelnen Kräfte.

4. Die Stromstärke oder Intensität i in einem Schliessungskreise ist der elektrom. Kraft E direct, dem Widerstande w umgekehrt proportional $i = C\,\frac{E}{w}$. Der Zahlenwert für den Factor C hängt von den Einheiten ab. Wir wählen dieselben so, dass die elektromot. Kraft 1 im Widerstande 1 den Strom 1 erzeugt; dann ist $C = 1$ und

$$i = \frac{E}{w}.$$

Ein solches System von Einheiten wird im absoluten Maafssystem durchgeführt, sei das letztere auf cm, g oder mm, mg gegründet oder sei es das praktische System, in welchem die Stromstärken nach Amper's, die Widerstände nach Ohm's, die elektrom. Kräfte nach Volt's gemessen werden. Vgl. Anh. 19—21. Es ist

die Stromstärke   1 Amper = 0,1 [cm, g] = 10 [mm, mg].
die elektrom. Kraft 1 Volt = 10^8 [cm, g] = 10^{11} [mm, mg].
der Widerstand   1 Ohm = 10^9 [cm, g] = 10^{10} [mm, mg].

Ferner ungefähr 1 Daniell = 1,10 Volt; 1 Grove oder Bunsen = 1,9 Volt.

Ein anderes System war gegeben, wenn man die Stromstärke in [mm, mg], den Widerstand in Siem. ausdrückte und die elektromotorische Kraft 1 Daniell = 11,6 setzte.

Die Gleichung $i = \dfrac{E}{w}$ gilt auch für den Fall, dass w den Widerstand eines Teiles der Schliessung bedeutet, in welchem keine elektrom. Kraft sitzt, wenn E die Potential- oder Spannungs-Differenz der beiden Endpuncte von w bedeutet.

Stromverzweigung.

Wird ein Strom i zwischen zwei Puncten der unverzweigten Leitung in mehrere Wege vom Widerstande w_1, w_2 ... verzweigt, und sind die Zweigströme entsprechend i_1, i_2 ..., so ist

5. **die Summe der Zweigströme** gleich dem unverzweigten Strom; $i_1 + i_2 \ldots = i.$

6. Die einzelnen Zweigströme verhalten sich umgekehrt wie die Widerstände der resp. Wege (oder direct wie die Leitungsvermögen derselben); $i_1 : i_2 : \ldots = \dfrac{1}{w_1} : \dfrac{1}{w_2} : \ldots$

7. Das gesammte Leitungsvermögen des verzweigten Weges ist gleich der Summe der Leitungsvermögen der einzelnen Wege;

$$\frac{1}{w} = \frac{1}{w_1} + \frac{1}{w_2} + \ldots$$

Kirchhoff'sche Regeln.

Die unter 2) bis 7) gegebenen Sätze lassen sich in folgende zwei zusammenfassen, welche ohne Weiteres die Gleichungen für die Stromstärken in beliebig verzweigten Leitungen geben.

A. An jedem Verzweigungspuncte ist die Summe der Stromstärken gleich Null, wenn man den ankommenden Strömen das entgegengesetzte Vorzeichen gibt wie den abfliessenden.

B. Betrachtet man einen beliebigen in sich geschlossenen Teil der Leitung, nennt die darin vorhandenen elektromotorischen Kräfte und Ströme der einen Richtung positiv, die der anderen negativ, so ist die Summe der Producte aus den einzelnen Widerständen in die zugehörigen Stromstärken gleich der Summe der elektromotorischen Kräfte.

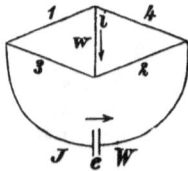

Zum Beispiel ergeben sich für die Wheatstone-
sche Combination sofort sämmtliche sechs Gleichungen,
wenn wir die Zweigströme und Widerstände den
Zahlen entsprechend benennen:

$$I - i_1 - i_3 = 0 \qquad IW + i_1 w_1 + i_4 w_4 = e$$
$$I - i_2 - i_4 = 0 \qquad i\,w - i_1 w_1 + i_3 w_3 = 0$$
$$i + i_1 - i_4 = 0 \qquad i\,w - i_2 w_2 + i_4 w_4 = 0.$$

Die übrigen Gleichungen, welche nach den Kirchhoff'schen Regeln noch
gebildet werden können (z. B. $i + i_2 - i_3 = 0$), sind in diesen enthalten.

II. Galvanische Säulen.

Als Flüssigkeit am Zink dient fast immer verdünnte Schwefelsäure. Selten nimmt man dieselbe stärker als vom specifischen Gewicht
1,06, d. h. etwa 1 Raumteil englische Schwefelsäure auf 20 Raumteile
Wasser. Für schwache Ströme genügt meistens eine weit schwächere
Säure. Bei dem Mischen mit Wasser tritt eine beträchtliche Erwärmung
ein. Man giesst deswegen die Säure langsam und unter Umrühren in
das Wasser.

Die Kupfervitriol-Lösung im Daniell'schen Becher darf gesättigt
(spec. Gew. gegen 1,2, s. Tab. 3; etwa 1 Teil krystallisirtes Salz auf 3 Teile
Wasser) sein. Die Lösung erschöpft sich durch den Strom, wodurch die
Säule inconstant wird. In der ersten Zeit pflegt die Kraft der Daniell'schen
Säule zu wachsen.

Als Normal-Daniell von bekannter elektromotorischer Kraft wird
die Zusammensetzung: Reines amalgamirtes Zink, verdünnte Schwefelsäure von 1,075 spec. Gew. oder 11% $H_2 SO_4$, Kupfersulfatlösung von 1,20
spec. Gew., reines Kupfer — welches letztere durch den Strom selbst erzeugt wird — angegeben. Die Flüssigkeiten befinden sich in verschiedenen
Gefässen und sind durch einen Heber verbunden, der mit der obigen
Schwefelsäure gefüllt ist. Die elektromotorische Kraft dieses Elements
steigt auf 1,18 Volt, während die gewöhnlichen Daniells nur 1,08 bis
1,12 Volt erreichen. Stärkere Säure erhöht die Kraft, stärkere Kupferlösung kann bei schwachem Strom eine Verminderung bewirken. (Kittler,
Wied. Ann. XVII. 871. 1882.)

Die Salpetersäure im Grove'schen und Bunsen'schen Becher wird
für stärkere Ströme, oder wenn Constanz des Stromes beansprucht wird,
„concentrirt" (spec. Gewicht 1,3 bis 1,4) angewandt.

Es ist zweckmässig, zuerst die Schwefelsäure in das Element
einzugiessen, um die Thonzelle mit ihr zu durchfeuchten, damit von
der anderen Flüssigkeit möglichst wenig zum Zink dringe. Ferner soll
die Schwefelsäure um etwa $\frac{1}{8}$ höher stehen als die andere Flüssigkeit.

Für die Chromsäure-Becher bereitet man nach Bunsen 1 l
Flüssigkeit in folgender Weise. 92 g pulverisirtes doppeltchromsaures Kali
werden mit 94 cbcm englischer Schwefelsäure zu einem gleichförmigen
Brei zusammengerieben. Zu letzterem setzt man unter Umrühren 900 cbcm

Wasser und rührt, bis alles gelöst ist. Soll das Zink längere Zeit in der Flüssigkeit stehen, so muss man die vorige Flüssigkeit mit Wasser verdünnen. Stärkere constante Ströme darf man von der Chromsäure-Batterie nicht verlangen.

Das Normalelement von Latimer Clark hat als positiven Pol Quecksilber, bedeckt mit einem Teige, der durch Kochen von $Hg_2 SO_4$ in concentrirter Zinksulfatlösung erhalten wird. In diesen Brei taucht reines Zink als negativer Pol. Die elektromotorische Kraft wird zu 1,438 Volt für schwachen Strom bei 15° angegeben und nimmt für $+ 1°$ um 0,0010 ab.

Das Amalgamiren des Zinks geschieht, indem man demselben zuerst mechanisch und durch Eintauchen in verdünnte Salzsäure eine metallische Oberfläche gibt und dann entweder metallisches Quecksilber einreibt oder das Zink in eine Lösung von Quecksilber-Chlorid eintaucht und abreibt.

Manche Kohlen verringern durch längeren Gebrauch ihre Wirksamkeit. Man muss sie durch Abfeilen oder Erhitzen zu reinigen suchen.

Die auszuwaschenden Thonzellen stellt man nach oberflächlichem Abspülen und Durchfiltriren am besten längere Zeit ganz unter Wasser, um das Auswittern der Salze am oberen Rande zu verhindern, welches die Zelle rasch beschädigt.

Um ein Platin- oder Silberblech mit Platinschwarz zu überziehen, bringt man das Blech in eine verdünnte, mit etwas Salzsäure versetzte Lösung von Platinchlorid, entweder als negative Elektrode eines Stromes oder indem man das Blech unter der Flüssigkeitsoberfläche mit Zink berührt.

III. Strom-Verbindungen.

Die blosse Berührung zweier starrer Leitungsteile gibt im Allgemeinen keinen genügenden Schluss. Wo eine festere Verbindung nicht angebracht werden kann, sollen die sich berührenden Teile von Platin sein.

Selbst bei der Anwendung von Klemmschrauben hat man die Oberflächenteile blank zu erhalten und muss die Schrauben fest anziehen.

Die Stöpsel an den Rheostaten sind mit etwas Drehung fest einzusetzen, häufig mit einem reinen Tuch oder mit Fliesspapier abzuwischen und von Zeit zu Zeit mit feinstem Schmirgelpapier abzureiben.

Auch Quecksilber-Verbindungen geben nur dann eine sichere Berührung, wenn die das Quecksilber berührenden Metalle (Messing oder Kupfer) amalgamirt sind. Man reinigt sie zu diesem Zweck mit Säure und amalgamirt sie dann mechanisch oder durch Eintauchen in Quecksilberlösung.

Besonders müssen auch an eingeschalteten Stromwendern (Commutatoren) die Contacte in der angegebenen Weise wirklich leitend gemacht werden. Eisen als verbindendes Metall anzuwenden ist immer misslich.

Die Berührung eines Metalles mit Kohle soll im Allgemeinen in einer grösseren Fläche stattfinden.

Störende Wirkungen der Leitungsdrähte auf die Galvanometernadeln kann man meistens dadurch vermeiden, dass man entgegengesetzt laufende Ströme dicht nebeneinander führt. Jedenfalls leite man nicht einzelne Drähte nahe an Nadeln vorbei und vermeide grössere Schleifen, insbesondere verticalstehende.

Den einfachsten Stromwender gibt ein Brett mit vier Queck-

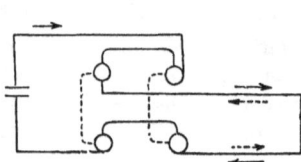

silbernäpfen $\frac{1\ 2}{3\ 4}$, von denen man durch ein Paar von Metallbügeln entweder 1 mit 2 und 3 mit 4 verbinden kann oder 1 mit 3 und 2 mit 4. Zu 2 und 3 führt man die Drähte von · der Säule, zu 1 und 4 die Enden des Schliessungskreises.

IV. Widerstände.

Für Widerstands-Einheiten und Sätze werden gewöhnlich Drähte aus Neusilber benutzt, weil dieses Metall einen grossen specifischen Widerstand besitzt, der sich mit der Temperatur wenig ändert. Die Zunahme des Widerstandes auf · 1° beträgt etwa 0,0004 in Teilen des Ganzen, kann jedoch fast bis auf die Hälfte bez. das Doppelte sinken oder steigen. Je geringer das Leitungsvermögen, desto kleiner ist der Temperatur-Einfluss. Neue Drähte erleiden anfang seine merkliche Widerstandsveränderung. Auch das Aufwinden beeinflusst den Betrag des Widerstandes.

Widerstandsrollen werden „bifilar" gewickelt. Man knickt den Draht in der Mitte und wickelt von hier aus beide Hälften mit einander. Diese Anordnung bietet zwei Vorteile. Die vom Strom durchflossenen Rollen üben keine magnetische Wirkung nach aussen, und zweitens sind sie nicht bei Aenderungen der Stromstärke (Strom-Schluss und Oeffnung) den lästigen elektromotorischen Kräften des Extrastromes ausgesetzt, welche leicht irre führen können.

Ueber die Abgleichung von Widerständen siehe **70** bis **70b**. Ueber Widerstandseinheiten vgl. I, 1.

Erwärmung durch den Strom. Im Widerstande w Ohm entwickelt der Strom i Amper in einer Secunde die Wärmemenge $0,24 . w . i^2$ Gramm-Calorien. Ein Kupferdraht von d mm Durchmesser erwärmt sich durch den Strom i Am. in 1 sec. um $0,008\, i^2 / d^4$ Grad.

V. Wirksamkeit der Säulen und Multiplicatoren.

Für starke Ströme in Leitungen von geringem Widerstand ist vorzugsweise die Grösse und der geringe Abstand der Metallplatten in den Elementen, sowie das gute Leitungsvermögen und der Concentrationsgrad der Kupferlösung oder der Salpetersäure mafsgebend. Für schwächere Ströme in Leitungen von grossem Widerstande kommen diese Umstände weniger in Betracht als die Anzahl der hintereinander verbundenen Becher.

Mehrpaarige Säulen hat man, um mit ihnen die grösste Stromstärke in einer gegebenen äusseren Leitung zu erzielen, so anzuordnen (durch Verbindung der Becher neben oder hinter einander), dass der innere Widerstand dem äusseren möglichst nahe kommt. Dabei haben n Becher hintereinander den n^2fachen Widerstand von demjenigen, welchen sie alle nebeneinander geschaltet besitzen. Die obige Regel für das Strom-Maximum setzt übrigens voraus, dass die Wirksamkeit des einzelnen Bechers nicht mit der Stromstärke veränderlich ist. In Wirklichkeit wird man bei starken Strömen meistens einen günstigeren Erfolg erzielen, wenn man den inneren Widerstand kleiner macht als den äusseren.

Wasserzersetzung verlangt mindestens 2 Bunsen- oder Grove'sche oder 3 Daniell'sche Becher. Bei eingeschalteten Knallgasvoltametern gilt die oben gegebene Regel nicht mehr.

Als Drahtstärke bei der Herstellung von Multiplicatoren (oder Elektromagneten) von gegebener Gestalt ist im Allgemeinen diejenige zu wählen, welche den Widerstand des Multiplicators dem übrigen Leitungswiderstand nahe gleich macht. In gleichem Sinne hat man auch die auf den Multiplicatoren oft zur Verfügung stehenden verschiedenen Windungslagen hinter - oder nebeneinander zu verbinden, wenn die grösstmögliche Empfindlichkeit verlangt wird.

Die magnetisirende Kraft (das magnetische Feld) im Innern einer langen Spule ist in einiger Entfernung von den Enden nahe constant und gleich $4\pi n i$, wo n die Anzahl der Windungen bedeutet, die auf die Längeneinheit kommen, i die Stromstärke.

64. Strommessung mit der Tangentenbussole.

Für viele Zwecke genügt die relative Messung, das heisst die Bestimmung des Verhältnisses von Stromstärken, worüber zuerst gehandelt werden soll.

Die Tangentenbussole besteht in der Regel aus einem weiten Multiplicator, dessen Windungsebene im magnetischen Meridian fest aufgestellt ist. In der Mitte befindet sich eine Bussole mit kurzer Nadel.

Bringen zwei durch den Multiplicator geleitete Ströme die Ablenkungswinkel φ und φ' der Bussole hervor, so verhalten sich die Stärken (Intensitäten; Elektricitätsmengen in der Zeiteinheit) i und i' beider Ströme wie die trigonometrischen Tangenten (Tab. 38; fünfstellige trigonometrische Tafeln von Bremiker) der Ablenkungswinkel. Beweis in **67.**

$$i : i' = \mathrm{tg}\,\varphi : \mathrm{tg}\,\varphi'.$$

Günstigster Ausschlag. Ein Ablesungsfehler von 0,2⁰ bewirkt (vgl. S. 9)

bei einem Ausschlag   von   5   10   15   20   30   40⁰
                       oder 85   80   75   70   60   50⁰
einen Fehler im Resultat von   4   2   1,4 1,1 0,8 0,7%.

45⁰ Ausschlag ist demnach am günstigsten. Für sehr verschiedene Stromstärken muss man daher verschieden empfindliche Tangentenbussolen anwenden, d. h. solche mit Windungen von verschiedenem Durchmesser oder verschiedener Anzahl; oder es wird ein Instrument so eingerichtet, dass man je nach Bedürfnis den Strom durch eine grössere oder geringere Anzahl von Windungen leiten kann. Die Angaben zweier verschiedener Instrumente werden auf einander reducirt, indem man an beiden den Ausschlagswinkel misst, welchen ein und derselbe Strom hervorbringt. Wäre z. B. dieser Winkel am Instrument (1) 66,5⁰, an (2) 14,2⁰, so sind die Tangenten der Winkel an (1)

mit $\dfrac{\tan 14{,}2^0}{\tan 66{,}5^0} = \dfrac{0{,}253}{2{,}30} = 0{,}110$ zu multipliciren, um sie mit

den an (2) gemessenen vergleichbar zu machen. — Wie der Reductionsfactor statt dessen durch Rechnung aus der Windungszahl und den Dimensionen des Multiplicators abgeleitet werden kann, ergibt sich aus **67.**

Abzweigungen (Nebenschliessungen, Schunt's) an Galvanometern. Ist die Tangentenbussole oder ein anderes Galvanometer zu empfindlich, so lässt sich dem für viele Zwecke abhelfen, indem man einen Teil des Stromes durch eine passende Abzweigung (d. i. durch einen Nebenweg zwischen den Stromklemmen) führt. So lange die Abzweigung die gleiche bleibt, lässt das Instrument zur Stromvergleichung sich ebenso anwenden wie sonst.

Auch die Messungen mit verschiedenen Abzweigungen werden unter einander vergleichbar, sobald das Verhältnis des Zweigwiderstandes w_0 zum Hauptwiderstand w bekannt ist. Denn der durch den Multiplicator gehende Bruchteil des Stromes beträgt

$\dfrac{w_0}{w + w_0}$. Bequem sind daher Zweige von ¹/₉, ¹/₉₉ oder ähnlichem Verhältnis zum Hauptwiderstand.

Ist der Multiplicatorwiderstand für sich sehr klein, so kann die Schwierigkeit sicherer Verbindungen mit dem Zweige vermieden werden, indem man auch zum Multiplicator einen Widerstand hinzunimmt. Starke Ströme können Aenderung dieser Verhältnisse durch Erwärmung bewirken. (Vgl. Elektrotechn. Z. S. 1883 S. 13.)

Commutator. Die Tangentenbussole pflegt so eingerichtet zu sein, dass die Nadel auf Null zeigt, wenn die Windungsebene im magnetischen Meridian liegt. Ob dies genau der Fall ist, muss übrigens, vorzüglich bei der Anwendung einer sehr kurzen Nadel, geprüft werden. Denn das Tangentengesetz erleidet bei ungenauer Orientirung, besonders für grössere Ausschläge Abweichungen, indem der Ausschlag nach der einen Seite zu gross, nach der anderen zu klein wird. An letzterem Puncte erkennt man die Richtigkeit der Orientirung oft besser, als an der Einstellung auf den Nullpunct, welche bei der kurzen Nadel unzuverlässig ist. Man entgeht diesen Fehlern am leichtesten, indem man jeden zu messenden Strom folgeweise in beiden Richtungen durch die Tangentenbussole gehen lässt und das Mittel aus den Ablenkungen nach beiden Seiten (von dem Gesammtausschlage die Hälfte) für φ setzt. In diesem Mittelwert heben sich die von einer etwas fehlerhaften Aufstellung herrührenden Fehler auf. Es ist daher anzuraten, mit der Tangentenbussole einen Commutator zu verbinden, welcher die Stromrichtung im Multiplicator umzukehren gestattet, ohne in dem übrigen Teile der Leitung etwas zu verändern. Hiermit ist zugleich der Vorteil doppelter Genauigkeit verbunden; ferner braucht man die Ruhelage der Nadel nicht genau zu beobachten, und endlich dient ein gut eingerichteter Commutator zugleich zum bequemen Schliessen und Oeffnen des Stromes.

Abweichung vom Tangentengesetz. Soll das Tangentengesetz für alle Ablenkungswinkel bis auf 1 Procent richtig sein, so darf die Länge der Nadel höchstens etwa $^{1}/_{12}$ von dem Durchmesser der Windungen betragen. Man wird also eine kurze Nadel mit angesetzten längeren Zeigern (am einfachsten aufgekitteten Glasfäden) wählen, wobei man bis zu 20 mm Nadellänge hinabsteigen kann. Vgl. übrigens S. 220. — Die Abweichung vom Tangentengesetz lässt sich dadurch verringern, dass man die Nadel nicht in der Ebene des Multiplicators, sondern um ein Viertel des Durchmessers der Windungen von dieser Ebene entfernt aufstellt. Alsdann wird ein Fehler von 1% erst bei einer Nadellänge gleich $\frac{1}{4}$ des Durchmessers entstehen, und bei etwa $\frac{1}{8}$ kann der Fehler als unmerklich betrachtet werden. (Gaugain; Helmholtz.)

Für die Ablesung der Nadel in der Ruhelage oder bei schwachen Ablenkungen sind zwei zu der Nadelaxe senkrechte Zeiger (Glasfäden) bequem. — Zur Vermeidung der Parallaxe bei der Ablesung bedecke man die Bussole mit einem in der Mitte belegten Spiegelglase und halte das Auge so, dass sein Spiegelbild in die Nadel, beziehungsweise den Zeiger fällt. — Behufs genauer Messung werden jedesmal beide einander gegenüberliegende Spitzen abgelesen. Vgl. S. 115. 186.

Zum Beruhigen der Nadel kann ein kleiner Magnet dienen, welcher nach dem Gebrauch hinreichend entfernt wird. Auch der Commutator lässt sich bei einiger Uebung zum Beruhigen anwenden. Insbesondere verfährt man bei dem Umkehren des Stromes so, dass man zunächst nur unterbricht und erst in dem Augenblick, wo die Nadel nach Zurücklegung einer Schwingung auf der anderen Seite umkehrt, wieder schliesst.

65. Sinusbussole und Torsionsgalvanometer.

Die beiden Instrumente haben gemeinsam, dass bei der Messung immer die nämliche gegenseitige Stellung zwischen dem Multiplicator und der Nadel besteht. Das Drehungsmoment des Stromes ist also der Stromstärke proportional.

I. Sinusbussole (Pouillet).

Die Sinusbussole besteht wie die Tangentenbussole aus einem Multiplicator und einer fest mit demselben verbundenen Bussole, oder anstatt der letzteren auch wohl einer Magnetnadel mit einzelnen Einstellungsmarken. Der Multiplicator selbst aber ist über einer zweiten Kreistheilung drehbar.

Bei jeder Messung von Strömen, welche durch die Sinusbussole mit einander verglichen werden sollen, dreht man den Multiplicator über dieser Kreistheilung so, dass der Winkel

zwischen ihm und der Nadel (wir nennen ihn den Bussolenwinkel) immer der nämliche ist, d. h. dass die Nadel auf
denselben Punct ihrer Teilung zeigt. Alsdann ist die Stromstärke dem Sinus (Tab. 38) des Ablenkungswinkels φ proportional, d. h. des Winkels, um welchen der Multiplicator aus der
Stellung, wo der gleiche Bussolenwinkel ohne Strom bestand,
gedreht werden musste,

$$i : i' = \sin \varphi : \sin \varphi'.$$

Bei der Messung schwacher Ströme beobachtet man mit
kleinerem, bei stärkeren mit grösserem Bussolenwinkel. Die
so erhaltenen Resultate sind nicht ohne Weiteres mit einander
vergleichbar; indessen kann man leicht ein für allemal den
Reductionsfactor bestimmen, mit welchem die für einen
Bussolenwinkel erhaltenen Beobachtungen zu multipliciren sind,
um auf den anderen zurückgeführt zu werden. Zu dem Zwecke
werden die Ablenkungswinkel α_1 und α_2 desselben Stromes bei
beiden zu vergleichenden Bussolenwinkeln I und II gemessen.
Dann ist $n = \dfrac{\sin \alpha_1}{\sin \alpha_2}$ der Factor, mit welchem die bei dem
Bussolenwinkel II gemessenen Stromstärken zu multipliciren
sind, um auf dasselbe Maafs wie bei I reducirt zu werden. So
mag man etwa die Bussolenwinkel 0^0 50^0 70^0 80^0 auf einander
reduciren.

Der Vorteil der Sinusbussole gegen die Tangentenbussole
besteht darin, dass die Giltigkeit des Sinusgesetzes nicht an die
Gestalt und Grösse des Multiplicators oder der Nadel gebunden
ist; der Nachteil in einer zeitraubenderen Einstellung und doppelter Fehlerquelle. Die Grenzen der Stromstärken, welche
durch dasselbe Instrument verglichen werden können, sind bei
weiten Drahtwindungen dieselben, bei engen Windungen weiter
als bei der Tangentenbussole.

Von dem Nadelmagnetismus sind Sinus- und Tangentenbussole unabhängig.

II. Torsionsgalvanometer (Siemens und Halske).

Man führt bei jeder Stromstärke die Nadel durch Drehung
des Torsionskopfes auf ihre dem Multiplicator parallele Null-

stellung zurück. Die Stromstärke ist dem Torsionswinkel proportional.

Für feinere Messungen wäre zu berücksichtigen, dass der Magnetismus der Nadel durch den Strom selbst eine Aenderung erfährt. Zeitliche Aenderungen des Nadelmagnetismus ändern die Angaben des Instrumentes.

66. Spiegelgalvanometer.

Feststehende Multiplicatoren, welche die Nadel eng umschliessen, lassen sich im Allgemeinen nur als Galvanoskope, d. h. zur Prüfung eines Mehr oder Weniger des Stromes gebrauchen; wenigstens verlangen sie zur Messung eine vorausgegangene empirische Graduirung, indem man die Ausschlagswinkel einiger bekannter Stromstärken beobachtet und (etwa graphisch) eine Tabelle für das betr. Instrument interpolirt.

Indessen können solche Instrumente zur messenden Vergleichung von Stromstärken angewandt werden, wenn man sich auf kleine, mit Spiegel und Scale (48, 49) beobachtete Ablenkungen beschränkt. In diesem Falle ist der Strom der Tangente des Ablenkungswinkels proportional, oder auch bis zu Winkeln von einigen Graden merklich dem in Scalenteilen gemessenen Ausschlage selbst. Die Grenze, bis zu welcher man hierbei gehen darf, hängt natürlich von den Dimensionen des Multiplicators und der Nadel ab.

Vgl. noch 64 über Commutator und Abzweigung, auch 64, 65 und 69 über den Reductionsfactor.

Spiegelbussolen mit verschiebbaren Multiplicatoren (Wiedemann) werden empirisch justirt. Man vergleicht die Ausschläge durch einen und denselben Strom bei mehreren Stellungen der Multiplicatoren auf dem Maafsstabe und stellt die Ausschläge etwa graphisch dar. Wenn r der Halbmesser des Multiplicators, a sein Abstand von der Nadel, so sind die Ausschläge ungefähr mit $(a^2 + r^2)^{-\frac{3}{2}}$ im Verhältnis.

66a. Elektrodynamometer (W. Weber).

Das Dynamometer besteht aus einer feststehenden und einer drehbaren Drahtrolle, welche beide von dem zu messenden

Strome durchlaufen werden. Die Rollen sollen in der Ruhe senkrecht zu einander stehen. Die Directionskraft wird von einer bifilaren Aufhängung oder von der Elasticität eines Aufhängedrahtes geliefert.

I. Dynamometer mit Ausschlägen.

Die kleinen Ausschläge der beweglichen Rolle (mit Spiegel und Scale gemessen) sind dem Quadrate der Stromstärke proportional, wechseln also ihre Richtung nicht, wenn man den Strom im ganzen Instrumente commutirt. Um beiderseitige Ausschläge zu messen muss man also den Strom nur in einer der Rollen wenden.

Dem Ausschlag α entspreche ein Strom i, so ist

$$i = C\sqrt{\alpha},$$

wo C ein Factor für das betreffende Instrument ist. Die Empfindlichkeit des Instrumentes ändert man durch Verstellung des Abstandes der Bifilaraufhängung oder für den Fall einer eindrähtigen Aufhängung durch Auswechseln des Aufhängedrahtes. Im letzteren Falle wächst C mit dem Quadrate der Drahtdicke; immer ist es der Schwingungsdauer der beweglichen Rolle umgekehrt proportional.

Für genaue Messungen verlangt das Dynamometer mehrere Vorsichtsmassregeln wegen des Erdmagnetismus, wegen der elastischen Nachwirkung, auch wegen der Gestalt der Rollen.

Die häufigste Anwendung des Instrumentes bezieht sich auf Wechselströme, d. h. auf Ströme, welche einzeln gleich stark, rasch hintereinander in abwechselnder Richtung folgen. Von solchen Strömen misst das Dynamometer nicht die Stärke im gewöhnlichen Sinne aber die Gesammt-Energie des Stromes.

Man beachte noch, dass wegen der Proportionalität des Ausschlages mit dem Quadrate der Stromstärke das Dynamometer für schwache Ströme unempfindlich, in der Nachbarschaft der Stromstärke Null sogar unbrauchbar wird.

Wenn die beiden Rollen nicht genau senkrecht aufeinander stehen, so induciren die Wechselströme auf einander. Man erkennt eine unrichtige Stellung daran, dass Wechselströme, welche bloss durch die feste Rolle geleitet werden, eine Ablenkung der beweglichen Rolle bewirken, wenn diese nur in sich. geschlossen ist.

Ueber Verwendung des Dynamometers zu Widerstandsmessungen vgl. 72, II.

II. Dynamometer mit Null-Ablesung (Siemens).

Die Stromstärke wird durch den Torsionswinkel φ eines elastischen Aufhängedrahtes bestimmt, indem man die abgelenkte bewegliche Rolle mittels eines Torsionskopfes auf Null zurückführt. Die Stromstärke i ist wie oben

$$i = C\sqrt{\varphi}.$$

Ueber die Bestimmung von C in absolutem Maafse vgl. 67, 68, 69.

III. Elektrodynamische Wage.

Eine kurze weitere Spule umschliesse das eine Ende einer langen engen Spule (Mascart) oder die Mitte einer Doppelspule. Oder eine zweite flache Spule von anderem Durchmesser befinde sich der ersten gegenüber in demjenigen Abstande, in welchem die Kraft ein Maximum ist (Rayleigh). Die Axen beider Spulen liegen in derselben Verticalen. Eine Spule stehe fest, die andere hänge an dem einen Ende eines Wagebalkens; das andere Ende des Balkens trägt eine Wagschale, welche die Spule äquilibrirt. Die Stromstärke ist der Quadratwurzel aus den Gewichten proportional, welche die durch den Strom gestörte Stellung der Wage wieder herstellen.

Ueber die absolute Messung mit der Wage vgl. Mascart, Exner's Repertorium XIX, 220. 1883.

66b. Andere Formen der Strommesser.

Soll ein Galvanoskop mit engen Windungen auch zur Messung mit grösserem Ausschlagswinkel gebraucht werden, so muss man dasselbe empirisch d. h. durch Vergleichung mit einem der obigen Messinstrumente oder mit einem Voltameter (68) graduiren. Eine einfache Function von dem Ausschlage ist die Stromstärke im allgemeinen nicht.

Nur geschlossene Multiplicatoren von ellipsoidischer Gestalt geben Ausschläge, welche dem Tangentengesetz folgen (Riecke).

Vertical drehbare Nadeln. Solche stehen unter dem Einflusse des Stromes, des Erdmagnetismus und der Schwere. Die Constanz der Angaben setzt also voraus, dass der Nadelmagnetismus und die Lage des Schwerpuncts gegen die Drehungsaxe, im allgemeinen auch die Stellung gegen den Meridian ungeändert geblieben wäre.

Strommesser mit Richtkraft durch einen Magnet. Besonders zum Zwecke der Messung starker Ströme gibt man der Nadel eine stärkere Directionskraft als die erdmagnetische durch geeignet genäherte Stahlmagnete. Die Angaben solcher Instrumente ändern sich natürlich mit dem Magnetismus solcher Stäbe.

Strommesser mit weichem Eisen. Unveränderlich mit der Zeit und für manche Messungen genügend genau sind die Instrumente, bei denen der Strom auf weiches Eisen zunächst magnetisirend und dann drehend oder ziehend wirkt. Für schwache Ströme sind die Kräfte beiläufig dem Quadrate der Stromstärke proportional und in Folge dessen die Ausschläge unbrauchbar klein.

67. Strommessung nach absolutem Maafse mit der Tangentenbussole (W. Weber).

Bei den bisher beschriebenen Methoden liefern nur die mit einem und demselben Instrument angestellten Beobachtungen vergleichbare Resultate, indem die zur Messung des Stromes dienende Einheit in jedem Falle eine willkürliche, von den Dimensionen des Instrumentes und der Stärke des Erdmagnetismus abhängige ist. Um die Stromstärke in einer allgemein verständlichen Einheit auszudrücken, definiren wir zunächst als magnetische oder Weber'sche Stromeinheit denjenigen Strom, welcher die Einheit der magnetischen Wirkung ausübt. Bei einer Messung mit der Tangentenbussole erhält man den Strom in diesem Maafse nach folgender Regel. Es bedeute

n die Anzahl,

R den mittleren Halbmesser der kreisförmigen Windungen,

H die horizontale Intensität des Erdmagnetismus (**59** und Tab. 22),

φ den Ablenkungswinkel der Nadel,

so ist die gesuchte Stärke i des Stromes, welcher diese Ablenkung hervorbringt, nach magnetischem Maaſse

$$i = \frac{RH}{2\,n\,\pi} \cdot \text{tang } \varphi.$$

$\dfrac{RH}{2\,n\,\pi}$ nennen wir den Reductionsfactor auf magnetisches Strommaaſs.

Ist die Nadel am Faden vom Torsionsverhältnis Θ aufgehangen (55), so mag man $H(1 + \Theta)$ statt H setzen.

Beweis. Die Länge sämmtlicher Windungen ist $2\,n\,R\,\pi$. Der Strom i sucht die Nadel senkrecht zur Windungsebene zu stellen und übt auf die kurze Nadel vom magnetischen Moment M im Mittelpuncte, wenn sie um den Winkel φ aus der Windungsebene abgelenkt ist, das Drehungsmoment $2\,n\,R\,\pi\,\dfrac{i\,M}{R^2}\cos\varphi$ aus. φ ist zugleich der Ablenkungswinkel aus dem magnetischen Meridian, also beträgt das erdmagnetische Drehungsmoment $MH\sin\varphi$. Durch Gleichsetzen beider Ausdrücke entsteht die Formel.

Verschiedene Stromeinheiten. Misst man R und H in Mm — mg, so entsteht die Stromstärke in der nach dem Vorgange von Gauss und Weber früher gebrauchten Einheit. Bei der jetzt üblichen Messung in Cm — gr entsteht eine 100 mal grössere Stromeinheit, welche mit $[\text{cm}^{1/2}\,\text{g}^{1/2}\,\text{sec}^{-1}]$ oder kurz mit $[\text{cm}, \text{g}]$ bezeichnet wird (Anh. 19). Der Reductionsfactor ist für Cm — gr also eine 100 mal kleinere Zahl als für Mm — mg, was man unmittelbar einsieht, da ja R sowohl wie H (59) jedes 10 mal kleiner werden.

Der Strom 1 Amper ist der 10te Teil von 1 $[\text{cm}, \text{g}]$, also wird der Reductionsfactor der Tangentenbussole auf Am., wenn man R und H in Cm — gr gemessen hat,

gleich $5\,\dfrac{RH}{n\,\pi}.$

Bestimmung von R. Entweder misst man den Durchmesser direct mit dem Maaſsstab, dem Zirkel, dem Bandmaaſs oder dem Comparator, oder man bestimmt denselben aus der Länge l des Drahtes, welcher die n Windungen bildet, als

$$R = \frac{l}{2\,n\,\pi}.$$ Dünnere Drähte misst und wickelt man unter derselben Spannung.

Intensität des Erdmagnetismus. Der Reductionsfactor ist, insofern der Erdmagnetismus von Ort und Zeit abhängt, ebenfalls nach Ort und Zeit veränderlich. Für Plätze, an denen H nicht bestimmt worden ist, kann man diese Grösse angenähert aus der Tabelle 22 entnehmen; selbstverständlich unter dem Vorbehalt der Vermeidung von Localeinflüssen durch in der Nähe befindliche eiserne Gegenstände, insbesondere längere Eisenleitungen. Vgl. auch **61 a.**

Beispiel. Ein Multiplicator ist durch Aufwinden eines 1948,0 cm langen Drahtes in 24 kreisförmigen Windungen gebildet. Dann ist $r = \dfrac{1948,0}{48 \cdot 3,1416} = 12,92$ cm. Ferner sei H gleich 0,1920, so ist die Stärke eines Stromes, welcher den Ablenkungswinkel α hervorbringt, nach magnetischem Maaße $= \dfrac{12,92 \cdot 0,1920}{2 \cdot 24 \cdot 3,1416}$ tang $\alpha = 0,01645 \cdot$ tang α [cm, g], oder $= 0,1645 \cdot$ tang α Amper.

Messung starker Ströme. Die Tangentenbussole mit einem Reif ist etwa bis zu 20 Amper noch brauchbar, welche Stromstärke bei uns an einer Tangentenbussole von 20 cm Halbmesser etwas über 70^0 Ausschlag gibt. Um stärkere Ströme zu messen legt man eine Nebenschliessung (vgl. S. 210) an. Ist w_0 der Widerstand der letzteren, während der Stromweg in der Tangentenbussole und ihrer Zuleitung, von den Abzweigungspuncten an gerechnet, w beträgt, so ist der obige Reductionsfactor jetzt mit $\left(1 + \dfrac{w}{w_0}\right)$ zu multipliciren.

Bei einer Tangentenbussole von dickem Reif, dessen eigener Widerstand vernachlässigt oder hinreichend genau geschätzt werden kann, bekommt man ein bekanntes Widerstandsverhältnis w / w_0 am einfachsten folgendermaafsen. Man bildet den Abzweigungswiderstand aus ebensolchen Drähten wie die Zuleitung zu der Tangentenbussole selbst, legt aber in der Abzweigung eine Anzahl n (z. B. 9) Drähte, an den Enden gut verlötet, neben einander. Den Hauptdraht verkürzt man um ein Stückchen, welches dem Widerstande des Reifes entspricht. Es ist jetzt $w / w_0 = n$. Ungleiche Erwärmungen kommen bei dieser Anordnung weniger leicht vor. Drähte von 2 mm Durchmesser werden genügen.

Näheres über die Anordnung solcher Messungen s. F. K., Elektrotechn. Z. S. 1884. S. 13.

Correctionsformel wegen der Nadellänge und des Querschnittes der Windungen. Es ist für die Rechnung nach obiger Formel vorausgesetzt, dass die Dimensionen des Querschnittes der Windungslage gegen den Durchmesser der Windungen sehr klein sind. Nicht selten kommt es vor, dass diese Bedingung für einen Multiplicator aus vielen Windungen nicht hinreichend erfüllt ist. Bilden die Windungen wie gewöhnlich eine Lage mit rechteckigem Querschnitt, so kann man die davon herrührende Correction erster Ordnung anbringen, indem man anstatt $\dfrac{RH}{2n\pi}$ schreibt $\dfrac{RH}{2n\pi}\left(1 + \tfrac{1}{8}\dfrac{b^2}{R^2} - \tfrac{1}{12}\dfrac{h^2}{R^2}\right)$; unter b die Breite, unter h die Höhe des rechteckigen Querschnittes verstanden.

Ist endlich die Nadellänge nicht sehr klein gegen den Durchmesser der Windungen, so kommt erstens zu obigem Ausdruck noch der Factor $\left(1 - \tfrac{3}{16}\dfrac{l^2}{R^2}\right)$ hinzu. Zweitens ist anstatt $\tan\varphi$ zu setzen $\left(1 + 1\tfrac{5}{8}\dfrac{l^2}{R^2}\sin^2\varphi\right)\tan\varphi$. Hier bedeutet l die „reducirte Länge" der Magnetnadel, d. h. bei gestreckten Nadeln etwa $^5/_6$ der geometrischen Länge (55a, und Anh. 15).

Die vollständige Formel wird also unter Berücksichtigung der Kleinheit der Correctionsglieder

$$i = \frac{RH}{2n\pi}\left(1 + \tfrac{1}{8}\frac{b^2}{R^2} - \tfrac{1}{12}\frac{h^2}{R^2} - \tfrac{3}{16}\frac{l^2}{R^2}\right)\left(1 + 1\tfrac{5}{8}\frac{l^2}{R^2}\sin^2\varphi\right)\tan\varphi.$$

Die von der Nadellänge l herrührende Correction verschwindet für $\varphi = 26{,}6^0$. Ueber Fadentorsion siehe oben.

Commutator. Das über den Gebrauch des Commutators und die Ablesung beider Spitzen der Nadel (S. 211, 212) Gesagte gilt auch hier.

Zuleitungen. Die Reductionsformeln setzten voraus, dass nur der Strom in den Windungskreisen auf die Nadel wirkt. Besonders bei wenigen Windungen ist Sorge zu tragen, dass nicht der Strom in den äusseren Leitungsdrähten auf die Nadel wirke. Das sichere Mittel dagegen besteht darin, dass Zu- und Ableitungsdrähte überall dicht neben einander geführt werden.

67a. Absolute Strommessung mit dem Bifilargalvanometer (Weber).

Der Strom geht durch einen drehbaren Multiplicator, welcher an zwei Zuleitungsdrähten so aufgehängt ist, dass die Windungsebene nordsüdlich steht. Ist f die Gesammtfläche der Windungen (83), i die Stromstärke, so ist fi das magnetische Moment der Stromspule und der Erdmagnetismus H (59) bewirkt das Drehungsmoment fiH.

D sei die Directionskraft der bifilaren Aufhängung, nach 53a aus dem Gewicht und den Abmessungen an den Drähten oder aus Schwingungsdauer und Trägheitsmoment bestimmt. Wenn endlich α den Ablenkungswinkel bedeutet, so ist

$$i = \frac{D}{fH} \operatorname{tang} \alpha.$$

Combination von Tangentenbussole und Bifilargalvanometer. Geht der Strom i gleichzeitig durch eine Tangentenbussole vom Halbmesser R (67), welche im Abstande a nördlich oder südlich vom Bifilargalvanometer aufgestellt ist, so wird die Nadel von dem Strom in beiden Instrumenten abgelenkt. Es sei Φ der Ablenkungswinkel, wenn beide Ursachen in gleichem Sinne ablenken, φ dagegen, wenn der Strom in der Tangentenbussole allein gewendet wird. Dann erhält man i unabhängig von f und H aus

$$i^2 = \frac{R^2 D}{8\pi^2 n^2 a^3} \frac{(\operatorname{tang} \Phi - \operatorname{tang} \varphi)^2}{\operatorname{tang} \Phi + \operatorname{tang} \varphi} \operatorname{tang} \alpha.$$

Vgl., auch über einige Correctionen, 77 II und III.

68. Strommessung nach chemischem Maaßse mit dem Voltameter (Faraday).

Die mit einem Voltameter gemessenen chemischen Zersetzungsproducte eines Stromes lassen ebenfalls die Stromstärke nach einem genau definirten und mit dem vorigen vergleichbaren Maaße mit Hilfe der folgenden Sätze bestimmen.

1. Die durch verschiedene Ströme in derselben Zeit zersetzten Mengen sind der Stromstärke proportional.

2. Die Zersetzungsproducte eines und desselben Stromes in

verschiedenen Elektrolyten sind einander chemisch äquivalent. (Faraday'sches Gesetz.)

3. Der Strom 1 Amper zersetzt in einer Minute 5,60 mg Wasser und schlägt 19,68 g Kupfer oder 67,1 g Silber nieder. Diese Mengen nennt man nach Weber die **elektrochemischen Aequivalente der Stoffe.**

Als Elektrolyt pflegt man entweder das mit Schwefelsäure angesäuerte Wasser zwischen Platinelektroden, oder eine wässerige Lösung von Kupfervitriol, oder endlich eine solche von salpetersaurem Silber anzuwenden, die letzteren zwischen Kupfer- oder Silberelektroden. Die verdünnte Schwefelsäure leitet bei dem specifischen Gewicht 1,22 oder etwa 30% H_2SO_4 am besten. Man wende nur chemisch reine Säure an. — Die Lösungen der Metallsalze mögen durch Verdünnen concentrirter Lösungen mit etwa der halben bis gleichen Menge **Wassers** bereitet werden. Damit der Niederschlag fest hafte, darf der Strom nicht zu dicht sein.

Bei einer Strommessung mit dem Voltameter lässt man den Strom eine gemessene Zeit durch die Flüssigkeit hindurchgehen und bestimmt die Menge der Zersetzungsproducte. Mittels Division dieser Menge durch die Zeitdauer bestimmt man dann die in der Zeiteinheit zersetzte Menge. Wir wollen die Zeit hier immer in Minuten ausgedrückt denken.

Volumvoltameter. Gewöhnlich wird bei dem Wasservoltameter das Volumen des entwickelten Knallgases, welches in einer geteilten Röhre aufgefangen wird, gemessen. Behufs genauer Definition reducirt man das Gasvolumen auf 0^0 und 760 mm (**18**) nach der Formel (Tab. 7)

$$v_0 = \frac{v}{1 + 0,00367 \cdot t} \cdot \frac{h}{760}.$$

Hier bedeutet

v das beobachtete Volumen,

v_0 das auf 0^0 und 760 mm Quecksilber reducirte Volumen,

t die Temperatur bei der Beobachtung,

h den in Mm Quecksilber von 0^0 gemessenen Druck, unter welchem das Gas aufgefangen wurde.

So gut wie immer wird das entwickelte Gas über einer Flüssigkeit aufgefangen. Um in diesem Falle den Gasdruck h zu finden, nenne man l die Höhe der Flüssigkeitssäule in Mm über der freien Oberfläche, s die Dichtigkeit der Flüssigkeit, b den Barometerstand (20). Alsdann ist $h = b - l\frac{s}{13,6}$. (13,6 ist das spec. Gewicht des Quecksilbers. Wird über Quecksilber aufgefangen, so ist natürlich $h = b - l$.) — Bei schwächeren Strömen ist nur das entwickelte Wasserstoffgas aufzufangen und durch Multiplication mit $\frac{3}{2}$ das Volumen des Knallgases zu berechnen, weil der Sauerstoff in Folge von Ozonbildung teilweise vom Wasser absorbirt wird. Aus demselben Grunde ist anzuraten, dieselbe Schwefelsäure wiederholt anzuwenden. — Siehe das Beispiel S. 224.

Wird das Gas über dem angesäuerten Wasser selbst aufgefangen, so enthält dasselbe Wasserdampf. Das Verhältnis k der Dampfspannung über der Säure zu der Maximalspannung e des Dampfes (Tab. 13) bei der betreffenden Temperatur beträgt

für den Säuregehalt   18   27   33%

oder das spec. Gewicht   1,13   1,20   1,25

$$k = 0,9 \quad 0,8 \quad 0,7.$$

Um auf trockenes Gas zu reduciren, zieht man $k.e$ von h ab.

Da die Polarisation Wasserstoff-Sauerstoff auf Platin eine dem Strome entgegenstehende elektromotorische Kraft von etwa 2 Daniell bewirkt, so sind zur Wasserzersetzung mindestens 3 Daniell'sche oder 2 Bunsen'sche Becher nötig.

Gewichtsvoltameter. Anstatt das Gas zu messen, bestimmt man wohl auch das Gewicht des zersetzten Wassers durch eine Wägung vor und nach dem Versuche, wobei durch eine kleine mitgewogene Vorlage von concentrirter Schwefelsäure das Mitentweichen von Wasserdämpfen verhindert wird (Bunsen). Da die Dichtigkeit des Knallgases bei 0° und 760 mm 0,0005360 beträgt, so entsprechen einem Cbcm Gas 0,5360 mg Wasser. Für genäherte Reductionen kann man sich merken, dass unter mittleren Verhältnissen (genau z. B. bei + 16° und 750 mm Druck) 1 cbcm Knallgas ½ mg wiegt.

Im Kupfer- wie im Silbervoltameter wird die Stromstärke durch Bestimmung der Gewichtszunahme der negativen Elektrode gefunden.

Reduction der voltametrischen Messungen auf absolutes Maaſs. Um die in irgend einem Maaſse ausgedrückte Stromstärke auf ein anderes zu reduciren, genügen die obigen Angaben über die Dichtigkeit des Knallgases und die durch den Strom Eins nach magnetischem Maaſse zersetzten oder ausgeschiedenen Mengen. Siehe die Zahlen in Tab. 27.

Beispiel. Strommessung mit dem Wasservoltameter nach Volumen. Die Dauer des Stromes war = 10 min, das Volumen des entwickelten Wasserstoffes = 18,4 cbcm.

Temp. = 14°. Barometerstand = 759 mm. Das Gas wurde aufgefangen über einer Säule Schwefelsäure von 1,23 spec. Gew., welche am Schlusse des Versuchs die Höhe 55 mm hatte.

18,4 cbcm Wasserstoff entsprechen 27,6 cbcm Knallgas. Der Druck des Gases ist nach Obigem $h = 759 - 55 \cdot \dfrac{1,23}{13,6} - 0,75 \cdot 12 = 745$ mm. Dieselbe Menge würde bei 0° und 760 mm (S. 222) das Volumen $\dfrac{27,6}{1 + 0,00367 \cdot 14} \cdot \dfrac{745}{760} = 25,74$ haben. Folglich sind in 1 min entwickelt worden 2,574 cbcm. Gemäss Tab. 27 betrug also die Stromstärke 2,574 : 10,44 = 0,2465 Am. oder 0,02465 [cm, g] oder 2,465 [mm, mg].

69. Bestimmung des Reductionsfactors eines Galvanometers.

Ist die Windungszahl u. s. w. des Multiplicators unbekannt oder seine Gestalt derartig, dass man den Reductionsfactor C oder die „Galvanometerfunction" nicht berechnen kann, so muss man ihn empirisch bestimmen. Um der Kürze willen beziehen wir uns auf ein Tangentengalvanometer. Für die Sinusbussole (65) ist sin φ, für das Torsionsgalvanometer φ, für ein Dynamometer (66a) $\sqrt{\varphi}$ anstatt tang φ einzusetzen.

I. Eine Tangentenbussole von bekanntem Reductionsfactor C' (67) wird mit dem untersuchten Instrument in denselben Stromkreis eingeschaltet. Sind die Ablenkungen resp. φ' und φ, so ist

$$C = C' \frac{\text{tg } \varphi'}{\text{tg } \varphi} \left(\text{oder } C' \frac{\text{tg } \varphi'}{\sin \varphi} \text{ u. s. w.} \right).$$

Auf ein empfindliches Galvanometer lässt dieses Verfahren sich nicht ohne weiteres anwenden, weil die Ausschläge unvergleichbar werden. Man legt dann eine Abzweigung (64) in Gestalt eines kleineren Widerstandes w_0 an, welcher den grösseren Teil des Stromes aufnimmt. Das in obiger Weise bestimmte C ist dann der Reductionsfactor des abgezweigten Instrumentes und muss mit $\dfrac{w_0}{w + w_0}$ multiplicirt werden, um den Factor des Galvanometers für sich zu haben. w soll den Widerstand des letzteren bedeuten. In der Ausführung wird man meistens zu dem oft an sich schon kleinen Galvanometerwiderstande einen anderen grossen Widerstand hinzufügen.

II. Mit dem Voltameter. Man lässt einen Strom durch das Galvanometer und ein Voltameter eine gemessene Zeit lang hindurchgehen. Es sei τ diese Zeit, m die im Voltameter ausgeschiedene oder zersetzte Menge, α der Ablenkungswinkel der Bussole.

Man nimmt nun aus Tab. 27 die dem betr. Voltameter zukommende Zahl μ. Dann ist der Reductionsfactor

$$C = \frac{1}{\tau} \frac{m}{\mu . \operatorname{tg} \alpha}.$$

Da ein Strom, besonders bei eingeschaltetem Voltameter, selten längere Zeit constant bleibt, so beobachte man den Stand der Nadel während des Versuches in regelmässigen Zeitintervallen, z. B. von Minute zu Minute, und nehme schliesslich das arithmetische Mittel aus den Ausschlägen oder, wenn die Aenderungen beträchtlich waren, aus deren Tangenten. Mit Vorteil wendet man den Commutator dabei an.

Als Beispiel nehmen wir an, der obige Strom (vor. Seite) habe die Ablenkung 42,6° hervorgebracht, so ist der Reductionsfactor $\dfrac{1}{10} \dfrac{25{,}74}{10{,}44 \, \operatorname{tg} 42{,}6°}$ = 0,268. Ein Strom also, welcher an dieser Tangenbussole den Ablenkungswinkel φ hervorbringt, ist gleich 0,268.$\operatorname{tg} \varphi$ Am.

III. Mittels einer bekannten elektromotorischen Kraft. Aus dem Satze, dass der Strom, welchen ein Daniell'sches Element in einem Schliessungskreise vom Widerstande w Ohm erzeugt, nahe $= \dfrac{1{,}10}{w}$ Am. ist, ergibt sich leicht ein einfaches, besonders auf Spiegelgalvanometer anwendbares Näherungsverfahren. Bringt nämlich eine Säule von n Daniell's die Ab-

lenkung α hervor, während der gesammte Leitungswiderstand
w Ohm beträgt, so wird gefunden

$$C = \frac{n \cdot 1{,}10}{w \cdot \operatorname{tg} \alpha}.$$

w ist der Widerstand, welchen man eingeschaltet hat, ver-
·mehrt um den des Galvanometers und der Säule. Der letztere
kann bei sehr empfindlichen Galvanometern meist gegen den
übrigen Widerstand vernachlässigt werden.

Vergleiche über Normalelemente S. 206. 207.

70. Widerstandsabgleichung durch Vertauschung im einfachen Stromkreise.

Die Widerstandsbestimmung unterscheidet sich, je nachdem
Widerstände nur auf Gleichheit zu prüfen sind, oder ob das
Verhältnis ungleicher Grössen bestimmt werden muss. Ersteres
ist der Fall, wenn in einem Rheostaten (Widerstandsscale) das
Mittel gegeben ist, bekannte Widerstände von beliebiger Grösse
herzustellen. Diesen Fall behandeln wir zuerst.

Man sieht leicht, dass dieselben Methoden auch für die
Copierung eines Widerstandes angewandt werden.

Zwei Widerstände sind einander gleich, wenn sie, einzeln in
denselben Stromkreis eingeschaltet, die gleiche Stromstärke geben.

Man stelle also einen Stromkreis her, bestehend aus der
galvanischen Säule E, dem Galvanoskop G, dem Rheostaten R.
Der zu bestimmende Widerstand W ist in der Zeichnung eingeschaltet, kann aber (etwa durch Herstellung einer Nebenschliessung ohne merklichen Widerstand) ausgeschaltet werden.

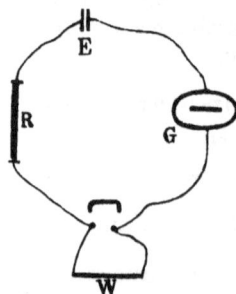

Zuerst wird die Einstellung der Galvanoskopnadel beobachtet, während W und eventuell so viel Rheostatendraht eingeschaltet
ist, dass die Nadelablenkung eine schickliche Grösse hat. (Vergl. unten.) Dann
wird W ausgeschaltet. Die Menge Rheostatenwiderstand, welche statt dessen eingeschaltet werden muss, um die Nadel auf
dieselbe Einstellung zurückzuführen, ist
gleich dem gesuchten Widerstand W.

Wenn der Rheostat nicht Widerstände in beliebig kleinen Intervallen herzustellen erlaubt, sondern nur sprungweise verschiedene, so bedient man sich des auf S. 21 beschriebenen Interpolationsverfahrens. Man beobachtet die Nadeleinstellungen bei dem nächst kleineren und dem nächst grösseren Widerstand des Rheostaten. Sind die Unterschiede des Ausschlages klein, so kann man Proportionalität zwischen Vergrösserung des Widerstandes und Verringerung des Ausschlages annehmen. Ist also die Einstellung der Nadel beobachtet

α bei dem gesuchten Widerstand W,

α_1 „ „ Rheostatenwiderstand w_1,

α_2 „ „ „ „ w_2,

so ist

$$W = w_1 + (w_2 - w_1)\frac{\alpha - \alpha_1}{\alpha_2 - \alpha_1}.$$

Beispiel. Eingeschaltet W Rh. 14 Rh. 15

Nadeleinstellung 45,3 47,9 44,5

also $W = 14 + \dfrac{47,9 - 45,3}{47,9 - 44,5} = 14,76.$

Die Methode gibt bei nicht zu kleinen Widerständen eine mässige Genauigkeit. Sie erfordert, da es sich nur um Prüfung der Gleichheit zweier Ströme handelt, nur ein Galvanoskop. Verlangt wird aber eine constante Säule (Daniell). Kleine Veränderungen derselben lassen sich durch passende Wiederholung der Beobachtung und Mittelnehmen eliminiren, werden auch durch rasche Beobachtung verringert. Es ist also gut, sich vor der eigentlichen Messung ungefähr über den Betrag von W zu orientiren.

Wenn der zu messende Widerstand klein ist, so schlägt die Nadel vielleicht über die Teilung hinaus. Man kann dies verhindern, indem man einen anderen Widerstand etwa aus dem Rheostaten constant als Ballast einschaltet. Die Messung wird aber hierdurch unempfindlicher. Besser ist es deswegen, das Hinausschlagen der Nadel durch einen seitlich genäherten Magnet zu verringern.

Noch besser pflegt zu sein, dass man durch Abzweigung eines Stromteiles vor dem Galvanometer das letztere unempfindlicher macht (**64**).

15*

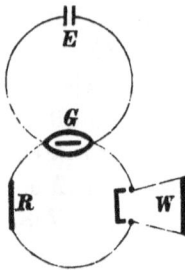

Zweigschaltung. Endlich kann es, besonders bei kleinen zu messenden Widerständen, auch vortheilhaft sein, das Galvanometer G und den zu bestimmenden Widerstand W bez. Rheostaten R in verschiedene Zweige des Stromes einzuschalten. Die Gleichheit des Ausschlages zeigt wie oben die Gleichheit der ausgewechselten Widerstände an.

70a. Widerstandsabgleichung mit dem Differentialmultiplicator.

Die Widerstände zweier Leiter sind gleich, wenn sie, als Zweig-Leitungen neben einander in einen Stromkreis eingeschaltet, den Strom in zwei Teile von gleicher Stärke spalten (**63**, I, Nr. 6).

Ob zwei Ströme einander gleich sind, wird mittels des Differentialmultiplicators (Becquerel) untersucht, welcher aus zwei gleich langen, mit einander aufgewundenen Drähten besteht. Leitet man durch den einen Draht den einen der Ströme, durch den zweiten Draht den anderen Strom in entgegengesetzter Richtung, so heben sich die Wirkungen auf die im Inneren befindliche Magnetnadel im Falle der Gleichheit beider Stromstärken auf. Man erkennt also die Gleichheit zweier Ströme daran, dass die Nadel keine Ablenkung erfährt.

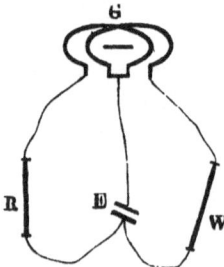

Die Verbindungen zum Zwecke der Widerstandsbestimmung zeigt die Figur. Bei G sind schematisch die beiden Drahtwindungen des Differentialgalvanometers mit ihren Endpuncten angegeben (welche letztere selbstverständlich auch anders angeordnet sein können, was man ausprobiren muss). In die beiden mittleren Enden verzweigt sich der Strom der Säule E, so dass die Zweigströme die Windungen in entgegengesetzter Richtung durchfliessen. Von den anderen Enden aus ist der eine Zweigstrom durch den zu bestimmenden Widerstand W, der andere durch den Rheostaten R geführt, worauf beide sich am anderen Pol der Säule wieder vereinigen. Die Verbindungsdrähte nach W und diejenigen nach R sollen gleichen Widerstand haben.

Die Menge Rheostatenwiderstand, welche man einschalten muss, um die Galvanometernadel auf die ohne Strom eingenommene Stellung zu bringen, ist gleich dem Widerstande W, wobei das Interpolationsverfahren von S. 227 in Anwendung kommen kann.

Prüfung des Differentialgalvanometers (Bosscha). Bei diesem Verfahren sind zwei Eigenschaften des Differentialgalvanometers verlangt: erstens, dass die Stromstärken gleich sind, wenn die Nadel keinen Ausschlag gibt. Diese Eigenschaft prüft man, indem man einen und denselben Strom durch beide Windungen hinter einander leitet, d. h. (von links nach rechts gezählt) die Drahtenden Nr. 1 und 2 mit einander, Nr. 3 und 4 je mit einem Pole der Säule verbindet. Die Nadel muss dann ruhig bleiben. Zweitens wird vorausgesetzt, dass der Widerstand der beiden Windungen gleich ist. Die vorige Bedingung als erfüllt angenommen, prüft man die letztere, indem man den Strom einer Säule sich nach dem in der Figur (v. S.) gegebenen Schema aber ohne die Einschaltung von Widerständen nur durch die beiden Windungen verzweigen lässt. Die Nadel muss alsdann in Ruhe bleiben. Etwaige Correctionen des Instrumentes sind in der obigen Reihenfolge zu machen.

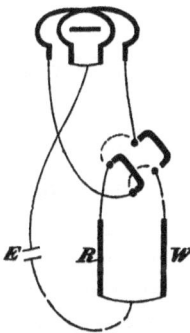

Commutator. Von der genauen Erfüllung dieser Anforderungen stellt man sich unabhängig, indem man W und R mit einem Commutator verbindet, welcher sie mit einander vertauschen lässt. W und R sind gleich, wenn bei ihrer Vertauschung die Einstellung der Nadel sich nicht ändert. Oder auch: Ist R ein Rheostat, und findet man, dass die Nadel ruhig bleibt, wenn R_1 eingeschaltet ist, bei umgelegtem Commutator aber R_2, so ist $W = \frac{1}{2}(R_1 + R_2)$.

Vorteile der Methode sind ihre grosse Empfindlichkeit und die Unabhängigkeit von der Constanz eines Elementes.

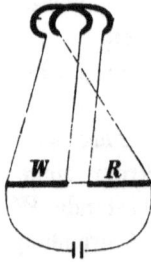

Differentialmultiplicator im Neben-schluss. Wenn der zu messende Widerstand kleiner ist als der Widerstand in einem Zweige des Multiplicators, so erreicht man eine grössere Empfindlichkeit durch folgende Anordnung. Man schaltet die beiden Widerstände W und R nicht neben- sondern hintereinander in den Strom einer Säule. Die beiden Multiplicatorzweige werden als Nebenschliessungen eingeschaltet, aber so, dass der Strom sie entgegengesetzt durchläuft (Heaviside).

Kleine Widerstände lassen sich oft nicht genügend sicher verbinden. Die Nebenschaltung macht Uebergangswiderstände grossenteils unschädlich, wenn die Differentialmultiplicatoren selbst einen grossen Widerstand haben (Kirchhoff).

Uebergreifender Nebenschluss. Man kann die Ueber-gangswiderstände ganz eliminiren, wenn man die mittleren Ab-leitungen mit einander vertauscht, so dass jeder Multiplicator mit beiden Widerständen ver-bunden ist (F. K.). Man finde, dass kein Aus-schlag entsteht, wenn W und R_1 eingeschaltet ist. Nun werde die Stromquelle E aus der Verbindung AB' in BA' gesetzt, ohne sonst etwas an den Verbindungen zu ändern. Wenn nun der Ausschlag ausbleibt, wenn W und R_2 eingeschaltet werden, so ist

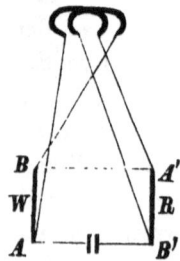

$$W = \tfrac{1}{2}(R_1 + R_2)$$

Auch kleine Fehler des Differentialgalvanometers fallen hier mit heraus.

(Vgl. F. K., Wied. Ann. XX, 76. 1883; Exner Rept. XIX, 594. 1883.)

Herstellung kleiner Widerstandsunterschiede. Klei-nen Widerständen beliebige kleine Abänderungen zu geben ist mit den gewöhnlichen Mitteln oft nicht möglich, weil man nicht über beliebig kleine Widerstände verfügt. Wohl aber lässt gerade ein kleiner Widerstand w sich um ein weniges ändern, wenn man ihm einen Rheostaten als Nebenschluss beigibt. Zieht man in letzterem den Widerstand R, so bedeuten beide nebeneinander $R\,w\,/\,(R+w)$. Um zwei kleine nicht genau gleiche Widerstände w und w' zu vergleichen, gebe man also dem grösseren von ihnen w den Nebenwiderstand R, so dass w und R zusammen dem w' gleich erscheinen. Dann ist

$$w' = R\,w\,/\,(R+w).$$

Differential-Inductor. Eine Inductionsspule (81) bestehe aus zwei gleichen mit einander aufgewundenen Drähten. Zwei einander entgegengerichtete Enden beider Drähte werden unmittelbar mit einem Galvanometerpole verbunden, die anderen Enden mit den zu vergleichenden Widerständen und von da zu dem anderen Pole des Galvanometers. Sind die beiden Widerstände gleich, so erfährt die Nadel keine Einwirkung durch einen Inductionsstoss.

Aufgespulte Widerstände von vielen Windungen lassen sich der Extraströme wegen nicht ohne weiteres so bestimmen.

70 b. Widerstandsabgleichung in der Wheatstone'schen Brücke.

Bei der in der Figur gezeichneten Stromverzweigung ist in dem Zweige G, in der „Brücke", die Stromstärke gleich Null, wenn die Widerstände sich verhalten

$$a:b = c:d.$$

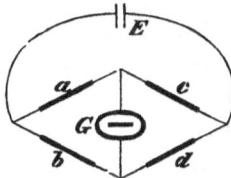

Der Beweis folgt sofort aus den letzten Gleichungen auf S. 206, sobald man $i = 0$ setzt.

Sind also a und b zwei Leiter von gleichem Widerstande, ist unter c der Rheostat, unter d der zu bestimmende Widerstand verstanden, ist ferner bei E eine Säule, bei G ein Galvanoskop eingeschaltet, so wird d durch denjenigen Rheostatenwiderstand gegeben, welchen man einschalten muss, damit der Strom in G verschwindet.

Man kann die Anordnung der Widerstände auch so abändern, dass in den Zweigen a und c die als gleich bekannten, in b und d die zu vergleichenden Widerstände sich befinden. Wenn der Widerstand in der unverzweigten Leitung grösser ist als derjenige in der Brücke, so bietet die Anordnung $a = b$ die grössere Empfindlichkeit, und umgekehrt.

Ausserdem hängt die Empfindlichkeit selbstverständlich von der Grösse der Zweigwiderstände ab sowie von deren Verhältnis zu den abzugleichenden Widerständen und zum Widerstande des Galvanometers. Zweckmässig ist deswegen, über verschiedene Paare von gleichen Widerständen (z. B. 1 10 100 1000 Q. E.) zu verfügen, aus denen man die passenden wählt. Im Uebrigen vergl. über günstigste Anordnung der Messungen z. B. Pogg. Ann. Bd. 142 S. 428.

Commutator. Von der vorausgesetzten genauen Gleichheit der Widerstände a und b macht das schon in **70 a** beschriebene Verfahren unabhängig: Die Widerstände c und d sind gleich, wenn bei ihrer Vertauschung die Nadel des Galvanoskopes ihren Stand nicht ändert. Oder auch: wenn d ein Rheostat ist und wenn vor und nach der Vertauschung d_1 und d_2 die Nadel zur Ruhe bringen, so ist $c = \frac{1}{2}(d_1 + d_2)$. Wie man einen Commutator zu dieser Vertauschung anwendet, zeigt die Figur.

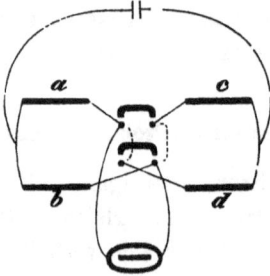

Interpolation. Verfügt man nicht über den genau gleichen Widerstand im Rheostaten, so interpolirt man denselben aus zwei benachbarten Beobachtungen (**4 a**). Bei der Anwendung des Commutators ergibt sich dabei das folgende Verfahren. Man beobachte bei dem nahe richtigen Rheostatenwiderstande W die Galvanometereinstellungen m_1 und m_2. Man vermehre W um die verhältnismässig kleine Grösse δ und beobachte die Einstellungen n_1 und n_2. Die Anhängsel 1 und 2 sollen dabei die Commutatorstellungen bezeichnen. Dann ist der gesuchte Widerstand gleich

$$W + \frac{m_1 - m_2}{(m_1 - m_2) - (n_1 - n_2)}\,\delta.$$

Für die Bestimmung sehr grosser oder sehr kleiner Widerstände kann es geboten oder vorteilhaft sein, die Zweige a und b in bekanntem Verhältnis (1:10, 1:100) ungleich zu wählen und die Rheostatenwiderstände, welche die Nadel auf Null bringen, in demselben Verhältnis abzuändern. Die Möglichkeit einer Controle durch Vertauschung fällt dann freilich fort.

Um Temperaturänderungen durch den Strom zu vermeiden, ist es bei Anwendung des Differentialgalvanometers oder der Brücke zweckmässig, den Strom nur momentan herzustellen, wobei Inductionsstösse (81) Verwendung finden können.

Dieses Verfahren ist aber zu verwerfen, wenn der Widerstand von Drahtspulen bestimmt wird, weil in letzteren während des Stromschlusses elektromotorische Kräfte (Extraströme) auftreten, welche die anfänglichen Ausschläge der Galvanometernadel beeinflussen. Bei der Wheatstone'schen Brücke vermeidet man übrigens, auch bei kurzem Stromschluss, diese Fehlerquelle, wenn man durch einen geeigneten Stromschlüssel bewirkt, dass die Verbindung in der Brücke einen Augenblick später geschlossen wird als an der Säule.

Aufgewundene Rheostatenwiderstände sollen zur Vermeidung von Extraströmen bifilar gewickelt sein. Vergl. 63 IV.

Widerstand eines Galvanoskopes ohne ein zweites Instrument anzuwenden (Thomson). Das Galvanoskop wird in einen der Zweige z. B. d (v. S.) eingeschaltet. Wenn der Nadelausschlag bei Schliessung oder Oeffnung der Brückenverbindung sich nicht ändert, so verhalten sich die Widerstände $a:b=c:d$. Dabei kann man, wenn der Ausschlag an sich zu gross werden sollte, denselben durch einen passend genäherten Magnet verringern.

Verfahren bei sehr kleinen Widerständen. Sind die abzugleichenden Widerstände kurze dickere Drähte, so lassen sich die Anschlüsse derselben an die übrigen Leitungen oft nicht genügend widerstandsfrei herstellen. Dies wird erreicht durch die folgende Abänderung der Brückenverbindung (W. Thomson).

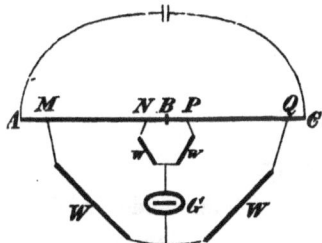

AB und BC seien die zu vergleichenden Drähte, bei B mit einander, bei A und C mit einer Säule verbunden. Ferner seien die beiden mit w und die mit W bezeichneten Zweige je von gleichem nicht zu kleinem Widerstande. In G ist ein empfindliches Galvanoskop. Man sucht vier Puncte $MNPQ$, an welchen die letztgenannten Zweige mit den Drähten gut verbunden den Strom in G verschwinden lassen. Alsdann sind die Widerstände MN und PQ einander gleich.

71. Vergleichung ungleicher Widerstände mit dem Galvanometer. (Ohm.)

I. Ohm'sche Methode.

Man stellt einen Stromkreis aus einer constanten Säule und dem Galvanometer (Tangenten-, Sinus-, Spiegelbussole; wenn nötig mit noch einem Ballast von Widerstand oder einer Abzweigung; vergl. S. 227) her und misst die Stromstärke; sie sei i.

Dann schaltet man den einen der Widerstände, wir nennen ihn w_1, ein und misst die Stromstärke wiederum; sie sei i_1.

Man schaltet statt w_1 den anderen Widerstand w_2 ein; die Stromstärke sei i_2.

Das gesuchte Verhältnis der Widerstände wird alsdann berechnet

$$\frac{w_1}{w_2} = \frac{i - i_1}{i - i_2} \cdot \frac{i_2}{i_1}.$$

Für i, i_1, i_2 werden natürlich die Tangenten bez. Sinus der entsprechenden Ablenkungswinkel gesetzt.

Die Methode liefert selten genaue Resultate, da die elektromotorische Kraft fast aller Elemente von der Stromstärke abhängig ist. Ferner führt sie die von der Notwendigkeit einer wirklichen Strommessung herrührenden Schwierigkeiten (**64, 65**) mit sich. Sie ist um so weniger genau, je ungleicher die zu vergleichenden Widerstände sind, und im Allgemeinen je kleiner dieselben sind. Vergl. noch **81**.

Obige Gleichung folgt aus der Proportion (**63**, I, Nr. 4)

$$i : i_1 : i_2 = \frac{1}{w} : \frac{1}{w + w_1} : \frac{1}{w + w_2},$$

wo w der Widerstand bei der Stromstärke i ist.

II. Durch Abzweigung.

Man schaltet die zu vergleichenden Widerstände in denselben constanten Stromkreis hintereinander. Man verbindet die Enden des einen und demnächst diejenigen des anderen Widerstandes mit einem Galvanometer von sehr grossem Widerstande.

Die beiden Stromstärken verhalten sich wie die Widerstände, an welche die Abzweigungen angelegt sind. (Vgl. auch 84:)

Die Methode kann von Wert sein, um Widerstände zu bestimmen, während sie durch den Strom erwärmt sind; sonst wird die Erwärmung leicht eine Fehlerquelle bilden.

71a. Vergleichung ungleicher Widerstände mit dem Differentialgalvanometer (Kirchhoff).

Man schaltet die beiden zu vergleichenden Widerstände W und R hintereinander in einen Stromkreis und zweigt von jedem derselben eine Leitung nach je einer Hälfte des Differentialmultiplicators ab, so, dass beide Hälften entgegengesetzt durchströmt werden. Man schaltet nun in einen der Zweige so viel Widerstand ein, dass die Nadel keinen Ausschlag zeigt.

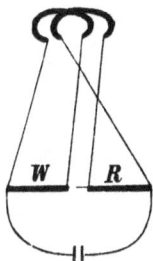

Wenn man alsdann einem der Zweige einen Widerstand γ zufügt, so wird man dem anderen einen Zuwachs ϱ geben müssen, damit wieder die Nadel in Ruhe bleibt. Dann verhält sich

$$W : R = \gamma : \varrho.$$

Denn die Ströme in den Zweigen sind gleich stark, wenn ihre Widerstände sich wie $W : R$ verhalten. Sind diese Zweigwiderstände bei dem ersten Versuch w und r, so sind sie bei dem zweiten $w + \gamma$ und $r + \varrho$, also ist

$$W : R = w : r = (w + \gamma) : (r + \varrho) = \gamma : \varrho$$

Das Verfahren eliminirt zugleich die Uebergangswiderstände. — Die Multiplicatoren müssen genau auf gleiche Stromstärke justirt sein. Gleicher Widerstand wird nicht verlangt. — Bei momentanem Stromschluss können Extraströme stören.

71b. Vergleichung von Widerständen in der Wheatstone'schen Brücke.

In der Zeichnung sollen a und b zwei Widerstände bedeuten, deren Verhältnis man beliebig ändern kann. Z. B. können a und b zusammen aus einem ausgespannten (Platin- oder Neusilber-)Draht von überall gleichem Durchmesser bestehen, bei welchem man die Widerstände der Länge proportional setzen kann. An dem Drahte ist ein Contact verschiebbar, von welchem die Leitung nach dem Galvanoskop geführt ist (Kirchhoff).

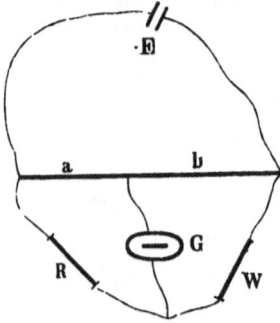

Oder es mag b ein Rheostat, a ein in Rheostateneinheiten bekannter Widerstand sein.

Die beiden zu vergleichenden Widerstände werden bei W und R eingeschaltet. Durch Probiren wird dasjenige Verhältnis zwischen a und b gesucht, bei welchem das Galvanoskop G keinen Strom anzeigt. Dann ist

$$W : R = b : a.$$

Ist $a + b$ constant und $= l$, so rechnet man oft bequemer $W = R \left(\dfrac{l}{a} - 1 \right)$.

Für gewöhnliche Zwecke kann die Teilung unter dem Draht gleich nach diesem Verhältnis ·beziffert sein. Vgl. noch Tab. 37 und ausführlicher Obach, Hilfstafeln, München 1879.

Die Verbindungsdrähte von R und W haben keinen Einfluss, wenn sich ihre Widerstände wie $R : W$ verhalten. Daher bestimmt man zunächst letzteres Verhältnis durch einen Vorversuch annähernd und gleicht dann die beiderseitigen Gesammtlängen der Drähte (von derselben Sorte) nach diesem Verhältnis ab. Bequem ist es hierfür, R und W durch einen Draht zu verbinden und die Ableitung nach G mittels einer verschiebbaren Klemme vorzunehmen. (Fig.)

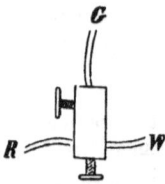

Vertauschung des Galvanoskopes und der Säule. Durch die Auswechselung von E und G wird an der Beziehung zwischen W, R, a und b nichts geändert. Die Auswechselung kann die Empfindlichkeit vermehren (vgl. 70 b). Sie liefert bei einem Schleifcontact einen sichereren Stromschluss, ist aber den von einer Erwärmung des Drahtes herrührenden Fehlern stärker ausgesetzt.

Vergleichung kurzer dicker Drähte. Die Widerstände kurzer dicker Leiter lassen sich nach A. Matthiessen und Hockin folgendermafsen von jeder Unsicherheit des Contactes unabhängig bestimmen.

AB und BC seien die zu vergleichenden Leiter, DE sei ein gewöhnlicher gespannter Brückendraht. Man sucht zu einem Contactpuncte P_1 einen Punct M_1, welcher den Strom im Galvanometer verschwinden lässt. Denselben Erfolg sollen die Paare P_2M_2, P_3M_3 und P_4M_4 geben. Dann verhalten sich die Widerstände

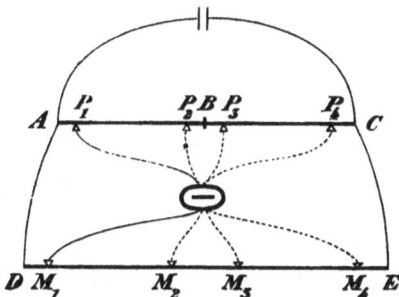

$$P_1P_2 : P_3P_4 = M_1M_2 : M_3M_4.$$

Denn das Verschwinden des Stromes zeigt an, dass in den zusammengehörigen Contactpuncten gleiches elektrisches Potential herrscht. Der Widerstand zwischen zwei Puncten einer von demselben Strome durchflossenen Leitung ist aber dem Potentialunterschiede zwischen den Puncten proportional.

71c. Widerstandsvergleichung durch die Dämpfung einer schwingenden Magnetnadel (F. K.).

Eine innerhalb eines geschlossenen Multiplicators schwingende Magnetnadel inducirt durch ihre Bewegung Ströme in demselben, welche auf die Bewegung der Nadel verzögernd wirken. Die hierdurch erfolgende Abnahme der Schwingungsbogen ist ausser von der Nadel selbst und von der Gestalt und Windungszahl des Multiplicators nur von dem Gesammtwiderstande $w_0 + w$ des Multiplicators und des Schliessungsdrahtes abhängig. Die Theorie zeigt, dass das logarithmische Decrement (51) kleiner Schwingungen in einem breiten Multiplicator constant und mit $w_0 + w$ umgekehrt proportional ist.

w_1 und w_2 mögen die zu vergleichenden Widerstände bedeuten. Beobachtet man also die logarithmischen Decremente

λ_0, wenn der Multiplicator, dessen Widerstand wir durch w_0 bezeichnen, in sich ohne merklichen äusseren Widerstand geschlossen ist,

λ_1, wenn er durch den Widerstand w_1 geschlossen ist,

λ_2, wenn er durch w_2 geschlossen ist,

λ' bei geöffnetem Multiplicator, also durch den mechanischen Luftwiderstand, so ist

$$\frac{w_1}{w_2} = \frac{\lambda_0 - \lambda_1}{\lambda_0 - \lambda_2} \frac{\lambda_2 - \lambda'}{\lambda_1 - \lambda'}.$$

Auch hat man

$$w_1 = w_0 \frac{\lambda_0 - \lambda_1}{\lambda_1 - \lambda'},$$

wonach man einen Widerstand mit demjenigen des Multiplicators vergleichen, also, wenn letzterer bekannt ist, messen kann.

Die Methode ist auf kleine Widerstände beschränkt, weil die Dämpfung bei grösserem Widerstande zu schwach wird, um genau gemessen zu werden.

Man kann die Schwingungsdauer und die Dämpfung dadurch vergrössern, dass man ein astatisches Nadelpaar anwendet, oder durch die Annäherung eines Magnets, welcher die Directionskraft des Erdmagnetismus abschwächt. Natürlich muss derselbe bei allen vier Beobachtungen dieselbe Lage haben. — Wenn λ beträchtlich ist, so hat man eine Correction anzubringen, nämlich $\frac{\lambda^3}{4}$ von λ abzuziehen.

Vergl. 78 Die obigen Formeln folgen ohne Weiteres aus

$$(\lambda_0 - \lambda') : (\lambda_1 - \lambda') : (\lambda_2 - \lambda') = \frac{1}{w_0} : \frac{1}{w_0 + w_1} : \frac{1}{w_0 + w_2}.$$

71 d. Calibrirung eines Rheostaten oder eines Brückendrahtes.

I. Stöpselrheostat.

Zur Prüfung bez. Aufstellung einer Fehlertabelle eines Rheostaten wird man nach einem der Verfahren 70 bis 70 b die Stücke bez. Summen von gleichem Nennwert mit einander vergleichen. Ohne weiteres ist die einfache Substitution (70) anwendbar, sie wird aber in der Regel nicht die genügende Schärfe geben.

Um das Differentialgalvanometer oder die Brücke anzuwenden, lässt man die Stromverzweigung von einem Klotz der Stöpselvorrichtung ausgehen. Wenn keine besondere Vorkehrung zu diesem Zwecke besteht (was der Fall sein sollte), so findet man schon an der Befestigungsstelle der Drähte eine

Gelegenheit oder man schabt eine Stelle zu diesem Zwecke blank. Es ist nicht etwa notwendig, dass der Contact ganz widerstandsfrei sei.

Es werde die übliche Anordnung 5, 2, 2, 1 vorausgesetzt; die einzelnen Stücke werden durch Indices bezeichnet und unterschieden. Wir nehmen noch einen zweiten Einer an, wofür etwa die Summe der Zehntel genommen werden kann. Die Beobachtung habe nun ergeben:

$$5' = 2' + 2'' + 1' + \alpha$$
$$2'' = 2' \qquad\qquad + \beta$$
$$2' = 1' + 1'' \qquad + \gamma$$
$$1' = 1'' \qquad\qquad + \delta$$

Ausserdem sei anderweitig, nämlich durch eine Vergleichung mit einem Normalwiderstand oder mit der höheren Reihe des Rheostaten gefunden, dass die Summe einen Fehler ϱ besitzt, $5' + 2' + 2'' + 1' = 10 + \varrho$.

Nun berechne man die Hilfsgrösse $\sigma = \dfrac{\alpha + 2\beta + 4\gamma + 6\delta - \varrho}{10}$,

so wird (vgl. 12) die Correctionstabelle

$$\cdot 5' = 5 - 5\sigma + \alpha + \beta + 2\gamma + 3\delta$$
$$2'' = 2 - 2\sigma + \beta + \gamma + \delta$$
$$2' = 2 - 2\sigma + \gamma + \delta$$
$$1' = 1 - \sigma + \delta$$
$$\text{und } 1'' = 1 - \sigma$$

So verfährt man mit den Tausenden, Hunderten u. s. w. Es wird sich empfehlen, die Summe der sämmtlichen Widerstände (oder auch der vier grössten) als richtig anzunehmen. Normaltemperatur ist dann diejenige Temperatur, bei welcher diese Summe wirklich richtig ist.

Um die letztere zu erhalten, muss der Temperatur-Coefficient bekannt sein. Bei gutem Neusilber beträgt derselbe 0,0003 bis 0,0004, d. h. auf 1° C nimmt der Widerstand eines Stückes r um $r \cdot 0,0003$ etc. zu.

Die Stöpsel müssen sorgfältig sauber erhalten und gut eingesetzt werden. Dieselben lockeren sich durch eine Temperatursteigerung leicht von selbst.

II. Calibrirung eines Drahtes.

1) Man sendet durch den Draht einen constanten Strom. Ein empfindliches Galvanometer von grossem Widerstande sei mit zwei Schneiden verbunden, welche einen constanten Abstand von einander haben. Man setzt diese Schneiden auf verschiedene Stellen des Drahtes und beobachtet die Galvanometerausschläge. Die letzteren sind den Widerständen der zwischen den Schneiden liegenden Strecken proportional (71, II). Die Constanz des Stromes muss geprüft werden, am einfachsten indem man von Zeit zu Zeit auf dieselbe Strecke zurückkommt.

Um nur zu prüfen, ob ein Draht gutes Caliber hat, bewegt man die beiden Schneiden längs des Drahtes und sieht, ob das Galvanometer constant bleibt (Braun).

An Walzenrheostaten ist die obige Methode sehr leicht auf die einzelnen ganzen Windungen anzuwenden.

2) Genauer und von Uebergangswiderständen frei ist die Vergleichung der Drahtstrecken mit einem Normaldrahte nach der Methode von Mathiessen und Hockin (S. 237).

Liegt kein Normaldraht vor, so kann man denselben durch einzelne ungefähr gleiche Widerstände ersetzen, an Zahl gleich den zu vergleichenden Drahtstrecken und durch Quecksilbernäpfe hintereinander geschaltet. Man verfährt nun wie aus der Figur S. 237 hervorgeht. Die Ungleichheiten der einzelnen Stücke werden durch den einfachen Kunstgriff eliminirt, dass man dasselbe Stück zur Vergleichung der Strecken nach jeder Bestimmung um eins vorschiebt, so dass man alle Strecken mit demselben Stück vergleicht (Strouhal und Barus, Wied. Ann. X, 326. 1880).

3) Einfacher noch ist die Anwendung eines Differentialgalvanometers von grossem Widerstande, welches als Nebenschliessung nach S. 230 (Heaviside) den gleichen Widerstand zweier Strecken erkennen lässt.

Nr. 2 und 3 bieten den Vorteil, dass ein momentaner Stromschluss genügt.

4) Endlich kann man auch von verschiedenen Puncten im Innern des Drahtes das Widerstandsverhältnis der beiden Teilstrecken direct bestimmen. Am einfachsten geschieht dies durch

eine Reihe von Widerständen, deren Verhältnis (z. B. $1:9$, $2:8$, $3:7$ u. s. w.) bekannt ist, und die man mit dem Drahte in der Brücke vergleicht. Ein Stöpselrheostat lässt sich zu der Vergleichung verwenden, indem man denselben dem Drahte parallel einschaltet und nun, indem man die geeigneten Widerstände ($1:2+2+5$; $1:2+2$; $1+2:2+5$; $2:1+2$) zieht, den Schleifcontact des Drahtes durch ein Galvanoskop mit dem betreffenden Metallklotz des Rheostaten verbindet. Dieser Contact braucht nicht widerstandsfrei zu sein.

72. Widerstandsbestimmung eines zersetzbaren Leiters.

I. Mit constantem Strome.

Soll der Widerstand einer Flüssigkeit bestimmt werden, welche durch den Strom zersetzt wird, so muss Rücksicht auf die an den Elektroden auftretenden elektromotorischen Kräfte der Polarisation genommen werden. Anwendbar ist die Substitutionsmethode (70) in folgender modificirter Gestalt.

Die Flüssigkeit habe die Gestalt einer Säule von constantem Querschnitt. Eine Elektrode sei längs der Säule verschiebbar. Entweder nimmt man zu diesem Zweck einen parallelepipedischen Trog, bis zu einer bestimmten Höhe gefüllt (Horsford), oder besser eine Glasröhre. Wenn die Zersetzung mit Gasentwickelung vor sich geht, wird die Glasröhre U-förmig gebogen und mit aufgerichteten Schenkeln hingestellt. In den einen Schenkel kommt eine feststehende, in den anderen eine verschiebbare Elektrode. Der gerade Teil des letzteren Schenkels wird durch Ausmessen oder Auswägen mit Wasser oder Quecksilber calibrirt. Die so vorgerichtete Flüssigkeit wird mit einem Rheostaten, einem Galvanoskop und einer galvanischen Säule zu einem einfachen Stromkreis geschlossen.

Nun beobachtet man die Nadeleinstellung, wenn so viel von der Flüssigkeitssäule (eventuell noch ein Ballast von Rheostatenwiderstand; vgl. auch 70, S. 227) eingeschaltet ist, dass der Nadelausschlag eine schickliche Grösse hat; dann nähert man die eine Elektrode der anderen um die Länge l und schaltet soviel Rheostatenwiderstand w ein, dass dieselbe Nadeleinstellung entsteht. w ist dann der Widerstand der zwischen den beiden

Stellungen der verschobenen Elektrode liegenden Flüssigkeitssäule. Endlich erhalten wir das specifische Leitungsvermögen k
(63) der Flüssigkeit $k = \dfrac{l}{wq}$, wo q den Querschnitt in Qmm,
l die Länge in M bedeutet.

Der Strom darf nicht zu schwach sein, damit die Polarisation constant ist. Andrerseits darf er wegen der Erwärmung
und der Aenderung der Flüssigkeit an den Elektroden im Allgemeinen nicht zu lange geschlossen bleiben.

Da das Leitungsvermögen der Flüssigkeiten in hohem
Maaſse von der Temperatur abhängt, so muss die letztere
beobachtet und während der beiden Versuche constant erhalten
werden, was am sichersten durch Einsetzen der Röhre in ein
Flüssigkeitsbad mit Thermometer geschieht.

Da die Polarisation nur bei grösserer Stromdichtigkeit an
den Elektroden constant ist und da meist eine Gasentwickelung
eintritt, so nimmt man als Elektrode anstatt eines Platin-Bleches
ein (platinirtes) Drahtnetz oder einen mit seiner Ebene in der
Flüssigkeitssäule quer gestellten spiraligen Draht. Ueber die
Ausführung des Verfahrens mit der Wheatstone'schen Brücke
vgl. Tollinger Wied. Ann. I, 510.

Widerstand eines Conus. Glasröhren pflegen eine
conische Gestalt zu haben. Ist ein Kegel von der Länge l
und den Endquerschnitten q_1 und q_2 mit einem Materiale vom
Leitungsvermögen k gefüllt, so ist der Widerstand $w = \dfrac{1}{k}\,\dfrac{l}{\sqrt{q_1 q_2}}$
oder auch, wenn V das Volumen bedeutet,

$$w = \frac{1}{k}\,\frac{l^2}{V}\left[1 + \tfrac{1}{12}\,\frac{(q_1 - q_2)^2}{q_1 q_2}\right].$$

II. Mit Wechselströmen (F. K.).

Man vermeidet den Einfluss der Polarisation und kann den
Widerstand eines zersetzbaren Leiters gerade wie den eines
metallischen Leiters messen, wenn man rasch wechselnde
Ströme von entgegengesetzter Richtung und genau gleicher
Gesammtstärke anwendet. Solche Ströme liefert ein Magnet-
Inductor, bestehend aus einem Multiplicator, innerhalb dessen

ein Magnet rasch rotirt. (Vgl. Pogg. Ann. Jubelband S. 290.) Auch die Ströme in der inducirten Rolle eines Inductionsapparates mit rascher Stromunterbrechung lassen sich verwenden.

Die Rheostatenwiderstände müssen 'aus gespannten oder gut bifilar gewundenen Drähten gebildet sein, um Extraströme auszuschliessen.

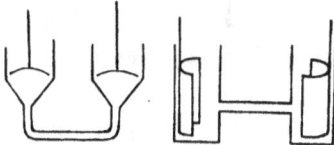

Die Elektroden bestehen aus platinirtem Platin (über Platinirung vgl. **63** S. 207) von 10 bis 20 qcm Fläche. Das Glasgefäss zur Aufnahme der Flüssigkeit habe mit den Elektroden etwa eine der nebenstehenden Gestalten. Man stellt es zum Zwecke der genauen Temperaturbestimmung in ein Bad mit Thermometern.

Um zunächst die Widerstandscapacität γ des Gefässes zu bestimmen, d. h. den Widerstand, welchen die Füllung mit einer Flüssigkeit vom Leitungsvermögen Eins geben würde, ermittelt man das specifische Leitungsvermögen K einer Flüssigkeit nach I (am besten Zinkvitriollösung) oder man nimmt eine Flüssigkeit, deren Leitungsvermögen schon bekannt ist (Tab. 26). Am geeignetsten wird zu diesem Zwecke eine der folgenden Lösungen sein, deren Leitungsvermögen ohne eine ganz genaue quantitative Analyse hinreichend bestimmt ist. Je nachdem Gefässe von grösserem oder kleinerem Quecksilberwiderstande zu bestimmen sind, wählt man eine besser oder eine schlechter leitende Füllung, so dass der Gesammtwiderstand eine passende Grösse erhält. Es haben bei der Temperatur t das auf Quecksilber (0^0) bezogene Leitungsvermögen K

wässerige Schwefelsäure von 30,4% H_2SO_4, spec. Gew. = 1,224,
$$K = 0,00006914 + 0,00000113 . (t-18);$$

gesättigte Kochsalzlösung von 26,4% NaCl, spec. Gew. = 1,201,
$$K = 0,00002015 + 0,00000045 . (t-18);$$

Bittersalzlösung von 17,3% $MgSO_4$ (wasserfrei), spec. Gew. = 1,187,
$$K = 0,00000456 + 0,00000012 . (t-18);$$

Essigsäurelösung von 16,6% $C_2H_4O_2$, spec. Gew. = 1,022,
$$K = 0,000000152 + 0,0000000027 . (t-18).$$

Um die auf Ohm bezüglichen Leitungsvermögen zu haben, muss man die Zahlen durch 1,06 dividiren.

Wenn die Flüssigkeit in dem Gefässe einen Widerstand W zeigt, so ist die Widerstandscapacität des Gefässes $\gamma = W.K.$ Besitzt dann eine andere Flüssigkeit in dem Gefässe den Widerstand w, so ist ihr Leitungsvermögen $k = \dfrac{\gamma}{w}$.

Zur Messung der Wechselströme lässt sich ein gewöhnliches Galvanometer nicht verwenden, wohl aber das Weber'sche Elektrodynamometer (**66a**).

Da die Stromquelle nicht ganz constant sein wird, so gebraucht man zur Messung die Wheatstone'sche Verbindung (**70b; 71b**). Man schaltet aber in die Brücke nicht das ganze Dynamometer ein, weil dieses Instrument die Stromstärke Null nicht bequem und scharf erkennen lässt (**66a**), sondern man leitet vielmehr durch die eine Dynamometer-Rolle den ungeteilten Strom des Inductors und˘schaltet nur die andere Rolle in die Brücke ein.

In der Figur bedeutet J den Erzeuger der Wechselströme, a die äussere, i die innere Rolle des Dynamometers, F den zu

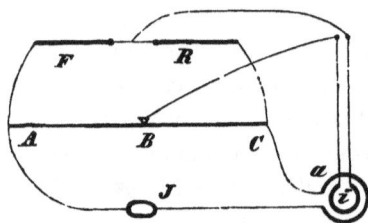

bestimmenden Flüssigkeitswiderstand, R einen bekannten metallischen Widerstand (etwa Rheostat oder ein passendes Stück zwischen 10 und einigen hundert Quecksilbereinheiten). Die Strecke ABC soll die Verzweigungswiderstände bedeuten, sei es einen gespannten Draht mit Schleifcontact oder zwei constante Widerstände (**70b** oder **71b**, wo auch die Bemerkungen über die Vertauschung der Widerstände, Abgleichung der Verbindungsdrähte, bifilare Aufwindung von Widerstandsrollen, Verwechselung des Ortes von F und R nachzusehen sind).

Im Interesse der Empfindlichkeit kann die bewegliche Rolle des Dynamometers bei diesen Wechselströmen an einem Drahte aufgehangen sein und die andere Zuleitung des Stromes durch eine in verdünnte Schwefelsäure (15%) tauchende platinirte Platin-Elektrode (S. 207) erhalten. Durch die Oberfläche der

Flüssigkeit darf wegen der Reibung nur ein dünner Stift central hindurchtreten.

Um die Induction von einer auf die andere Spule zu vermeiden, müssen beide Rollen genau senkrecht auf einander stehen. Vgl. 66a.

Telephon. Werden die Wechselströme durch einen Apparat mit Stromunterbrechung erzeugt, so kann man dieselben mit dem Bell'schen Telephon hören, welches sich alsdann anstatt des Dynamometers anwenden lässt. Man schaltet dasselbe in die „Brücke" ein, wobei natürlich andere Geräusche möglichst fern gehalten werden. Anwendung dünner Zuleitungsdrähte zum Telephon, Entfernung des Unterbrechers oder auch Verstopfen des einen Ohres mit Baumwolle wird ausreichen.

In Folge der Polarisation wird unter Umständen der Ton im Telephon bei keinem Widerstande völlig zum Verschwinden gebracht; man stellt auf das Minimum der Tonstärke ein.

Vgl. F. K. und Grotrian, Pogg. Ann. CLIV, 3. 1875; F. K., Wied. Ann. VI, 36, 49. 1879 und XI, 653. 1880.

73. Bestimmung des Widerstandes einer galvanischen Säule.

I. Mit dem Galvanometer (Ohm).

I. Man schliesse die zu untersuchende Säule durch ein Galvanometer (64. 65. 66), wobei man nötigenfalls so viel Widerstand einschaltet, dass der Nadelausschlag eine schickliche Grösse erhält, und beobachte die Stromstärke. Dieselbe sei J.

Dann wird in denselben Stromkreis ein bekannter Widerstand w (Rheostat) eingeschaltet; am vorteilhaftesten so viel, dass die neue Stromstärke i ungefähr gleich der Hälfte der früheren wird.

Aus diesen beiden Beobachtungen ergibt sich der Widerstand W, welchen der Stromkreis bei der ersten Beobachtung besass,

$$W = w \frac{i}{J - i}.$$

Von der so berechneten Zahl W zieht man den Widerstand des Galvanometers, welcher natürlich anderweitig ermittelt sein muss, so wie eventuell den bei dem ersten Versuch eingeschalteten sonstigen Widerstand ab und erhält so den Widerstand der Säule allein.

Für die Genauigkeit des Resultates bestehen die in **71** aufgezählten Schwierigkeiten, welche besonders empfindlich werden, wenn der Widerstand der Säule klein ist, so dass das Verfahren nur in seltenen Fällen brauchbar arbeitet.

II. Mit Galvanoskop und Rheostat.

Mit einem Galvanoskop von bekanntem oder zu vernachlässigendem Widerstande und mit einem Rheostaten kann man den Widerstand einer galvanischen Säule von einer **geraden Anzahl gleicher Becher** folgendermafsen bestimmen. Man stellt einen Stromkreis her und beobachtet die Einstellung der Nadel, wobei eine angemessene Menge Rheostatenwiderstand eingeschaltet wird. w_1 möge der Gesammtwiderstand (Galvanoskop + Rheostat + Verbindungsdrähte) ausser demjenigen der Säule sein.

Zweitens schalte man die Becher paarweise nebeneinander, die Zinke alle nach derselben Seite gerichtet, so wie für eine Säule von vier Elementen nebenstehend gezeichnet ist, so wird im Allgemeinen ein anderer Rheostatenwiderstand notwendig sein, um den früheren Nadelausschlag hervorzubringen. Nennen wir w_2 den Gesammtwiderstand ausser demjenigen der Säule in diesem zweiten Falle. Dann ist der Widerstand w der Säule bei dem ersten Versuch

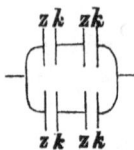

$$w = 4w_2 - 2w_1.$$

Denn, wenn e die elektromotorische Kraft der Säule im ersten Falle, so ist $\frac{1}{2}c$ diejenige im zweiten. Der Widerstand der Säule im zweiten Falle ist $\frac{1}{4}w$. Man hat also, da die Stromstärken gleich sind,

$$\frac{e}{w+w_1} = \frac{\frac{1}{2}e}{\frac{1}{4}w+w_2}, \quad \text{oder} \quad w = 4w_2 - 2w_1.$$

Auch dieses Verfahren ist nur auf sehr constante Säulen von nicht zu kleinem Widerstande anwendbar.

III. Durch Abzweigung (Siemens).

Die Säule sei durch ein Galvanoskop und durch eine Abzweigung geschlossen. Der Nadelausschlag ändert sich nicht,

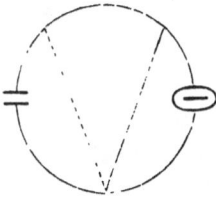

wenn man ohne sonstige Aenderungen die Abzweigung so verlegt, dass nachher der Widerstand auf der Seite der Säule ebenso gross ist wie vorher auf der Seite des Galvanoskopes und umgekehrt. Constanz der Säule wird vorausgesetzt.

Vgl. W. Siemens, Pogg. Ann. Jubelband S. 445. 1874.

IV. Nach dem Compensationsverfahren (v. Waltenhofen; Beetz).

Die Uebelstände, welche aus der Inconstanz der Säule bei den eben genannten Methoden der Widerstandsbestimmung entspringen, vermeidet man durch nur momentanen Schluss des Stromes. Dabei ist die Messung von Stromstärken unmöglich, weswegen die Bestimmung auf die Prüfung der Stromstärke Null zurückgeführt werden muss. Dies geschieht in folgender Methode (Beetz, Pogg. Ann. CXLII. 573; Wied. Ann. III. 1).

Ab ist ein ausgespannter dünner Plantindraht von bekanntem Widerstand, auf welchem sich zwei Contacte verschieben lassen. E ist die Säule, deren Widerstand W (wobei wir den nachher abzuziehenden Widerstand der Verbindungsdrähte einbegreifen) bestimmt werden soll. e ist eine andere Säule von geringerer elektromotorischer Kraft als E. Die Säulen müssen nach A gleichnamige Pole richten. Nun werden die Contacte so gestellt, dass durch das Galvanoskop G kein Strom geht. Bezeichnen wir die Widerstände der beiden hierbei eingeschalteten Stücke Platindraht durch a und b.

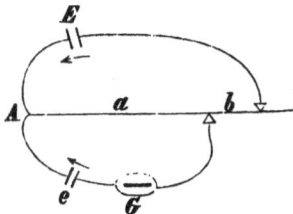

Darauf ändern wir beide Stücke in a' und b', so dass wieder kein Strom in G vorhanden ist; alsdann wird W gefunden

$$W = \frac{a'b - ab'}{a - a'}.$$

Beweis. Da der Strom in dem Zweige Ge Null ist, so wird der Kreis $AabE$ überall von dem gleichen Strome durchflossen. Nennen wir diesen i, so ist (68, I, B.) $E = (W + a + b) i$. Ferner ist (s. ebd.) $e = ai$, also durch Division $\dfrac{E}{e} = \dfrac{W+b}{a} + 1$. Ebenso ist $\dfrac{E}{e} = \dfrac{W+b'}{a'} + 1$; also

$\dfrac{W+b'}{a'} = \dfrac{W+b}{a}$ oder $W = \dfrac{a'b - ab'}{a - a'}$.

Der Zweck des Verfahrens, die Säule nur momentan zu schliessen, wird erreicht, indem man durch einen geeigneten Stromschlüssel (Beetz) die Verbindungen bei A nur sehr kurze Zeit bestehen lässt.

Man sieht aus Obigem, dass a mindestens $= W \dfrac{e}{E-e}$ sein muss, damit der Strom Null werden kann. Zeigt sich also bei dem Versuch, dass keine Stellung der Contacte hierzu genügt, so muss der disponible Widerstand vermehrt oder eine schwächere Hilfssäule genommen werden. Den gleichen Erfolg erreicht man dadurch, dass man an die Säule e eine Nebenleitung von passendem Widerstand constant anlegt (Feussner).

Dieses Verfahren ergibt den Widerstand der Säule E im ungeschlossenen Zustand. Um den Widerstand bei Stromschluss zu erhalten, legt man an E eine Nebenschliessung, welche durch den Stromschlüssel bei A einen Augenblick vor der Verbindung der Säulen mit dem Rheostatendraht gelöst wird.

V. In der Wheatstone'schen Brücke (Mance).

In der Figur auf S. 236 sei im Zweige W die Säule, in E das Galvanoskop, während der Zweig G momentan geschlossen werden kann. Wenn der Galvanoskop-Ausschlag sich durch diesen Schluss nicht ändert, so ist der Widerstand der Säule

$$W = R\,\dfrac{b}{a}.$$

Durch einen constant genäherten Magnet kann man die Galvanoskopnadel in der Nähe der Ruhelage halten, was die Empfindlichkeit vermehrt.

Man misst hier den Widerstand der geschlossenen Säule. Die Stromstärke in der Säule kann durch eine in den Zweig derselben eingeschaltete Tangentenbussole gemessen werden.

VI. Durch Wechselströme.

Am einfachsten ist die Messung nach dem unter 72 II beschriebenen Verfahren. Galvanische Elemente von nicht zu

kleiner Fläche verhalten sich den raschwechselnden Strömen
gegenüber ähnlich wie gewöhnliche Leiter. Falls zur Messung
das Elektrodynamometer gebraucht wird, untersucht man die
Elemente paarweise hinter- und gegeneinander geschaltet. Nimmt
man das Telephon (Less), so ist dies nur dann nötig, wenn die
Ströme durch ihre Stärke Nachteile bringen würden.

74. Vergleichung elektromotorischer Kräfte (Potentialunterschiede, Spannungen).

Um elektromotorische Kräfte zu messen, kann man die
Kraft eines bekannten constanten Elementes als Einheit wählen,
z. B. wie sehr oft geschieht, die des Daniell'schen oder Clark'-
schen Elementes (S. 206. 207). In diesem Falle reducirt sich
also die Messung einer elektromotorischen Kraft auf die Bestimmung ihres Verhältnisses zu einer anderen.

Zur Beurteilung der Messungen muss man bedenken, dass
keine galvanische Säule in ihrer elektromotorischen Kraft ganz
constant ist. Abgesehen von den Aenderungen durch die Zeit
nimmt die Kraft aller Säulen mit wachsendem Strome ab. Bei
einer grossplattigen Säule mit Kupferniederschlag aus concentrirter Lösung oder mit starker Salpetersäure wird für eine mässige Stromstärke die Schwächung nicht merklich sein. Elemente mit verdünnten oder länger gebrauchten Flüssigkeiten,
insbesondere mit Chromsäurelösungen und „inconstante" Elemente (z. B. Smee, Leclanché) können mit starkem Strome
einen mehrfach kleineren Wert zeigen als compensirt oder mit
ganz schwachem Strome.

I. Vergleichung durch Galvanoskop und Rheostat.

Man bilde einen Stromkreis, bestehend aus einem Rheostaten, einem Galvanoskop und der einen elektromotorischen
Kraft, welche wir E nennen. Man schalte so viel Rheostatenwiderstand ein, dass der Nadelausschlag eine passende Grösse
erhält.

Dann wird die andere elektromotorische Kraft e anstatt
der ersteren eingeschaltet und mittels des Rheostaten der Strom
auf die frühere Stärke gebracht.

Nennt man den gesammten Widerstand bei dem ersten Versuch W, bei dem zweiten w, so ist

$$\frac{E}{e} = \frac{W}{w}.$$

W und w setzen sich aus dem jedesmaligen Rheostatenwiderstande und dem Widerstande der übrigen Kette zusammen. Insbesondere ist auch der Widerstand der galvanischen Säulen selbst darin enthalten; derselbe müsste also nach vor. Art. bestimmt werden. Nimmt man aber die Widerstände des Rheostaten sehr gross gegen die übrigen Teile, was durch die Anwendung eines empfindlichen Galvanoskopes immer ermöglicht wird, so kann man die letzteren vernachlässigen, oder es genügt doch eine rohe Schätzung. In diesem Falle ist die Methode sehr bequem und einfach.

II. Vergleichung durch das Galvanometer (Fechner).

Erzeugen zwei elektromotorische Kräfte E und e in Stromkreisen vom Widerstand W und w die Stromstärke J und i, so ist

$$\frac{E}{e} = \frac{J \cdot W}{i \cdot w}.$$

Wie man hiernach mit Hilfe eines Galvanometers das Verhältnis $E : e$ bestimmt, ist ohne Weiteres klar. Indessen würde die Messung von Widerständen, insbesondere auch von denen der galvanischen Säulen selbst, notwendig sein.

Sehr einfach und von jeder Widerstandsmessung unabhängig aber wird das Verfahren, wenn man den bei beiden Versuchen ungeänderten Teil des Widerstandes sehr gross gegen denjenigen der zu vergleichenden galvanischen Säulen macht, so dass der letztere vernachlässigt werden kann. Die Kräfte verhalten sich dann einfach wie die Stromstärken J und i

$$\frac{E}{e} = \frac{J}{i}.$$

Zur Ausführung gehört also nur ein empfindliches Galvanometer (Tangenten- oder Sinusbussole mit vielen Umwindungen [z. B. das Siemens'sche Universalgalvanometer (75)] oder ein Galvanometer mit Spiegelablesung; (**66**)) und irgend ein einzuschaltender hinlänglich grosser Widerstand.

III. Compensationsmethode von Poggendorff.

Von einer inconstanten Säule kann man die volle elektromotorische Kraft nur dadurch bestimmen, dass man sie compensirt, d. h. den Strom in ihr selbst nicht zu Stande kommen lässt. Eine zur Ausführung bequeme Form, bei welcher nämlich kein Widerstand einer Säule gemessen zu werden braucht, setzt ein Galvanoskop G, ein Galvanometer T und einen Rheostaten R voraus. Ausserdem wird eine constante Hilfssäule S verlangt, deren elektromotorische Kraft grösser ist, als jede der zu vergleichenden elektromotorischen Kräfte.

Die Anordnung des Versuches siehe in der Zeichnung. In dem linken Zweig der Leitung ist das Galvanoskop G und eine

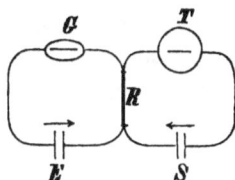

der zu vergleichenden elektromotorischen Kräfte E enthalten, in dem rechten die Hilfssäule S und das Galvanometer T. Die Säulen E und S sind so aufgestellt, dass sie ihre **gleichnamigen Pole einander zuwenden**. In dem mittleren Teile der Leitung, welcher mit beiden genannten in Verbindung steht, ist ein Rheostat R enthalten.

In dem Rheostaten wird nun durch Probiren so viel Widerstand W eingeschaltet, dass der Strom im Zweige EG verschwindet. Dann wird die Stromstärke J in T beobachtet.

Jetzt schaltet man an die Stelle von E die andere elektromotorische Kraft e ein, bringt wie vorhin mit dem Rheostaten den Strom in G auf Null und beobachtet die Stromstärke in T. Sie sei i, während w der Widerstand in R ist.

Dann findet sich das Verhältnis der beiden elektromotorischen Kräfte

$$\frac{E}{e} = \frac{JW}{iw}.$$

$E = JW$ und $e = iw$ ergibt sich sofort aus **63** I, A und B, da der Strom im Zweige GE Null ist.

Unter Umständen kann man die Verhältnisse für den Versuch bequemer machen durch Einschalten von Widerständen auch im Zweige S. Dadurch nämlich wird erstens bewirkt, dass im Rheostaten ein grösserer Widerstand eingeschaltet werden muss, damit der Strom in G verschwindet, und zweitens, dass der Strom in T schwächer wird. Vgl. auch **76** II.

IV. Compensations-Verfahren nach Bosscha.

Zwei Rheostaten (ausgespannte Platindrähte) und ein Galvanoskop genügen bei nebenstehender Anordnung, um die elektromotorische Kraft e eines inconstanten Elementes mit derjenigen E einer stärkeren constanten Säule (ein oder mehrere Daniell gewöhnlich) zu vergleichen. a und b seien die Stücke der Rheostaten, welche bei der Anordnung der Figur von den mit einander verbundenen Enden derselben bis zu den verschiebbaren Contacten liegen müssen, damit das Galvanoskop G keinen Strom anzeigt. Bei einem zweiten Versuche mögen a' und b' dieser Anforderung genügen. Dann ist

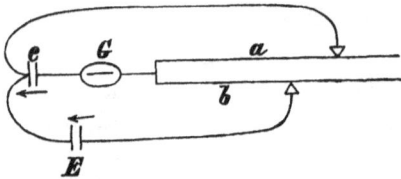

$$\frac{E}{e} = 1 + \frac{b - b'}{a - a'}.$$

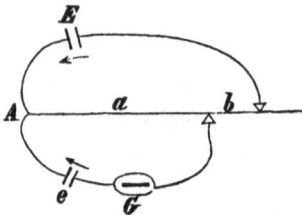

Die Anordnung des Versuchs kann auch mit einem einzigen Draht mit zwei Schleif-Contacten getroffen werden, wie Figur zeigt. Es gilt dann dieselbe Beziehung.

Im ersteren Falle dürfen beide Contacte, im letzeren darf der Contact hinter b keinen wechselnden Widerstand haben.

Vgl. 73, IV, wo auch der Beweis und die Bedingung der Ausführbarkeit.

V. Compensations-Verfahren nach Dubois-Reymond.

Ist in letzterer Figur die Länge $a + b$ constant, so hat man bei ungeändertem E einfach die gesuchte elektromotorische Kraft e proportional mit der Länge a, also $e = C.a$.

Wenn nämlich W der Widerstand der Säule E nebst Verbindungsdrähten, so ist $\dfrac{e}{E} = \dfrac{a}{W + a + b}$.

Den Factor C kann man ermitteln, indem man einmal einen Daniell'schen Becher für e setzt.

Zur Ausführbarkeit des Verfahrens IV und V wird erfordert, dass mindestens ein Widerstand $a = We/(E-e)$ zur Verfügung steht. Reicht a hierfür nicht aus, so muss man eine stärkere oder grössere Säule E nehmen.

Auch mit einem Stöpselrheostaten kann man die Beobachtung ausführen, indem man die Drähte von E fest an die Enden des Rheostaten bringt, mit den Drähten von e und G dagegen die beiden Seiten einer solchen Widerstandsstrecke a berührt, dass der Strom in G verschwindet. Die letztgenannten Contacte brauchen nicht widerstandsfrei zu sein.

75. Universalgalvanometer von Siemens.

Dieses Instrument kann für schwache Ströme als Sinusbussole (65) gebraucht werden; es enthält ferner die Bestandteile für die Widerstandsbestimmung nach der Brückenmethode und für die Vergleichung elektromotorischer Kräfte (71, b und 74, V).

Die beistehende Figur stellt die Teile und Verbindungen des Universalgalvanometers schematisch dar. G ist der Multiplicator, R bedeutet die durch Herausziehen von Stöpseln einzuschaltenden Widerstände 1, 10 und 100 Siem., a und b den kreisförmig gespannten Platindraht. I, II, III, IV sind Klemmschrauben, von denen III und IV durch einen Stöpsel direct miteinander verbunden werden können. C endlich bedeutet den auf dem Platindraht verstellbaren Contact (die Verbindung von demselben nach der Klemme I geht in Wirklichkeit unter dem Instrument durch).

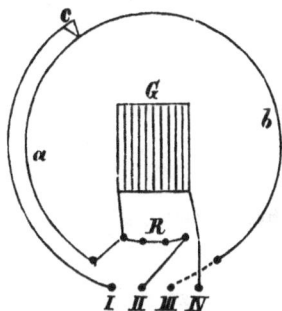

1. Als Sinusbussole dient das Instrument, indem man einfach die Klemmen II und IV mit der Leitung verbindet. Durch Herausziehen eines Stöpsels von R kann man zugleich einen Widerstand einschalten. Als Teilkreis wird die Einteilung am Platindraht benutzt, welche nach Bogengraden zählt.

2. Um einen Widerstand W mit einem der Widerstände von R zu vergleichen, verbindet man die Klemmen I
und II mit einer Säule, II und IV mit W und setzt den
Stöpsel zwischen III und IV. Man wird leicht erkennen, dass
die Verbindung alsdann wesentlich so ist wie in der Figur
S. 236, wenn man nur die Zweige b und R mit einander
vertauscht.

Man sucht nun diejenige Stellung des Schleifcontactes C,
welche der Galvanometernadel bei dem Anlegen von C an den
Platindraht keinen Ausschlag erteilt. Dann ist $W : R = b : a$.

R wird dabei so gewählt, dass b und a möglichst wenig
ungleich sind.

3. Zur Vergleichung elektromotorischer Kräfte
nach der Compensationsmethode von Dubois-Reymond zieht
man den Stöpsel zwischen III und IV heraus, setzt die Stöpsel
von R aber ein, und schaltet die eine zu bestimmende elektromotorische Kraft e zwischen die Klemmen I und IV, die (stärkere
und constante) Vergleichs-Säule E zwischen II und III, und
zwar gleichnamige Pole mit I und III verbunden. Dann sucht
man wieder diejenige Stellung des Contactes C, welche bei
momentanem Schluss die Galvanometernadel nicht bewegt.

Gerade so verfährt man nun mit der anderen Säule e'.

Sind a und a' die Drahtstrecken von links im ersten und
im zweiten Falle, so ist

$$e : e' = a : a'.$$

Vergl. 74, V und die Figur daselbst, sowie die Bemerkungen
über die Bedingung der Ausführbarkeit.

76. Bestimmung einer elektromotorischen Kraft nach absolutem Maafse.

Anstatt eine elektromotorische Kraft dadurch zu definiren,
dass man sie mit einer anderen bekannten vergleicht, kann man
eine absolute Einheit aufstellen (Anh. Nr. 20). Ist die Stromstärke definirt und die Widerstandseinheit gegeben, so bestimmt
man nach dem Ohm'schen Gesetz (63, I) am einfachsten als
Einheit diejenige elektromotorische Kraft, welche in
einer Schliessung vom Widerstande Eins den Strom

Eins hervorbringt. Allgemein, wenn eine Kraft E in einer Schliessung vom Widerstande W den Strom J erzeugt, so ist

$$E = WJ.$$

Natürlich muss angegeben werden, nach welchen Einheiten Widerstand und Stromstärke gemessen sind. Z. B. kann man kurz sagen: die elektromotorische Kraft eines Grove'schen Elementes ist $= 2$ Siem. Amper (**63**).

Den Widerstand in Ohm's, die Stromstärke in Amper's ausgedrückt erhält man also die elektromotorische Kraft in Ohm $\times$ Am $=$ Volt's.

1 Volt ist gleich 10^8 [cm$^{\frac{3}{2}}$ g$^{\frac{1}{2}}$ sec^{-2}].

I. Ohm'sche Methode.

Die Stromquelle, deren elektromotorische Kraft gemessen werden soll, wird durch einen Rheostaten und eine Tangentenbussole geschlossen. Es werden beobachtet die Ströme i_1 und i_2 bei den Rheostatenwiderständen w_1 und w_2. Dann ist

$$E = i_1 i_2 \frac{w_1 - w_2}{i_2 - i_1} = C \cdot \frac{w_1 - w_2}{\operatorname{ctg} \varphi_1 - \operatorname{ctg} \varphi_2},$$

worin φ_1 und φ_2 die Ablenkungswinkel zu i_1 und i_2, C aber den Reductionsfactor auf absolutes Maaß bedeutet (**67—69**).

Für die Genauigkeit des Resultates ist es zuträglich, den Unterschied der Widerstände so zu wählen, dass der Strom bei dem einen Versuche ungefähr die Hälfte des anderen ist. Die Abweichung der Ausschläge vom Tangentengesetz (**64**) wird aufgehoben, wenn die beiden Ausschlagswinkel zusammen $= 90^0$ sind. Nimmt man also die Ausschläge beiläufig $= 35^0$, bez. $= 55^0$, so wird zugleich die Vorschrift erfüllt, dass die Ausschläge sich nicht weit von 45^0 entfernen.

Die Methode ist auf „constante" Elemente beschränkt, wobei zu beachten, dass bei starken Strömen die elektromotorische Kraft aller Säulen abnimmt; vergl. S. 249.

II. Mit einem empfindlichen Galvanometer in einem Stromkreise von grossem Widerstande.

Der Reductionsfactor des Galvanometers (Spiegelbussole, Torsionsgalvanometer) auf absolutes Strommaaß, etwa auf

Amper's, sei bekannt (69). Der Widerstand w des Schliessungs-kreises sei auch bekannt und so gross, dass der Widerstand der Stromquelle, wenn er unbekannt ist, dagegen vernachlässigt werden kann. Wenn dann i die Stromstärke, so ist

$$E = wi.$$

Das Verfahren hat eine besonders grosse Bedeutung, weil es auch auf Stromerreger angewandt werden kann, während dieselben anderweitig geschlossen sind, z. B. auf Dynamo-maschinen, welche nur dann Spannung haben, wenn sie ge-schlossen laufen.

Die Klemmspannung einer Maschine wird einfach ge-messen, indem man ein empfindliches Galvanometer (Spannungs-messer) von oder nebst einem grossen Widerstande an die Pole der Maschine anlegt, während die letztere geschlossen bleibt. w und i gelten für den Galvanometerzweig. Der Widerstand der Hauptschliessung muss gegen w zu vernachlässigen sein.

Vergl. auch die Anwendung des Elektrometers in 85.

III. Poggendorff'sche Compensationsmethode.

Nach der in der Figur S. 251 dargestellten Combination. Ist durch Einschaltung des Widerstandes W im Rheostaten R der Strom im Galvanoskop G auf Null gebracht, sei alsdann J die Stromstärke in T, so ist die elektromotorische Kraft der Säule E

$$E = WJ.$$

Die Methode ist allgemein anwendbar. Vergl. übrigens die S. 251 gegebenen Vorschriften.

77. Bestimmung der erdmagnetischen Horizontal-Intensität auf galvanischem Wege.

I. Mit dem Voltameter und der Tangentenbussole.

Wir lassen einen und denselben Strom durch eine Tan-gentenbussole und ein Voltameter gehen und beobachten den Ablenkungswinkel φ der Nadel und die in der Zeiteinheit aus-geschiedene Menge m der elektrolytischen Bestandteile unter Berücksichtigung der auf S. 188—190 gegebenen Vorschriften. Nennen wir R den mittleren Halbmesser und n die Anzahl der

Windungen der Tangentenbussole, bezeichnen wir ferner durch μ die Menge, welche der Strom Eins nach elektromagnetischem Maafse (1 cm, g, sec) in 1 min ausscheidet (S. 222 und Tab. 27), so ist die horizontale Intensität H des Erdmagnetismus

$$H = \frac{2\,n\pi}{\mu R}\,\frac{m}{\mathrm{tg}\,\varphi}.$$

Für eine Fadenaufhängung tritt zu R noch der Factor $(1 + \Theta)$.

Einerseits nämlich ist die Stromstärke $i = m/\mu$ (S. 222), andrerseits $i = \frac{R\,H}{2\,n\pi}\,\mathrm{tg}\,\varphi$ (S. 218). Durch Gleichsetzung beider Ausdrücke entsteht die Formel.

Falls die Nadel und die Dimensionen des Multiplicator-Querschnittes nicht sehr klein gegen den Windungsdurchmesser sind, hat man $\mathrm{tg}\,\varphi$ noch zu multipliciren mit

$$\left(1 + \tfrac{1}{8}\,\frac{b^2}{R^2} - \tfrac{1}{12}\,\frac{h^2}{R^2} - \tfrac{3}{16}\,\frac{l^2}{r^2}\right)\left(1 + \tfrac{15}{16}\,\frac{l^2}{R^2}\,\sin^2\varphi\right),$$

wobei wir betreffs der Bedeutung von b, h und l auf S. 220 verweisen.

II. Mit dem Bifilargalvanometer und der Tangentenbussole (Weber).

Derselbe Strom i durchfliesse ein Bifilargalvanometer (67a) und eine Tangentenbussole. Es sei

D die Directionskraft (53a) des Bif.-Galvanometers,

f die Windungsfläche (83) des Bif.-Galvanometers,

α der Ablenkungswinkel (48) des Bif.-Galvanometers,

R der Halbmesser der Tangentenbussole,

n die Windungszahl der Tangentenbussole,

Θ der Torsionscoefficient der Tangentenbussole,

φ der Ablenkungswinkel der Tangentenbussole.

Dann erhält man die Horizontal-Intensität H aus

$$H^2 = \frac{D}{f}\,\frac{2\,\pi n}{R(1+\Theta)}\,\frac{\mathrm{tg}\,\alpha}{\mathrm{tg}\,\varphi}.$$

Die Stromstärke wird in absolutem Maafse erhalten aus

$$i^2 = \frac{D}{f}\,\frac{R(1+\Theta)}{2\,\pi n}\,\mathrm{tg}\,\alpha\,\mathrm{tg}\,\varphi.$$

Der Strom wird in beiden Instrumenten gewendet.
Vergleiche auch über Correctionen der Tangentenbussole
die vorige Seite.

Die Ausdrücke ergeben sich, wenn man aus den beiden Gleichungen
der einzelnen Instrumente (67 und 67 a) i oder H eliminirt.
Vergl. F. K., Pogg. Ann. CXXXVIII. 1. 1869.

III. Mit dem Bifilargalvanometer und einer Magnetnadel (F. K.).

Lässt man, anstatt die Tangentenbussole zu Hilfe zu
nehmen, den Strom im Bifilargalvanometer zugleich ablenkend
auf eine Magnetnadel wirken, so kann die Ermittelung der
Windungsfläche gespart werden.

Es sei nämlich nördlich oder südlich im Abstande a mm
von der Bifilarrolle und in gleicher Höhe wie die letztere eine
kurze Magnetnadel aufgehangen. Derselbe Strom, welcher den
(kleinen) Ablenkungswinkel α des Bifilargalvanometers
bewirkt, lenke die Magnetnadel um den Winkel ψ ab.
Ferner sei r der mittlere Halbmesser der Bifilarrolle
und Θ das Torsionsverhältnis der Magnetnadel (55).

Dann bekommt man die Horizontal-Intensität aus

$$H^2 = \frac{D}{a^3 \left(1 - \tfrac{9}{8} \dfrac{r^2}{a^2}\right)(1 + \Theta)} \cdot \frac{\operatorname{tg} \alpha}{\operatorname{tg} \psi}.$$

Hierbei werden die Dicke und die Breite der Windungslagen so klein im Verhältnis zu dem Abstande a vorausgesetzt,
dass die zweiten Potenzen dieser Verhältnisse gegen 1 vernachlässigt werden können.

Um Unsicherheiten in der Bestimmung von a zu vermeiden,
hänge man die Magnetnadel zuerst westlich, dann östlich auf
und setze für a den halben Abstand der beiden Aufhängefäden.
Aus den beiderseitig beobachteten Ablenkungen nimmt man das
Mittel. Selbstverständlich wird man die Beobachtungen jedesmal mit Stromwechsel vornehmen. (Siehe S. 211.)
Vergleiche auch 60 a.

Ist die Windungsfläche der Rolle $= f$, so bewirkt der Strom i eine
Ablenkung α, gegeben durch

$$D \cdot \sin \alpha = f i H \cdot \cos \alpha.$$

Die Ablenkung φ einer im Abstande a vom Mittelpunct der Rolle gelegenen kurzen Magnetnadel wird erhalten

$$H(1 + \Theta) \sin \psi = \frac{fi}{a^3 \left(1 - \frac{3}{8} \frac{r^2}{a^2}\right)} \cos \psi,$$

woraus sich der obige Ausdruck für H leicht ergibt.

Die Magnetnadel wird so kurz vorausgesetzt, dass das Quadrat des Verhältnisses ihrer Länge zu dem Abstande a vernachlässigt werden kann und so schwach, dass sie keine merkliche rückwirkende Kraft auf das Bifilar ausübt. Die Ablenkungswinkel α und ψ werden mit Spiegel und Scale beobachtet.

Störungen durch die Ströme in den Aufhängedräthen werden vermieden, indem man die Verbindungslinie der Aufhängepuncte senkrecht zum magnetischen Meridian richtet und die Ablenkungen bei zwei entgegengesetzten Stromrichtungen beobachtet.

Beobachtungen aus erster Hauptlage. Man kann das Magnetometer auch östlich und westlich anstatt nördlich und südlich von dem Bifilar aufstellen; dann ist

$$H^2 = \frac{2D}{(a^2 + r^2)^{\frac{3}{2}} (1 + \Theta)} \frac{\text{tg } \alpha}{\text{tg } \psi}.$$

Näheres über die Ausführung eventuell über einige kleine Correctionen s. bei F. K., Wied. Ann. XVII. 737. 1882.

77a. Messungen an Dynamomaschinen.

Aus mehreren Ursachen sind auf die Inductionsmaschinen die früher angegebenen Messungsmethoden nicht ohne weiteres und überhaupt nicht alle anwendbar.

I. **Stromstärke.** Ueber die Messung sehr starker Ströme vergl. **67.**

Die den Maschinenströmen im allgemeinen zukommenden grösseren Schwankungen sind durch die Anwendung starker Dämpfung thunlichst unschädlich zu machen. Um einen Mittelwert zu haben, wird man in regelmässigen Zeitintervallen, etwa von 5 zu 5 oder von 10 zu 10 sec ablesen.

Für die Messung von **Wechselströmen** dienen die Elektrodynamometer (**66a**), welche das Quadrat der Stromstärke messen. Denselben Wert gibt die Messung der während eines bestimmten Zeitraumes in einem bestimmten Widerstande entwickelten Stromwärme.

Die gesammte während eines Zeitraumes durch einen Querschnitt der Leitung beförderte Elektricitätsmenge wird am einfachsten voltametrisch gemessen (**68**; Tab. 27). Der Elektricitätsmenge 1 Amper $\times$ Sec oder 1 Culom entspricht die ausgeschiedene

Silbermenge   1,118 mg
Kupfermenge   0,328 „
Zinkmenge   0,336 „
Knallgasmenge 0,0933 mg oder 0,1740 cbcm ($0^0,760^{mm}$).

II. **Widerstand.** Ueber dessen Messung ist in **70. 71** das Nötige gesagt worden. Da für die technischen Zwecke die Widerstände massgebend sind, welche der Maschine und der Leitung während des Betriebes, also im erwärmten Zustande zukommen, so werden die Widerstände unmittelbar nach längerem Stromschluss gemessen. Da wo die Temperatur auch unmittelbar nach der Unterbrechung stark sinkt, wie bei Glühlampen, muss man den äusseren Widerstand während des Stromschlusses nach **71** II oder S. 283 messen.

III. **Elektromotorische Kraft oder Spannung.** Hier sind die gewöhnlichen Methoden nicht alle anwendbar. Denn die elektromotorische Kraft besteht überhaupt nur durch den Strom und ist von der Stärke des letzteren abhängig. Man kann die elektromotorische Kraft also weder unter Einschaltung eines grossen Widerstandes noch compensirt messen. Direct messbar ist dagegen nach **76** II die sogenannte „Klemmspannung", Potentialdifferenz zwischen den Austrittpuncten des Stromes aus der Maschine oder auch äussere oder disponibele elektromotorische Kraft. Es soll bezeichnen

e diese Klemmspannung in Volts,

E die gesammte elektromotorische Kraft,

i die Stromstärke in Ampers,

w_0 den inneren Widerstand der Maschine in Ohms,

w den Widerstand der äusseren Leitung.

Und zwar bedeutet w den Widerstand einer äusseren gewöhnlichen metallischen Schliessung, welche die vorliegende Stromstärke gibt. Sind Elektrolyte oder Kohlenspitzen eingeschaltet, welche Polarisation oder sonstige Gegenkräfte geben, so ist also deren „äquivalenter" Widerstand gemeint, welcher an ihrer Stelle eingeschaltet denselben Strom gibt.

Dann findet sich die gesammte Kraft E aus

$$E : e = (w_0 + w) : w.$$

Die „Stromarbeit" (vergl. Anh. 22) ist das Product aus elektromotorischer Kraft und Stromstärke. Die Gesammtarbeit also wäre $= Ei$, eine Grösse, welche aber wenig praktisches Interesse bietet. $\dfrac{e}{E}$ oder $\dfrac{w}{w_0 + w}$ nennt man wohl das elektrische Güteverhältnis der Maschine. Dasselbe wechselt natürlich mit den eingeschalteten Widerständen.

Praktisch von Bedeutung ist die „äussere oder nutzbare Arbeit" der Maschine $e.i$.

Volt und Amper als Einheiten geben für die Einheit der Stromarbeit per Secunde das Volt $\times$ Amper (ähnlich wie das Kilogramm als Gewichts- und das Meter als Höhen-Einheit das Kilogrammmeter als Arbeitseinheit geben). Es ist (vgl. Schluss des Anhanges)

$$\text{1 Volt Amper} = 0{,}102 \text{ Kg-gewicht Meter/Sec}$$
$$= 0{,}00136 \text{ Pferdekraft.}$$

Absolutes Güteverhältnis heisst dann das Verhältnis der nutzbaren zu der auf die Dynamomaschine von ihrem Motor in der Zeiteinheit übertragenen mechanischen Arbeit A, also

$$\frac{ei}{A}.$$

Vergl. den Bericht von Dorn und Kittler in dem officiellen Bericht der Münchner elektrischen Ausstellung vom Jahre 1882. Ueber Arbeitsmessung s. u. A. ebd. den Bericht von Schröter; ferner v. Hefner-Alteneck, El. techn. Z. S. 1881 S. 229.

77b. Die Bewegungsgesetze einer gedämpft schwingenden Magnetnadel.

Es soll bedeuten

K das Trägheitsmoment der Nadel (54),

D die Directionskraft (Anh. 9), welche für eine einzelne Magnetnadel $= MH(1 + \Theta)$ ist,

p die Dämpfungsconstante, d. h. den Factor, mit welchem die jeweilige Winkelgeschwindigkeit das der Bewegung widerstehende Drehungsmoment ergibt,

u_0 die Winkelgeschwindigkeit bei einem Durchgang durch die Ruhelage,

α den Ausschlag, welcher ohne Dämpfung darauf erfolgen würde,

$\alpha_1 \alpha_2 \alpha_3$ ... die Ausschläge, welche mit Dämpfung erfolgen,

$k = \alpha_1 : \alpha_2 = \alpha_2 : \alpha_3 = \ldots$ das Dämpfungsverhältnis,

$\Lambda = \log$ nat $k = 2,3026 \log$ brig k das natürliche logarithmische Decrement (welches für kleine Dämpfungen gleich $k - 1$ ist),

T die Schwingungsdauer,

τ die Schwingungsdauer, welche ohne Dämpfung gelten würde.

Alsdann gelten folgende Beziehungen.

$$\frac{p}{K} = 2\frac{\Lambda}{T}. \tag{1.}$$

also

$$\frac{K}{D} = \frac{\tau^2}{\pi^2} = \frac{T^2}{\pi^2 + \Lambda^2}, \tag{2.}$$

$$T = \tau \sqrt{1 + \frac{\Lambda^2}{\pi^2}} = \frac{\tau}{\pi}\sqrt{\pi^2 + \Lambda^2} \tag{3.}$$

Für schwächere Dämpfungen kann man hierfür schreiben, da π^2 nahe $= 10$ und $\Lambda = k - 1$ ist, $T = \tau (1 + \frac{1}{10}(k - 1)^2)$. Eine Dämpfung von einigen Procenten beeinflusst also die Schwingungsdauer nicht merklich.

Bedeutet u_1 die Geschwindigkeit bei der ersten Rückkehr in die Gleichgewichtslage, so ist

$$u_0 = k \cdot u_1. \tag{4.}$$

Ferner ist

$$\alpha = \alpha_1 k^{\frac{1}{\pi} \text{arc tg} \frac{\pi}{\Lambda}}. \tag{5.}$$

Endlich erhält man aus dem Ausschlage die Anfangsgeschwindigkeit als

$$u_0 = \frac{\pi}{\tau}\alpha = \frac{\pi}{\tau}\alpha_1 k^{\frac{1}{\pi}\text{arc tg}\frac{\pi}{\Lambda}}. \tag{6.}$$

Da eine sehr grosse Tangente den Bogen $\frac{1}{2}\pi$ hat, so ist für eine schwache Dämpfung $u_0 = \alpha_1 \sqrt{k} \cdot \pi / \tau$.

Wenn die Dämpfungsconstante p gleich oder grösser als $2\sqrt{KD}$ wird, so geschehen keine Schwingungen mehr, sondern die rückkehrende Nadel nähert sich der Ruhelage aperiodisch.

Dämpfung, Galvanometerfunction und Widerstand.

Geschieht die Dämpfung durch einen Multiplicator, so besteht zwischen dem logarithmischen Decrement und der Empfindlichkeitsconstante eine nahe Beziehung. Angenommen, ein Strom i im Multiplicator würde auf die Nadel ein Drehungsmoment $q \cdot i$ ausüben (wo eben q die genannte Constante ist), so ist nach dem Inductionsgesetz (Anh. 20) $q \cdot u$ die elektromotorische Kraft, welche durch eine Geschwindigkeit u der Nadel im Multiplicator entsteht. Nennt man w den Leitungswiderstand, so entsteht also der Strom qu/w und von diesem rührt eben das dämpfende Drehungsmoment, welches danach die Grösse $q \cdot qu/w = \frac{q^2}{w} \cdot u$ hat. Hiernach ist also $\dfrac{q^2}{w}$ die Dämpfungsconstante, welche wir oben p nannten und welche nach Gleichung 1. gleich $2\,K\varLambda/T$ ist. Also hat man

$$\frac{q^2}{w} = 2\,K\,\frac{\varLambda}{T}.\qquad\qquad 7.$$

Aus $K\varLambda$ und T lässt sich also q oder w bestimmen, wenn w oder q bekannt ist.

q hängt mit der statischen Empfindlichkeitsconstante c folgendermassen zusammen. c soll den Factor bedeuten, welcher mit der Stromstärke multiplicirt an einem Orte von der erdmagnetischen Horizontalintensität Eins und ohne Fadentorsion die Tangente des Ablenkungswinkels φ liefert. Es ist aber $q\,i\cos\varphi = M\sin\varphi$, also $\operatorname{tg}\varphi = i\,q/M$; andrerseits $\operatorname{tg}\varphi = i\,.\,c$, also

$$q = Mc,\qquad\qquad 8.$$

wo M den Nadelmagnetismus bedeutet.

Man setzt überall im Vorigen voraus, dass die Dämpfung constant sei, d. h. dass die Nadel nicht bei ihren Bewegungen in Stellungen zum Multiplicator komme, in denen sie schwächer wirkt und beeinflusst wird.

Endlich ist in der Wirklichkeit stets noch zu berücksichtigen, dass ein Teil der Dämpfung von dem Luftwiderstande herrührt. Es genügt, in Gl. 7 statt $\varLambda$ zu setzen $\varLambda - \varLambda'$, wo $\varLambda'$ das log. Decrement ist, welches durch die Luft allein (bei geöffnetem Multiplicator) bewirkt wird.

78. Messung eines kurz dauernden elektrischen Stromes oder einer Elektricitätsmenge.

Fliesst ein elektrischer Strom durch ein Galvanometer nur während eines gegen die Schwingungsdauer der Nadel kurzen Zeitraumes (Stromstoss), so erteilt er der Nadel eine Geschwindigkeit, proportional mit der Elektricitätsmenge Q (Quantität, Stromintegral, Strommenge, Entladungsmenge), welche durch den Querschnitt der Leitung hindurchfliesst. War die Nadel vorher in Ruhe, so ist die Menge Q dem (kleinen) Ausschlag durch den Stromstoss proportional. Und zwar erhält man Q aus

C dem Reductionsfactor des Galvanometers (**67. 69**),

τ der Schwingungsdauer der Nadel (**52**),

α dem Ausschlag der Nadel (gemessen als Scalenausschlag geteilt durch den doppelten Scalenabstand)

$$Q = C\,\frac{\tau}{\pi}\,\alpha.$$

Ist D die Directionskraft und K das Trägheitsmoment, x die zur Zeit t stattfindende Ablenkung der schwingenden Nadel, u deren Winkelgeschwindigkeit, so gilt die Bewegungsgleichung $\dfrac{du}{dt} = -\dfrac{D}{K}\sin x$. Durch

Multiplication mit $u = \dfrac{dx}{dt}$ entsteht $u\,du = -\dfrac{D}{K}\sin x\,dx$, woraus man

durch Integration erhält $\frac{1}{2}\,(u_0{}^2 - u^2) = \dfrac{D}{K}\,(1 - \cos x) = \dfrac{D}{K}\,2\sin^2\dfrac{x}{2}$,

wenn u_0 die Geschwindigkeit bei dem Durchgang durch die Ruhelage $(x = 0)$ war. Für den Augenblick des grössten Ausschlages $(x = \alpha)$ ist $u = 0$, also $\frac{1}{2}u_0{}^2 = 2\dfrac{D}{K}\sin^2\dfrac{\alpha}{2}$. Mit Rücksicht darauf, dass $D/K = \pi^2/\tau^2$, entsteht hieraus (gerade wie bei dem Pendel)

$$u_0 = 2\,\frac{\pi}{\tau}\sin\frac{\alpha}{2} \quad\text{und für kleines }\alpha\quad u_0 = \frac{\pi}{\tau}\,\alpha.$$

Es sei ferner q die „Galvanometerfunction", d. h. das Drehungsmoment, welches der Strom Eins im Multiplicator auf die nicht abgelenkte Nadel ausübt. q hängt mit dem Reductionsfactor C folgendermassen zusammen. Bewirkt ein dauernder Strom i die Ablenkung φ, so ist

$$iq\cos\varphi = D\sin\varphi \quad\text{oder}\quad i = \frac{D}{q}\,\text{tg}\,\varphi.$$

Es ist also D/q die als Reductionsfactor bezeichnete Grösse C, oder $q = D/C$.

Die Elektricitätsmenge Q erteilt nun der Nadel die Winkelgeschwindigkeit

$$u_0 = \frac{Qq}{K} = \frac{QD}{CK} = \frac{Q\pi^2}{C\tau^2},$$

so dass

$$Q = C\,\frac{\tau^2 u_0}{\pi^2} \quad\text{oder} \quad = C\,\frac{\tau}{\pi}\,\alpha \qquad\text{q. e. d.}$$

Hier wird vorausgesetzt, dass die schwingende Nadel keine Dämpfung besitze. Auch für eine **gedämpfte Nadel** besteht die Proportionalität zwischen Ausschlag und Strommenge, dagegen verlangt die absolute Messung der letzteren noch die Kenntnis von k, dem Dämpfungsverhältnis (**51**. Vergl. auch **77 b**). Setzen wir noch das natürliche logarithmische Decrement

$$\varLambda = \log\text{ nat } k = 2{,}3026 \cdot \log\text{ brigg } k.$$

Dann ist für mässige Dämpfung

$$Q = C\,\frac{\tau}{\pi}\,\alpha\,\sqrt{k}.$$

Genau ist zu setzen

$$Q = C\,\frac{\tau}{\pi}\,\alpha\,.\,k^{\frac{1}{\pi}\text{ arc tg }\frac{\pi}{\varLambda}}.$$

Die Elektricitätsmenge Q wird natürlich in derjenigen Einheit erhalten, welche dem Reductionsfactor C zu Grunde liegt,

z. B. derjenigen Elektricitätsmenge, welche bei dem Strome Eins nach Weber'schem magnetischen Maaße in der Zeiteinheit den Querschnitt der Kette durchfliesst. Wenn C für Amper's gilt, so wird die Elektricitätsmenge Q in Culom's erhalten. (Vergl. hierüber **63 I, 67, 69,** Anh. Nr. 19.)

Wenn die Schwingungsbogen so gross sind, dass Proportionalität zwischen Bogen und Scalenausschlägen nicht mehr stattfindet, so reducirt man nach **49,** und zwar auf den Sinus des halben einseitigen Ausschlages (vergl. oben den Beweis). Von einem beobachteten Ausschlage $= n$ Scalenteilen zieht man also die Grösse $\frac{11}{32} \frac{n^3}{r^2}$ ab, wo r den Abstand der Scale vom Spiegel bedeutet.

Vergl. auch **79** und **85.**

Messung kurzer Zeiten. Wird der Strom durch eine galvanische Kette erzeugt, welche man kurze Zeit schliesst, so ist ceteris paribus die Strommenge der Dauer des Stromschlusses proportional. Diese Beziehung lässt sich zur Vergleichung kurzer Zeiträume (Fall- oder Schuss-Zeiten u. s. w.) verwenden, indem man bewirkt, dass zu Anfang der Zeit ein Strom geschlossen, am. Schluss wieder unterbrochen wird (Pouillet).

79. Die Multiplications- und die Zurückwerfungs-Methode bei der Messung von Stromstössen (Gauss und Weber).

Zur Messung kurz dauernder Wirkungen auf eine gedämpfte Magnetnadel, z. B. besonders zur Messung inducirter Ströme ist es oft zweckmässig, die Impulse regelmässig zu wiederholen. Hierdurch entsteht wegen der Dämpfung schliesslich eine sich constant erhaltende Bewegung (gerade so, wie die Amplitude eines Uhrpendels, welches bei jeder Schwingung einen Impuls durch das treibende Gewicht erhält, aber durch Reibung und Luftwiderstand gedämpft wird, nach einer Reihe von Schwingungen constant wird). Dadurch, dass dieser Endzustand zur Beobachtung benutzt wird, gewinnt man den Vorteil, die Beobachtung beliebig oft wiederholen und einen genauen Mittelwert nehmen zu können. Ein weiterer Vorzug besteht darin, dass die Nadel beim Beginn der Beobachtungen nicht notwendig in Ruhe sein muss.

Wir nehmen an, dass die Schwingungen so klein bleiben, bez. dass der Dämpfer so breit sei, dass wirklich ein constantes Dämpfungsverhältnis besteht.

I. Multiplicationsmethode.

Das Verfahren ist dem eben gebrauchten Beispiel des Uhrpendels ganz analog. Man erteilt der Nadel den Impuls; sie schwingt hinaus und kehrt zurück. Im Augenblicke, wo sie ihre Gleichgewichtslage rückwärts durchschreitet, erteilt man den zweiten Stoss in entgegengesetzter Richtung wie den ersten, so dass er die Bewegung der Nadel vermehrt. Bei dem folgenden Durchgang durch die Gleichgewichtslage erfolge wieder ein Stoss im ersten Sinne, u. s. f. Die Schwingungen werden allmählich weiter, erreichen aber endlich eine Grösse, in welcher sie sich durch die fortgesetzten Stösse nur erhalten, und zwar wird diese Grenze desto rascher erreicht, je stärker die Dämpfung ist.

Setzen wir kleine Schwingungen voraus, welche mit Spiegel und Scale (48) beobachtet werden, so ist der Grenzbogen proportional dem Geschwindigkeitszuwachs durch den einzelnen Stoss, also z. B. proportional der bei einem kurz dauernden Strome durch den Multiplicator geflossenen Elektricitätsmenge. Meistens genügt diese Proportionalität, wie z. B. im folg. Art.

Man kann aber auch den ersten Ausschlag α, welchen die vorher ruhende Nadel durch einen einmaligen Stoss ohne Dämpfung erhalten haben würde, aus dem durch Multiplication entstehenden Grenzbogen A berechnen, sobald das Dämpfungsverhältnis k (**51**) bekannt ist. Aus 77b Gl. 4. 5. 6 kann man ableiten, dass für eine mässige Dämpfung

$$\alpha = \frac{A}{2} \frac{k-1}{\sqrt{k}}.$$

und genau

$$\alpha = \frac{A}{2} \frac{k-1}{k} k^{\frac{1}{\pi} \operatorname{arc\,tg} \frac{\pi}{A}},$$

wo wieder $\varLambda = \log \operatorname{nat} k = 2{,}3026 \log \operatorname{brigg} k$ ist.

Aus α kann dann die dem einzelnen Stromstoss entsprechende Elektricitätsmenge Q nach den Formeln von 78 berechnet werden.

Die durch einen einmaligen Stoss der Nadel erteilte Winkel-geschwindigkeit v ist, wenn τ die Schwingungsdauer der Nadel bedeutet (Beweis in 78),

$$v = \alpha\,\frac{\pi}{\tau}.$$

II. Zurückwerfungsmethode.

Dieses Verfahren, welches bei stärkeren Stössen angewandt wird, liefert zugleich das Dämpfungsverhältnis der Nadel.

Man teilt einen Stoss mit, lässt die dadurch in Bewegung versetzte Nadel hinaus-, zurück-, nach der anderen Seite hinaus-, und wieder zurückschwingen. In dem Augenblick, in welchem alsdann die Gleichgewichtslage (Scalenteil, welchen die ruhige Nadel einnahm) erreicht wird, teilt man den zweiten Stoss in entgegengesetzter Richtung wie den ersten mit. Dadurch wird die Nadel, da sie durch die Dämpfung Geschwindigkeit einge-büsst hat, zurückgeworfen. Nun lässt man sie abermals zwei-mal umkehren und wirft sie bei der nächsten Erreichung der Gleichgewichtslage wieder zurück, u. s. f. Nachdem dieses Ver-fahren einigemal wiederholt worden ist, nehmen die Ausschläge der Nadel einen constanten Wert an, und zwar um so rascher, je stärker die Dämpfung ist. Dann herrschen also periodische Schwingungen von der in der Figur graphisch dargestellten Form, wo die Zeiten als Abscissen, die Scalenteile von der Ruhelage der Nadel an gerechnet, als Ordinaten gelten.

Die Herbeiführung dieses gleichförmigen Zustandes kann dadurch beschleunigt werden, dass man den ersten Stoss ab-schwächt, und zwar um so mehr, je schwächer die Dämpfung ist. Wäre keine Dämpfung vorhanden, so müsste er, wie aus der Figur folgt, nur die Hälfte betragen.

Die Zurückwerfungsmethode liefert also, nachdem man den Mittelwert je aus den entsprechenden Beobachtungen genommen hat, vier Umkehrpuncte auf der Scale. Die Differenz a der beiden äusseren soll der grosse, die Differenz b der inneren

Umkehrpuncte soll der kleine Schwingungsbogen heissen. S. die Figur.

Zunächst ist offenbar das Dämpfungsverhältnis

$$k = \frac{a}{b}.$$

Der Ausschlag α, welchen ein einzelner Stoss ohne Dämpfung hervorbringen würde, ist

$$\alpha = \tfrac{1}{2} \frac{a^2 + b^2}{\sqrt{ab}},$$

wenn die Dämpfung klein ist. Auch bei stärkerer Dämpfung bleibt er diesem Ausdruck proportional, wenn bei verschiedenen Versuchen die Dämpfung nur wenig geändert wird, wie z. B. meistens bei Widerstandsvergleichungen (**81**). Vollständig trägt man der Dämpfung Rechnung, indem man noch den Factor $k^{-\frac{1}{\pi} \text{ arc tg} \frac{2{,}3026.\lambda}{\pi}}$ hinzufügt, wofür auch bei schwächerer Dämpfung $k^{-\frac{2{,}3026.\lambda}{\pi^2}}$ gesetzt werden darf.

Aus α erhält man wieder durch Multiplication mit π/τ die durch den einzelnen Stoss mitgeteilte Winkelgeschwindigkeit.

Sind die Schwingungsbogen grösser, so reducirt man die Elongationen auf den Sinus des halben Ausschlagswinkels (**78**, am Schluss).

Vergl. über Multiplications- und Zurückwerfungsmethode: W. Weber, elektrodynamische Maafsbestimmungen insbesondere Widerstandsmessungen. Abh. d. K. Sächs. Ges. d. Wiss. I, S. 341 ff. Ueber den Einfluss der Dauer und Rechtzeitigkeit der Stromstösse siehe Dorn, Wied. Ann. XVII. 654. 1882.

80. Bestimmung der erdmagnetischen Inclination mit dem Erdinductor (Weber).

Die Bestimmung beruht auf einer Vergleichung der durch die horizontale und die verticale Componente des Erdmagnetismus in demselben gedrehten Multiplicator (Inductor) inducirten Ströme. Da die Scalenausschläge des Galvanometers (wenn gross, auf den Sinus des halben einseitigen Ausschlagswinkels reducirt; vergl. **78**, am Schluss) den Stromstärken proportional sind, die letzteren aber der inducirenden erdmagnetischen Componente, so ergibt das Verhältnis der Scalenausschläge die Tangente des Inclinationswinkels.

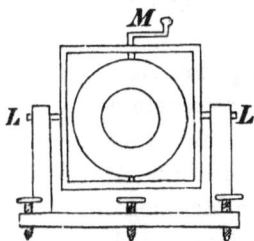

Der Erdinductor besteht aus einem drehbaren Multiplicator, dessen Drehungsaxe M horizontal oder vertical gestellt werden kann. Ein „Inductionsstoss" wird durch eine rasche Drehung um 180° ausgeführt, wobei die Ebene der Drahtwindung vor und nach der Drehung senkrecht zu der betreffenden erdmagnetischen Componente sein soll.

Zur Messung der bei diesen Drehungen inducirten Ströme dient ein Galvanometer mit aufgehangener Nadel von einer Schwingungsdauer mindestens gleich 10 Secunden. Gewöhnlich wird ein astatisches Nadelpaar angewandt. Durch die enge Umgebung mit dem Multiplicator ist die Nadel gedämpft; genügt die Dämpfung nicht, so verstärkt man sie durch eine in den Multiplicator eingeschobene Kupferhülse. Der Multiplicator bez. Dämpfer wird hinreichend breit vorausgesetzt, dass das Dämpfungsverhältnis bei beiden Inductionen gleich gross ist.

Zur Beobachtung wird in der Regel das Multiplicationsverfahren (79) gebraucht, was wir im Folgenden voraussetzen. Nur sehr starke Inductoren verlangen die Zurückwerfungsmethode.

Induction durch die verticale Componente. Man legt den Inductionsmultiplicator durch Drehen um LL horizontal und orientirt das Instrument mit Hilfe einer Magnetnadel, bis die Drehungsaxe M in den magnetischen Meridian fällt. Demnächst wird die Axe LL mit den Fufsschrauben und mittels einer auf LL aufgesetzten Wasserwage horizontal gemacht. Damit diese Axe von nun an unverändert bleibe, werden die künftigen Correctionen nur mit der in der Figur mittleren, auf der Rückseite gelegenen Stellschraube ausgeführt.

Nun wird die Drehungsaxe M des Multiplicators genau horizontal gelegt, d. h. so, dass die Luftblase der auf M aufzusetzenden Wasserwage bei dem Umsetzen dieselben Teilstriche ihrer Röhre einnimmt. Jetzt wird ein Satz von Inductions-

Beobachtungen nach **79** I ausgeführt, wobei der Multiplicator jedesmal von dem einen zu dem anderen Anschlag um 180^0 gedreht wird. Die schliesslich entstehenden Schwingungsbogen bezeichnen wir durch A_1.

Induction durch die horizontale Componente. Man gebe dem Inductor die in der Figur S. 269 gezeichnete Lage, d. h. man stelle den Multiplicator aufrecht, lehne ihn an einen der Anschläge und setze eine Wasserwage auf die Axe M, so dass die Röhre der Wasserwage im magnetischen Meridian liegt. Die mittlere Fußschraube wird so gedreht, dass die Luftblase in den beiden äussersten um 180^0 verschiedenen Stellungen des Multiplicators dieselben Teilstriche einnimmt. Dann liegt die Drehungsaxe M also in einer zum magnetischen Meridianebene senkrechten Verticalebene.

Nun wird gerade wie vorher ein Satz Inductions-Beobachtungen ausgeführt, und es sei der schliesslich sich constant erhaltende Schwingungsbogen $= A_2$.

Dann ist die Inclination J gegeben durch

$$\tan J = \frac{A_1}{A_2}.$$

Prüfung des Instrumentes. Dass die beiden Stellungen des Multiplicators, welche durch das Anlehnen gegen die beiderseitigen Anschläge gegeben sind, um 180^0 differiren, wird am einfachsten mittels eines versilberten nach beiden Seiten spiegelnden Planglases erkannt. Man stellt die Axe M aufrecht, befestigt auf ihr den kleinen Spiegel ebenfalls aufrecht und hält das Auge in der Entfernung von einigen Metern in gleicher Höhe mit dem Spiegel so, dass eine verticale Marke (Fensterstange u. dgl.) im Spiegel erscheint. Beim Anlegen gegen den anderen Anschlag muss dieselbe Marke wieder erscheinen.

Eine zweite Prüfung bezieht sich darauf, dass die Windungsfläche des Multiplicators bei dem Anlegen gegen die Anschläge senkrecht auf der zu bestimmenden erdmagnetischen Componente steht. An einem geometrisch sorgfältig in einen Rahmen gewundenen Inductor mag man diese Stellung gegen die horizontale Componente mittels einer an den Rahmen gehaltenen Bussole mit rechtwinkligem Fussbrett, und gegen die verticale mit einer Wasserwage prüfen. Andernfalls dient hierzu die dem Instrument beigegebene Vorrichtung (Fig.), durch deren Befestigung an den Anschlägen man den Spielraum der Drehung auf etwa 30° beschränken kann. Mit diesem beschränkten Drehungswinkel wird ein Satz von Inductions-beobachtungen auf jeder Seite ausgeführt: die durch Multi-plication erhaltenen Endausschläge müssen gleich gross sein.

Ein geringer Fehler (etwa von 1°) in der Erfüllung der beiden Bedingungen bewirkt in dem Resultat nur einen ver-schwindenden Fehler, wogegen auf die Orientirung der Axe MM mit der Wasserwage die grösste Sorgfalt zu verwenden ist.

Das Verfahren setzt ferner voraus, dass die Dämpfung für beide Ausschläge gleich gross sei, was nur bei einem gegen die Schwingungsweite sehr breiten Multiplicator zutrifft.

Man vermeidet diese Fehlerquelle, wenn man nicht mit verticaler und horizontaler Drehungsaxe arbeitet, sondern wenn man aus einigen Beobachtungen mit einer der Inclination nahe gelegenen Axenrichtung die genaue Inclinationsrichtung der Axe bestimmt, in welcher keine Induction stattfinden würde (Schering). Die Axen-Neigung wird mit aufgesetztem Spiegel durch den Theodolith ermittelt, also durch ein weniger einfaches Verfahren.

Vergl. W. Weber, über die Anwendung der magnetischen Induction auf Messung der Inclination. Abh. d. Gött. Ges. d. Wiss. Bd. 5. 1853.

81. Vergleichung zweier Widerstände mit dem Magnet-Inductor (Weber).

In einer Drahtspule sei ein Doppelmagnet verschiebbar. Jeder Magnet ist etwas länger als die Spule, und beide sind, mit gleichnamigen Polen gegeneinander, durch ein kurzes messingenes Mittel-stück fest verbunden. Das Durch-schieben des Doppelmagnets von dem einen bis zu dem anderen Anschlag erzeugt eine elektromotorische Kraft in den Drahtwindungen; je nach der Richtung in verschiedenem Sinne, aber von gleichem Integralwerte. Die Endstellungen werden mittels der verstellbaren Anschläge so regulirt, dass in

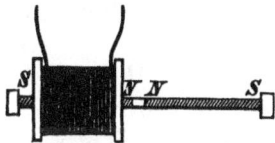

ihrer Nähe eine kleine Verschiebung keine elektromotorische Kraft gibt. Auf jeder Seite ist eine solche Stellung vorhanden und kann durch einen Versuch leicht gefunden werden.

Wird die Spule geschlossen, so geht bei jedem „Inductionsstoss" durch die Leitung eine gewisse Elektricitätsmenge, welche dem Gesammtwiderstande (Solenoid + übrige Leitung) umgekehrt proportional ist. Dadurch dass man in die Kette ein Galvanometer mit aufgehangener (astatischer) Nadel von hinreichender Schwingungsdauer einschaltet, kann man nach 78 oder besser mit Anwendung der Multiplications- oder Zurückwerfungsmethode (79) diese Menge messen. Wir wenden, um uns von der durch eingeschaltete Widerstände bewirkten Aenderung der Dämpfung unabhängig zu machen, die Zurückwerfung an.

Um nun zwei Widerstände w_1 und w_2 zu vergleichen, hat man drei Beobachtungssätze anzustellen, nämlich

1) indem der Inductor nur durch das Galvanometer geschlossen ist. Der grosse und kleine Bogen (S. 267) sei a und b;

2) indem ausserdem der Widerstand w_1 eingeschaltet ist. Die Bogen seien a_1 und b_1;

3) indem w_2 anstatt w_1 eingeschaltet wird. Die Bogen seien a_2 und b_2.

Bezeichnen wir dann die Ausdrücke $\dfrac{a^2 + b^2}{\sqrt{ab}}$ u. s. w. durch i, i_1 und i_2, so ist (vgl. 71 I)

$$\frac{w_1}{w_2} = \frac{i - i_1}{i - i_2} \frac{i_2}{i_1}.$$

Selbstverständlich darf nicht die Bewegung des inducirenden Magnets durch Fernwirkung die Galvanometernadel beeinflussen. Am günstigsten ist eine verticale Stellung der Inductionsspule in gleicher Höhe wie die Magnetnadel.

Auch für die Widerstandsvergleichung mit dem Differentialgalvanometer oder der Brücke (70, 71, a u. b) sind Stromstösse mit dem Inductor bequem und brauchbar, wenn die Widerstände keine Extraströme geben. Man hat den Vorteil kurzer wechselnder Ströme, kann aber trotzdem die Grösse der Ausschläge zum Interpoliren verwenden.

81a. Bestimmung des Inductionscoefficienten eines Magnetstabes (Weber).

Der Magnetismus eines Stabes ändert sich ein wenig mit seiner Lage gegen den Erdmagnetismus. Z. B. hat der nordsüdlich aufgehangene (etwa schwingende) Stab einen grösseren Magnetismus, als wenn derselbe (etwa zum Zwecke von Ablenkungen, vgl. 59) ostwestlich gelegt wird. Die Zunahme beträgt in der Regel bei uns einige Hundertel Cm-g-Einheiten auf das Gramm Stahl.

Den Ueberschuss im Verhältnis zum eigenen Magnetismus des Stabes nennt man den Inductionscoefficient durch die Horizontalcomponente.

Zur Messung dieses Ueberschusses dient eine um 180^0 drehbare enge, gestreckte Spule, welche länger sein soll als der Magnetstab. Die Drehung finde aus der einen nordsüdlichen in die entgegengesetzte Lage statt. Die Spule ist durch ein Galvanometer mit langsam schwingender Nadel geschlossen. Es werde der Nadelausschlag beobachtet

α_0, wenn die Spule allein gedreht wird;

α, wenn dieselbe mit dem in der Mitte der Spulaxe befindlichen Stabe gedreht wird;

α_1, wenn ein Stäbchen vom bekannten Magnetismus M_1 (62) aus grösserer Entfernung in die leere Spule bis zur Mitte rasch eingeschoben wird.

Der durch die nordsüdliche Lage in dem ersteren Stabe inducirte Magnetismus ist dann

$$\tfrac{1}{2} M_1 \frac{\alpha - \alpha_0}{\alpha_1}$$

und der Inductionscoefficient, wenn M den ganzen Magnetismus bedeutet,

$$\tfrac{1}{2} \frac{M_1}{M} \frac{\alpha - \alpha_0}{\alpha_1}.$$

Man kann für diese Beobachtungen mit Vorteil die Multiplicationsmethode gebrauchen (79) und für α α_0 α_1 den jedesmaligen Grenzausschlag setzen. Bei schwächerer Dämpfung kann man Zeit sparen, wenn man nicht bis zu constantem

Grenzausschlage inducirt und in allen Fällen den gleichvielten
Schwingungsbogen oder besser die Summe einer Anzahl Bogen
von gleichen Ordnungsnummern setzt.

82. Absolute Widerstands-Messung (Weber).

Vgl. 77b—79 und Anhang 19—21.

I. Aus der Dämpfung eines schwingenden Magnets.

Es soll bedeuten

k das Dämpfungsverhältnis einer Magnetnadel im geschlossenen Multiplicator (51),

$\Lambda =$ log nat k das natürliche logarithmische Decrement,

Λ' dasselbe, wenn der Multiplicator unterbrochen ist
(Luftdämpfung),

τ die Schwingungsdauer der ungedämpften Nadel (52),

c die statische Empfindlichkeitsconstante des Multiplicators mit der Nadel, d. h. den Factor, mit welchem
die Stromstärke multiplicirt die Tangente des (kleinen)
Ausschlags geben würde, wenn die Stärke des Erdmagnetismus gleich Eins wäre, und zwar ohne Fadentorsion,

M den Nadelmagnetismus,

H die erdmagnetische Horizontalintensität.

Dann ist der absolute Widerstand in elektromagnetischem
(Weber'schem) Maafse

$$w = \frac{\pi^2}{2\tau} \frac{c^2}{\Lambda - \Lambda'} \frac{M}{H} \sqrt{1 + \frac{\Lambda^2}{\pi^2}}. \qquad \text{I.}$$

Ueber die Bestimmung von M/H s. 59 II.

Empfindlichkeitsconstante. Für einen kreisförmigen
Multiplicator von n Windungen vom Halbmesser R mit kurzer
Nadel im Mittelpuncte würde $c = 2\pi n/R$ sein (67). Die
Breite b, die Dicke h der Windungslage und die reducirte Nadel-
länge l werden, falls sie klein gegen R sind, in Rechnung ge-
setzt, indem man statt R schreibt (S. 220)

$$R \left(1 + \tfrac{1}{8} \frac{b^2}{R^2} - \tfrac{1}{12} \frac{h^2}{R^2} - \tfrac{3}{16} \frac{l^2}{R^2} \right).$$

Für einen engen Multiplicator mit langer Nadel ist c nicht wohl zu berechnen. Man bestimmt es empirisch mittels eines Stromes, welchen man gleichzeitig durch den Multiplicator und eine Tangentenbussole gehen lässt (Dorn). Sind die Ablenkungswinkel bez. φ und φ', während c' die Constante der Tangentenbussole ist, so hat man

$$c = c' \frac{\operatorname{tg} \varphi}{\operatorname{tg} \varphi'} \frac{1 + \Theta}{1 + \Theta'},$$

wenn Θ und Θ' die beiden Torsionscoefficienten (55) bedeuten.

II. Mit dem Erdinductor (80).

Die obigen Zeichen sollen ihre Bedeutung behalten; ausserdem sei

f die Summe der von den Inductorwindungen umschlossenen Flächen (83),

α der Nadelausschlag durch einen einzelnen Inductionsstoss ohne Dämpfung, in dem Sinne von 78, bei Drehung um die verticale Axe wie in 80.

Dann ist der absolute Widerstand der Kette

$$w = \frac{8}{\pi} \frac{f^2 H^2 \tau}{\alpha^2 K} \frac{\varLambda - \varLambda'}{\sqrt{\pi^2 + \varLambda^2}}. \qquad \text{II.}$$

Wird die Zurückwerfungsmethode angewendet (79 II) und bedeutet

a und b den grossen und kleinen Schwingungsbogen, so dass $\varLambda = \log \operatorname{nat} a - \log \operatorname{nat} b$ ist,

so hat man

$$w = \frac{32}{\pi} \frac{f^2 H^2 \tau}{K} \frac{\varLambda - \varLambda'}{\sqrt{\pi^2 + \varLambda^2}} \frac{ab}{(a^2 + b^2)^2} \left(\frac{a}{b}\right)^{\frac{2}{\pi} \operatorname{arc tg} \frac{\varLambda}{\pi}} \qquad \text{III.}$$

wofür man nahe setzen kann

$$w = \frac{32}{\pi^2} \frac{f^2 H^2 \tau}{K} (\varLambda - \varLambda') \frac{ab}{(a^2 + b^2)^2} \left(1 + \tfrac{3}{2} \frac{\varLambda^2}{\pi^2}\right).$$

Mit Hilfe der bekannten Beziehung (Anhang 10) $K = MH.\tau^2/\pi^2$ kann man K eliminiren und erhält

$$w = 8\pi \frac{f^2}{\alpha^2 \tau} \frac{H}{M} \frac{\varLambda - \varLambda'}{\sqrt{\pi^2 + \varLambda^2}} \qquad \text{IV.}$$

oder bei der Zurückwerfung

$$ w = 32\,\pi\,\frac{f^2}{\tau}\,\frac{H}{M}\,\frac{\varLambda-\varLambda'}{\sqrt{\pi^2+\varLambda^2}}\,\frac{a\,b}{(a^2+b^2)^2}\left(\frac{a}{b}\right)^{\frac{2}{\pi}\,\operatorname{arc\,tg}\frac{\varLambda}{\pi}} \qquad \text{V.} $$

Ist die Empfindlichkeitsconstante c in der oben angegebenen Weise bestimmt, so hat man auch

$$ w = 2\,\pi\,\frac{c\,f}{\alpha\,\tau}, \qquad \text{VI.} $$

wobei α wieder durch Zurückwerfung bestimmt werden kann (79 II).

Die vorigen Methoden leiten sich aus 77 b ab. Denn nach Gl. 7 und 8 daselbst ist

$$ \frac{M^2\,c^2}{w} = 2\,K\,\frac{\varLambda-\varLambda'}{T}\ \text{oder} = 2\,K\,\frac{\varLambda-\varLambda'}{\tau\sqrt{1+\dfrac{\varLambda^2}{\pi^2}}}, $$

woraus

$$ w = \frac{1}{2}\,\frac{M^2\,\tau}{K}\,\frac{c^2}{\varLambda-\varLambda'}\,\sqrt{1+\frac{\varLambda^2}{\pi^2}}. $$

Indem man K durch $M H \tau^2/\pi^2$ ersetzt, folgt unsere Gleichung I.

Ein Inductionsstoss durch die Horizontalcomponente H liefert ferner die Strommenge $2fH/w$ und teilt hierdurch der Nadel eine Winkelgeschwindigkeit mit (Gl. 7)

$$ u_0 = \frac{2fH}{w}\,\frac{q}{K} = \frac{2fH}{wK}\,\sqrt{2\,w\,K\,\frac{\varLambda-\varLambda'}{T}} = \frac{fH}{\sqrt{w}}\,\sqrt{\frac{8\,(\varLambda-\varLambda')}{K\,T}}. $$

Hieraus folgt

$$ w = \frac{f^2\,H^2}{u_0{}^2}\,\frac{8\,(\varLambda-\varLambda')}{K\,T}. $$

Indem man hierin $u_0 = \dfrac{\pi}{\tau}\,\alpha$ und $T = \tau\sqrt{1+\dfrac{\varLambda^2}{\pi^2}}$ setzt, kommt die Gleichung II.

Gleichung III entsteht hieraus leicht mit Hilfe von (79 II)

$$ \alpha = \tfrac{1}{2}\,\frac{a^2+b^2}{\sqrt{a\,b}}\,k^{-\frac{1}{\pi}\,\operatorname{arc\,tg}\frac{\varLambda}{\pi}}. $$

Gleichung VI endlich kommt aus II, wenn man daselbst nach 77 b, Gl. 7 $\varLambda-\varLambda' = \dfrac{q^2\,T}{2\,w\,K} = \dfrac{c^2\,M^2\,\tau\sqrt{\pi^2+\varLambda^2}}{2\,w\,K\,\pi}$ einsetzt und dann noch $M H/K$ mit π^2/τ^2 vertauscht.

Alle Grössen sind in zusammengehörigen Einheiten, etwa cm, g, sec auszudrücken. Das so erhaltene w liefert, durch 10^9 geteilt, den Widerstand in Ohm's.

Die Fadentorsion, welche oben nicht berücksichtigt worden ist, wird eingeführt, indem man in den Gleichungen I, IV, V, VI den Nenner rechts mit $(1 + \Theta)$ multiplicirt.

83. Bestimmung der Windungsfläche einer Drahtspule.

I. Aus den gemessenen Durchmessern. Am directesten, aber entweder mühsam oder weniger genau ist die Ausmessung des Durchmessers jeder Windungslage an mehreren Stellen (mit dem Kathetometer oder dem Cirkel) oder auch des Umfanges (mit dem Bandmaaß). Von dem an der äusseren Oberfläche der Schicht gemessenen Durchmesser ist natürlich die Drahtdicke abzurechnen.

II. Aus der Drahtlänge. Für eine nicht zu feine Drahtsorte kann man die Summe der Windungsflächen einer Spule bei dem Aufwinden messen, indem man die Windungszahl und die Länge des aufgewundenen Drahtes bestimmt.

Sind die Windungen kreisförmig und bilden sie eine Lage von rechteckigem Querschnitt, so nenne man

l die gesammte Drahtlänge,

n die Anzahl der Windungen,

h die Höhe der Windungslage (die Breite ist gleichgiltig).

Dann wird die für Fernwirkungen massgebende Windungsfläche f gefunden

$$f = \frac{l^2}{4 \pi n} + \frac{1}{12} \pi n h^2.$$

Wegen des Einsinkens der oberen in die unteren Lagen und des Zusammenpressens der Bespinnung wird der so gemessene Wert mehr oder weniger zu gross ausfallen.

Vgl. H. Weber, der Rotationsinductor, Leipzig 1882.

III. Durch magnetische Fernwirkung (F. K.). Ein und derselbe Strom wird durch eine Spiegel-Tangentenbussole aus einer Windung vom Halbmesser R und durch die Spule geleitet. Beide Teile des Stromes wirken zusammen auf die kurze Nadel der Tangentenbussole. Beide Stromleiter sollen folgende Stellung gegeneinander haben.

Die Spulenaxe sei jedenfalls ostwestlich gerichtet. Ihr

Mittelpunct habe den Abstand a von der Nadel und liege entweder

> östlich oder westlich von der Nadel (1. Hauptlage)
> oder nördlich oder südlich von der Nadel (2. H.-L.).

Die Ablenkung der Nadel betrage φ, wenn beide Ströme gleichsinnig wirken, und φ', wenn man den Strom in der Tangentenbussole allein commutirt.

Alsdann ist die gesuchte Spulenfläche in 1. H.-L.

$$f = \frac{a^3 \pi}{R} \frac{\operatorname{tg}\varphi + \operatorname{tg}\varphi'}{\operatorname{tg}\varphi - \operatorname{tg}\varphi'},$$

bez. mit dem Factor 2 in der 2. H.-L. Ueber einige Correctionen s. weiter unten.

Denn da die Drehungsmomente des Stromes i auf die Nadel M von der Spule und von der Tangentenbussole zusammen demjenigen des Erdmagnetismus H das Gleichgewicht halten müssen, so hat man (für die 1. H.-L.)

$$2 M \frac{if}{a^3} \cos\varphi + M \frac{i\,2\pi}{R} \cos\varphi = MH \sin\varphi$$

oder

$$2\,i\left(\frac{f}{a^3} + \frac{\pi}{R}\right) = H \operatorname{tg}\varphi.$$

Ebenso

$$2\,i\left(\frac{f}{a^3} - \frac{\pi}{R}\right) = H \operatorname{tg}\varphi'.$$

Hieraus folgt der obige Ausdruck durch Division.

Correctionen. Die Nadellänge wird berücksichtigt, indem man statt R schreibt $R\left(1 - {}^3/_{16}\, \dfrac{l^2}{R^2}\right)$, wo l die „reducirte Nadellänge" bedeutet (67 S. 220).

Ferner aber ist die oben angenommene Abnahme der Kraft von der Spule mit $1/a^3$ nicht streng richtig. Vorausgesetzt, der Abstand a sei so gross, dass wenigstens die vierte Potenz des Spulenhalbmessers und der halben Spulenlänge gegen a^4 verschwinde, nimmt man auf die Ausdehnung der Spule Rücksicht, indem man den obigen Ausdruck für f in der 1. H.-L. durch

$$1 + \frac{1}{a^2}\left(\tfrac{1}{4}\,l^2 - \tfrac{9}{10}\,\frac{r_1{}^5 - r_0{}^5}{r_1{}^3 - r_0{}^3}\right)$$

in der 2. H.-L. durch $1 + \dfrac{1}{a^2}\left(\tfrac{27}{40}\,\dfrac{r_1{}^5 - r_0{}^5}{r_1{}^3 - r_0{}^3} - \tfrac{3}{8}\,l^2\right)$

dividirt, wo l die Länge, r_1 und r_0 den äusseren und inneren Halbmesser der Spule bezeichnet.

Abstandsmessung. Der Abstand a wird gemessen, indem man die Tangentenbussole folgeweise nördlich und südlich (oder östlich und westlich) von der Spule aufstellt und für a den halben Abstand der beiden Stellungen von einander setzt, welcher sich an dem Aufhängefaden der Nadel sehr genau messen lässt.

Ueber Stromwendung gilt das S. 211 gesagte. Schwankungen der Stromstärke werden um so unschädlicher, je näher der kleinere Ausschlag der Null kommt. Findet der Ausschlag φ' nach entgegengesetzter Seite statt wie φ, so ist φ' negativ zu setzen.

Vgl. F. K., Wied. Ann. XVIII. 513. 1883.

XI. Elektrostatik.

84. Vergleichung von Potentialen (Spannungen).

I. Mit dem Sinus-Elektrometer (R. Kohlrausch).

Man misst hier die Kraft, mit welcher eine Magnetnadel von einem horizontalen Arm bei einer bestimmten gegenseitigen Stellung beider Teile abgestossen wird, wenn man das Elektrometer mit dem Leiter verbindet, dessen Potential bestimmt werden soll. Der genannte Arm ist sammt dem Mantel des Instruments um eine verticale Axe über einer Kreisteilung drehbar.

Man blickt bei der Beobachtung durch einen im Mantel angebrachten Schlitz nach einem gegenüber befindlichen Spiegel, in welchem die Magnetnadel und, bei richtiger Stellung, das in derselben gespiegelte Bild einer über dem Schlitz befindlichen Marke erscheint. Die Nadel soll bei jeder Beobachtung zum „Einspielen" gebracht werden, d. h. man dreht an dem Griff des Instrumentes, bis das Spiegelbild der Marke mit einem auf dem Spiegel der Nadel angebrachten Punct zusammenfällt.

Die Beobachtungen können, je nach der Stärke des zu bestimmenden Potentials, mit verschiedenen Magnetnadeln sowie auch bei verschiedenem Winkel derselben mit dem abstossenden Arm vorgenommen werden. (Vgl. am Schluss.) Dieser Winkel wird durch Drehen des Mantels in seiner Bodenplatte mit Hilfe der am Mantel befindlichen Teilung hergestellt.

Ist das letztere geschehen und ausserdem die Drehungsaxe vertical gestellt (zu erkennen daran, dass eine aufgesetzte Wasserwage bei der Drehung des Instruments stets dieselbe Einstellung zeigt; vgl. 88. 1), so hat man zuerst die Nadel des ungeladenen Elektrometers zum Einspielen zu bringen. Von

der hierbei abgelesenen Einstellung des Nonius über dem Teilkreise werden im Ferneren die Winkel φ gerechnet.
Verbindet man nun einen geladenen Leiter (gewöhnlich
eine Leidener Flasche oder Batterie) mit dem Zuleitungsdraht
des Instrumentes, so wird der Arm die Nadel abstossen. Man
dreht das Instrument, bis die Nadel wieder einspielt und liest
den Drehungswinkel φ ab. Das Potential der Elektricität ist
dann proportional mit

$$\sqrt{\sin \varphi}.$$

Denn die Nadel sowohl wie der abstossende Arm empfangen eine
dem Potential proportionale Ladung. Deswegen ist das auf die Nadel ausgeübte Drehungsmoment dem Quadrate des Potentials proportional. Dieses
Drehungsmoment ist anderseits gleich dem Drehungsmoment des Erdmagnetismus, welches mit $\sin \varphi$ im Verhältnis steht.

Um die Beobachtungen mit verschiedenen Magnetnadeln oder auch bei verschiedenen Kreuzwinkeln mit
einander vergleichbar zu machen, wird eine und dieselbe Leidener Batterie von grosser Capacität unter den zu vergleichenden Umständen in Verbindung mit dem Instrument gesetzt und
der Ausschlag beobachtet. Den Elektricitätsverlust eliminirt
man durch alternirendes Beobachten in gleichen, möglichst
kurzen Zeitintervallen.

Damit nicht zugleich durch die Bildung von elektrischem
Rückstand in der Batterie ein Verlust entsteht, ist es hierbei
zweckmässig, dass die Batterie bereits einige Zeit geladen sei.
Vgl. Pogg. Ann. Bd. 88, S. 497.

II. Mit dem Quadrant-Elektrometer (Thomson).

Das Quadrant-Elektrometer (Gestalt von Thomson, Kirchhoff, Branly, Mascart, Edelmann) misst kleinere Potentiale,
insbesondere Potentialunterschiede, indem die Wirkung auf eine
stärker geladene Nadel stattfindet.

Diese Ladung wird durch eine mit dem Instrument verbundene Leidener Flasche bewirkt, die man mit der Elektrisirmaschine oder einer in der Hand gehaltenen Leidener Flasche
zuvor ladet, oder auch durch eine vielpaarige galvanische oder
trockene Zamboni'sche Säule. Mittels des Aufhängefadens oder
gewöhnlich mittels eines in Schwefelsäure eintauchenden Drahtes

teilt sich diese Ladung dem Wagebalken (Biscuit) des Elektrometers mit. Erst einige Zeit nach der Ladung wird das Instrument zum Messen brauchbar, da Anfangs die Einstellung des Wagebalkens nicht constant ist.

Nun verbindet man zunächst die beiden Zuleitungen zu den (kreuzweise verbundenen) Quadrantenpaaren mit einander und bewirkt mit den Fufsschrauben des Instrumentes und mit dem Torsionskopfe, an welchem der Faden des Wagebalkens hängt, dass der Balken, bez. seine Mittellinie sich in dem Vertical eines Trennungs-Durchmessers der Quadranten befindet. Alsdann hebt man die Verbindung der Zuleitungsdrähte mit einander auf und überzeugt sich, dass die Einstellung des Wagebalkens constant bleibt.

Liegen die Quadranten des Instruments nicht genau in gleichem Abstande von der Nadel, so stellt diese sich leicht diagonal. Man versuche, ob eine Höhenänderung oder schwächere Ladung dieses Hindernis beseitigt. — Das an dem verticalen Draht der Nadel angebrachte Beruhigungsplättchen muss ganz in die Schwefelsäure untertauchen, sonst machen die Oberflächenkräfte der Flüssigkeit das Instrument unbrauchbar.

Verbindet man nun zwei Leiter von verschiedenem Potentiale (z. B. die Pole einer galvanischen Säule) mit den beiden Zuleitungsdrähten, so erfolgt ein Ausschlag des Wagebalkens (Spiegel und Scale; vgl. 48), welcher dem Unterschied der Potentiale nahezu proportional ist.

Eine Prüfung der Proportionalität, bez. eine Correctionstabelle für die Angaben des Instrumentes erhält man leicht, indem man mehrere galvanische Elemente einzeln und in ihrer Zusammenwirkung untersucht.

Unter allen Umständen ist es zweckmässig, bei den Beobachtungen die Pole zu wechseln, etwa durch einen eingeschalteten Commutator (64). Als Nadelausschlag rechnet man dann den (halben) Unterschied der Einstellungen.

III. Mit dem Capillarelektrometer (Lippmann).

Eine sehr eng ausgezogne Glasröhre enthält Quecksilber und verdünnte (60%) Schwefelsäure in Berührung mit einander. Einer Potentialdifferenz zwischen beiden entspricht infolge der Polarisation eine Aenderung des Capillardruckes an der Berührungsstelle und dadurch eine Verschiebung der Stelle, welche für kleine Potentialdifferenzen den letzteren proportional ist. Man beobachtet (mit dem Mikroskop) entweder die Grösse der Verschiebung oder die Grösse der Druckänderung, welche die Contactstelle auf den Nullpunct zurückführt.

Die Zuleitung zur Schwefelsäure wird durch Quecksilber vermittelt. Vor der Beobachtung ist die Contactfläche durch Bewegen aufzufrischen.

Für grössere elektromotorische Kräfte muss eine Tabelle der Ausschläge empirisch hergestellt werden.

Vergleichung elektromotorischer Kräfte mit dem Elektrometer. Die elektromotorische Kraft einer Säule ist dem Potentialunterschiede an ihren Polen proportional, wonach sich die elektromotorischen Kräfte wie die am Elektrometer hervorgebrachten Ausschläge verhalten.

Auch der Potentialunterschied (die Spannung) zwischen verschiedenen Puncten eines geschlossenen Stromkreises, z. B. die Klemmspannung einer Dynamomaschine (d. i. der Potentialunterschied an den Austrittsstellen des Stromes aus der Maschine) lässt sich elektrometrisch bestimmen, indem man eine Vergleichung z. B. mit dem Potentialunterschied eines Daniellschen Elementes (63) vornimmt.

Vergleichung von Widerständen. Wenn durch mehrere Leiter ein und derselbe Strom fliesst, so verhalten sich die Potential-Unterschiede an den Enden der Leiter wie deren Widerstände. Man schalte also die zu vergleichenden Widerstände gleichzeitig hintereinander in denselben Stromkreis ein, bringe die beiden Endpuncte eines Widerstandes mit den Zuleitungsdrähten in Verbindung und beobachte den Ausschlag des Elektrometers. Verfährt man dann mit einem anderen Widerstande ebenso, so gibt das Verhältnis der Ausschläge auch das Verhältnis der Widerstände. Nur bei grossen Widerständen wird man ziemlich richtige Resultate erhalten. Die Constanz des Stromes während der Messung muss geprüft werden.

84a. Absolute Messung eines elektrostatischen Potentials
(W. Thomson).

Eine bewegliche von einem Schutzringe umgebene kreisförmige ebene Platte von der Grösse f steht einer grösseren festen Platte in einem kleinen Abstande a gegenüber. Der Potentialunterschied $V_1 - V$ bedingt dann eine gegenseitige Anziehungskraft $\frac{1}{8\pi} f \left(\frac{V_1 - V}{a} \right)^2$. Ist diese Kraft und ausserdem f und a gemessen, so kann man $V_1 - V$, also wenn z. B. eins von beiden gleich Null ist, das andere berechnen. Wegen der Schwierigkeit in der genauen Messung von a verfährt man auch wohl folgendermassen.

Die bewegliche Platte sei zuerst ohne eine Ladung auf ihre Normalstellung gebracht. Alsdann werde sie auf ein constantes beliebiges Potential V_1 geladen, während die feste Platte zunächst auf dem Potentiale Null erhalten werde. Die dadurch in der Nullstellung ausgeübte Kraft sei k. Jetzt werde der festen Platte das zu messende Potential V mitgeteilt. Damit die bewegliche Platte wieder in ihre Normalstellung komme, müsse der Abstand a um l vermehrt werden. Alsdann ist

$$V = l \sqrt{\frac{8\pi k}{f}}.$$

Die Kraft k wird durch Gewichtstücke erhalten bez. aus der Dehnung einer Feder abgeleitet, welche man mit Gewichtstücken verglichen hat. Das Gewicht p Gramm bedeutet im absoluten Maafssystem die Kraft $p.g$ [cm.g.sec^{-2}], wenn $g = 981$ (vgl. Anh. 6).

Vgl. Maxwell, Treatise of electricity § 217. Wiedemann, Elektricität 3. Aufl. I S. 175.

85. Elektricitätsmenge eines Condensators.
I. Mit dem Elektrometer.

Da die in einem bestimmten Condensator (Leidener Flasche oder Batterie) vorhandene Elektricitätsmenge dem Potentialunterschiede der beiden Belegungen proportional ist, so lassen sich verschiedene Ladungen eines und desselben Condensators mit dem Elektrometer (84) vergleichen. In Bezug auf den „Rückstand", d. h. diejenige Elektricitätsmenge, welche bei einer kurz dauernden Entladung im Condensator zurückbleibt, werde bemerkt, dass dieser Rückstand auch keinen Einfluss auf das Potential der Elektricität äussert. Die Angaben des Elektrometers sind also der „disponibelen" Ladung, d. h. der durch eine kurz dauernde Verbindung beider Belegungen entladenen Elektricitätsmege proportional.

II. Mit der Lane'schen Maafsflasche.

Bei der Ladung eines Condensators (Leidener Batterie) zu starkem Potential kann man die zugeführte Elektricitätsmenge bestimmen, indem man die Belegungen isolirt, die eine mit der Elektrisirmaschine, die andere mit einer Maafsflasche verbindet. Jeder Funken-Entladung der Maafsflasche entspricht ein bestimmter Zuwachs der Ladung in der mit der Maafsflasche verbundenen Belegung der Batterie.

Angaben der Maafsflasche bei verschiedener Schlagweite reducirt man empirisch auf einander, etwa indem man mit dem Sinus-Elektrometer die Potentiale vergleicht, welchen die verschiedenen Schlagweiten entsprechen. Für nicht zu kleine Schlagweiten kann man nahezu Proportionalität derselben mit dem Potential annehmen.

Die Maafsflasche misst selbstverständlich die Elektricitätsmenge sammt dem Rückstande.

III. Mit dem Galvanometer.

Die Elektricitätsmenge eines Condensators von grosser Capacität kann mittels ihrer Entladung durch ein Galvanometer von hinreichend isolirten Windungen bestimmt werden, wie in 78 angegeben wurde. Die Gefahr eines Ueberspringens von Windungen wird durch Einschaltung eines grösseren Widerstandes (feuchter Faden) vermindert.

. Die elektromagnetisch gemessene Elektricitätsmenge 1 [cm,g] ist gleich 100 [mm, mg] oder gleich 10 Culom oder endlich gleich 3.10^{10} elektrostatisch· gemessene Cm-g-Einheiten. Vgl. hierüber Anhang Nr. 11 und Nr. 14 am Schluss, sowie Tab. 28.

IV. Mit dem Luftthermometer (Riess).

Die Depression der Flüssigkeitssäule durch eine den Draht
durchlaufende elektrische Entladung ist proportional dem Product aus der entladenen Elektricitätsmenge und ihrem Potential
vor der Entladung. Vorausgesetzt wird hierbei, dass der Widerstand des Drahtes in der Thermometerkugel gegen die Widerstände der übrigen Entladungsstrecken sehr gross ist.

Hiernach kann man Entladungsmengen einer und derselben
Leidener Flasche oder Batterie mit dem Luftthermometer vergleichen; denn da die Ladung hier dem Potential proportional
ist, so verhalten sich die entladenen Mengen wie die Quadrat-
wurzeln aus den durch sie hervorgebrachten Depressionen des
Luftthermometers.

Vor der Entladung setzt man einige Zeit lang die innere
mit der äusseren Luft in Verbindung. Erwärmungen durch
Strahlung des Körpers oder Berührung mit der Hand sind zu
vermeiden.

86. Elektrische Capacität.

Capacität eines Leiters nennt man die Elektricitätsmenge,
welche der Leiter enthält, wenn er zum Potential Eins geladen
ist, während die Umgebung das Potential Null hat (Anhang 13).

Um die Capacitäten verschiedener Condensatoren oder Leidener Flaschen mit einander zu vergleichen, bez. die des einen
zu messen, wenn diejenige des anderen in absolutem Maafse bekannt ist, hat man also die Bestimmung des Potentials und
der Elektricitätsmenge irgend einer Ladung in beiden Condensatoren nach 84, I und 85 II oder III auszuführen. Am einfachsten wird eine der folgenden Methoden sein.

I. Mit dem Sinus- oder dem Quadrant-Elektrometer.

Man ladet einen Condensator, setzt ihn mit dem Elektrometer in Verbindung und beobachtet das Potential V. Darauf
setzt man den anderen Condensator mit dem ersten in Verbindung und beobachtet das dann vorhandene Potential V'.
Sind x_1 und x_2 die beiden Capacitäten, so hat man

$$\frac{x_2}{x_1} = \frac{V - V'}{V'}.$$

Denn da die Elektricitätsmenge bei beiden Beobachtungen die nämliche ist, so gilt

$$\varkappa_1 \, V = (\varkappa_1 + \varkappa_2) \, V'.$$

Man setzt hierbei die Capacität des Elektrometers als verschwindend gegen diejenige der Condensatoren voraus. Die Capacität des Elektrometers selbst lässt sich übrigens mit derjenigen eines Condensators vergleichen, und dann in leicht ersichtlicher Weise in Rechnung setzen. Zu diesem Zweck beobachtet man zuerst den Ausschlag des mit dem Condensator verbundenen Elektrometers, trennt dann beide Teile, entladet das Elektrometer allein, · verbindet dasselbe abermals mit dem Condensator und bestimmt den neuen Ausschlag. Die Rechnung ist gerade wie oben.

Man muss bei diesen Beobachtungen wegen des Elektricitätsverlustes rasch verfahren oder besser durch Wiederholung der Messungen in geeigneter Abwechselung den Verlust eliminiren.

II. Mit dem Galvanometer.

Die zu vergleichenden Condensatoren werden zu demselben Potentiale geladen, indem man sie mit einander verbindet. Alsdann entladet man sie einzeln durch dasselbe Galvanometer (85, III). Die Capacitäten verhalten sich wie die kleinen Ausschläge des Galvanometers. Je kleiner die Capacitäten, desto empfindlicher müssen natürlich die Galvanometer sein.

III. Bestimmung der Capacität in absolutem Maafse.

Die Einheit der Capacität besitzt derjenige Condensator, welcher, zum Potentiale Eins geladen, die Elektricitätsmenge Eins enthält. ·

Einen Condensator von sehr grosser Capacität kann man mit Hilfe einer Säule von bekannter elektromotorischer Kraft in absolutem Maafse ausmessen. Man ladet den Condensator durch Verbindung seiner beiden Belegungen mit den Polen der Säule, hebt diese Verbindung auf und entladet alsbald den Condensator durch ein hinreichend empfindliches Galvanometer von bekanntem Reductionsfactor (78).

Wenn

E die elektromotorische Kraft der Säule in absolutem Maaſse (1 Daniell etwa $= 112.10^6$ cm$^{1/2}$ g$^{1/2}$ sec^{-1} = 1,12 Volt. Ueber Normal-Elemente vgl. S. 206).

C der Reductionsfactor des Galvanometers (in magnetischem Maaſse, etwa auf [cm, g] oder auch auf Amper's; vgl. **67** und **69** III).

$α$ der Nadelausschlag bei der Entladung des Condensators,

t die Schwingungsdauer der Nadel (**52**) in Secunden,

so ist die Capacität in elektromagnetischem Maaſs (**78** und Anhang 19 und 20; vgl. auch Maxwell § 774)

$$\varkappa = \frac{C}{E}\frac{t\alpha}{\pi}.$$

Gibt dieselbe Säule E mit einem **grossen** Widerstande w durch unser Galvanometer geschlossen, den dauernden Ausschlag $α'$, so ist $E/C = w . α'$, also einfach $\varkappa = t\,α/\pi\,w\,α'$.

$\varkappa$ ist im elektromagnetischen Maaſssystem eine sehr kleine Zahl. Die Capacität eines Condensators, welcher zum Potentiale 1 Volt geladen, die Elektricitätsmenge 1 Culom enthält (Anhang 19. 20.) heisst ein „Farad", der millionte Teil hiervon ein „Mikrofarad". Man erhält $\varkappa$ in Farads, wenn man E in Volts, C in Ampers oder w in Ohms ausdrückt. 1 Farad $=10^{-9}$ [cm, g].

Um die Capacität im elektrostatischen Maaſse zu erhalten, muss $\varkappa$ im cm-g-System mit 9.10^{20} multiplicirt werden.

Man kann durch Anwendung der Multiplications-Methode (**79**) oder auch durch rasch abwechselndes Laden und Entladen mittels einer Wippe die Messung verfeinern.

Wegen der Rückstandsbildung ist eine Genauigkeit der Messung nur dann möglich, wenn man die Entladung des Condensators in sehr kurzer Zeit vornimmt. Dabei bestimmt man die Capacität mit Ausschluss des Rückstandes. Die Verbindung des Condensators mit der ladenden Säule dagegen sei nicht zu kurz dauernd und werde erst im Augenblick vor der Entladung aufgehoben.

86a. Bestimmung sehr grosser Widerstände.

Wenn genügend empfindliche Galvanometer bez. starke Säulen sowie grosse Vergleichswiderstände zur Verfügung stehen, so können die Methoden **70** bis **71b** angewendet werden. Insbesondere die Brückenschaltung (**70b** und **71b**) kann, wenn man die Zweigleitungen etwa im Verhältnis 1 : 1000 nimmt, für Widerstände bis zu 10 Millionen dienen, falls man einen Rheostaten bis zu 10000 besitzt.

Auch die einfache Vertauschung lässt sich z. B. so anwenden, dass man den zu untersuchenden grossen Widerstand mit einer Säule durch ein Spiegelgalvanometer schliesst und demnächst durch einen bekannten Widerstand ersetzt. Die Ausschläge sind den Widerständen umgekehrt proportional, wobei man in der Regel auf den Säulenwiderstand keine Rücksicht zu nehmen braucht. Indem man dabei noch eine verschiedene Anzahl von Elementen anwenden kann, verfügt man auch hier über weite Grenzen.

Mit dem Condensator (Siemens). Widerstände, welche etwa „Nichtleitern", z. B. verschiedenen Sorten Guttapercha u. dgl. zukommen, sind unter Umständen für galvanometrische Methoden zu gross. Alsdann lässt sich die Ladungs- oder Entladungszeit eines Condensators benutzen. Sinkt das Potential (**84**) eines Condensators mit der Capacität $\varkappa$ (**86**) in der Zeit t von dem Werte V_1 auf V_2, so ist der Widerstand des Entladungsweges

$$w = \frac{1}{\varkappa} \frac{t}{\log V_1 - \log V_2}.$$

Findet man hiernach den Wert w_1, wenn der Condensator für sich allein steht und dann w_2, wenn die beiden Belegungen durch den zu bestimmenden Widerstand mit einander verbunden sind, so beträgt der letztere allein (**63**, S. 205) $w_0 = \dfrac{w_1 w_2}{w_1 - w_2}$.

Ist $\varkappa$ in absolutem Maafse (Farad) gegeben, so findet man den Widerstand in ebensolchem Maafse (Ohm), wenn man natürliche Logarithmen (= 2,303 . log brigg) anwendet. Das Maafs von V ist gleichgiltig.

Beweis. Dem Potentiale V entspricht die Ladungsmenge $Q = \varkappa . V$ In dem Zeitelement dt geht hiervon verloren $dt\,V/w = -dQ$ oder $= -\varkappa\,dV$. Hieraus folgt durch Integration der obige Ausdruck.

Vgl. noch über Messungen von Widerständen, elektromotorischen Kräften und Stromstärken Wiedemann, Elektricitätslehre 3. Aufl. I. 428 ff, I. 621 ff und III. 245 ff.

XII. Zeit- und Ortsbestimmungen.

87. Einige astronomische Bezeichnungen.

1. Zur Bestimmung des Ortes eines Gestirns dienen folgende Begriffe:

Azimut: Bogen des Horizonts vom Südpuncte des Meridians zum Verticalkreise des Gestirns.

Höhe: Bogen des Verticalkreises vom Horizont zum Gestirn.

Stunden- oder Declinationskreise: Grösste Kreise durch den Himmelspol.

Stundenwinkel: Bogen des Himmelsäquators von dem Südpunct des Meridians zum Stundenkreis des Gestirns.

Declination: Bogen des Stundenkreises vom Aequator zum Gestirn.

Polhöhe: Geographische Breite eines Ortes.

Parallaktischer Winkel: Winkel zwischen Stundenkreis und Verticalkreis des Gestirns.

Frühlingspunct: Aufsteigender Knoten der Ekliptik.

Rectascension eines Gestirns: Bogen des Aequators vom Frühlingspunct zum Stundenkreise des Gestirns. Der Aequator wird dabei in 24^h oder in 360° geteilt. Die Rectascension rechnet man der täglichen Bewegung entgegen.

Die übrigen Bögen des Aequators oder des Horizontes zählen im Sinne der täglichen Bewegung.

Die Oerter einiger Hauptsterne s. in Tab. 35.

2. Zur Zeitbestimmung werden die Bezeichnungen gebraucht:

Sternzeit: Bogen des Himmelsäquators vom Südpunct des Meridians zum Frühlingspunct, den ganzen Aequator zu 24 Stunden gerechnet.

Sterntag: Zeit zwischen zwei aufeinanderfolgenden Culminationen eines Fixsterns. 1 Sterntag = 1 mittlerer Tag weniger 3 min 55,91 sec.

Der Sterntag beginnt mit dem Durchgang des Frühlingspunctes durch den Meridian. Ein Gestirn passirt also den Meridian (es culminirt) in dem Augenblick, wann seine Rectascension gleich der Sternzeit ist.

Wahrer oder scheinbarer Mittag: Durchgang des Sonnenmittelpuncts durch den Meridian.

Wahre Sonnenzeit: Stundenwinkel der Sonne.

Zeitgleichung: Mittlere oder bürgerliche Zeit minus wahre Sonnenzeit.

Der astronomische Sonnentag beginnt um Mittag, wird von 0 bis 24^h gezählt und führt das Datum des bürgerlichen Tages, an welchem er beginnt.

Ueber Declination der Sonne, Sternzeit und Zeitgleichung s. Tab. 31.

88. Theodolith.

Der Theodolith soll Azimutal- und Höhen-Winkel messen. Damit die am Instrumente abgelesenen Winkel diese Bedeutung haben, muss die eine Drehungsaxe des Instruments vertical, die andere horizontal sein, und auf der letzteren muss die Sehlinie des Fernrohrs senkrecht stehen.

Um von der etwaigen Excentricität eines Teilkreises unabhängig zu sein, hat man stets beide um 180° verschiedene Nonien abzulesen! Die bequemste Art der Rechnung besteht nachher darin, dass man die ganzen Grade immer auf Nonius I bezieht und nur in den Unterabteilungen das Mittel aus beiden Ablesungen nimmt.

1. Herstellung der verticalen Drehungsaxe.

Eine Drehungsaxe steht vertical, wenn die Luftblase in der Wasserwage bei der Drehung um diese Axe ihren Stand auf der Teilung nicht ändert. Am bequemsten erreicht man dies in der Reihenfolge, dass man zunächst die Wasserwage parallel der Verbindungslinie zweier Fufsschrauben stellt und sie mit den Fufsschrauben zum Einspielen bringt. Dann dreht man um 180° und berichtigt, falls die Blase jetzt eine andere Stellung zeigt, den halben Unterschied mit den Fufsschrauben. Endlich wird um 90° gedreht und mit der dritten Fufsschraube dieselbe Einstellung der Blase bewirkt, wie die soeben verlassene. Wenn dieses Verfahren zum ersten Male noch einen Fehler zurückgelassen hat, so wiederholt man dasselbe.

Dass man dabei, zur Bequemlichkeit, die Libelle so corrigiren kann, dass die mittlere Stellung der Blase die richtige ist, versteht sich von selbst.

2. Herstellung der horizontalen Drehungsaxe.

a) Das gewöhnliche Verfahren setzt voraus, dass die beiden Zapfen der Fernrohraxe gleich dick sind. Man prüft dies, indem man nach Einstellung auf das Einspielen der Blase das Fernrohr umlegt (die Zapfen in ihren Lagern vertauscht) und nun die Libelle in ihrer früheren Stellung wieder aufsetzt.

19*

Die gleiche Einstellung der Blase beweist die gleiche Dicke der beiden Zapfen.

Dies vorausgesetzt wird nun die horizontale Drehungsaxe daran erkannt, dass die auf der Axe umgesetzte Wasserwage den früheren Stand einnimmt.

Selbstverständlich kann man endlich prüfen, ob die Fernrohraxen rund sind, wenn man dieselben unter der aufgesetzten Libelle dreht.

b) Unabhängig von der gleichen Dicke beider Zapfen prüft man die Horizontalität der Axe, indem man ein langes Senkel entfernt vor dem Theodolith aufhängt und nach verschiedenen Höhen des Senkels visirt.

c) Endlich lässt sich die senkrechte Stellung beider Theodolithenaxen zu einander auch folgendermassen erkennen. Man sucht zunächst zwei ziemlich entfernt übereinanderliegende Objecte, welche von dem Fernrohr bei dessen Drehung bloss um die horizontale Axe getroffen werden. Alsdann dreht man um 180° um die verticale Axe, schlägt das Fernrohr durch und beobachtet wieder die früheren beiden Objecte. Werden die letzteren wiederum durch eine blosse Drehung um die Horizontalaxe beide getroffen, so stehen die beiden Axen senkrecht aufeinander.

Eine vorherige Berichtigung mit der Libelle wird hier nicht verlangt, wohl aber wird die Abwesenheit eines Collimationsfehlers (vgl. Nr. 3) vorausgesetzt.

3. Prüfung, ob die Sehlinie zur Drehungsaxe des Fernrohrs senkrecht steht (Collimationsfehler).

a) Man stellt auf einen nahezu in der Horizontalebene des Instruments gelegenen Gegenstand ein, dreht den Horizontalkreis um genau 180° und stellt das Fernrohr mittels Durchschlagens wieder in seine frühere Richtung. Genaues Einstehen des früheren Gegenstandes beweist die Abwesenheit eines Collimationsfehlers. Findet man einen Unterschied, so ist derselbe zur Hälfte durch Verschiebung des Fadenkreuzes zu berichtigen, worauf man die Prüfung wiederholt.

b) Oder man stellt wie oben ein, legt bei feststehendem Instrument das Fernrohr in seinen Lagern um und richtet dasselbe auf denselben Gegenstand. Der letztere muss wieder im Fadenkreuz erscheinen.

Vorausgesetzt wird hier die gleiche Dicke der beiden Fernrohrzapfen.

4. Messung einer absoluten Höhe. Horizontal- und Zenith-Punct des Theodolithen.

a) Das Instrument sei nach Nr. 1 bis 3 berichtigt. Man stellt auf den Gegenstand ein und liest den Höhenkreis ab; man dreht die Verticalaxe um 180°, schlägt das Fernrohr durch, stellt wieder ein und liest den Höhenkreis ab. Der Unterschied (Vorzeichen!) beider Ablesungen gibt den doppelten Zenithabstand des Objects über dem Horizont. Der halbe Unterschied von 90° abgezogen liefert also die Höhe des Objects.

Das arithmetische Mittel beider Einstellungen liefert den Zenithpunct des Höhenkreises, die Hinzufügung von 90° zum Zenithpunct ergibt den Horizontalpunct.

b) Quecksilberhorizont. Anstatt das Fernrohr durchzuschlagen, kann man vor dasselbe einen Quecksilberhorizont stellen und nun durch Messung des Höhenwinkels zwischen dem Object und dessen Spiegelbild sowohl die Höhe des Objectes über dem Horizont wie auch den Zenith- und den Horizontalpunct des Höhenkreises in leicht ersichtlicher Weise berechnen.

Der Quecksilberhorizont erlaubt natürlich auch die absolute Höhenmessung mit dem Spiegelsextanten.

Auf Gestirne sind diese Verfahren um die Culminationszeit direct anwendbar. Auch für andere Zeiten bekommt man, wenn die beiden Einstellungen rasch hintereinander ausgeführt werden, die Höhe für den mittleren Augenblick zwischen beiden Beobachtungen.

Die Beobachtung hochstehender Objecte kann man dadurch ermöglichen oder erleichtern, dass man vor das Ocular ein kleines totalreflectirendes (z. B. rechtwinkliges) Prisma hält. Um Nachts das Fadenkreuz zu beleuchten, genügt es vor das Objectiv einige Quadratmillimeter einer hellen Fläche schräg zu halten und seitlich zu beleuchten.

Repetitions-Theodolith. Zur Erhöhung der Genauigkeit der Azimutal-Messungen kann eine zweite mit der anderen concentrische Verticalaxe dienen, um welche das ganze Instrument drehbar ist, und welche auf folgende Weise zur Repetition der Messungen verwendet wird. Nachdem man auf das zweite Object eingestellt hat, dreht man das ganze Instrument (mit dem Kreise) auf das erste Object zurück, dann dreht man das Fernrohr allein auf das zweite und kann dies beliebig oft wiederholen. Hat man so *n* Drehungen des Fernrohrs ausgeführt, so ist der Gesammtwinkel, um welchen man gedreht hat, dividirt durch *n* der gesuchte Azimutalwinkel.

Um den Gesammtwinkel zu erhalten nimmt man den Unterschied der ersten und letzten Ablesung und fügt sovielmal 4 Rechte hinzu, als der Index den Nullpunct passirt hat.

Hat man auch die zwischenliegenden Einstellungen abgelesen, so kann man um alle Beobachtungen zu benutzen die Methode der kleinsten Quadrate (3 S. 11) anwenden.

89. Bestimmung des Meridians eines Ortes.

I. Aus Beobachtungen der grössten Ausschreitung eines Gestirns.

Den Meridian eines Ortes bestimmt man am einfachsten, indem man einen Circumpolarstern zu der Zeit beobachtet, in welcher derselbe seine grösste östliche oder westliche Ausschreitung hat, d. h. da, wo der Kreis seiner täglichen Bewegung einen Verticalkreis des Himmels berührt. Da zu dieser Zeit die Bewegungsrichtung des Sternes vertical ist, so kann man den betreffenden Zeitpunct erstens leicht erkennen und zweitens bequem und scharf zur Einstellung benutzen.

Beobachtet man den Stern in beiden Ausschreitungen, östlich und westlich, so geht der Meridian durch die Halbirungslinie beider Beobachtungsrichtungen. Insofern aber die Declination des Gestirns bekannt ist (Tab. 35; Berliner Jahrbuch; Nautical Almanac etc.) genügt auch eine einseitige Beobachtung.

Ist nämlich

δ diese Declination,

φ die Polhöhe des Ortes,

so bildet der Verticalkreis der grössten Ausschreitung mit der Nordrichtung den Winkel ϑ, den man erhält aus

$$\sin \vartheta = \frac{\cos \delta}{\cos \varphi}.$$

Denn der Meridian, der Verticalkreis des Sternes und der Stundenkreis des letzteren bilden zur Zeit der grössten Ausschreitung ein rechtwinkliges Dreieck mit der Hypotenuse $90 - \varphi$, der einen Kathete $90 - \delta$ und dem der letzteren gegenüberliegenden Winkel ϑ.

Je näher dem Pole, desto günstiger ist das Gestirn für diese Beobachtungen, am zweckmässigsten also ist der Polarstern selbst.

Die Einstellung lässt sich mit dem Theodolithen (88) oder auch mit 2 Senkeln ausführen, welche eine Visirebene geben.

II. Aus correspondirenden Höhen eines Gestirns.

Man stellt das Fernrohr eines Theodolithen, dessen Drehungsaxe vertical gemacht worden ist (88, 1) auf das Gestirn ein und liest den Horizontalkreis ab. Ohne an der Höheneinstellung etwas zu ändern, beobachtet man dann dasselbe Gestirn nach seiner Culmination wieder und stellt das Fernrohr so, dass der Stern wieder durch das Fadenkreuz geht. Die Halbirungslinie der beiden Einstellungen liegt im Meridian des Ortes. Einen Höhenkreis braucht das Instrument natürlich nicht zu haben.

Für die Genauigkeit des Verfahrens ist günstig, wenn die Ansteigung zu der Beobachtungszeit möglichst rasch geschieht; also wählt man Zeiten, in denen das Gestirn sich möglichst im Osten bez. Westen befindet.

Bei Benutzung der Sonne stellt man den Verticalfaden Vormittags auf den einen, Nachmittags auf den anderen seitlichen Rand ein, während der Horizontalfaden z. B. den oberen Rand berührt. Die Halbirungslinie der beiden Einstellungen geht aber im allgemeinen nicht genau durch den Meridian, sondern ist wegen der Declinationsänderung der Sonne um einen Betrag zu corrigiren, der bis auf einige Minuten steigen kann.

Nennt man ε die Aenderung der Sonnendeclination während eines Tages (vgl. Tab. 31 und Bremiker fünfstellige Logarithmen, S. 137), so beträgt diese Correction

$$\frac{\varepsilon}{2\pi}(\operatorname{tg}\varphi - \operatorname{tg}\delta) = 0{,}16\,\varepsilon\,(\operatorname{tg}\varphi - \operatorname{tg}\delta).$$

Selbstverständlich liegt die gefundene Mittellinie im Früh-
jahr westlich vom Meridiane, im Herbst östlich. In den Tagen
der Sonnenwenden verschwindet die Correction.

Der Augenblick, in welchem ein Gestirn von veränderlicher Declination seinen höchsten Stand erreicht, findet sich folgendermassen:
Himmelspol, Zenithpunct und Gestirn bilden die Ecken eines sphärischen
Dreieckes, welches die Seiten $90 - \varphi$, $90 - \delta$ und $90 - h$ hat ($h =$ Höhe
des Gestirns), während der Seite $90 - h$ der Stundenwinkel s des Gestirns
gegenüber liegt. Also hat man

$$\sin h = \sin \varphi \sin \delta + \cos \varphi \cos \delta \cdot \cos s.$$

Die Declination δ ändert sich mit s. Damit die Höhe h ein Maximum
wird, muss das Differential von $\sin h$ Null werden, also

$$0 = (\sin \varphi \cos \delta - \cos \varphi \sin \delta \cdot \cos s) \, d\delta - \cos \varphi \cos \delta \cdot \sin s \, ds.$$

Dieses s bedeutet den Stundenwinkel im Augenblick des höchsten Standes
und ist für die Sonne so klein, dass $\cos s = 1$ und $\sin s = \dfrac{2\pi s}{360}$ gesetzt
werden darf. Hier ist s in Bogengraden gemessen. Alsdann liefert die
obige Gleichung

$$s = \frac{360}{2\pi} \frac{d\delta}{ds} (\operatorname{tg} \varphi - \operatorname{tg} \delta).$$

Offenbar aber ist $360 \dfrac{d\delta}{ds}$ nichts anderes, als unser obiges ε, d. h. die
Aenderung von δ in Graden, während ds um 360 Grade wächst, also
während eines Tages.

III. Aus der Beobachtung der Sonne um Mittag.

Kennt man die absolute Zeit (92), so liefert die Beobachtung
des Sonnenmittelpunctes um 12^h wahrer Zeit (= mittlerer Zeit
minus Zeitgleichung, Tab. 31) den Meridian. Man stellt dabei
den Theodolithen auf den westlichen oder den östlichen Sonnenrand ein. Dann ist das beobachtete Azimut nach Osten oder
nach Westen zu berichtigen um einen Winkel $\varDelta$, den man erhält aus

$$\sin \varDelta = \frac{\sin \varrho}{\sin (\varphi - \delta)}$$

oder auch hinreichend genähert

$$\varDelta = \frac{\varrho}{\sin (\varphi - \delta)}.$$

Hier bedeutet ϱ den Halbmesser (Tab. 33), δ die Declination der Sonne (Tab. 31) und φ die Polhöhe.

Denn der Meridian, der Höhenkreis des Sonnenrandes und der Halbmesser der Sonne nach ihrem Berührungspunct mit dem Höhenkreis bilden ein rechtwinkliges Dreieck mit der Hypotenuse $\varphi - \delta$, worin die Kathete ϱ dem Winkel $\varDelta$ gegenüber liegt.

90. Bestimmung der Polhöhe eines Ortes.

Die geographische Breite oder Polhöhe eines Ortes wird am leichtesten ·aus der beobachteten Höhe eines Gestirns bei seiner Culmination abgeleitet. Kennt man den Meridian bereits (89), so beobachtet man einfach den Durchgang des Gestirns durch den Meridian; andernfalls folgt man mit dem Theodolithen dem Object in der Nähe des Meridians und liest die höchste bez. niedrigste Einstellung des Fernrohrs ab.

Die beobachtete Höhe muss wegen der atmosphärischen Strahlenbrechung um die aus Tab. 34 zu entnehmende „Refraction" des Gestirns vermindert werden. Nennt man die so corrigirte Höhe h, ist ferner δ die Declination des Gestirnes (Tab. 35), so wird die Polhöhe

$$\varphi = 90 - h + \delta \quad \text{oder} \quad \varphi = h + 90 - \delta,$$

je nachdem die Culmination eine obere oder eine untere war.

Am Polarstern sind wegen dessen langsamer Bewegung die Messungen am bequemsten und genauesten.

Ueber die Declination der Sonne vgl. S. 300 und Tab. 31. Selbstverständlich muss hier die beobachtete Einstellung, welche auf den oberen oder den unteren Rand stattfindet, um den Sonnenhalbmesser (Tab. 33) abgeändert werden.

Ein Gestirn passirt den südlichen Meridian in dem Augenblicke, wann seine Rectascension gleich der Sternzeit (87) ist. Zieht man also die Sternzeit um Mittag von der Rectascension eines Sternes ab, so erhält man die Tageszeit der Culmination desselben, gerechnet vom Mittage ab in Sternzeit.

Die Sternzeit findet man aus Tab. 31. Wegen der periodischen, durch die Schaltjahre ausgeglichenen Verschiebung des Frühlingsanfangs, und ferner, weil der Mittag für westliche Orte später fällt als für östliche, kann die Tabelle nicht für alle Jahre und für alle Orte dieselbe sein. Wenn die Sternzeit für die mittlere Zeit t gesucht wird, so hat man deswegen nicht mit t selbst, sondern mit dem corrigirten Werte

$$t + k + \frac{l}{360}$$

als Argument in die Tabelle einzugehen. k hat für jedes Jahr einen anderen Wert, den man in Tab. 32 findet. l ist die geographische Länge des Beobachtungsortes, von Berlin in Graden westlich gerechnet. Man findet l aus Tab. 30 oder aus einer Landkarte. (Vgl. hierüber auch 92 S. 300.)

91. Bestimmung des Ganges einer Uhr.

Zwei absolute Zeitbestimmungen (92) liefern natürlich den Gang der zur Beobachtung dienenden Uhr. Einfacher und häufig genauer sind aber die Beobachtungen eines Gestirns in einem bestimmten Azimut.

I. Beobachtung an Fixsternen.

Zu diesem Zwecke kann man jedes mit Fadenkreuz versehene Fernrohr gebrauchen, welches eine horizontale Drehungsaxe besitzt. Das bestimmte Azimut wird gegeben, wenn man von einem bestimmten Standorte aus eine entfernte irdische Marke zum Einstellen benutzt. Am günstigsten sind Beobachtungen nahe am Meridian.

Noch einfacher und sehr genau ist das mit blossem Auge beobachtete Verschwinden eines Fixsterns hinter einem entfernten irdischen Objecte. Als fester Punct für das Auge genügt für eine Entfernung von einigen Hundert Metern schon ein Fensterkreuz oder ähnliches. Geheizte Schornsteine und ähnliche Dinge sind als bedeckende Objecte ungeeignet.

Selbstverständlich wählt man am besten Sterne, welche dem Aequator nahe stehen.

Zwischen zwei Durchgängen eines Fixsterns durch denselben Punct liegt ein Sterntag, welcher um 235,9 sec = 3,932 min = 0,06553 stund = 0,002730 t kürzer ist als der mittlere Tag.

II. Beobachtungen an der Sonne.

Zwei aufeinander folgende Sonnendurchgänge durch den Meridian liefern, unter Berücksichtigung der täglichen Aenderung der Zeitgleichung (Tab. 31 und Bremiker fünfstellige Logarithmen S. 137), die Länge des mittleren Tages. Es ist hierzu nicht erforderlich, dass der Meridian ganz genau sei. Ein constanter Fehler von 1° macht den beobachteten Tag höchstens um etwa 2 sec unsicher. Sowohl um die Tag- und Nachtgleichen wie um die Sonnenwenden ist diese Unsicherheit am kleinsten.

Zur Beobachtung dient ein Fernrohr mit horizontaler Drehungsaxe, an dessen Fadenkreuz man den Antritt und den Austritt der Sonne beobachtet. Für mässige Ansprüche genügt auch der Schatten eines Senkels oder das von einer engen Oeffnung entworfene Sonnenbildchen. Man´nimmt, den Zeitpunct, in welchem dieser Schatten oder das Sonnenbild von einer auf dem Fussboden oder auf einer gegenüberstehenden Wand angebrachten Marke halbirt wird.

92. Zeitbestimmung aus Sonnenhöhen.

Für einen Beobachtungsort von bekannter geographischer Länge und Breite bietet sich als einfachstes Mittel zur Zeitbestimmung die Beobachtung der Höhe der Sonne über dem Horizont, welche mit dem Sextant oder dem Theodolith ausgeführt werden kann. Am günstigsten für die Bestimmung sind die Zeiten, in denen die Ansteigung der Sonne möglichst rasch geschieht, also wann der Stand gerade östlich oder westlich ist. Die Zeiten um Mittag sind ungeeignet.

Bedeutet

φ die geographische Breite oder Polhöhe des Ortes,

δ die Declination der Sonne zur Beobachtungszeit (vgl. unten),

h die Höhe des Sonnenmittelpunctes,

so wird der Stundenwinkel t der Sonne oder die „wahre Sonnenzeit" im Augenblicke der Beobachtung erhalten aus

$$\cos 15 t = \frac{\sin h - \sin \varphi \sin \delta}{\cos \varphi \cos \delta}.$$

Der Winkel $15 t$ in Bogengraden ausgedrückt liefert t in Stunden; selbstverständlich Vormittags negativ, Nachmittags positiv.

In dem sphärischen Dreiecke, welches zu Seiten hat den Zenith-. abstand z des Gestirns, den Abstand p desselben vom Himmelspole, endlich den Abstand a des Poles vom Zenith, während a und p den Stunden- winkel $15\,t$ einschliessen, ist

$$\cos z = \cos a \cos p + \sin a \sin p . \cos 15\,t .$$

Mit Rücksicht auf $h + z = \delta + p = \varphi + a = 90^0$ folgt hieraus unmittel- bar der obige Ausdruck.

Aus der beobachteten Höhe findet man die wirkliche Höhe der Sonne in folgender Weise.

Der beobachtete Ort erscheint wegen der atmosphärischen Strahlenbrechung zu hoch. Man zieht von demselben die aus Tab. 34 entnommene Refraction ab.

Nun bezieht sich ferner die Beobachtung nicht direct auf den Mittelpunct, sondern auf den oberen oder unteren Rand der Sonne. Der Ort des Mittelpunctes wird durch Verminderung oder Vermehrung der Höhe um den Halbmesser der Sonne (Tab. 33) erhalten.

Wenn übrigens der Horizontalpunct des Höhenkreises nicht schon bekannt ist, sondern durch Umlegen oder Durchschlagen (88, 4) eliminirt werden muss, so mag man den Sonnendurch- messer auch dadurch eliminiren, dass man die eine Einstellung auf den unteren, die andere auf den oberen Sonnenrand richtet. Um das Mittel aus beiden beobachteten Durchgangszeiten für die Zeiten zu nehmen, in welcher der Sonnenmittelpunct die mittlere Höhe passirt, müssen beide Beobachtungen rasch auf einander folgen, da die Erhebung der Sonne ungleichförmig geschieht.

Einige geographische Breiten finden sich in Tab. 30. Aus einer guten Karte kann man die Breite eines Ortes auf $0,01^0$ entnehmen. Die Bestimmung derselben siehe in **90.**

Die Declination der Sonne zur Zeit der Beobachtung findet sich aus Tafel 31 und 32. Es bedeute L die in Bogen- graden gemessene geographische Länge des Ortes von Berlin westlich gerechnet (d. h. negativ zu nehmen, wenn der Ort östlicher als Berlin liegt. Die geographische Länge Berlins beträgt östlich von Ferro $31,1^0$, von Paris $11,1^0$, von Greenwich $13,4^0$). Dann ist die Berliner Zeit, auf welche die Tabelle sich bezieht, in Bruchteilen des Tages ausgedrückt,

$= $ Ortszeit $+ \dfrac{1}{360} L$. Wegen der periodischen Verschiebung des Jahresanfangs durch den Ueberschuss des Jahres über 365 Tage sind die Zeiten ferner mit einer für jedes Jahr aus Tab. 32 zu nehmenden Correction k zu versehen. Es ist also

$$\text{Ortszeit} + \frac{1}{360} L + k$$

das Argument, zu welchem man aus Tab. 31, welche die Sonnen-Declination für den Berliner Mittag angibt, den Winkel δ interpolirt. Die Ortszeit braucht nur genähert bekannt zu sein, da 3 min höchstens eine Aenderung von δ um $^1/_{1000}$ Grad ergeben. Rechnet die Stadt- oder besser Bahnhofs-Uhr nach der Zeit eines anderen Ortes (wie z. B. in Baiern nach Münchener Zeit), so setzt man für L die auf Berlin bezogene Länge dieses anderen Ortes.

Nachdem die wahre Sonnenzeit t aus h, δ und φ berechnet worden ist, fügt man, um mittlere oder bürgerliche Zeit zu haben, die aus Tab. 31 zu entnehmende „Zeitgleichung" zu t hinzu.

Anstatt der Sonne mag irgend ein anderes Gestirn von bekannter Declination und Rectascension (Tab. 35) zur Beobachtung gewählt werden, welches weder dem Horizonte noch dem Pole zu nahe steht. Dann bedeutet das aus obiger Formel (S. 299) berechnete t den Stundenwinkel des Gestirns. Fügt man zu diesem die Rectascension des Sternes, so erhält man die Sternzeit im Augenblicke der Beobachtung, aus welcher die mittlere Zeit aus Tab. 31 oder genauer nach den astronomischen Jahrbüchern gefunden wird.

Die hier gegebenen Vorschriften und Tabellen vernachlässigen Correctionen, welche unter 0,01° liegen. Genauere Tafeln mit Anweisung s. u. A. in Bremiker's fünfstelligen Logarithmen, sowie in den nautischen und astronomischen Jahrbüchern.

II. Aus correspondirenden Höhenbeobachtungen.

Beobachtet man die beiden Zeitpuncte, zu denen ein Gestirn vor und nach seiner Culmination dieselbe Höhe passirt, so liegt mitten zwischen diesen beiden Zeitpuncten der Augenblick, in welchem das Gestirn am höchsten steht.

Für einen Fixstern fällt die höchste Stellung zusammen mit dessen südlichem Durchgang durch den Meridian. Die Rectascension des Sternes ist also gleich der Sternzeit in diesem Augenblicke, aus welcher nach den Tabellen der Jahrbücher die bürgerliche Zeit entnommen werden kann. Vergleiche oben unter I.

Ist die Sonne beobachtet, so bedeutet auch hier der höchste Stand in den Tagen der Sonnenwenden ohne weiteres den Durchgang der Sonne durch den Meridian, d. h. den sogenannten „wahren Mittag", zu welchem man, um den bürgerlichen Mittag zu erhalten, die Zeitgleichung (Tab. 31) hinzuzufügen hat. Im Allgemeinen aber kommt noch wegen der täglichen Declinationsänderung der Sonne eine Correction hinzu, indem die Sonne in der ersten Jahreshälfte erst etwas nach dem wahren Mittag, in der zweiten Hälfte etwas vorher am höchsten steht. Wenn

φ die geographische Breite,

δ die Declination der Sonne (Tab. 31),

ε die tägliche Aenderung dieser Declination in Graden (Tab. 31 od. Bremiker's fünfstellige Logarithmen S. 137)

bedeutet, so beträgt diese Correction in Zeitsecunden (vgl. S. 295)

$$38{,}2 \cdot \varepsilon \, (\operatorname{tg} \varphi - \operatorname{tg} \delta).$$

Instrumentell ist diese Zeitbestimmung sehr einfach, denn sie bedarf ausser einer gleichmässig gehenden Uhr nur eines Fernrohres mit einer verticalen Drehungsaxe (88, 1) ohne jede Kreisteilung. Auf die atmosphärische Strahlenbrechung braucht für gewöhnliche Zwecke keine Rücksicht genommen zu werden, und bei den Beobachtungen der Sonne stellt man jedesmal auf denselben unteren oder oberen Rand ein, ohne auf den Mittelpunct umrechnen zu müssen.

Im Interesse scharfer Zeitbestimmung beobachtet man die Gestirne in grösserer Entfernung vom Meridian.

Ueber die einfache Festhaltung einer einmal gewonnenen Zeit vgl. 91.

Das absolute magnetische und elektrische Maaſs-System.

Um eine Grösse zu messen, das heisst in einer Zahl auszudrücken, bedürfen wir einer Maaſseinheit, bestehend aus einer bekannten Grösse der nämlichen Art. Diese Einheit ist zunächst willkürlich und kann für manche Grössenarten, wie Länge oder Masse, durch ein aufbewahrtes Grundmaaſs (Etalon, Standard) definirt werden; bei vielen Grössen, beispielsweise Geschwindigkeit, Wärmemenge, Elektricitätsmenge ist dagegen eine solche Definition unmöglich. Daher führt man solche Grössen mittels geometrischer, kinematischer und physikalischer Beziehungen auf andere zurück, indem man z. B. als Geschwindigkeitseinheit diejenige wählt, bei welcher die Länge Eins in der Zeit Eins zurückgelegt wird, als Wärmeeinheit diejenige Wärmemenge, welche die Masseneinheit Wasser um einen Temperaturgrad erwärmt, als Elektricitätsmenge Eins diejenige, welche auf eine gleiche Menge aus dem Abstand Eins die Krafteinheit ausübt. Im Gegensatz zu den willkürlichen oder Grundmaaſsen kann man die letzteren als „abgeleitete" Maaſse bezeichnen.

Die zunächst gezwungene Einführung solcher Maaſse zeigt sich aber bei weiterer Ueberlegung auch sehr vorteilhaft. Denn ganz abgesehen davon, dass die Beschränkung der Anzahl willkürlicher Grundmaaſe an sich einen Fortschritt bezeichnet, kann man die Wahl der neuen Einheiten zugleich so treffen, dass dem mathematischen oder physischen Gesetz, welches zur Definition benutzt wird, durch die neue Einheit eine möglichst einfache Gestalt zukommt. Im Allgemeinen z. B. ist der durch einen bewegten Körper zurückgelegte Weg l der Geschwindigkeit u und der Zeit t proportional, also $l = \text{Const.}\,ut$, wo der Zahlenwert der Constante von den gewählten Einheiten ab hängt. Würden wir etwa die Fall-Geschwindigkeit am Ende der ersten Secunde als Geschwindigkeits-Einheit annehmen, so wäre Const. $= g$. Durch die vorhin gegebene Definition aber wird Const. $= 1$, und das Gesetz erhält die möglichst einfache Gestalt $l = ut$.

Gerade so vereinfachen sich die geometrischen Beziehungen dadurch, dass man für Flächen- und Raum-Maaſse nicht willkürliche Einheiten einführt, sondern diese einfach als Quadrat bez. Cubus über der Längeneinheit definirt; ein Vorteil, dessen sich die Wissenschaft von jeher bedient hat, der aber erst spät auch in der Praxis durchgeführt worden ist.

Und so kann jede abgeleitete Einheit dazu dienen, die Constante aus einem Naturgesetz herauszuschaffen.

Zu den Gegenständen, für welche sich aufzubewahrende Grundmaaſse nicht herstellen lassen, gehören nun fast alle magnetischen und elektrischen Grössen, und daher kommen hier die abgeleiteten Maaſse zu einer besonders hervorragenden Bedeutung. Das System dieser Maaſse ist von Gauss und Weber aufgestellt worden, welche zeigten, wie man alle hier zu messenden Grössen auf die Längen-, Massen- und Zeit-Einheit zurückführen kann. In dieser Weise abgeleitete Einheiten nennt man speciell absolute Maaſse.*

Die Wahl der Grundmaaſse für Länge, Masse und Zeit ist zunächst ganz willkürlich. Wenn aber für die Bestimmung der Dichtigkeits-Einheit das Wasser genommen wird, so ist

---

* Der Name „absolut" ist von der ersten in dieser Weise durch Gauss definirten Maaſseinheit der erdmagnetischen Intensität hergenommen worden. Im Gegensatze zu der früher üblichen willkürlichen Annahme, die Intensität in London gleich Eins zu setzen, also nur relative Bestimmungen gegen London vorzunehmen, gab Gauss in seiner *Intensitas vis magneticae terrestris ad mensuram absolutam revocata* eine aus Länge, Masse und Zeit abgeleitete absolute, d. h. nicht nur vergleichende, Einheit für die erdmagnetische Intensität und im Anschluss daran für die magnetischen Grössen überhaupt. In ähnlicher Weise wurde dann von Wilhelm Weber dasselbe Bedürfnis, von nur vergleichenden zu selbständigen Maaſsen überzugehen, für die elektrischen Grössen befriedigt, unter Beibehaltung der Bezeichnung dieser Maaſse. Jetzt hat der Name absolutes Maaſs als Terminus technicus eine bestimmte Bedeutung gewonnen.

dadurch die Volum-Einheit des Wassers als Massen-Einheit bestimmt. Dann gehört. also notwendig

zum Längenmaaſs Millimeter, Centimeter, Decimeter, Meter, das Massenmaaſs Milligramm, Gramm, Kilogramm, 1000 kg.

Jedenfalls muss man festhalten, dass in dem absoluten Maaſssystem nach dem Vorgange von Gauss die Masse von einem Cbcm Wasser als Gramm bezeichnet wird, während der populäre Sprachgebrauch unter Gramm u. s. w. meistens Gewichte versteht. Beispielsweise also ist das Trägheitsmoment eines kleinen Körpers von m mg oder g, der sich im Abstande a mm oder cm von einer Drehungsaxe befindet, im absoluten

Maaſssystem $= a^2 m$ und nicht etwa $= a^2 \dfrac{m}{g}$ zu setzen. Dagegen ist das Gewicht dieses Körpers $= gm$ und also das Drehungsmoment, welches er durch die Anziehung der Erde im Horizontalabstande a von der Drehungsaxe ausübt, $= agm$, wobei unter g die Beschleunigung durch die Schwere verstanden wird. Um Zweideutigkeiten zu vermeiden, empfiehlt es sich zur Bezeichnung, dass ein Gramm als Gewicht gemeint ist, den Ausdruck Gramm-Gewicht zu gebrauchen.*)

---

*) Erwähnung verdient, dass Gauss in seinem ersten diesbezüglichen Aufsatz (Erdmagnetismus und Magnetometer, Schumacher's Jahrbuch 1836; Gauss Werke Bd. 5, S. 329) den Magnetismus eines Stabes mittels der Gewichtseinheit in absolutem Maaſse definirt hat und dass er erst später das Gramm als Masse auffasst.

Will man die Frage, ob das Gramm u. s. w. als Gewichts- (d. h. Kraft-) oder als Masseneinheit zu dienen habe, allgemein beantworten, so kann wissenschaftlich gar kein Zweifel an der Antwort sein: Da das Gewicht eines Körpers schlechthin ganz unbestimmt und selbst an der Erdoberfläche um ½ Procent veränderlich ist, so kann man nicht das Gewicht irgend eines Körpers als Gewichtseinheit aufstellen. Es wäre auch verkehrt, zu sagen: als Gewichtseinheit betrachten wir unter dem Namen Gramm das Gewicht eines Cubikcentimeters Wasser unter 45° Breite, denn dann müssten ja die Gewichtssätze für jede geographische Breite besonders angefertigt werden. Was man mit dem Namen „Gewichtsatz" bezeichnet, ist eben nichts Anderes als ein Massensatz; und eine Wägung mit der gewöhnlichen Wage ist keine Gewichts-, sondern eine Massenbestimmung. Das Gewicht, d. h. die Kraft, mit welcher der Körper von der Erde angezogen wird, erhält man erst durch die Bestimmung

Alle Grössen stellen sich nach dem Vorigen als Functionen von Länge, Masse und Zeit dar, z. B. eine Geschwindigkeit als eine Länge dividirt durch eine Zeit, ein Volumen als dritte Potenz einer Länge, eine Kraft als eine Länge multiplicirt mit einer Masse, dividirt durch das Quadrat einer Zeit. Wir werden im Folgenden jeder Grösse diese Function hinzufügen und dieselbe nach dem Beispiel von Maxwell und Jenkin (Rep. Brit. Assoc. 1863 S. 132) die Dimension der betreffenden Grösse nennen. Durchweg soll dabei eine Länge mit l, eine Masse mit m, eine Zeit mit t bezeichnet werden. Die Dimension eines Raumes ist also $= l^3$, einer Geschwindigkeit $= lt^{-1}$, einer Kraft $= mlt^{-2}$.

Diese „Dimension" gibt sofort die Möglichkeit, von einem Maaſssystem, z. B. dem von Gauss und Weber gebrauchten Mm-mg-sec-System zu irgend einem anderen, z. B. dem jetzt wegen der meist bequemeren Zahlengrösse gebräuchlichen Cm-g-sec-System überzugehen. Denn wenn eine Grundgrösse in der abgeleiteten Grösse auf der p^{ten} Potenz vorkommt, so ändert sich die abgeleitete Einheit im Verhältnis k^p, sobald die Grundeinheit im Verhältnis k geändert wird. Der Zahlenwert der Grösse ändert sich hierdurch also im Verhältnis k^{-p}. Die Zahl, welche eine Geschwindigkeit $\dfrac{l}{t}$ darstellt, wird bei dem Uebergang vom Mm zum Cm als Längeneinheit im Verhältnis 10^{-1} geändert, beim Uebergang von Secunde zu Minute im Verhältnis 60^{+1}. Die Zahl für eine Kraft $\dfrac{lm}{t^2}$, wenn wir von Mm-mg zu Cm-g übergehen, ändert sich im Verhältnis $10^{-1} . 1000^{-1} = \dfrac{1}{10000}$. Vgl. die Reductionstabelle 28.

Auch bezüglich des von der British Association eingeführten

---

der Fallgeschwindigkeit, also z. B. durch die Schwingungsdauer des am Faden aufgehangenen Körpers.

In der That aber besteht auch der Zweck der Wägung meistens in der Massenbestimmung. Dem Chemiker, dem Kaufmann, dem Arzte ist es nicht um den Druck der Körper auf ihre Unterlage zu thun, sondern lediglich um deren Masse, denn durch diese wird die chemische Wirksamkeit, der Geld- oder der Nahrungswert u. s. w. bedingt.

und im J. 1882 durch den elektrischen Congress angenommenen „praktischen" Maaſssystems, welches unter den Namen von Ohm, Ampère und Volta Einheiten für elektrischen Widerstand, Stromstärke und elektromotorische Kraft enthält, gibt es ein System von Grundeinheiten nämlich, ausser der Secunde, der Erdquadrant $= 10^9$ cm als Längeneinheit und der 10^{11}te Teil eines Grammes als Masseneinheit. Ist die Dimension einer Grössenart $= l^p . m^q . t^r$, so ist also die Einheit im „praktischen" Maaſssystem im Verhältnis $10^{9p} . 10^{-11q}$ grösser als im Cm-Gr-System. Z. B. ist eine Stromstärke $= [l^{1/2} m^{1/2} t^{-1}]$, also die Einheit Amper $= 10^{9/2} . 10^{-11/2} = 10^{-1}$ Cm-g-Stromeinheiten (vgl. Nr. 19). Die Arbeitseinheit 1 Volt-Amper-Secunde $= [l^2 m t^{-2}]$ ist gleich $10^{18} . 10^{-11} = 10^7$ Cm-g-Arbeitseinheiten.

Maaſse aus Raum und Zeit.

1. Als Einheit der Fläche (f) gilt das Quadrat über der Längeneinheit. Dimension $= l^2$.

2. Maaſs des Raumes (v) ist der Würfel über der Längeneinheit. Dimension $= l^3$.

3. Ein Winkel (φ) wird in der Mechanik gleich dem zugehörigen Kreisbogen geteilt durch den Halbmesser gesetzt. Ein kleiner Winkel ist also seinem Sinus oder seiner Tangente numerisch gleich, und derjenige Winkel ist gleich eins, dessen Bogen gleich dem Halbmesser ist. Dimension $= \dfrac{l}{l} = 1$ (d. h. von den gewählten Grundeinheiten unabhängig).

4. Geschwindigkeit u nennen wir einen zurückgelegten Weg, geteilt durch die zum Zurücklegen gebrauchte Zeit. Die Geschwindigkeit Eins also besitzt ein Punct, der in der Zeiteinheit die Länge Eins zurücklegt. Dimension $= \dfrac{l}{t}$.

5. Wächst die Geschwindigkeit in der Zeit t um die Grösse u, so besitzt das bewegte Ding eine Beschleunigung $b = \dfrac{u}{t}$. Einheit ist also diejenige Beschleunigung, bei welcher die Geschwindigkeit in der Zeiteinheit um Eins wächst. Dimensionen $= \dfrac{l}{t^2}$.

Die Fallbeschleunigung beträgt 980,6 cm.sec^{-2} oder 9,806 m.sec^{-2} oder 9,806 . 60^2 $=$ 35302 m.min^{-2}.

Mechanische Maafse.

6. Kraft k.

Das Grundgesetz der Mechanik sagt, dass eine Kraft k, welche einer Masse m in der Zeit t eine Geschwindigkeit u erteilt, mit den Grössen m und u im directen, aber mit t im umgekehrten Verhältnis steht; also $k = C \cdot \dfrac{u\,m}{t}$, wo die Constante C von den gewählten Einheiten abhängt. Soll $C = 1$ werden, wodurch also das Gesetz die möglichst einfache Gestalt annimmt, so muss für u, t und m gleich Eins auch $k = 1$ sein, und es ist demnach die Einheit der Kraft diejenige Kraft, welche der Masse Eins in der Zeiteinheit die Geschwindigkeit Eins mitteilt. Dimension $= \dfrac{l\,m}{t^2}$.

Die durch die Anziehung der Erde auf 1 mg ausgeübte Kraft beträgt hiernach 9806 mm . mg . sec^{-2} oder 0,9806 cm . g . sec^{-2}. Die absolute Cm-g-Krafteinheit ist also ein wenig grösser als die Anziehung der Erde auf 1 mg.

7. Arbeit oder Wärmemenge A.

Arbeit wird verrichtet, wenn der Angriffspunct einer Kraft sich bewegt. Die verrichtete Arbeit A ist proportional der Kraft k und dem in ihrer Richtung zurückgelegten Weg l. Wollen wir das Gesetz in der einfachsten Gestalt haben, nämlich die Arbeit gleich dem Producte aus Kraft und Weg setzen, $A = k \cdot l$, so ist die Arbeitseinheit verrichtet, wenn ein Punct, an welchem die Kraft Eins angreift, sich in deren Richtung um die Längeneinheit verschoben hat. Dimension $= \dfrac{l^2\,m}{t^2}$.

Durch Hebung von 1 g um 1 m wird die Arbeit 1 . 980,6 . 100 $= 98060$ cm^2 . g . sec^{-2} verrichtet. Das „Kilogramm — Meter" der Technik ist $= 98060000$ absoluter Cm-g-Einheiten.

Auch für die Wärmemenge ist hiermit eine Einheit gewonnen, sobald man diejenige Wärmemenge Eins nennt, welche der Arbeitseinheit äquivalent ist.

Die gewöhnlich gebrauchte Wärmeeinheit, welche 1 g Wasser von 0 auf 1° erwärmt und welche der Hubarbeit 430 Gramm-Meter äquivalent ist, beträgt hiernach in absolutem Maafse 430 . 980,6 . 100 $= 42200000$ cm^2 g . sec^{-2}.

8. Drehungsmoment P.

Setzen wir das Drehungsmoment P gleich dem Product aus einer Kraft k in ihren Hebelarm l, $P = k \cdot l$, so ist die Einheit des Drehungsmoments vorhanden, wenn die Kraft Eins am Hebelarm Eins wirkt. Dimension $= \dfrac{l^2 m}{t^2}$.

9. Directionskraft D.

Wenn ein um eine feste Axe drehbarer Körper eine stabile Gleichgewichtslage hat, so wird in einer anderen Lage ein Drehungsmoment P auf denselben ausgeübt, welches für einen beliebig kleinen Ablenkungswinkel φ aus der Gleichgewichtslage immer mit φ proportional ist. Das constante Verhältnis $\dfrac{P}{\varphi} = D$ nennen wir die auf den Körper ausgeübte Directionskraft, wobei als Einheit des Winkels derjenige Winkel (57,296°) gilt, für welchen der Bogen dem Halbmesser gleich ist.

Die Einheit der Directionskraft also ist vorhanden, wenn das Drehungsmoment für einen kleinen Ablenkungswinkel aus der Gleichgewichtslage dem Winkel gleich ist. Dimension $= \dfrac{l^2 m}{t^2}$.

Die Dimension ist die gleiche wie für das Drehungsmoment, da ein Winkel als Quotient eines Bogens durch einen Radius als unbenannte Zahl erscheint.

Die Directionskraft eines durch die Schwere getriebenen Pendels mit der Masse m = 1 kg an einer Stange von der Länge l = 1 m beträgt demnach 100 . 1000 . 980,6 = 98060000 cm² . g . sec⁻², denn das Drehungsmoment für einen Ablenkungswinkel φ ist $= l m g \cdot \sin \varphi$, und für ein kleines φ kann $\varphi = \sin \varphi$ gesetzt werden.

Die von der Schwere ausgeübte Directionskraft einer bifilaren Aufhängung (58a) von dem Fadenabstande 10 cm, der Fadenlänge 200 cm, der angehängten Masse 1 Kg = 1000 g ist $\dfrac{10 . 10}{200} \cdot 1000 \cdot 980{,}6$ = 490300 cm² g sec⁻².

10. Trägheitsmoment K.

Setzen wir das Trägheitsmoment K einer Masse m im Abstand l von einer Drehungsaxe $K = l^2 m$, oder wenn mehrere Massen vorhanden sind, $K = \Sigma l^2 m$, so ist das Trägheitsmoment Eins durch einen Punct von der Masse Eins im Abstand Eins von der Drehungsaxe gegeben. Dimension $= l^2 m$.

Das Trägheitsmoment des obigen Pendels ist also $100^2 \cdot 1000 = 10^7$ cm². g. Ein rechteckiger 50 g schwerer Magnet von 1 dm Länge, 1 cm Breite hat das Trägheitsmoment (54) $\dfrac{10^2 + 1^2}{12} \cdot 50 = 421$ cm². g.

Trägheitsmoment K, Directionskraft D und Schwingungsdauer t bei kleiner Schwingungsweite hängen durch die Gleichung $\dfrac{t^2}{\pi^2} = \dfrac{K}{D}$ zusammen, wobei die Bedeutung der **Dimensionen** sich darin zeigt, dass in der That $l^2 m$ durch $l^2 m t^{-2}$ dividirt das Quadrat einer Zeit gibt.

10a. Elasticitätsmodul η.

Setzt man die Verlängerung l, welche ein Stab von der Länge L und vom Querschnitte λ^2 durch eine Zugkraft k erfährt, $l = Lk/\lambda^2 \eta$, so ist **Elasticitätsmodul η die Kraft, welche an dem Querschnitte Eins angreifend die Länge verdoppeln würde.** Dimension $= \dfrac{m}{l t^2}$.

Die praktisch gebrauchten Elasticitätsmoduln Kg-gewicht/qmm sind mit 98100000 zu multipliciren, um für das absolute Cm-g-System zu gelten. Vgl. S. 102.

Elektrostatische Maaſse.

11. Elektricitätsmenge ε.

Zwei in Puncten concentrirt gedachte Elektricitätsmengen ε und ε' in der Entfernung l von einander stossen sich mit einer Kraft $k = \text{Const.} \dfrac{\varepsilon \varepsilon'}{l^2}$ ab, wobei der Zahlenwert der Constante von den gewählten Einheiten abhängt. Fordern wir, dass die Constante $= 1$ wird, dass also das Gesetz die möglichst einfachste Gestalt annimmt $k = \dfrac{\varepsilon \varepsilon'}{l^2}$, so ist die sogenannte **mechanische** oder **elektrostatische Einheit der Elektricitätsmenge diejenige Menge, welche eine ihr gleiche Menge aus der Entfernung Eins mit der Einheit der Kraft abstösst.** Dimension $= \dfrac{l^{1/2} m^{1/2}}{t}$.

Denn nach Obigem ist das Quadrat einer Elektricitätsmenge gegeben als eine Kraft $(l\,m\,t^{-2}$ vgl. 6) multiplicirt mit dem Quadrat einer Länge; also ist die Dimension einer Elektricitätsmenge in mechanischem Maafse

$$= \sqrt{l^3 m t^{-2}} = l^{1/2} m^{1/2} t^{-1}.$$

12. Elektrostatisches Potential V.

Wenn Massen vorhanden sind, welche anziehende oder abstossende Kräfte nach dem umgekehrten Quadrat der Entfernung ausüben, so nennt man Potentialfunction oder auch Potential dieser Massen auf einen in der Nachbarschaft befindlichen Punct denjenigen Ausdruck, dessen Gefälle nach irgend einer Richtung die Grösse der auf die Masse Eins an dem Puncte nach dieser Richtung ausgeübten Kraft ergibt. Unter Gefälle verstehen wir die Grösse, um welche der Ausdruck abnimmt, wenn man von dem Puncte, den wir betrachten, zu einem nahe benachbarten Puncte übergeht, geteilt durch den Abstand beider Puncte; oder kurz den negativen Differentialquotient des Ausdrucks nach der betrachteten Richtung. Danach ist das Potential der Elektricitätsmenge ε auf einen um die Länge l von derselben entfernten Punct gegeben durch $\frac{\varepsilon}{l}$;

sind mehrere Elektricitätsmengen ε_1, ε_2 ... vorhanden, so ist deren Potential auf einen Punct, welcher um l_1, l_2 ... von ihnen entfernt ist, gleich $\frac{\varepsilon_1}{l_1} + \frac{\varepsilon_2}{l_2} + \cdots$.

Als Einheit des elektrostatischen Potentials gilt demnach das Potential der Elektricitätsmenge Eins auf einen Punct im Abstande Eins. Dimension $= \dfrac{l^{1/2} m^{1/2}}{t}$.

13. Elektrostatische Capacität $\varkappa$.

Damit eine Elektricitätsmenge ε auf einem Leiter im Gleichgewicht sei, muss sie sich so verteilen, dass ihr Potential V auf alle Puncte des Leiters gleich gross ist. Potential und Elektricitätsmenge sind einander proportional; $\varepsilon = \varkappa \cdot V$. Das Verhältnis $\varkappa = \dfrac{\varepsilon}{V}$ nennt man elektrostatische Capacität des Leiters.

Die Capacität einer Kugel ist gleich ihrem Halbmesser, denn die Elektricitätsmenge ε, über eine Kugeloberfläche vom

Halbmesser r gleichförmig verteilt, übt auf den Mittelpunct, folglich auf jeden Punct der Kugel das Potential $\frac{\varepsilon}{r}$ aus.

Die Einheit der Capacität hat derjenige Leiter, welcher durch die Einheit der Elektricitätsmenge zum Potential Eins geladen wird, also z. B. eine Kugel vom Halbmesser 1. Dimension $= l$.

Magnetische Maafse.

14. Menge des freien Magnetismus, oder Stärke eines Magnetpoles μ.

Gerade so wie vorhin für Elektricitätsmengen schreiben wir das Gesetz, nach welchem zwei hypothetische Mengen μ und μ' freien Magnetismus (oder zwei punctförmige Magnetpole von der Stärke μ und μ') sich aus dem Abstande l mit der Kraft k abstossen, $k = \frac{\mu \mu'}{l^2}$ und erhalten als Einheit der Menge freien Magnetismus (oder der Stärke des Magnetpoles) diejenige Menge (oder denjenigen Magnetpol), welche auf eine gleiche aus dem Abstande Eins die Krafteinheit ausübt. Dimension $= \frac{l^{1/2} m^{1/2}}{t}$.

15. Stabmagnetismus oder magnetisches Moment M.

Jeder Magnet hat gleiche Mengen freien positiven und negativen Magnetismus. Der einfachste Magnetstab würde aus zwei gleich starken punctförmigen Polen bestehen. Es sei $+\mu$ die Menge Magnetismus, welche in einem der Pole gedacht wird, und l der Abstand der Pole von einander, so sind die Fernwirkungen des Stabes proportional mit $l\mu$. Wir nennen $l\mu$ das magnetische Moment oder kurz den Magnetismus des Stabes.

Ein Magnet, welcher aus zwei Polen mit den Mengen $+1$ des freien Magnetismus (oder von der Stärke $+1$) im Abstand Eins von einander bestände, würde hiernach die Einheit des Stabmagnetismus besitzen. Dimension $= \frac{l^{1/2} m^{1/2}}{t}$.

Das Verhältnis des Stabmagnetismus zu der Masse des Magnets nennt man **specifischen Magnetismus** eines Stabes. Derselbe beträgt (bei sehr dünnen Stäben) höchstens etwa 100 cm$^{1/2}$.g$^{1/2}$.sec^{-1} auf jedes Gramm Stahl.

Die von einem Magnet auf einen Magnetpol ausgeübte Kraft ergibt sich durch folgende Betrachtung.

a) Der Magnetpol μ' sei in der verlängerten Verbindungslinie der Pole gelegen (erste Hauptlage nach Gauss), sein Abstand vom Mittelpunct des Magnets sei $= L$. Der nähere Pol übt eine Kraft $= \dfrac{\mu\mu'}{(L - \frac{1}{2}l)^2}$, der entferntere eine solche in entgegengesetztem Sinne $= \dfrac{\mu\mu'}{(L + \frac{1}{2}l)^2}$ aus; die gesammte Kraft (anziehend oder abstossend, je nachdem der entgegengesetzte oder gleichartige Pol der nähere ist) beträgt also

$$k = \mu\mu'\left[\frac{1}{(L - \frac{1}{2}l)^2} - \frac{1}{(L + \frac{1}{2}l)^2}\right] = \mu\mu'\frac{2Ll}{(L^2 - \frac{1}{4}l^2)^2}.$$

$l\mu$ aber ist der Magnetismus des Stabes $= M$, also wird

$$k = 2M\mu'\frac{L}{(L^2 - \frac{1}{4}l^2)^2} = 2\frac{M\mu'}{L^3}\left(1 - \frac{1}{4}\frac{l^2}{L^2}\right)^{-2}$$

oder endlich (vgl. S. 10)

$$k = 2\frac{M\mu'}{L^3}\left(1 + \frac{1}{2}\frac{l^2}{L^2} + \frac{3}{16}\frac{l^4}{L^4}\cdots\right).$$

Man sucht aus so grossen Entfernungen zu arbeiten, dass das dritte Glied jedenfalls zu vernachlässigen ist. Ist L so gross gegen l, dass man auch $\frac{1}{2}\frac{l^2}{L^2}$ gegen 1 vernachlässigen kann, so wird einfach $k = 2\dfrac{M\mu'}{L^3}$.

b) Der Magnetpol μ' sei in der auf der Mitte der Stabaxe errichteten Senkrechten (zweite Hauptlage), im Abstand L von der Mitte des Magnets gelegen. Der ungleichartige Pol übt eine Anziehungskraft $= \dfrac{\mu\mu'}{L^2 + \frac{1}{4}l^2}$, der gleichartige eine gleich grosse Abstossungskraft aus. Beide

Kräfte setzen sich nach dem Parallelogramm in eine der Stabaxe parallele Kraft

$$k = \frac{\mu\mu'}{L^2 + \frac{1}{4}l^2} \cdot \frac{l}{\sqrt{L^2 + \frac{1}{4}l^2}} = \frac{M\mu'}{(L^2 + \frac{1}{4}l^2)^{\frac{3}{2}}}$$

zusammen, wofür wieder geschrieben werden kann

$$k = \frac{M\mu'}{L^3} \left(1 + \frac{1}{4}\frac{l^2}{L^2}\right)^{-\frac{3}{2}} = \frac{M\mu'}{L^3} \left(1 - \frac{3}{8}\frac{l^2}{L^2} + \frac{15}{128}\frac{l^4}{L^4} + \cdots\right)$$

Bei sehr grosser Entfernung L wird $k = \dfrac{M\mu'}{L^3}$.

Ersetzen wir den Magnetpol μ' durch eine auf der Kraftrichtung senkrechte kurze Magnetnadel von der Länge l', deren
Pole einzeln die Stärke μ' haben, so wird auf die Nadel ein
Drehungsmoment $2k \cdot \dfrac{l'}{2} = kl'$ ausgeübt. Da $\mu' l'$ das magnetische Moment der Nadel, so wird demnach von einem Magnet
M auf einen anderen M' aus der (gegen die Länge der Magnete
grossen) Entfernung L ein Drehungsmoment P ausgeübt:

in der 1. Hauptlage, d. h. wenn M' in der Fortsetzung
von M gelegen und zu M senkrecht gerichtet ist,

$$P = 2\frac{MM'}{L^3};$$

in der 2. Hauptlage, d. h. wenn M' in der Senkrechten
auf M liegt, und ebenfalls zu M senkrecht gerichtet ist,

$$P = \frac{MM'}{L^3},$$

wozu wegen der Magnetlänge nötigenfalls die oben in den Klam-
mern gegebenen Correctionsfactoren kommen.

Hierauf kann die Einheit des Stabmagnetismus unabhängig von der Definition des einzelnen Poles, aber der Bedeutung nach ganz mit der obigen zusammenfallend, folgendermassen festgesetzt werden:

Die Einheit des Stabmagnetismus besitzt derjenige
Magnetstab, welcher auf einen gleichen Stab aus der
(grossen) Entfernung L in der 2. Hauptlage (vgl. oben)
das Drehungsmoment $\dfrac{1}{L^3}$ ausübt.

Wenn die Nadellänge l' nicht so klein ist, dass man l'^2 gegen L^2 vernachlässigen kann, so kommt zu dem Ausdruck für k noch hinzu

in der 1. Hauptlage der Factor $\quad 1 - \tfrac{1}{2}\dfrac{l'^2}{L^2}$,

in der 2. Hauptlage der Factor $\quad 1 + \tfrac{3}{2}\dfrac{l'^2}{L^2}$.

Bildet die kurze Magnetnadel mit der Kraftrichtung den Winkel φ, so wird das Drehungsmoment, wie man leicht sieht, durch Multiplication obiger Ausdrücke mit $\cos\varphi$ erhalten.

Was hier für ideale Magnete mit punctförmigen Polen gezeigt worden ist, gilt sehr nahe für die wirklichen. Für Fernwirkungen gestreckter Magnete aus so grossen Abständen, dass l^4 gegen L^4 zu vernachlässigen ist, gibt es zwei Mittelpuncte, in denen der positive und der negative Magnetismus concentrirt gedacht werden können.

Bei den gewöhnlichen Magneten beträgt der Abstand dieser Pole von einander (die reducirte Länge) etwa $\tfrac{5}{6}$ der Stablänge. Will man dies nicht annehmen, so eliminirt man nach dem Gauss'schen Verfahren (59) die Magnetlänge durch Beobachtungen aus zwei Entfernungen.

Die Glieder mit l^4 / L^4 lassen sich nicht genau aber einigermassen angenähert nach den oben gegebenen Ausdrücken einsetzen.

Einen Magnetstab M, welcher mit der Verbindungslinie L den Winkel φ bildet, darf man für Fernwirkungen in zwei Stäbe zerlegen, nämlich einen solchen, der die Stärke $M\cos\varphi$ hat und aus der ersten Hauptlage wirkt und einen zweiten aus der zweiten Hauptlage von der Stärke $M\sin\varphi$.

16. Magnetische Intensität oder Stärke eines magnetischen Feldes H.

Ein Magnet erfährt im Allgemeinen durch seine Umgebung (durch den Erdmagnetismus, durch andere Magnete, durch elektrische Ströme) eine Kraft, deren Grösse der Stärke des Poles μ proportional ist. Diejenige Kraft, welche an einem Orte auf den Magnetpol Eins ausgeübt wird, nennen wir die Intensität der magnetischen Kraft oder auch kurz die magnetische Intensität an dem Orte, oder die Intensität im magnetischen

Felde. Horizontale Intensität H ist die horizontale Componente dieser Kraft, welche bei den gewöhnlichen Magnetnadeln allein zur Wirkung kommt und auf welche wir unsere Bemerkungen um der Kürze willen beschränken.

Da die Kraft auf einen Pol μ durch μH gegeben ist, so ist das Drehungsmoment auf eine zur Kraftrichtung senkrechte Magnetnadel mit zwei Polen $\pm \mu$ im Abstande l von einander $2 \mu H \cdot \frac{1}{2} l = \mu l H = MH$, wenn M das magnetische Moment der Nadel bedeutet. Wir haben also die Einheit der magnetischen Intensität da, wo auf einen Magnet vom Stabmagnetismus Eins, der zur Kraftrichtung senkrecht ist, die Einheit des Drehungsmoments ausgeübt wird. Dimension $= \dfrac{m^{1/2}}{l^{1/2}t}$.

Bei dem Uebergange von dem Gauss'schen Maaſse mm $^{-1/2}$ mg$^{1/2}$ sec $^{-1}$ zu demjenigen des Cm - g - Systems cm $^{-1/2}$ g$^{1/2}$ sec $^{-1}$ wird also die Einheit $10^{-1/2} \cdot 1000^{1/2} = 10$ mal grösser.

Bildet die Richtung des Magnets mit der Kraftrichtung den Winkel φ, so ist das Drehungsmoment $= MH \sin \varphi$. Also MH ist für einen drehbaren Magnet die Grösse, welche wir S. 309 Directionskraft genannt haben, und es besteht demnach für die Schwingungsdauer t, wenn K das Trägheitsmoment ist, die Gleichung

$$\frac{t^2}{\pi^2} = \frac{K}{MH},$$

wonach das Product aus Stabmagnetismus und erdmagnetischer Intensität auf S. 183 bestimmt wurde.

Der Winkel, um welchen eine kurze Magnetnadel durch einen Magnet aus dem magnetischen Meridian abgelenkt wird, ergibt sich folgendermassen. Der Magnet M befinde sich in der ersten Hauptlage (S. 313) zu der Nadel vom Moment M' im Abstand L. Wenn φ der Ablenkungswinkel, so muss für diesen Winkel das vom Magnet ausgeübte Drehungsmoment $2 \dfrac{MM'}{L^3} \left(1 + \frac{1}{2} \dfrac{l^2}{L^2}\right) \cos \varphi$ gleich dem vom Erdmagnetismus ausgeübten $M'H \sin \varphi$ sein. Also ist

$$\text{tg } \varphi = \frac{2}{L^3} \frac{M}{H}\left(1 + \tfrac{1}{2} \frac{l^2}{L^2}\right),$$

von welcher Gleichung auf S. 187 zur Bestimmung von M/H Gebrauch gemacht wurde. Die daselbst mit $\varkappa$ bezeichnete Grösse hat also die physische Bedeutung, dass $\sqrt{2\,\varkappa}$ den Pol-Abstand des Magnets darstellt.

In der zweiten Hauptlage fällt der Factor 2 weg, und anstatt $\tfrac{1}{2}\,l^2$ kommt $-\tfrac{3}{8}\,l^2$.

Die horizontale Intensität H des Erdmagnetismus betrage 0,2 cm$^{-1/2}$ .g$^{1/2}$.sec^{-1} (oder 2 mm$^{-1/2}$ mg$^{1/2}$ sec^{-1}). Ein dünner Magnetstab habe 10 cm (100 mm) Länge und wiege 10 g (10000 mg). Sein Trägheitsmoment beträgt also $K = \dfrac{10 . 10^2}{12} = 83,3$ cm^2.g $(= 8\,330\,000$ mm^2 mg) Der Magnetismus des Stabes sei

$$M = 400 \text{ cm}^{5/2}.\text{g}^{1/2}.\text{sec}^{-1} \;(4\,000\,000 \text{ mm}^{5/2} \text{ mg}^{1/2} \text{ sec}^{-1}).$$

Dann berechnet sich nach obigem Ausdruck die Schwingungsdauer t dieses Stabes

$$t = \pi \sqrt{\frac{K}{MH}} = 3,14 \sqrt{\frac{83,3}{400 . 0,2}} \left(\text{oder } 3,14 \sqrt{\frac{8330000}{4000000 . 2}}\right) = 3,20 \text{ sec.}$$

Galvanische Maaſse.

17. Stromstärke i; mechanisches Maaſs.

Die Zahl für eine Stromstärke würde in directester Weise durch die mechanisch gemessene Elektricitätsmenge. (Nr. 11) gegeben sein, welche in der Zeiteinheit durch den Querschnitt der Kette fliesst, und es ist hiernach die mechanische Einheit der Stromstärke in demjenigen Strom gegeben, bei welchem in der Zeiteinheit die Elektricitätsmenge Eins durch den Querschnitt der Kette fliesst. Dimension $= \dfrac{l^{1/2} m^{1/2}}{t^2}.$

Diese aus der Ursache des Stromes abgeleitete Einheit ist wegen der grossen Schwierigkeit einer solchen Messung praktisch nicht im Gebrauch, sondern man bedient sich zur Definition der Stromstärke einer Wirkung des Stromes, und zwar meistens der chemischen oder magnetischen Wirkung.

18. Stromstärke; Chemisches Maaſs.

Hier gilt als Einheit des Stromes derjenige Strom,
welcher in der Zeit Eins die Einheit der chemischen
Wirkung ausübt.

Würde man die absolute Anzahl der Atome kennen, so
liesse sich die Elektricitätsmenge Eins am allereinfachsten bestimmen als diejenige Menge, welche 1 (einwertiges) Atom elek-
trolytisch ausscheidet. So lange man die Atomzahlen nicht
kennt und sich auf ausgeschiedene Maaſsen bezieht, ist das
chemische Strommaaſs nicht ein absolutes Maaſs im strengen
Sinne; denn da die durch den Strom ausgeschiedene Menge
eines zersetzbaren Leiters von dessen Substanz abhängt, so
wird ausser Längen-, Massen- und Zeit-Einheit noch eine willkürliche Annahme über die Substanz verlangt. Da die Zersetzung dem Aequivalentgewicht proportional ist, und da die
Chemie dasjenige des Wasserstoffs $= 1$ setzt, so würde auch
für das Strommaaſs die Ausscheidung der Einheit der Wasser-
stoffmenge als Einheit der chemischen Wirkung anzunehmen
sein. Praktisch gebräuchlich ist es, nach der zersetzten Wassermenge zu rechnen, entweder in Mg oder als Knallgas in Cbcm
bei 0° und 760 mm Druck gemessen. Auch Kupfer oder Silber
wird genommen. Vergl. hierüber **68**.

19. Stromstärke; elektromagnetisches oder Weber'sches Strommaaſs.

Denken wir uns ein Stückchen von der Länge l eines
Stromes von der Stärke i, und in der Senkrechten auf der
Stromrichtung, im Abstand L vom Stromelement, die Menge
μ freien Magnetismus, so ist die (transversale) Kraft des
Stromes auf den Magnetpol, oder umgekehrt, gegeben durch
$k = $ Const. $\dfrac{li\mu}{L^2}$. Soll das Gesetz den möglichst einfachen Ausdruck erhalten $k = \dfrac{li\mu}{L^2}$, so wird also die Einheit der Stromstärke durch denjenigen Strom gegeben, welcher unter
obigen Verhältnissen auf den Magnetpol Eins die Kraft
$\dfrac{l}{L^2}$ ausübt. Dimension $= \dfrac{l^{\frac{1}{2}} m^{\frac{1}{2}}}{t}$.

Nämlich $i = \dfrac{k.L^2}{\mu.l} = \dfrac{\text{Kraft} \times \text{Länge}}{\text{Magnetpol}} = \dfrac{l\,m\,t^{-2}.l}{l^{1/2}\,m^{1/2}\,t^{-1}} = l^{1/2}\,m^{1/2}\,t^{-1}.$

Kreisstrom. Statt dessen können wir auch sagen, indem wir auf die Wirklichkeit übergehen, der Strom Eins, im Kreise vom Halbmesser L um eine in seiner Ebene liegende kurze Magnetnadel vom Magnetismus Eins herumgeführt, übt auf die Nadel ein Drehungsmoment $\dfrac{2\pi L}{L^2} = \dfrac{2\pi}{L}$ aus.

Eine Tangentenbussole habe $n = 10$ Windungen von $r = 15$ cm (150 mm) Halbmesser. Die Horizontalintensität des Erdmagnetismus sei $H = 0{,}2$ cm$^{-1/2}$.g$^{1/2}$.sec^{-1} $\left(= 2 \text{ mm}^{-1/2}.\text{mg}^{1/2}.\text{sec}^{-1}\right)$. Ein Strom i lenke die Nadel um 45° ab. Dann ist

$$i = \frac{rH}{2n\pi}\,\mathrm{tg}\,\varphi = \frac{15.0{,}2}{2.10.3{,}14}.1 = 0{,}0478 \text{ cm}^{1/2}\text{ g}^{1/2}\text{ sec}^{-1}$$

$$\left(= \frac{150.2}{2.10.3{,}14} = 4{,}77 \text{ mm}^{1/2}\text{ mg}^{1/2}\text{ sec}^{-1}\right).$$

Elektrodynamisches Strommaaſs. Nach dem Ampère'-schen Gesetz über die Wechselwirkung zweier Ströme ist hiermit identisch die folgende Definition: **zwei geradlinige, gleichgerichtete, zu ihrer Verbindungslinie senkrechte Teile des Stromes Eins, jeder von der Länge Eins, ziehen sich aus der (grossen) Entfernung L mit einer Kraft $\dfrac{2}{L^2}$ an.**

Magnetisches Moment eines geschlossenen Stromes. Endlich besteht für einen ebenen geschlossenen Strom nach dem Weber'schen Maaſse noch die Beziehung, dass er sich in Betreff der magnetischen, von ihm ausgeübten oder erlittenen Fernwirkungen wie ein durch seine Mitte hindurchgesteckter, zur Stromebene senkrechter Magnet vom magnetischen Moment fi verhält, wo f die Grösse der vom Strom umflossenen Fläche bedeutet. Als Flächeneinheit gilt natürlich das Quadrat über der Längeneinheit. Demnach kann man endlich, mit obigen Definitionen identisch, auch sagen: **der Strom Eins, die Flächeneinheit umfliessend, verhält sich in die Ferne wie ein zur Stromebene senkrechter kurzer Magnet von der Einheit des Stabmagnetismus.**

Dieser Satz lässt sich z. B. für einen Kreisstrom, welcher auf einen in seiner Axe gelegenen Magnetpol μ wirkt, leicht ableiten. Die Stromstärke sei $= i$, der Halbmesser des Kreises $= l$ und der Abstand des Poles von der Kreisebene $= L$. Jedes Stückchen des Kreises von der Länge λ übt die Kraft $\dfrac{\lambda i \mu}{L^2 + l^2}$ aus. Alle einzelnen Kräfte setzen sich, da die seitlichen Componenten sich aufheben, zu einer nach dem Mittelpunct des Kreises gerichteten Kraft zusammen. Wir brauchen also, um die Gesammtkraft zu erhalten, nur alle Componenten nach dieser Richtung zu summiren. Die von λ herrührende Componente ist

$$\frac{\lambda i \mu}{L^2 + l^2} \; \frac{l}{\sqrt{L^2 + l^2}} = \frac{\lambda l i \mu}{(L^2 + l^2)^{3/2}}.$$

Da der ganze Kreisumfang die Länge $2\pi l$ hat, so ist also die Gesammtkraft $= \dfrac{2\pi l^2 i \mu}{(L^2 + l^2)^{3/2}} = \dfrac{2 f i \mu}{(L^2 + l^2)^{3/2}}$, wenn πl^2 d. h. die umflossene Fläche $= f$. Für eine grosse Entfernung können wir l^2 gegen L^2 vernachlässigen und bekommen als Kraft

$$2 \frac{f i . \mu}{L^3},$$

d. h. der Strom wirkt gerade wie ein Magnet vom Stabmagnetismus $f i$. Man nennt daher $f i$ wohl das galvanische Moment des geschlossenen Stromes i, welcher die Fläche f umfliesst. Vgl. 77, III.

Die Cm-g-Einheit der Stromstärke ist 100mal grösser als die von Weber gebrauchte Mm-mg-Einheit. Der Strom 1 [cm, g] zersetzt in 1 sec 0,933 mg Wasser (vgl. 68 und Tab. 27). „Elektrochemisches Aequivalent" Webers.

Für die Praxis wird der Strom 0,1 [cm, g] (oder 10 [mm, mg] unter dem Namen 1 Amper gebraucht.*)

19a. Strommenge, Elektricitätsmenge elektromagnetisch gemessen.

Die von dem Strome Eins in der Zeiteinheit durch einen Querschnitt der Leitung beförderte Menge ist die Elektricitätsmenge oder Quantität Eins nach dem betreffenden Strommaafse. Dimension $= l^{1/2} m^{1/2}$.

Die Elektricitätsmenge, welche bei der Stromstärke 1 Amper in 1 Secunde durch den Querschnitt der Lei-

---

*) Bezeichnungen, welche jedem Arbeiter geläufig sein sollen, dürfen selbstverständlich keiner ausländischen Orthographie unterliegen.

tung fliesst, heisst 1 Culom = 0,1 cm$^{1/2}$ g$^{1/2}$. 1 Culom
zersetzt 0,0933 mg Wasser oder scheidet 0,328 mg Kupfer bez. 1,118 mg Silber aus.

20. Elektromotorische Kraft oder Potentialunter-schied e; elektromagnetisches oder Weber'sches Maafs.,

Das absolute Maafs für diese Grösse ist von Weber aus
den Erscheinungen der Magnet-Induction abgeleitet worden.
Das Gesetz lautet in dem einfachsten Falle folgendermafsen.
Es sei an einem Orte, wo die magnetische Intensität H herrscht,
(S. 316), ein geradliniger, zur Richtung von H senkrechter
Stromleiter von der Länge l gegeben. Derselbe werde mit einer
Geschwindigkeit u in der Richtung verschoben, welche auf der
durch l und H gelegten Ebene senkrecht steht. Dann ist die
bei dieser Bewegung in dem Leiter inducirte elektromotorische
Kraft e proportional mit der Länge l des Leiters, mit der magnetischen Intensität H und mit der Geschwindigkeit u. Fordern
wir einfach $e = lHu$, so setzen wir als Einheit der elektromotorischen Kraft diejenige, welche in einem geradlinigen Leiter von der Längeneinheit inducirt wird,
wenn derselbe an einem Orte, wo die magnetische Intensität Eins herrscht, unter obigen normalen Verhältnissen mit der Geschwindigkeit Eins bewegt wird.

Dimension $= \dfrac{l^{\frac{3}{2}} m^{\frac{1}{2}}}{t^2}$.

Denn nach Obigem stellt sich die elektromotorische Kraft dar als
Länge $\times$ magnetische Intensität $\times$ Geschwindigkeit

$$= l . l^{-1/2} m^{1/2} t^{-1} . l t^{-1} = l^{1/2} m^{1/2} t^{-2}.$$

Halten wir z. B. an einem Orte des mittleren Deutschland, wo die
gesammte Intensität des Erdmagnetismus

$$= 0,45 \text{ cm}^{-1/2} . g^{1/2} . \sec^{-1} \left(= 4,5 \text{ mm}^{-1/2} . \text{mg}^{1/2} . \sec^{-1} \right)$$

ist, einen geraden Draht von 1 m Länge senkrecht zur Inclinationsrichtung
und bewegen ihn nun mit der Geschwindigkeit i $\dfrac{\text{m}}{\text{sec}}$ senkrecht zu sich
selbst und zur Inclinationsrichtung, so ist die in ihm inducirte elektro-
motorische Kraft $= 100 . 0,45 . 100 = 4500 \text{ cm}^{1/2} . g^{1/2} . \sec^{-2} (= 1000 . 4,5 . 1000$
$= 4500000 \text{ mm}^{1/2} \text{ mg}^{1/2} \sec^{-2}).$

In diesem absoluten Maafse ist ferner die elektromotorische Kraft Daniell $= 112.10^6$, Grove oder Bunsen $= 192.10^6$ cm$^{1/2}$.g$^{1/2}$.sec^{-2} (oder 112.10^9 bez. 192.10^9 mm$^{1/2}$.mg$^{1/2}$.sec^{-2}) (ungefähr).

Die elektromotorische Kraft 10^8 [cm, g] (oder 10^{11} [mm, mg]), also etwa $^8/_9$ Daniell, ist $= 1$ Volt.

Induction in einem gedrehten Multiplicator durch den Erdmagnetismus (80. 82). Sie wird, obiger Definition entsprechend, durch folgenden Satz gegeben. Wir denken uns die Drahtwindungen auf eine zur Richtung des Erdmagnetismus senkrechte Ebene projicirt. Die Summe der von allen projicirten Windungen umschlossenen Flächen ändere ihre Grösse während der Drehung in einem bestimmten Augenblick um die kleine Grösse df in der kleinen Zeit dt. Dann ist die in diesem Augenblick inducirte elektromotorische Kraft e im obigen absoluten Maafse gleich der erdmagnetischen Intensität H multiplicirt mit der Geschwindigkeit $\dfrac{df}{dt}$ der Flächenänderung; $e = H\dfrac{df}{dt}$.

Erleidet der Multiplicator aus einer Anfangsstellung senkrecht zur Richtung von H eine Drehung um 180^0, so beträgt der Integralwert der elektromotorischen Kraft dieses Inductionsstosses $2fH$.

Gesetz der Magnet-Induction nach Neumann. Dieselbe Einheit liegt dem Inductionsgesetz in folgender Form zu Grunde. Es sei ein ganz beliebig gestalteter Leitungsdraht gegeben, der in der Nähe von Magneten mit der Geschwindigkeit u bewegt wird. Um die in dem Leiter inducirte elektromotorische Kraft zu erhalten, denken wir ihn von dem Strome Eins nach Weber'schem Maafse durchflossen (S. 318). Dann würden bewegende Kräfte auf den Leiter ausgeübt werden, und k sei in irgend einem Augenblick deren Componente nach der Richtung der wirklich ausgeführten Bewegung. Die in diesem Augenblick inducirte elektromotorische Kraft ist alsdann $e = -ku$. Im Falle drehender Bewegung ist für k die Componente des Drehungsmomentes in der Drehungsebene und für u die Winkelgeschwindigkeit zu setzen.

Potentialdifferenz oder Spannungsunterschied. Die elektromotorische Kraft einer galvanischen Säule ist proportional dem Potentialunterschiede an den Polen. Indem man die beiden Grössen identificirt, erhält man also auch im elektromagnetischen Maaſssystem den Begriff Potential, welcher mit dem Begriff elektromotorische Kraft gleichartig ist.

Man kann den Begriff auch so definiren. Potential auf einem vom Strome durchflossenen Leiter ist die Grösse, deren Differentialquotient (Gefälle) die auf die Elektricitätsmenge Eins (nach magnetischem Maaſse) ausgeübte Kraft ergibt.

Sind Strom- und Widerstands-Einheit gegeben, so ist nach dem Ohm'schen Gesetz die Einheit der elektromotorischen Kraft diejenige, welche in einem Leiter vom Widerstand Eins die Einheit der Stromstärke hervorbringt. Rechnete man z. B. die Widerstände nach Siemens'schen Quecksilbereinheiten, die Stromstärken nach Weber'schen Mm-mg-Einheiten, so war die elektromotorische Kraft 1 Siemens $\times$ Weber diejenige, welche die genannte Stromeinheit in dem Widerstande 1 Siemens bewirkte. Es ist 1 Siem.-Weber = 0,0944 Volt.

20a. Capacität $\varkappa$; elektromagnetisches Maaſs.

Auch für diese Grösse ergibt sich eine elektromagnetische Einheit. Nämlich derjenige Condensator hat die Einheit der Capacität, welcher von der elektromotorischen Kraft Eins oder zur Potentialdifferenz Eins geladen, die Elektricitätsmenge Eins hält. Dimension = $l^{-1}t^2$.

Die Capacität eines Condensators, welcher zur Potentialdifferenz 1 Volt geladen die Elektricitätsmenge 1 Culom hält, ist 1 Farad = 10^{-9} cm^{-1} sec^2. Das Mikrofarad ist der millionte Teil des Farad.

21. Leitungswiderstand w.

Um in dem Weber'schen Maaſssystem, nach Feststellung der Einheiten für Strom und elektromotorische Kraft, die Widerstandseinheit zu erhalten, benutzen wir das Ohm'sche Gesetz und nennen den Widerstand desjenigen Leiters Eins, in welchem die elektromotorische Kraft Eins den Strom Eins erzeugt.

Dimension = $\dfrac{l}{t}$.

Denn Widerstand = $\dfrac{\text{Elektromotorische Kraft}}{\text{Stromstärke}} = \dfrac{l^{1/2} m^{1/2} t^{-2}}{l^{1/2} m^{1/2} t^{-1}} = \dfrac{l}{t}$.

21*

Der Leitungswiderstand oder der Quotient aus einer elektromotorischen Kraft durch eine Stromstärke erscheint also gleich-
bedeutend mit einer Geschwindigkeit und lässt sich in der
That durch eine solche physikalisch vorstellen. Z. B. ist der
Widerstand eines geradlinigen Drahtes von der Längeneinheit
gegeben durch diejenige Geschwindigkeit, mit welcher man ihn
an einem Orte mit der magnetischen Intensität Eins unter den
S. 321 beschriebenen normalen Verhältnissen bewegen muss,
damit in ihm die Stromstärke Eins entstände, wenn die Enden
durch einen widerstandslosen Leiter (auf welchen natürlich keine
Induction stattfände) mit einander verbunden wären.

1 Ohm ist = 10^9 cm, sec^{-1} oder = 1 Erdquadrant:
Secunde oder auch = 1,06 Siemens'schen Quecksilbereinheiten. 1 Q. E = 0,944 Ohm. 1 Brit. Assoc. Einheit
= 0,99 Ohm.[1])

Specifischer Widerstand. Derjenige Leiter hat die Einheit des specifischen Widerstandes, welcher als Säule von der
Länge und dem Querschnitte Eins den Widerstand Eins ergeben
würde. Dimension = $\dfrac{l^2}{t}$ (vgl. S. 203).

Im absoluten Maaſssystem würde also das Quecksilber folgenden
specifischen Widerstand besitzen. Eine Quecksilbersäule von 106 cm
Länge und 0,01 qcm Querschnitt hat den Widerstand 10^9 cm sec^{-1}. Eine
Säule von 1 cm Länge und 1 qcm Querschnitt hätte demnach den Widerstand $10^9/106.100 = 9440$ cm^2 sec^{-1}. Rechnet man aber den Widerstand nach Ohms, die Querschnitte nach Qmm, die Längen nach Metern,
so ist der spec. Widerstand des Quecksilbers = 0,944 zu setzen.

22. Stromarbeit, Stromwärme.

Die innere Stromarbeit, welche sich in der Erwärmung
eines Leiters äussert, ist proportional dem Producte aus dem
Widerstande, der Zeitdauer und dem Quadrate der Stromstärke.
Oder auch: die Stromarbeit ist dem Producte aus der elektromotorischen Kraft, der Stromstärke und der Zeit proportional
(Joule). Die Bedeutung des absoluten Maaſssystems, welches auf einen möglichst einfachen Ausspruch der Wechsel-
beziehungen zwischen Elektricität und Magnetismus gegründet

------

1) Vorbehaltlich kleiner Aenderungen.

ist, zeigt sich noch darin, dass auch der Ausdruck für die Stromarbeit durch Einführung dieser Maaße die möglichst einfache Gestalt erhält

$$A = i^2 wt = eit.$$

Man bemerke hierbei, dass, da $l^{1/2} m^{1/2} t^{-1}$ die Dimension einer Stromstärke, lt^{-1} diejenige eines Leitungswiderstandes und $l^{1/2} m^{1/2} t^{-2}$ die Dimension einer elektromotorischen Kraft ist, das Product $i^2 wt$ sowohl wie eit die Dimension $l^2 mt^{-2}$, d. h. diejenige einer Arbeit ergibt. Nennt man diejenige Wärmemenge Eins, welche der Arbeitseinheit äquivalent ist; so ist A auch die entwickelte Stromwärme (Clausius, Thomson).

Obiger Satz folgt aus dem allgemeinen Gesetz der Magneto-Induction in einem bewegten Leiter, wie es S. 322 ausgesprochen wurde, in Verbindung mit dem Gesetz von der Erhaltung der Kraft. In einem geschlossenen Leiter, der unter dem Einfluss eines Magnetes bewegt wird, entsteht durch Induction ein Strom, auf welchen nun durch den Magnet eine bewegende Kraft ausgeübt wird, und zwar immer derartig, dass die letztere der wirklich ausgeführten Bewegung entgegenwirkt. Man verrichtet also durch diese Bewegung eine Arbeit, deren Grösse gleich dem Product aus dem zurückgelegten Weg in die widerstehende Kraft ist. Der Weg ist $= ut$, wenn u die Geschwindigkeit, t die Zeitdauer der Bewegung bedeutet; die Kraft ist jedenfalls der Stärke i des inducirten Stromes proportional. Wir können also die Kraft $= ki$ setzen und erhalten demnach die verrichtete Arbeit $= kiut$.

Nun bedeutet k offenbar diejenige Kraft, welche unter den gegebenen Verhältnissen von dem Magnet auf einen Strom von der Stärke 1 in dem Leiter ausgeübt werden würde. Dann aber sagt das Inductionsgesetz (S. 322), dass ku die inducirte elektromotorische Kraft e nach absolutem Maaße darstellt; wir haben also die verrichtete Arbeit $kiut = eit$. Wenn wir also einen Stromleiter unter dem Einflusse magnetischer Kräfte und unter solchen Umständen bewegen, dass durch Magnetoinduction in dem Leiter die elektromotorische Kraft e und der Strom i entsteht, so verrichten wir während der Zeit t die mechanische Arbeit eit oder $i^2 wt$.

Da nun nach ausgeführter Bewegung als Wirkung dieser Arbeit nur die durch den Strom in dem Leiter entwickelte Wärmemenge vorhanden ist, so folgt aus dem Gesetz der Gleichheit von Wärme und Arbeit, dass eit oder $i^2 wt$ eben diese Wärmemenge darstellt, in welche diese mechanische Arbeit durch Vermittelung des Stromes umgesetzt worden ist; natürlich diejenige Wärmemenge als Einheit angenommen, welche der Arbeitseinheit äquivalent ist.

Unmittelbar aber ist die in dem durchflossenen Leiter entwickelte Wärme doch nur eine innere Wirkung des Stromes, und so haben wir

in i^2wt oder eit die durch einen Strom i, wenn er einen Leiter vom
Widerstande w durchfliesst, oder wenn er von der elektromotorischen
Kraft e hervorgebracht wird, erzeugte Wärmemenge, oder mit andern
Worten die von ihm verrichtete innere Arbeit.

Nehmen wir z. B. den Strom 1 cm$^{1/2}$ g$^{1/2}$ sec^{-1} in einer Leitung vom
Widerstande 1 Ohm $= 10^9$ cm sec^{-1}. Die hier in der Secunde verrichtete Arbeit beträgt 10^9 cm^2 g sec^{-2}. Da nun 42200000 solcher Arbeits-
einheiten der gewöhnlichen Gramm-Calorie (1 g Wasser 1°; vgl. Nr. 7)
entsprechen, so beträgt die von dem Strome 1 [g, cm] in dem Widerstande 1 Ohm entwickelte Wärmemenge $10^9 / 42200000 = 24$ Gramm-
calorien. Nach dem Ausdruck $A = i^2wt$, und da 1 Amper $= 0,1$ [cm, g]
ist, entwickelt also der Strom i Amper in w Ohm während
t Secunden die Wärmemenge $0,24 . i^2wt$ Gramm-Calorien.

Statt dessen kann man z. B. auch so sagen: Die elektromotorische
Kraft 1 Volt $= 10^8$ cm$^{1/2}$ g$^{1/2}$ sec^{-2} bringe den Strom 1 Amper $=$
$0,1$ cm$^{1/2}$ g$^{1/2}$ sec^{-1} hervor. In einer Secunde wird dadurch die Arbeit
1 Volt . Amper . Sec. $= 10^7$ cm^2 g sec^{-2} geleistet. Wollen wir dies in
technische Hub-Kilogramm-Meter umrechnen, so ist (Nr. 7) 1 Kg-Gew.
$\times$ Meter $= 98060000$ cm^2 g sec^{-2}. Durch Division findet man die
Arbeit 1 Volt.Amper.Sec. oder 1 Volt.Culom $= 0,102$ Kg-Gew.
$\times$ Meter. In Wärme umgerechnet gibt dies wie oben 102/430 $= 0,24$
Gramm-Calorien.

Setzt man eine Pferdekraft $= 75$ Kg-Gew. $\times$ Meter/Sec., so ist also
1 Volt Amper $= 0,102$ Kg-Gew. Meter / Sec. $= 0,00136$ Pferdekraft.

Wir können nach dem Vorigen die Weber'schen absoluten
Einheiten nach Feststellung der Stromeinheit auch folgendermafsen definiren. Die Einheit der elektromotorischen
Kraft ist diejenige Kraft, welche dadurch, dass sie
den Strom Eins hervorbringt, in der Zeit Eins die Arbeitseinheit verrichtet.

Oder auch: Widerstandseinheit ist der Widerstand
desjenigen Leiters, in welchem der Strom Eins in der
Zeiteinheit die Einheit der Arbeit verrichtet.

Tabellen.

1. Dichtigkeit einiger Körper.

Aluminium.....	2,6	Kalkspath	2,71	Eis........ bei 0°		0,9167
Blei..........	11,3	Kork	0,2	Wasser..... „ 4°		1,00000
Bronce	8,7	Kupfer...	8,9	Wasser..... „ 15°		0,99915
Eisen, Schmiede-	7,75	Messing..	8,4	Aether ..... „ 15°		0,720
.Guss-....	7,5	Neusilber	8,5	Alcohol..... „ 15°		0,7938
Draht ...	7,65	Nickel...	8,9	Anilin ... „ 15°		1,023
Gussstahl	7,8	Platin ...	21,5	Benzol...... „ 15°		0,884
Elfenbein	1,9	Quarz ...	2,65	Chloroform.. „ 15°		1,499
Glas..........	2,6	Schwefel.	2,0	Eisessig .... „ 15°		1,053
Flintglas.	3,5	Silber ...	10,4	Glycerin.... „ 15°		1,260
Gold	19,3	Wachs...	0,96	Olivenöl .... „ 15°		0,915
Holz, Eben-....	1,2	Wismuth.	9,8	Quecksilber . „ 0°		13,596
Buchen-..	0,7	Zink.....	7,1	Schwefelkohlst. 15°		1,270
Eichen-..	0,7	Zinn.....	7,3	Terpentinöl bei 15°		0,87
Tannen-..	0,5					

Nach Jolly und Regnault.	Bei 0° u. 760 mm unter 45° geogr. Breite bezogen auf Wasser.	Bezogen auf Luft von gleicher Temperatur und gleichem Druck.
Luft.................	0,0012931	1,0000
Sauerstoff...........	0,0014291	1,1052
Stickstoff	0,0012544	0,9701
Wasserstoff	0,00008952	0,06923
Kohlensäure..........	0,001965	1,520
Knallgas.............	0,0005360	0,4146
Wasserdampf........		0,6218

2. Reduction einiger willkürlicher Araeometerscalen.

	Leichter als Wasser.				Schwerer als Wasser.	
Sp. Gew.	Baumé.	Beck.	Cartier.	Sp. Gew.	Baumé.	Beck.
0,75	58,4°	56,7°		1,0	0,0°	0,0°
0,80	46,3	42,5	43,0°	1,1	13,2	15,4
0,85	35,6	30,0	33,6	1,2	24,2	28,3
0,90	26,1	18,9	25,2	1,3	33,5	39,2
0,95	17,7	8,9	17,7	1,4	41,5	48,6
1,00	10,0	0,0	11,0	1,5	48,4	56,7
				1,6	54,4	63,7.
				1,7	59,8	70,0
				1,8	64,5	75,6
				1,9	68,6	80,5
				2,0	72,6	85,0

3. Procentgehalt und specifisches Gewicht bei 15⁰ der wässrigen Lösungen von

Aetzkali, Chlor-Kalium, salpetersaurem, schwefelsaurem, kohlensaurem und doppelt chromsaurem
Kalium,

Ammoniak und Chlor-Ammonium,

Aetznatron, Chlor-Natrium, salpetersaurem, schwefelsaurem und kohlensaurem Natrium,

Chlor-Calcium und Chlor-Barium,

schwefelsaurem Magnesium, Zink und Kupfer,

salpetersaurem Silber, essigsaurem Blei,

Schwefelsäure, Salpetersäure und Salzsäure,

Rohrzucker und Alcohol.

Wasser von 4⁰ als Einheit.

Zum grössten Teile nach Gerlach (vgl. Fresenius, Zeitschr. für analyt.
Chemie VIII, S. 279, 1869). Auch nach Carius, Kolb, Mendelejeff,
Schiff, F. K.

Der Procentgehalt bedeutet die in 100 Gewichtsteilen der Lösung
enthaltenen Gewichtsteile der überschriebenen Verbindung. Die Salze
sind überall wasserfrei.

Nur bei dem Alcohol sind Volumprocente d. h. die Raumteile absoluten
Alcohols in 100 Raumteilen Weingeist zu verstehen.

Proc. Gehalt.	Specifisches Gewicht.								Proc. Gehalt.
	KOH	KCl	KNO₃	K₂SO₄	K₂CO₃	K₂Cr₂O₇	NH₃	NH₄Cl	
0	0,999	0,999	0,999	0,999	0,999	0,999	0,999	0,999	0
5	1,045	1,032	1,031	1,040	1,045	1,036	0,978	1,015	5
10	1,092	1,065	1,064	(1,083)	1,092	1,072	0,958	1,030	10
15	1,141	1,099	1,099		1,141	1,109	0,941	1,044	15
20	1,191	1,135	1,135		1,192		0,924	1,058	20
25	1,242	(1,172)			1,245		0,910	1,073	25
30	1,295				1,300		0,897		30
35	1,349				1,358		0,885		35
40	1,406				1,417				40
45	1,466				1,479				45
50	1,528				1,543				50

Proc. Gehalt.	Specifisches Gewicht.								Proc. Gehalt.
	NaOH	NaCl	NaNO₃	Na₂SO₄	Na₂CO₃	CaCl₂	BaCl₂	MgSO₄	
0	0,999	0,999	0,999	0,999	0,999	0,999	0,999	0,999	0
5	1,056	1,035	1,032	1,045	1,052	1,042	1,045	1,051	5
10	1,111	1,072	1,067	1,092	1,105	1,086	1,094	1,105	10
15	1,166	1,110	1,103		(1,159)	1,133	1,148	1,161	15
20	1,222	1,150	1,141			1,181	1,205	1,221	20
25	1,277	1,191	1,181			1,232	1,269	1,284	25
30	1,333		1,223			1,286			30
35	1,387		1,267			1,343			35
40	1,442		1,314			1,402			40
45	1,496		1,365						45
50	1,548		1,417						50

Proc. Gehalt.	Specifisches Gewicht.								Proc. Gehalt.
	H₂SO₄	HNO₃	HCl	CuSO₄	ZnSO₄	PbAc₂	Zucker	Alcohol	
0	0,999	0,999	0,999	0,999	0,999	0,999	0,999	0,999	0
5	1,033	1,029	1,024	1,050	1,052	1,037	1,020	0,992	5
10	1,068	1,058	1,049	1,103	1,108	1,076	1,040	0,986	10
15	1,105	1,089	1,074	1,161	1,168	1,119	1,061	0,980	15
20	1,143	1,121	1,100	(1,225)	1,236	1,164	1,083	0,975	20
25	1,182	1,154	1,126		1,307	1,213	1,106	0,970	25
30	1,223	1,187	1,152		1,382	1,266	1,130	0,965	30
35	1,264	1,220	1,177			1,324	1,154	0,958	35
40	1,307	1,253	1,200	AgNO₃		1,388	1,179	0,951	40
45	1,352	1,287		5 %	1,043		1,206	0,943	45
50	1,399	1,320		10 ,,	1,090		1,233	0,933	50
55	1,449	1,350		15 ,,	1,141		1,261	0,923	55
60	1,503	1,377		20 ,,	1,197		1,290	0,913	60
65	1,558	1,402		25 ,,	1,257		1,320	0,901	65
70	1,616	1,424		30 ,,	1,323		1,351	0,889	70
75	1,676	1,443		35 ,,	1,396		1,383	0,876	75
80	1,734	1,461		40 ,,	1,479			0,863	80
85	1,786	1,479		45 ,,	1,572			0,849	85
90	1,819	1,497		50 ,,	1,677			0,833	90
95	1,839	1,514		55 ,,	1,792			0,816	95
100	1,838	1,530		60 ,,	1,919			0,793	100

4. Dichtigkeit des Wassers

nach Bestimmungen von Despretz, Hagen, Hallström, Jolly, Kopp, Matthiessen, Pierre, Rossetti

und

Volumen V eines Glasgefässes bei 15°,

welches bei der Temperatur der Tabelle, mit Messinggewichten in Luft von der Dichtigkeit 0,00120 gewogen, scheinbar 1 g Wasser fasst, in Cbcm. Vergl. S. 33.

5. Ausdehnung des Wassers von 0 bis 100°.

Volumen eines Grammes Wasser in Cubikcentimetern.

Temperatur	Dichtigkeit	Differenz	Glasvolumen V	Differenz
0°	0,99988		1,00154	
		+ 5		− 6
1	0,99993		1,00148	
		+ 4		− 6
2	0,99997		1,00142	
		+ 2		− 5
3	0,99999		1,00137	
		+ 1		− 3
4	1,00000		1,00134	
		− 1		− 2
5	0,99999		1,00132	
		− 2		
6	0,99997		1,00132	
		− 3		
7	0,99994		1,00132	
		− 6		+ 3
8	0,99988		1,00135	
		− 6		+ 4
9	0,99982		1,00139	
		− 8		+ 6
10	0,99974		1,00145	
		− 9		+ 6
11	0,99965		1,00151	
		− 10		+ 8
12	0,99955		1,00159	
		− 12		+ 9
13	0,99943		1,00168	
		− 13		+ 11
14	0,99930		1,00179	
		− 15		+ 12
15	0,99915		1,00191	
		− 15		+ 13
16	0,99900		1,00204	
		− 16		+ 14
17	0,99884		1,00218	
		− 18		+ 15
18	0,99866		1,00233	
		− 19		+ 16
19	0,99847		1,00249	
		− 20		+ 18
20	0,99827		1,00267	
		− 21		+ 19
21	0,99806		1,00286	
		− 22		+ 19
22	0,99784		1,00305	
		− 23		+ 21
23	0,99761		1,00326	
		− 24		+ 22
24	0,99737		1,00348	
		− 24		+ 22
25	0,99713		1,00370	
		− 25		+ 22
26	0,99688		1,00392	
		− 27		+ 24
27	0,99661		1,00416	
		− 27		+ 25
28	0,99634		1,00441	
		− 28		+ 26
29	0,99606		1,00467	
		− 28		+ 26
30	0,99578		1,00493	

Temperatur	Volum	Zunahme auf 1°
0°	1,0001	
4	1,0000	
10	1,0003	0,00012
15	1,0009	
		16
20	1,0017	
		24
25	1,0029	
		28
30	1,0043	
		32
35	1,0059	
		36
40	1,0077	
		40
45	1,0097	
		46
50	1,0120	
		48
55	1,0144	
		52
60	1,0170	
		54
65	1,0197	
		60
70	1,0227	
		62
75	1,0258	
		64
80	1,0290	
		66
85	1,0323	
		70
90	1,0358	
		72
95	1,0394	
100	1,0432	0,00076

6. Dichtigkeit der trockenen atmosphärischen Luft,

bezogen auf Wasser von 4°,

bei der Temperatur t und dem Drucke h mm Quecksilber von 0° für 45° Breite berechnet als

$$\frac{0,001293}{1 + 0,00367t} \cdot \frac{b}{760} \quad (\text{vgl. 18}),$$

Tem-pera-tur t	Druck $h=700$	710	720	730	740	750	760	770	P. P.
	0,00	0,00	0,00	0,00	0,00	0,00	0,00	0,00	17
0°	1191	1208	1225	1242	1259	1276	1293	1310	mm
1	1187	1204	1221	1237	1254	1271	1288	1305	1 2
2	1182	1199	1216	1233	1250	1267	1284	1301	2 3
3	1178	1195	1212	1228	1245	1262	1279	1296	3 5
4	1174	1191	1207	1224	1241	1258	1274	1291	4 7
									5 8
5	1170	1186	1203	1220	1236	1253	1270	1286	6 10
6	1165	1182	1199	1215	1232	1249	1265	1282	7 12
7	1161	1178	1194	1211	1227	1244	1261	1277	8 14
8	1157	1174	1190	1207	1223	1240	1256	1273	9 15
9	1153	1169	1186	1202	1219	1235	1252	1268	
									16
10	1149	1165	1181	1198	1214	1231	1247	1264	mm
11	1145	1161	1177	1194	1210	1227	1243	1259	1 2
12	1141	1157	1173	1190	1206	1222	1238	1255	2 3
13	1137	1153	1169	1185	1202	1218	1234	1250	3 5
14	1133	1149	1165	1181	1198	1214	1230	1246	4 6
									5 8
15	1129	1145	1161	1177	1193	1209	1226	1242	6 10
16	1125	1141	1157	1173	1189	1205	1221	1237	7 11
17	1121	1137	1153	1169	1185	1201	1217	1233	8 13
18	1117	1133	1149	1165	1181	1197	1213	1229	9 14
19	1113	1129	1145	1161	1177	1193	1209	1225	
20	1110	1125	1141	1157	1173	1189	1205	1220	15
21	1106	1122	1137	1153	1169	1185	1200	1216	mm
22	1102	1118	1133	1149	1165	1181	1196	1212	1 1
23	1098	1114	1130	1145	1161	1177	1192	1208	2 3
24	1095	1110	1126	1141	1157	1173	1188	1204	3 4
									4 6
25	1091	1106	1122	1138	1153	1169	1184	1200	5 7
26	1087	1103	1118	1134	1149	1165	1180	1196	6 9
27	1084	1099	1115	1130	1146	1161	1176	1192	7 10
28	1080	1095	1111	1126	1142	1157	1173	1188	8 12
29	1076	1092	1107	1123	1138	1153	1169	1184	9 13
30	1073	1088	1103	1119	1134	1149	1165	1180	

7. Reduction eines Gasvolumens auf 0^0 und 760 mm.

Volumen und Dichtigkeit v und d eines Gases für Temperatur und Druck t und h werden für 0 und 760, wenn $\alpha = 0,00367$ ist,

$$v_0 = \frac{v}{1 + \alpha t} \cdot \frac{h}{760} \quad \text{und} \quad d_0 = d(1 + \alpha t) \frac{760}{h}.$$

t	$1+\alpha t$	t	$1+\alpha t$	t	$1+\alpha t$	h	$h/760$	h	$h/760$
						mm		mm	
0^0	1,0000	40	1,1468	80	1,2936	700	0,9211	740	0,9737
1	1,0037	41	1,1505	81	1,2973	701	0,9224	741	0,9750
2	1,0073	42	1,1541	82	1,3009	702	0,9237	742	0,9763
3	1,0110	43	1,1578	83	1,3046	703	0,9250	743	0,9776
4	1,0147	44	1,1615	84	1,3083	704	0,9263	744	0,9790
5	1,0183	45	1,1651	85	1,3119	705	0,9276	745	0,9803
6	1,0220	46	1,1688	86	1,3156	706	0,9289	746	0,9816
7	1,0257	47	1,1725	87	1,3193	707	0,9303	747	0,9829
8	1,0294	48	1,1762	88	1,3230	708	0,9316	748	0,9842
9	1,0330	49	1,1798	89	1,3266	709	0,9329	749	0,9855
10	1,0367	50	1,1835	90	1,3303	710	0,9342	750	0,9868
11	1,0404	51	1,1872	91	1,3340	711	0,9355	751	0,9882
12	1,0440	52	1,1908	92	1,3376	712	0,9368	752	0,9895
13	1,0477	53	1,1945	93	1,3413	713	0,9382	753	0,9908
14	1,0514	54	1,1982	94	1,3450	714	0,9395	754	0,9921
15	1,0550	55	1,2018	95	1,3486	715	0,9408	755	0,9934
16	1,0587	56	1,2055	96	1,3523	716	0,9421	756	0,9947
17	1,0624	57	1,2092	97	1,3560	717	0,9434	757	0,9961
18	1,0661	58	1,2129	98	1,3597	718	0,9447	758	0,9974
19	1,0697	59	1,2165	99	1,3633	719	0,9461	759	0,9987
20	1,0734	60	1,2202	100	1,3670	720	0,9474	760	1,0000
21	1,0771	61	1,2239	101	1,3707	721	0,9487	761	1,0013
22	1,0807	62	1,2275	102	1,3743	722	0,9500	762	1,0026
23	1,0844	63	1,2312	103	1,3780	723	0,9513	763	1,0039
24	1,0881	64	1,2349	104	1,3817	724	0,9526	764	1,0053
25	1,0917	65	1,2385	105	1,3853	725	0,9539	765	1,0066
26	1,0954	66	1,2422	106	1,3890	726	0,9553	766	1,0079
27	1,0991	67	1,2459	107	1,3927	727	0,9566	767	1,0092
28	1,1028	68	1,2496	108	1,3964	728	0,9579	768	1,0105
29	1,1064	69	1,2532	109	1,4000	729	0,9592	769	1,0118
30	1,1101	70	1,2569	110	1,4037	730	0,9605	770	1,0132
31	1,1138	71	1,2605	111	1,4074	731	0,9618	771	1,0145
32	1,1174	72	1,2642	112	1,4110	732	0,9632	772	1,0158
33	1,1211	73	1,2679	113	1,4147	733	0,9645	773	1,0171
34	1,1248	74	1,2716	114	1,4184	734	0,9658	774	1,0184
35	1,1284	75	1,2752	115	1,4220	735	0,9671	775	1,0197
36	1,1321	76	1,2789	116	1,4257	736	0,9684	776	1,0211
37	1,1358	77	1,2826	117	1,4294	737	0,9697	777	1,0224
38	1,1395	78	1,2863	118	1,4331	738	0,9711	778	1,0237
39	1,1431	79	1,2899	119	1,4367	739	0,9724	779	1,0250
40	1,1468	80	1,2936	120	1,4404	740	0,9737	780	1,0263

8. Reduction einer mit Messinggewichten ausgeführten Wägung auf den leeren Raum.

s	k	s	k
0,7	+ 1,57	5	+ 0,097
0,8	1,36	6	+ 0,057
0,9	1,19	7	+ 0,029
1,0	1,06	8	+ 0,007
1,1	0,95	9	− 0,009
1,2	0,86	10	− 0,023
1,3	0,78	11	− 0,034
1,4	0,71	12	− 0,043
1,5	0,66	13	− 0,050
1,6	0,61	14	− 0,057
1,7	0,56	15	− 0,063
1,8	0,52	16	− 0,068
1,9	0,49	17	− 0,072
2,0	0,46	18	− 0,076
3,0	0,26	19	− 0,080
4,0	0,16	20	− 0,083
5,0	+ 0,10	21	− 0,086

Es ist $\dfrac{k}{1000} = 0,0012 \left(\dfrac{1}{s} - \dfrac{1}{8,4} \right)$.

Vergl. 11.

Hat der gewogene Körper die Dichtigkeit s, ist sein Gewicht in der Luft gleich m Gramm gefunden, so sind mk Milligramm hinzuzufügen, um die Wägung auf den leeren Raum zu reduciren.

9. Ausdehnungscoefficienten für 1^0 C.

Die Länge L eines Körpers vergrössert sich für 1^0 um βL, das Volumen V um $3\beta V$. (Vergl. 26.)

	β		β
Aluminium........	0,000023	Messing..........	0,000019
Blei	29	Neusilber	18
Eisen............	12	Platin	09
Glas.............	085	Platin-Iridium	09
Gold	15	Silber	19
Hartkautschuk.....	8	Zink.............	29
Kupfer...........	17	Zinn.............	23

Quecksilber dehnt sich auf 1^0 um 0,000182 des Volumens bei 0^0 aus. Um 15^0 wächst auf 1^0 die Volumeinheit einer p-proc. Lösung etwa um: Starker Weingeist $0,0003 + 0,000009 . p$; Zucker $0,00016 + 0,000004\,p$; Kochsalz, verdünnte Schwefelsäure $0,00016 + 0,000010 . p$.

10. Siedetemperatur des Wassers t

bei dem Barometerstand b. (Nach Regnault's Beobachtungen.)

b	t	b	t	b	t	b	t	b	t
mm	0	mm	0	mm	0	mm	0	mm	0
680	96,92	700	97,72	720	98,50	740	99,26	760	100,00
81	96,96	01	,76	21	,54	41	,30	61	,04
82	97,00	02	,80	22	,57	42	,33	62	,07
83	,05	03	,84	23	,61	43	,37	63	,11
84	,09	04	,88	24	,65	44	,41	64	,15
85	,13	05	,92	25	,69	45	,44	65	,18
86	,17	06	,96	26	,73	46	,48	66	,22
87	,21	07	97,99	27	,77	47	,52	67	,26
88	,25	08	98,03	28	,80	48	,56	68	,29
89	,29	09	,07	29	,84	49	,59	69	,33
690	,32	710	,11	730	,88	750	,63	770	,36
91	,36	11	,15	31	,92	51	,67	71	,40
92	,40	12	,19	32	,95	52	,71	72	,44
93	,44	13	,23	33	98,99	53	,74	73	,47
94	,48	14	,27	34	99,03	54	,78	74	,51
95	,52	15	,31	35	,07	55	,82	75	,55
96	,56	16	,34	36	,11	56	,85	76	,58
97	,60	17	,38	37	,14	57	,89	77	,62
98	,64	18	,42	38	,18	58	,93	78	,65
699	,68	19	,46	39	,22	59	99,96	79	,69
700	97,72	720	98,50	740	99,26	760	100,00	780	100,73

10a. Spannkraft des Wasserdampfes

in Mm Quecksilber von 0° zwischen 90° und 101° (Regnault).

	90°	91°	92°	93°	94°	95°	96°	97°	98°	99°	100°
	mm	mm	mm	mm	mm	mm	mm	mm	mm	mm	mm
,0	525,5	545,8	566,7	588,3	610,6	633,7	657,4	681,9	707,1	733,2	760,0
,1	527,5	547,8	568,8	590,5	612,9	636,0	659,8	684,4	709,7	735,8	762,7
,2	529,5	549,9	571,0	592,7	615,2	638,3	662,2	686,9	712,3	738,5	765,5
,3	531,5	552,0	573,1	595,0	617,5	640,7	664,7	689,4	714,9	741,1	768,2
,4	533,5	554,1	575,3	597,2	619,8	643,1	667,1	691,9	717,4	743,8	771,0
,5	535,5	556,2	577,4	599,4	622,1	645,4	669,5	694,4	720,0	746,5	773,7
,6	537,6	558,3	579,6	601,6	624,4	647,8	672,0	696,9	722,7	749,2	776,5
,7	539,6	560,4	581,8	603,9	626,7	650,2	674,5	699,5	725,3	751,9	779,3
,8	541,7	562,5	584,0	606,1	629,0	652,6	676,9	702,0	727,9	754,6	782,1
,9	543,7	564,6	586,1	608,4	631,3	655,0	679,4	704,6	730,5	757,3	784,9

11. Reduction des Barometerstandes auf 0°

wegen der Temperaturausdehnung des Quecksilbers und des Maafsstabes.
(Vergl. **20**.)

Ist h die abgelesene Höhe der Quecksilbersäule, t die Temperatur,
β der Temperatur-Ausdehnungscoefficient des Maafsstabes, so hat man
von h den Wert $(0,000181 - \beta) ht$ abzuziehen, um den auf die Ablesungs-
temperatur 0° reducirten Barometerstand zu erhalten. Die Tabelle enthält
diese Correction für einen Messingmaafsstab mit $\beta = 0,000019$.

Besteht der Maafsstab aus Glas, so genügt es, die Zahlen der Tabelle
um $0,008.t$ zu vergrössern. S. die letzte Spalte.

t	Abgelesener Stand in Mm										0,008 t
	680	690	700	710	720	730	740	750	760	770	
	mm	mm	mm	mm	mm	mm	mm	mm	mm	mm	mm
1°	0,11	0,11	0,11	0,12	0,12	0 12	0,12	0,12	0,12	0,12	0,01
2	0,22	0,22	0,23	0,23	0,23	0,24	0,24	0,24	0,25	0,25	0,02
3	0,33	0,34	0,34	0,35	0,35	0,35	0,36	0,36	0,37	0,37	0,02
4	0,44	0,45	0,45	0,46	0,47	0,47	0,48	0,49	0,49	0,50	0,03
5	0,55	0,56	0,57	0,58	0,58	0,59	0,60	0,61	0,62	0,62	0,04
6	0,66	0,67	0,68	0,69	0,70	0,71	0,72	0,73	0,74	0,75	0,05
7	0,77	0,78	0,79	0,81	0,82	0,83	0,84	0,85	0,86	0,87	0,06
8	0,88	0,89	0,91	0,92	0,93	0,95	0,96	0,97	0,98	0,99	0,06
9	0,99	1,01	1,02	1,04	1,05	1,06	1,08	1,09	1,11	1,12	0,07
10	1,10	1,12	1,13	1,15	1,17	1,18	1,20	1,22	1,23	1,25	0,08
11	1,21	1,23	1,25	1,27	1,28	1,30	1,32	1,34	1,35	1,37	0,09
12	1,32	1,34	1,36	1,38	1,40	1,42	1,44	1,46	1,48	1,50	0,10
13	1,43	1,45	1,47	1,50	1,52	1,54	1,56	1,58	1,60	1,62	0,10
14	1,54	1,56	1,59	1,61	1,63	1,66	1,68	1,70	1,72	1,75	0,11
15	1,65	1,68	1,70	1,73	1,75	1,77	1,80	1,82	1,85	1,87	0,12
16	1,76	1,79	1,81	1,84	1,87	1,89	1,92	1,94	1,97	2,00	0,13
17	1,87	1,90	1,93	1,96	1,98	2,01	2,04	2,07	2,09	2,12	0,14
18	1,98	2,01	2,04	2,07	2,10	2,13	2,16	2,19	2,22	2,25	0,14
19	2,09	2,12	2,15	2,19	2,22	2,25	2,28	2,31	2,34	2,37	0,15
20	2,20	2,24	2,27	2,30	2,33	2,37	2,40	2,43	2,46	2,49	0,16
21	2,31	2,35	2,38	2,42	2,45	2,48	2,52	2,55	2,59	2,62	0,17
22	2,42	2,46	2,49	2,53	2,57	2,60	2,64	2,67	2,71	2,74	0,18
23	2,53	2,57	2,61	2,65	2,68	2,72	2,76	2,79	2,83	2,87	0,18
24	2,64	2,68	2,72	2,76	2,80	2,84	2,88	2,92	2,95	2,99	0,19
25	2,75	2,79	2,84	2,88	2,92	2,96	3,00	3,04	3,08	3,12	0,20
26	2,86	2,91	2,95	2,99	3,03	3,07	3,12	3,16	3,20	3,24	0,21
27	2,97	3,02	3,06	3,11	3,15	3,19	3,24	3,28	3,32	3,37	0,22
28	3,08	3,13	3,18	3,22	3,27	3,31	3,36	3,40	3,45	3,49	0,22
29	3,19	3,24	3,29	3,34	3,38	3,43	3,48	3,52	3,57	3,62	0,23
30	3,30	3,35	3,40	3,45	3,50	3,55	3,60	3,65	3,69	3,74	0,24

12. Mittlerer Barometerstand b in der Höhe H über dem Meeresspiegel.

(Unter Annahme der Lufttemperatur 10°. Vergl. 21.)

13. Spannkraft e des Wasserdampfes
in Mm Quecksilber
und
Gewicht f des Wasserdampfes
in 1 Cubikmeter in Grammen,
wenn der Dampf bei der Temperatur t gesättigt ist.

(Nach den Beobachtungen von Magnus und von Regnault. Vergl. 28.)

H		b
Meter.	Par. Fuss.	mm
0	0	760
100	308	751
200	616	742
300	924	733
400	1231	724
500	1539	716
600	1847	707
700	2155	699
800	2463	690
900	2771	682
1000	3078	674
1100	3386	666
1200	3694	658
1300	4002	650
1400	4310	642
1500	4618	635
1600	4926	627
1700	5233	620
1800	5541	612
1900	5849	605
2000	6157	598

t	e	f	t	e	f
	mm	g		mm	g
− 10°	2,2	2,4	10°	9,1	9,3
− 9	2,3	2,5	11	9,8	10,0
− 8	2,5	2,7	12	10,4	10,6
− 7	2,7	2,9	13	11,1	11,2
− 6	2,9	3,1	14	11,9	12,0
− 5	3,2	3,4	15	12,7	12,8
− 4	3,4	3,7	16	13,5	13,5
− 3	3,7	4,0	17	14,4	14,4
− 2	3,9	4,2	18	15,3	15,2
− 1	4,2	4,5	19	16,3	16,2
0	4,6	4,9	20	17,4	17,2
1	4,9	5,2	21	18,5	18,2
2	5,3	5,6	22	19,6	19,2
3	5,7	6,0	23	20,9	20,4
4	6,1	6,4	24	22,2	21,6
5	6,5	6,8	25	23,5	22,8
6	7,0	7,3	26	25,0	24,2
7	7,5	7,8	27	26,5	25,6
8	8,0	8,2	28	28,1	27,0
9	8,5	8,7	29	29,7	28,5
10	9,1	9,3	30	31,5	30,1

14. Spannkraft des Quecksilberdampfes in Mm Quecksilber nach Regnault, Hagen und Hertz.

15. Capillardepression des Quecksilbers in einer Glasröhre. Nach Beobachtungen von Mendelejeff und Gutkowsky interpolirt.

Temperatur.	Spannkraft.
	mm
0°	0,01
20	0,02
40	0,03
60	0,06
80	0,10
100	0,3
120	0,8
140	1,9
160	4,4
180	9,2
200	18,3
220	34
240	59
260	97
280	155
300	242

Durchmesser.	Höhe des Meniscus in Mm							
	0,4	0,6	0,8	1,0	1,2	1,4	1,6	1,8
mm	mm	mm	mm	mm	mm	mm	mm	mm
4	0,83	1,22	1,54	1,98	2,37			
5	0,47	0,65	0,86	1,19	1,45	1,80		
6	0,27	0,41	0,56	0,78	0,98	1,21	1,43	
7	0,18	0,28	0,40	0,53	0,67	0,82	0,97	1,13
8		0,20	0,29	0,38	0,46	0,56	0,65	0,77
9		0,15	0,21	0,28	0,33	0,40	0,46	0,52
10			0,15	0,20	0,25	0,29	0,33	0,37
11			0,10	0,14	0,18	0,21	0,24	0,27
12			0,08	0,10	0,13	0,15	0,18	0,19
13			0,04	0,07	0,10	0,12	0,18	0,14

16. Specifische Wärme.
(Vergl. 29—31.)

Zwischen 0 und 100°	
Blei	0,031
Eisen	0,113
Glas	0,19
Gold	0,032
Kupfer	0,094
Messing	0,094
Platin	0,032
Silber	0,057
Zink	0,094
Zinn	0,056
Quecksilber	0,0333
Alcohol bei 17°	0,59
Terpentinöl „	0,43

16a. Schmelz- und Siedepunkt.

Aether		34°,9
Alcohol		78,3
Amylalcohol		137
Anilin	—8°	183
Benzol		80,0
Blei		326
Chloroform		61,1
Essigsäure	16,5	118
Essigs. Natron	58	
Kohlensäure	—57	—79
Naphtalin	80	214
Quecksilber	—39,5	357
Rose's Metall	95	
Schwefel	115	448
Schwefelkohlst.		46,8
Stearinsäure	69,5	370
Wood's Metall	68	
Zink	410	
Zinn	230	

17. Elasticitätsmodul E, Schallgeschwindigkeit u und Tragfähigkeit p einiger Metalle im ausgezogenen Zustande bei 17^0 C.

(Grösstenteils nach Wertheim. Vergl. 33.)

Die Elasticitätsmoduln und Tragfähigkeiten bedeuten $\dfrac{kg}{qmm}$; d. h.

wenn ein Draht von 1 qmm Querschnitt gegeben ist, so bedeutet E das Gewicht in Kg, welches angehängt werden müsste, um seine Länge zu verdoppeln, und p das Gewicht in Kg, bei welchem Zerreissung eintritt. Allgemein, die Verlängerung l eines Drahtes von der Länge L und dem Querschnitt p qmm durch ein Gewicht gleich P kg beträgt

$$l = \frac{L \cdot P}{q \cdot E},$$ und ein Draht vom Querschnitt q qmm zerreisst bei der Belastung $q \cdot p$ kg.

Die Zahlen sind nur als Annäherungen zu benutzen.

	E	u	p
Blei	1800	$1300\frac{m}{sec}$	2
Eisen	19000	5000	60
Stahl	21000	5100	80
Glas	7000	5000	—
Gold	8100	2100	27
Kupfer	12400	3700	40
Messing	9000	3200	60
Platin.................	17000	2800	30
Silber	7400	2700	29
Zink	8700	3500	13
Zinn	4000	2300	2

18. Tonhöhe und Schwingungszahl in 1 Secunde.

($a_1 = 440$ angenommen. Vergl. 34.)

	C_{-2}	C_{-1}	C	c	c_1	c_2	c_3	c_4
C	16,35	32,70	65,41	130,8	261,7	523,3	1047	2093
Cis	17,32	34,65	69,30	138,6	277,2	554,4	1109	2218
D	18,35	36,71	73,42	146,8	293,7	587,4	1175	2350
Dis	19,44	38,89	77,79	155,6	311,2	622,3	1245	2489
E	20,60	41,20	82,41	164,8	329,7	659,3	1319	2637
F	21,82	43,65	87,31	174,6	349,2	698,5	1397	2794
Fis	23,12	46,25	92,50	185,0	370,0	740,0	1480	2960
G	24,50	49,00	98,00	196,0	392,0	784,0	1568	3136
Gis	25,95	51,91	103,8	207,6	415,3	830,6	1661	3322
A	27,50	55,00	110,0	220,0	440,0	880,0	1760	3520
Ais	29,13	58,27	116,5	233,1	466,2	932,3	1865	3729
H	30,86	61,73	123,5	246,9	493,9	987,7	1975	3951

19. Spectrallinien der wichtigsten leichten Metalle,

bezogen auf die Scale von Bunsen und Kirchhoff, wenn die Natronlihie auf den Teilstrich 50 eingestellt ist; gesehen bei einer Spaltbreite von 1 Scalenteil. (Vergl. 41.)

Die obere Zahl bedeutet die Lage der Mitte der Linie auf der Scale, die untere die ungefähre Breite des Streifens. Wo letztere nicht angegeben, beträgt die Breite etwa 1 Scalenteil. Die römische Ziffer bezeichnet die Helligkeit.

S bedeutet ganz scharf begrenzt, s mässig scharf. Die übrigen Linien erscheinen mehr oder weniger verwaschen.

Die für die Analyse wichtigsten Linien sind fett gedruckt.

Die Helligkeit der Linien für Ca, Sr, Ba bezieht sich auf ein andauerndes Spectrum. Werden diese Körper als Chlorverbindungen angewandt, so ist die Helligkeit Anfangs viel grösser.

Die Farbe des Spectrums ist (ungefähr): Rot bis 48, Gelb bis 52, Grün bis 80, Blau bis 120, Violett von 120 an.

K	$\begin{matrix}17,5\\ II\,S\end{matrix}$	Schwaches Spectrum von 55 bis 120.							$\begin{matrix}153,0\\ IV\,S\end{matrix}$
Li	$\begin{matrix}32,0\\ I\,S\end{matrix}$			$\begin{matrix}45,2\\ IV\,s\end{matrix}$					
Ca	$\begin{matrix}33,1\\ IV\,2\end{matrix}$ $\begin{matrix}36,7\\ IV\end{matrix}$ $\begin{matrix}\mathbf{41,7}\\ I\,1,5\end{matrix}$ $\begin{matrix}46,8\\ III\,2\end{matrix}$ $\begin{matrix}49,0\\ III\end{matrix}$ $\begin{matrix}52,8\\ IV\end{matrix}$ $\begin{matrix}54,9\\ IV\end{matrix}$ $\begin{matrix}\mathbf{60,8}\\ I\,1,5\end{matrix}$ $\begin{matrix}68,0\\ IV\,2\end{matrix}$							$\begin{matrix}\mathbf{135,0}\\ IV\,S\end{matrix}$
Sr	$\begin{matrix}29,8\\ III\end{matrix}$ $\begin{matrix}\mathbf{32,1}\\ II\end{matrix}$ $\begin{matrix}\mathbf{33,8}\\ II\end{matrix}$ $\begin{matrix}36,3\\ II\end{matrix}$ $\begin{matrix}39,0\\ III\end{matrix}$ $\begin{matrix}41,8\\ III\end{matrix}$ $\begin{matrix}\mathbf{45,8}\\ I\end{matrix}$							$\begin{matrix}105,0\\ III\,S\end{matrix}$
Ba	$\begin{matrix}35,2\\ IV\,2\end{matrix}$ $\begin{matrix}41,5\\ III\,3\end{matrix}$ $\begin{matrix}45,6\\ III\,1,5\end{matrix}$ $\begin{matrix}52,1\\ IV\end{matrix}$ $\begin{matrix}56,0\\ III\,2\end{matrix}$ $\begin{matrix}\mathbf{60,8}\\ II\,s\end{matrix}$ $\begin{matrix}66,5\\ III\,3\end{matrix}$ $\begin{matrix}\mathbf{71,4}\\ III\,3\end{matrix}$ $\begin{matrix}\mathbf{76,8}\\ III\,2\end{matrix}$ $\begin{matrix}82,7\\ IV\,4\end{matrix}$ $\begin{matrix}\mathbf{89,3}\\ III\,2\end{matrix}$							

19a. Wellenlänge der wichtigsten Linien

der chemischen Elemente und des Sonnenspectrums, nebst ihrer Lage auf der Bunsen-Kirchhoff'schen Scale.

	10^{-6}mm	Sc.-T.		10^{-6}mm	Sc.-T.
Kalium α	768	17,5	b (Magnesium) ..	517,3	76
A	760,4	18	F (Wasserstoff β)	486,2	90
a	718,6	23	Strontium δ	460,7	105
B	687,0	28,2	Wasserstoff γ....	434,0	127
Lithium α	670,8	32,0	G	430,7	128
C (Wasserstoff α)	656,2	34	h (Wasserstoff δ).	410,1	148
D (Natrium)....	589,2	50,0	Kalium β	404	153
Thallium	534,9	68	H₁	396,6	162
E	526,9	71,3	H₂	393,4	166

19b. Farben Newton'scher Ringe,

welche im reflectirten und durchgehenden Lichte für senkrecht auffallende Strahlen eine Luftschicht von der Dicke h zeigt.
Wellenlänge für mittlere gelbe oder „weisse" Strahlen = 0,000551 mm.
(Nach Quincke, Pogg. Ann. CXXIX. 180.)

h	Reflectirt.	Durchgehend.	h	Reflectirt.	Durchgehend.
$\frac{mm}{10^6}$	**1. Ordnung.**		$\frac{mm}{10^6}$	**3. Ordnung.**	
0	Schwarz	Weiss	564	Hell bläul. Violet	Gelblich Grün
20	Eisengrau	Weiss	575	Indigo	Unrein Gelb
48	Lavendelgrau	Gelblich Weiss	629	Blau (grünlich)	Fleischfarben
79	Graublau	Bräunlich Weiss	667	Meergrün	Braunrot
109	Klareres Grau	Gelbbraun	688	Glänzend Grün	Violet
117	Grünlich Weiss	Braun			
129	Fast rein Weiss	Klares Rot	713	Grünlich Gelb	Graublau
133	Gelblich Weiss	Carminrot	747	Fleischfarbe	Meergrün
137	Blass Strohgelb	Dunk. Rotbraun	767	Carminrot	Schön Grün
			810	Matt Purpur	Matt Meergrün
140	Strohgelb	Dunkel Violet	826	Violet Grau	Gelblich Grün
153	Klares. Gelb	Indigo			
166	Lebhaftes Gelb	Blau		**4. Ordnung.**	
215	Braungelb	Graublau			
252	Rötlich Orange	Bläulich Grün	841	Graublau	Grünlich Gelb
268	Warmes Rot	Blass Grün	855	Matt Meergrün	Gelbgrau
275	Tieferes Rot	Gelblich Grün	872	Bläulich Grün	Malv. Graurot
			905	Schön hellgrün	Carminrot
			963	Hell Graugrün	Grau Rot
	2. Ordnung.				
282	Purpur	Heller Grün	1003	Grau, fast Weiss	Graublau
287	Violet	Grünlichgelb	1024	Fleischrot	Grün
294	Indigo	Goldgelb			
332	Himmelblau	Orange		**5. Ordnung.**	
364	Grünlich Blau	Bräunl. Orange			
374	Grün	Hell Carminrot	1169	Matt Blaugrün	Matt Fleischrot
413	Helleres Grün	Purpur			
			1334	Matt Fleischrot	Matt Blaugrün
421	Gelblich Grün	Violet-Purpur			
433	Grünlich Gelb	Violet			
455	Reines Gelb	Indigo			
474	Orange	Dunkelblau			
499	Lebh.rötl.Orange	Grünlichblau			
550	Dunkel Violetrot	Grün			

20. Lichtbrechungsverhältnis einiger Körper.

(Mit Benutzung von Beer's Optik, der Abhandlung von Ketteler, Pogg. Ann. Bd. 140 und Landolt u. Börnstein, Tabellen, nach Beobachtungen von Baden Powell, Dale und Gladstone, Fraunhofer, Grailich, Kohlrausch, Kundt, v. Lang, Mascart, Quincke, Rudberg, Schrauf, Stefan, Verdet, van der Willigen, Wüllner u. A. Vergl. 39.)

Um 17,5° nimmt das Brechungsverhältniss auf 1° Temperaturzunahme ab: für Wasser um etwa 0,0001, für Schwefelkohlenstoff um 0,0008.

Bei den zweiaxigen Krystallen gelten die Zahlen, wenn nicht anderes bemerkt ist, für den mittleren Strahl.

		B	C	D	E	F	G	H
Wasser	bei 17,5°	1,3306	1,3314	1,3332	1,3353	1,3374	1,3407	1,3436
Alcohol	„ 15,0°	1,3611	1,3618	1,3635	1,3658	1,3679	1,3716	1,3748
Schwefelkohlenst.	„ 16,0°	1,6181	1,6214	1,6308	1,6438	1,6555	1,6794	1,7032
Cassiaöl	„ 17,5°	1,5924	1,5958	1,6053	1,6194	1,6340	1,6652	1,7009
Crownglas	von	1,5118	1,5127	1,5153	1,5186	1,5214	1,5267	1,5312
	bis	1,6117	1,6126	1,6152	1,6185	1,6213	1,6265	1,6308
Flintglas	von	1,6020	1,6038	1,6085	1,6145	1,6200	1,6308	1,6404
	bis	1,7405	1,7434	1,7515	1,7623	1,7723	1,7922	1,811
Kalkspat	ord.	1,6530	1,6545	1,6585	1,6635	1,6679	1,6762	1,6833
	extr.	1,4840	1,4847	1,4864	1,4888	1,4908	1,4946	1,4978
Quarz	ord.	1,5409	1,5418	1,5442	1,5471	1,5497	1,5543	1,5582
	extr.	1,5500	1,5509	1,5533	1,5563	1,5589	1,5637	1,5677
Gyps	mitt.	1,519	1,520	1,523	1,525	1,528	1,532	
Arragonit	mitt.	1,676	1,678	1,682	1,686	1,691	1,698	1,705
Topas	mitt.	1,610	1,611	1,614	1,617	1,619	1,624	1,627
Steinsalz		1,540	1,541	1,545	1,550	1,554	1,562	1,569

Aether	1,36		Flußspat	1,44
Baryt, Schwerspat	1,64		Phosphor in CS_2	1,97
Benzol	1,50		Rüböl	1,47
Beryll	1,57		Salpeter	1,50
Canadabalsam	1,54		Terpentinöl	1,48
Diopsid, Augit	1,68		Turmalin	1,65
Eis	1,31		Zucker	1,56
Feldspat	1,52		Luft	1,00029.

Die drei Hauptbrechungsverhältnisse des Natronlichtes betragen für

Gyps	1,529	1,522	1,520
Ostindischen Glimmer	1,600	1,594	1,561
Arragonit	1,686	1,682	1,530
Topas	1,621	1,614	1,612

21. Zur Reduction einer Schwingungsdauer auf unendlich kleine Schwingungen.

Wenn die Schwingungsdauer eines Magnetes oder eines Pendels $= t$ beobachtet wurde bei einem ganzen Schwingungsbogen von α Graden, so ist, um die Schwingungsdauer auf unendlich kleine Schwingungen zu reduciren, von dem beobachteten Werte abzuziehen $k.t$. (53.)

α	k		α	k		α	k		α	k	
0°	0,00000	0	10°	0,00048	10	20°	0,00190	20	30°	0,00428	29
1	000	2	11	058	11	21	210	20	31	457	30
2	002	2	12	069	11	22	230	21	32	487	31
3	004	2	13	080	13	23	251	23	33	518	32
4	008	4	14	093	14	24	274	23	34	550	33
5	012	4	15	107	15	25	297	25	35	583	33
6	017	5	16	122	16	26	322	25	36	616	35
7	023	6	17	138	16	27	347	26	37	651	35
8	030	7	18	154	18	28	373	27	38	686	37
9	039	9	19	172	18	29	400	28	39	723	38
10	0,00048	9	20	0,00190		30	0,00428		40	0,00761	

21a. Reduction des an einer Scale beobachteten Ausschlages n,
wenn der Abstand vom Spiegel A Scalenteile beträgt (49).

Durch Subtraction der in der Tabelle enthaltenen Zahlen werden die Scalenausschläge den Ablenkungswinkeln proportional. Die Correction auf die Tangente ist um $1/4$ kleiner.

A	$n=50$	100	150	200	250	300	350	400	450	500
1000	0,04	0,33	1,11	2,60	5,02	8,54	13,33	19,5	27,1	36,3
1200	0,03	0,23	0,77	1,82	3,53	6,03	9,45	13,9	19,5	26,2
1400	0,02	0,17	0,57	1,34	2,61	4,47	7,03	10,4	14,6	19,7
1600	0,02	0,13	0,44	1,03	2,00	3,44	5,43	8,0	11,3	15,4
1800	0,01	0,10	0,35	0,82	1,59	2,73	4,30	6,4	9,0	12,3
2000	0,01	0,08	0,28	0,66	1,29	2,22	3,51	5,21	7,37	10,05
2200	0,01	0,07	0,23	0,55	1,07	1,83	2,91	4,32	6,12	8,35
2400	0,01	0,06	0,19	0,46	0,90	1,54	2,45	3,64	5,16	7,05
2600	0,01	0,05	0,16	0,39	0,77	1,32	2,09	3,11	4,42	6,03
2800	0,01	0,04	0,14	0,34	0,66	1,14	1,81	2,69	3,82	5,21
3000	0,00	0,04	0,12	0,29	0,58	0,99	1,58	2,35	3,33	4,55
3200	0,00	0,03	0,11	0,26	0,51	0,87	1,38	2,07	2,93	4,01
3400	0,00	0,03	0,10	0,23	0,45	0,77	1,23	1,83	2,60	3,56
3600	0,00	0,03	0,09	0,21	0,40	0,69	1,10	1,64	2,32	3,18
3800	0,00	0,02	0,08	0,18	0,36	0,62	0,98	1,47	2,09	2,86
4000	0,00	0,02	0,07	0,17	0,32	0,56	0,89	1,33	1,88	2,58

Erdmagnetismus im mittleren Europa für 1884,0.

(Nach den Karten von Lamont und von der Deutschen Seewarte.)

In einem Jahre wächst die Horizontalintensität um etwa 0,0025; es nimmt ab die Declination um etwa 0,13°, die Inclination um 0,03°.

Die geographische Länge ist östlich von Ferro gerechnet. Von Greenwich würde sie um 17,7°, von Paris um 20°,0 kleiner sein.

22. Horizontalintensität in Cm-g-Einheiten.

Nördl. Breite.	Länge=20°	25°	30°	35°	40°
45°	0,209	0,212	0,217	0,221	0,225
46°	205	208	213	217	221
47°	201	204	209	213	217
48°	197	200	204	209	213
49°	193	196	200	205	208
50°	188	192	196	200	204
51°	185	188	192	196	200
52°	181	184	188	192	195
53°	177	181	185	188	191
54°	174	177	182	184	187
55°	169	175	178	181	183

23. Westliche Declination.

Nördl. Breite.	Länge=20°	21°	22°	23°	24°	25°	26°	27°	28°	29°	30°
45°	15,4°	15,0	14,6	14,1	13,7	13,2	12,7	12,3	11,8	11,4	10,9
50°	16,6°	16,1	15,6	15,0	14,5	13,9	13,3	12,7	12,3	11,9	11,3
55°	18,0°	17,2	16,0	15,8	15,2	14,6	13,9	13,3	12,8	12,3	11,7

	30°	31°	32°	33°	34°	35°	36°	37°	38°	39°	40°
45°	10,9°	10,4	9,9	9,4	8,9	8,5	8,2	7,7	7,3	6,9	6,3
50°	11,3°	10,8	10,2	9,7	9,2	8,7	8,1	7,6	7,1	6,6	6,0
55°	11,7°	11,1	10,6	10,1	9,5	9,0	8,4	7,8	7,3	6,7	6,0

24. Inclination.

Nördl. Breite.	Länge=20°	25°	30°	35°	40°
45°		62,2	61,3	60,4	
46°		63,0	62,0	61,2	
47°	64,3°	63,6	62,8	62,0	61,4
48°	65,0°	64,4	63,6	62,8	62,1
49°	65,7°	65,1	64,3	63,6	63,0
50°	66,3°	65,7	65,1	64,3	63,7
51°	67,0°	66,4	65,8	65,1	64,5
52°	67,6°	67,0	66,4	65,9	65,2
53°	68,3°	67,6	67,0	66,5	66,0
54°		68,3	67,7	67,2	66,8
55°		68,4	68,0	67,6

25. Elektrisches Leitungsvermögen x einiger Metalle bei 18^0 bezogen auf Quecksilber bei 0^0 als Einheit.

Die Zahlen sind nur Annäherungen.

Der Widerstand wächst in mittlerer Temperatur auf 1^0 Zunahme

bei den reinen, festen Metallen um etwa 0,4 Procent

bei dem Neusilber......... um 0,03 bis 0,06 „

bei dem Quecksilber............... um 0,090 „

Aus dem Werte x für eine Substanz berechnet sich der Widerstand w einer Säule von l m Länge und q qmm Querschnitt $w = \dfrac{1}{x}\dfrac{l}{q}$

Siemens'sche Quecksilbereinheiten oder auch $\dfrac{1}{1,06\,x}\dfrac{l}{q}$ Ohm. Man nennt 1,06 x wohl das specifische Leitungsvermögen bezogen auf Ohm.

Die Zahlen gelten im Allgemeinen für reine weiche Metalle. Härte und besonders Verunreinigungen drücken das Leitungsvermögen herab.

Antimon	2
Blei...........	4,6
Eisen	8,0
Gaskohle	0,02
Gold	41
Kupfer	54
Messing	13
Neusilber	4
Platin	7
Quecksilber....	0,984
Silber	59
Wismuth	0,8
Zink	15
Zinn	8

26. Elektrisches Leitungsvermögen einiger Salze und Säuren in wässeriger Lösung

bei 18° bezogen auf Quecksilber von 0°.

(Zn SO_4 nach Beetz; NaCl, NH_4 Cl und HNO_3 nach Grotrian und Kohlrausch, die übrigen nach Beobachtungen des Verfassers.)

Vergl. Pogg. Ann. CLIX 257 und Wied. Ann. VI 37.

Die Procente bedeuten Gewichtsteile des gelösten Körpers in 100 Gewichtsteilen der Lösung. Die Salze sind wasserfrei gerechnet.

k ist das Leitungsvermögen bei 18°, Δk bedeutet die Zunahme von k auf 1° in Procenten von k.

Lösung.	NaCl $10^7 k$ Δk	NH_4Cl $10^7 k$ Δk	$Na_2 SO_4$ $10^7 k$ Δk	$MgSO_4$ $10^7 k$ Δk	$CuSO_4$ $10^7 k$ Δk	Alaun $10^7 k$ Δk
5%	63 2,2	86 2,0	38 2,4	24 2,3	18 2,2	24 2,0
10	113 2,1	166 1,9	64 2,5	39 2,4	30 2,2	
15	153 2,1	242 1,7	83 2,6	45 2,5	39 2,3	
20	183 2,2	315 1,6		45 2,7		
25	200 2,3	376 1,5		39 2,9		

Lösung.	HNO_3 $10^7 k$ Δk	HCl $10^7 k$ Δk	$H_2 SO_4$ $10^7 k$ Δk	KJ $10^7 k$ Δk	$ZnSO_4$ $10^7 k$ Δk	$AgNO_3$ $10^7 k$ Δk	KOH $10^7 k$ Δk
5%	241 1,50	369 1,59	195 1,21	32 2,1	18 2,3	24 2,2	161 1,9
10	431 1,45	590 1,57	366 1,28	64 2,0	30 2,3	44 2,2	295 1,9
15	573 1,40	698 1,56	508 1,36	98 1,9	39 2,3	64 2,2	399 1,9
20	665 1,38	713 1,55	611 1,45	136 1,8	43 2,4	81 2,1	468 2,0
25	720 1,38	677 1,54	671 1,54	175 1,8	44 2,6	99 2,1	506 2,1
30	734 1,39	620 1,53	691 1,62	215 1,7	41 3,0	116 2,1	508 2,3
35	719 1,43	553 1,52	678 1,70	257 1,6	33 4,0	131 2,1	477 2,4
40	686 1,49	483	636 1,78	296 1,5		146 2,1	422 2,7
50	590 1,6		505 1,93	367 1,4		173 2,1	
60	480 1,6		349 2,13	416 1,4		196 2,1	
70	370 1,5		202 2,56				
80	250 1,3		103 3,49				

Ein Maximum des Leitungsvermögens haben

HNO_3	$k . 10^7 = 733,0$	bei 29,7%	und 1,185 spec. Gew.,
HCl	717,4	18,3	1,092
$H_2 SO_4$	691,4	30,4	1,224
KOH	510,0	28	1,274
$MgSO_4$	45,1	17	1,183
$ZnSO_4$	44,2	23,5	1,286.

27. Elektrochemische Aequivalente.

> Die Stromstärke 1 Amper = 0,1 [cm, g] = 10 [mm, mg] zersetzt
> oder scheidet aus in 1 Secunde
>
> 0,0933 mg Wasser,　　1,118 mg Silber,　　0,3281 mg Kupfer oder
> 0,1740 cbcm Knallgas von 0° und 760 mm.

28. Dimensionen der praktisch gebräuchlichen Grössenarten im absoluten Maafssystem nebst ihrem Maafsverhältnis bei verschiedenen Grund-Einheiten.

(Vergl. Anhang S. 306.)

Die Grundgrössen des absoluten Maafssystems sind Länge l, Masse m und Zeit t; die Dimensionen geben an, in welcher Weise eine jede Grössenart sich in den Grundgrössen ausdrückt.

Die von Gauss und Weber gebrauchten Grund-Einheiten waren Mm, Mg und Sec. Die erste Zahlenreihe giebt an, in welchem Verhältnis die Einheiten wachsen, wenn man Cm und Gr anstatt Mm und Mg nimmt. Grössenangaben im Mm-mg-System sind also mit diesen Zahlen zu dividiren, um sie auf Cm-gr zu reduciren.

	Dimensionen.	$\dfrac{\text{g, cm, sec}}{\text{mg, mm, sec}}$
Arbeit, Drehungsmoment, Directionskraft...	$l^2 \quad m \quad t^{-2}$	100000
Trägheitsmoment......................	$l^2 \quad m$	
Kraft	$l \quad m \quad t^{-2}$	10000
Stabmagnetismus (magnetisches Moment)...	$l^{5/2} \quad m^{1/2} \quad t^{-1}$	
Elektricitätsmenge, mechan. gem.; Magnetpol	$l^{3/2} \quad m^{1/2} \quad t^{-1}$	
Elektromotor. Kraft, elektromagnetisch gem. Volt = 10^8 [cm$^{1/2}$ g$^{1/2}$ sec^{-2}].	$l^{3/2} \quad m^{1/2} \quad t^{-2}$	1000
Stromstärke, mechanisch gemessen.......		
Elektrostatisches oder magnet. Potential., Stromstärke, elektromagnetisch gemessen.. Amper = 0,1 [cm$^{1/2}$ g$^{1/2}$ sec^{-1}].	$l^{1/2} \quad m^{1/2} \quad t^{-1}$	100
Elektricitätsmenge, elektromagn. gemessen.. Culom = 0,1 [cm$^{1/2}$ g$^{1/2}$].	$l^{1/2} \quad m^{1/2}$	
Intensität eines magnetischen Feldes.......	$l^{-1/2} \quad m^{1/2} \quad t^{-1}$	
Leitungswiderstand elektromagn. gemessen.. Ohm = 10^9 [cm sec^{-1}].	$l \qquad\quad t^{-1}$	10
Elektrische Capacität, mechan. gemessen...	l	
Elektrische Capacität, elektromagn. gem.... Farad = 10^{-9} [cm^{-1} sec^2].	$l^{-1} \qquad\quad t^2$	10^{-1}

29. Atomgewichte.

Wasserstoff = 1 gesetzt.

Aluminium	Al	27,0	Mangan	Mn	54,4
Barium	Ba	136,8	Natrium	Na	23,00
Blei	Pb	206,4	Nickel	Ni	58,3
Brom	Br	79,76	Phosphor	P	31,0
Calcium	Ca	39,95	Platin	Pt	194,4
Chlor	Cl	35.37	Quecksilber	Hg	199,8
Chrom	Cr	52,2	Sauerstoff	O	15,96
Eisen	Fe	55,9	Schwefel	S	31,98
Gold	Au	196,2	Silber	Ag	107,67
Jod	J	126,5	Silicium	Si	28,1
Kalium	K	39,03	Stickstoff	N	14,02
Kohle	C	11,97	Strontium	Sr	87,3
Kupfer	Cu	63,17	Wasserstoff	H	1,000
Lithium	Li	7,01	Zink	Zn	64,9
Magnesium	Mg	23,95	Zinn	Sn	117,5

30. Geographische Lage und Höhe einiger Orte.

	Oestl. von Ferro.	Nördl. Breite.	Ueber Meer.		Oestl. von Ferro.	Nördl. Breite.	Ueber Meer.
Aachen	23,7°	50,8°	160m	Jena	29,2°	50,9°	160m
			—200	Innsbruck	29,1	47,3	570
Amsterdam	22,4	52,4		Kiel	27,8	54,3	
Basel	25,3	47,6	260	Köln	24,6	50,9	40
Berlin	31,1	52,5	40	Königsberg	38,2	54,7	
Bern	25,1	47,0	550	Kopenhagen	30,3	55,7	
Bonn	24,8	50,7	50	Leipzig	30,0	51,3	100
Braunschweig	28,2	52,3	100	London	17,6	51,5	50
Bremen	26,4	53,1		Mailand	26,9	45,5	130
Breslau	34,7	51,1	130	Marburg	26,4	50,8	180
Brüssel	22,0	50,9	90				—240
Carlsruhe	26,1	49,0	120	München	29,3	48,1	530
Cassel	27,2	51,3	160	Paris	20,0	48,8	60
Darmstadt	26,3	49,9	140	Pest	36,7	47,5	70
Dorpat	44,3	58,4		Petersburg	48,0	59,9	
Dresden	31,4	51,1	100	Prag	32,1	50,1	200
Erlangen	28,7	49,6	320	Rom	30,2	41,9	30
Frankfurt a. M.	26,3	50,1	90	Rostock	29,8	54,1	
Freiburg i. B.	25,5	48,0	280	Stockholm	35,8	59,3	
Giessen	26,3	50,6	140	Strassburg	25,4	48,6	150
Göttingen	27,6	51,5	130	Stuttgart	26,8	48,8	270
Graz	33,1	47,1	360	Tübingen	26,7	48,5	320
Greenwich	17,7	51,5					—380
Greifswald	31,0	54,1	140	Wien	34,0	48,2	140
Halle	29,6	51,5	100	Würzburg	27,6	49,8	170
Hamburg	27,6	53,5		Zürich	26,2	47,4	420
Hannover	27,4	52,4	70				—500
Heidelberg	26,3	49,4	100				

31. Declination der Sonne, Zeitgleichung und Sternzeit

für den mittleren Berliner Mittag (vgl. Tab. 32).

Tag.	Declination der Sonne.	Diff. für 1 t.	Zeitgleichung	Sternzeit am Mittag.	Tag.	Declination der Sonne.	Diff. für 1 t.	Zeitgleichung	Sternzeit am Mittag.
Jan.	°	°	m s	h m s	**Juli**	°	°	m s	h m s
0.(1.)*	− 23,10	,092	+ 3 25	18 38 42	4.	+ 22,92	,102	+ 4 0	6 48 4
5.(6.)	− 22,64	,130	+ 5 34	18 58 24	9.	+ 22,41	,136	+ 4 49	7 7 47
10.(11.)	− 21,99	,166	+ 7 42	19 18 7	14.	+ 21,73	,164	+ 5 29	7 27 30
15.(16.)	− 21,16	,200	+ 9 36	19 37 50	19.	+ 20,91	,194	+ 5 58	7 47 13
20.(21.)	− 20,16	,230	+ 11 13	19 57 33	24.	+ 19,94	,222	+ 6 13	8 6 56
25.(26.)	− 19,01	,260	+ 12 33	20 17 16	29.	+ 18,83	,248	+ 6 13	8 26 38
30.(31.)	− 17,71	,288	+ 13 32	20 36 58	**Aug.**				
Febr.					3.	+ 17,59	,272	+ 5 57	8 46 21
3.(4.)	− 16,27	,308	+ 14 10	20 56 41	8.	+ 16,23	,294	+ 5 27	9 6 4
9.(10.)	− 14,73	,330	+ 14 27	21 16 24	13.	+ 14,76	,314	+ 4 42	9 25 47
14.(15.)	− 13,08	,348	+ 14 25	21 36 7	18.	+ 13,19	,330	+ 3 44	9 45 29
19.(20.)	− 11,34	,364	+ 14 5	21 55 49	23.	+ 11,54	,346	+ 2 33	10 5 12
24.(25.)	− 9,52	,374	+ 13 28	22 15 32	28.	+ 9,81	,360	+ 1 11	10 24 55
März					**Sept.**				
1.	− 7,65	,384	+ 12 36	22 35 15	2.	+ 8,01	,370	− 0 20	10 44 38
6.	− 5,73	,390	+ 11 31	22 54 58	7.	+ 6,16	,378	− 1 59	11 4 21
11.	− 3,78	,394	+ 10 15	23 14 41	12.	+ 4,27	,384	− 3 41	11 24 3
16.	− 1,81	,394	+ 8 52	23 34 23	17.	+ 2,35	,390	− 5 26	11 43 46
21.	+ 0,16	,394	+ 7 23	23 54 6	22.	+ 0,40	,390	− 7 12	12 3 29
26.	+ 2,13	,390	+ 5 52	0 13 49	27.	− 1,55	,388	− 8 55	12 23 12
31.	+ 4,08	,384	+ 4 19	0 33 32	**Oct.**				
April					2.	− 3,49	,386	− 10 34	12 42 54
5.	+ 6,00	,374	+ 2 49	0 53 14	7.	− 5,42	,380	− 12 4	13 2 37
10.	+ 7,87	,364	+ 1 23	1 12 57	12.	− 7,32	,374	− 13 24	13 22 20
15.	+ 9,69	,352	+ 0 4	1 32 40	17.	− 9,19	,360	− 14 31	13 42 3
20.	+ 11,45	,334	− 1 5	1 52 23	22.	− 10,99	,348	− 15 23	14 1 45
25.	+ 13,12	,318	− 2 4	2 12 5	27.	− 12,73	,330	− 16 0	14 21 28
30.	+ 14,71	,296	− 2 52	2 31 48	**Nov.**				
Mai					1.	− 14,38	,312	− 16 18	14 41 11
5.	+ 16,19	,276	− 3 27	2 51 31	6.	− 15,94	,288	− 16 16	15 0 54
10.	+ 17,57	,250	− 3 48	3 11 14	11.	− 17,38	,266	− 15 52	15 20 37
15.	+ 18,82	,224	− 3 53	3 30 57	16.	− 18,71	,236	− 15 7	15 40 19
20.	+ 19,94	,196	− 3 45	3 50 39	21.	− 19,89	,206	− 14 2	16 0 2
25.	+ 20,92	,164	− 3 23	4 10 22	26.	− 20,92	,174	− 12 36	16 19 45
30.	+ 21,74	,136	− 2 49	4 30 5	**Dec.**				
Juni					1.	− 21,79	,140	− 10 53	16 39 28
4.	+ 22,42	,100	− 2 4	4 49 48	6.	− 22,49	,102	− 8 54	16 59 10
9.	+ 22,92	,068	− 1 11	5 9 30	11.	− 23,00	,064	− 6 40	17 18 53
14.	+ 23,26	,036	− 0 10	5 29 13	16.	− 23,32	,026	− 4 17	17 38 36
19.	+ 23,44	,002	+ 0 55	5 48 56	21.	− 23,45	,012	− 1 49	17 58 19
24.	+ 23,43	,034	+ 2 0	6 8 39	26.	− 23,39	,054	+ 0 41	18 17 2
29.	+ 23,26		+ 3 2	6 28 22	31.	− 23,12		+ 3 8	18 37 44

* Die eingeklammerten Zahlen für Schaltjahre.

32. Correctionstafel für den Anfang des Jahres.

Jahr.	Correction.
	t
1883	+ 0,09
1884	+ 0,85
1885	+ 0,61
1886	+ 0,37
1887	+ 0,12
1888	+ 0,88
1889	+ 0,64
1890	+ 0,40
1891	+ 0,16
1892	+ 0,91
1893	+ 0,67
1894	+ 0,43

33. Halbmesser der Sonne.

Datum.	Halbmesser.
	o
Januar 1.	0,272
Februar 1.	0,271
März 1.	0,269
April 1.	0,267
Mai 1.	0,265
Juni 1.	0,263
Juli 1.	0,263
August 1.	0,263
Septbr. 1.	0,265
Octbr. 1.	0,267
Novbr. 1.	0,269
Decbr. 1.	0,271

34. Mittlere Refraction eines Gestirns.

Höhe.	Refraction.
o	o
5	0,16
10	0,09
15	0,06
20	0,04
30	0,028
40	0,019
50	0,013
60	0,009
70	0,006
80	0,003
90	0,000

35. Mittlere Oerter einiger Hauptsterne für 1885,0.

	Rectascension.			Jährl. Zuwachs.	Declination.			Jährl. Zuwachs.
	h	min	sec	sec	o	,	,,	,,
α Cassiopeiae	0	33	59,1	+ 3,37	55	54	23	+ 19,8
α Arietis	2	0	41,5	+ 3,37	22	55	5	+ 17,2
α Tauri (Aldebaran)	4	29	19,3	+ 3,44	16	16	37	+ 7,5
α Aurigae (Capella)	5	8	11,7	+ 4,42	45	52	46	+ 4,1
α Orionis	5	48	56,7	+ 3,25·	7	23	4	+ 1,0
α Can. maj. (Sirius)	6	40	4,9	+ 2,64	— 16	33	34	— 4,7
α Gemin. (Castor)	7	27	15,5	+ 3,84	32	8	22	— 7,5
α Can. min. (Procyon)	7	33	16,9	+ 3,14	5	31	8	— 9,0
α Leonis (Regulus)	10	2	14,8	+ 3,20	12	31	44	— 17,4
α Ursae maj.	10	56	37,4	+ 3,75	62	22	18	— 19,4
α Virginis (Spica)	13	19	8,1	+ 3,15	— 10	33	39	— 18,9
α Bootis (Arcturus)	14	10	25,0	+ 2,73	19	46	54	— 18,9
α Coronae (Gemma)	15	29	49,1	+ 2,54	27	6	8	— 12,3
α Scorpii (Antares)	16	22	21,4	+ 3,67	— 26	10	33	— 8,3
α Lyrae (Wega)	·18	33	2,7	+ 2,03	38	40	38	+ 3,2
α Aquilae (Atair)	19	45	10,3	+ 2,93	8	33	55	+ 9,3
α Cygni	20	37	30,7	+ 2,04	44	52	11	+ 12,7
α Piscium (Fomalhaut)	22	51	17,6	+ 3,33	— 30	13	54	+ 19,0
α Pegasi	22	59	2,0	+ 2,98	14	35	12	+ 19,3
α Urs. min. (Polaris)	1	16	36,4	+ 22,45	88	41	44	+ 18,9
δ Ursae minoris	18	9	24,9	— 19,45	86	36	38	+ 0,9

36. Verschiedene Zahlen.
(Die eingeklammerten Brüche bedeuten Näherungswerte.)

Die Zahl $\pi = 3{,}1416 \left(\frac{22}{7}\right)$; $\pi^2 = 9{,}870$; $\dfrac{1}{\pi} = 0{,}3183$; $\log \pi = 0{,}49715$.

Der Modul der natürlichen Logarithmen $M = 2{,}3026$; $\log M = 0{,}36222$.

Der Winkel, für welchen der Bogen dem Halbmesser gleich ist,
$$= 57{,}2958^0 = 3437{,}75' = 206265''.$$

Verhältnis des wahrscheinlichen zum mittleren Fehler $= 0{,}6745 \left(\frac{2}{3}\right)$.

1 Pariser Fuss $= 0{,}32484$ m $\left(\frac{13}{40}\right)$; 1 m $= 3{,}0784$ Pariser Fuss.

1 Pariser Linie $= 2{,}2558$ mm $\left(\frac{9}{4}\right)$; 1 mm $= 0{,}44330$ Pariser Linien.

1 Rhein. Fuss $= 0{,}31385$ m $\left(\frac{10}{32}\right)$; 1 m $= 3{,}1862$ Rhein. Fuss.

1 Engl. Fuss $= 0{,}30479$ m $\left(\frac{7}{23}\right)$; 1 m $= 3{,}2809$ Engl. Fuss.

1 Geogr. Meile $= 7{,}4204$ km $\left(\frac{30}{4}\right)$; 1 km $= 0{,}13476$ Geogr. Meile.

Die halbe grosse Axe der Erde $= 6377400$ m,
die halbe kleine Axe der Erde $= 6356100$ m,
der mittlere Halbmesser der Erde $= 6366800$ m.

Fallbeschleunigung ($g_{45} = 9806$ mm/sec²)

Breite =	0⁰	10	20	30	40	50	60	70	80	90⁰
g =	9780	9782	9787	9793	9802	9810	9819	9825	9830	9832

Mittlere Länge des bürgerlichen Jahres $= 365$ t 5 h 48,8 m.

1 Sterntag $= 1$ mittlerer Tag $- 3$ min 55,9 sec.

Schallgeschwindigkeit bei 0^0 in trockner Luft $= 330 \dfrac{\mathrm{m}}{\mathrm{sec}}$.

Ausdehnungscoefficient der Gase $= 0{,}00367 \left(\frac{1}{273}\right)$.

Latente Wärme des Wassers $= 79{,}4$; des Wasserdampfes $= 540$.

Specifische Wärme der Luft bei constantem Druck $= 0{,}237$.

Verhältnis des Moleculargewichtes zur Dampfdichte $= 28{,}9$.

1 Ohm $= 10^9$ cm sec^{-1}; 1 Amper $= 0{,}1$ cm$^{1/2}$ g$^{1/2}$ sec^{-1};
$$1 \text{ Volt} = 10^8 \text{ cm}^{1/2} \text{ g}^{1/2} \text{ sec}^{-2}.$$

1 Ohm $= 1{,}06$ Siem. Q. Einh. $= 1{,}01$ Brit. Ass. Einh.;
$$1 \text{ Siem.} = 0{,}944 \text{ Ohm}.$$

Elektromotorische Kraft Bunsen $= 1{,}90$ Volt.
Clark $= 1{,}45$ „
Daniell $= 1{,}1$ bis 1,35 Volt.

Der Strom 1 Amper befördert in 1 Sec. die Elektricitätsmenge 30.10⁷ elektrostatische Cm-g-Einheiten oder 1 Culom, zersetzt die Wassermenge 0,0933 mg, entwickelt in 1 Ohm die Wärmemenge 0,24 Gramm-Calorien.

Brechungsverhältnis des Lichtes in Luft $= 1{,}00029$.

Wellenlänge des Natronlichtes (D Fraunhofer) $= 0{,}0005892$ mm.

Eine Quarzplatte von 1 mm Dicke dreht das Natronlicht um $21{,}67^0$.

37. Quadrate. Quadratwurzeln. Hilfstafel für die Wheatstone-Kirchhoff'sche Brücke.

n	n^2	$\sqrt{n}$	$\dfrac{n}{100-n}$	n	n^2	$\sqrt{n}$	$\dfrac{n}{100-n}$
				50	2500	7,071	1,000
1	1	1,000	0,0101	51	2601	7,141	1,041
2	4	1,414	0,0204	52	2704	7,211	1,083
3	9	1,732	0,0309	53	2809	7,280	1,128
4	16	2,000	0,0417	54	2916	7,348	1,174
5	25	2,236	0,0526	55	3025	7,416	1,222
6	36	2,449	0,0638	56	3136	7,483	1,273
7	49	2,646	0,0753	57	3249	7,550	1,336
8	64	2,828	0,0870	58	3364	7,616	1,381
9	81	3,000	0,0989	59	3481	7,681	1,439
10	100	3,162	0,1111	60	3600	7,746	1,500
11	121	3,317	0,1236	61	3721	7,810	1,564
12	144	3,464	0,1364	62	3844	7,874	1,632
13	169	3,606	0,1494	63	3969	7,937	1,703
14	196	3,742	0,1628	64	4096	8,000	1,778
15	225	3,873	0,1765	65	4225	8,062	1,857
16	256	4,000	0,1905	66	4356	8,124	1,941
17	289	4,123	0,2048	67	4489	8,185	2,030
18	324	4,243	0,2195	68	4624	8,246	2,125
19	361	4,359	0,2346	69	4761	8,307	2,226
20	400	4,472	0,2500	70	4900	8,367	2,333
21	441	4,583	0,2658	71	5041	8,426	2,448
22	484	4,690	0,2821	72	5184	8,485	2,571
23	529	4,796	0,2987	73	5329	8,544	2,704
24	576	4,899	0,3158	74	5476	8,602	2,846
25	625	5,000	0,3333	75	5625	8,660	3,000
26	676	5,099	0,3513	76	5776	8,718	3,167
27	729	5,196	0,3699	77	5929	8,775	3,348
28	784	5,292	0,3889	78	6084	8,832	3,545
29	841	5,385	0,4085	79	6241	8,888	3,762
30	900	5,477	0,4286	80	6400	8,944	4,00
31	961	5,568	0,4493	81	6561	9,000	4,26
32	1024	5,657	0,4706	82	6724	9,055	4,56
33	1089	5,745	0,4925	83	6889	9,110	4,88
34	1156	5,831	0,5152	84	7056	9,165	5,25
35	1225	5,916	0,538	85	7225	9,220	5,67
36	1296	6,000	0,562	86	7396	9,274	6,14
37	1369	6,083	0,587	87	7569	9,327	6,69
38	1444	6,164	0,613	88	7744	9,381	7,33
39	1521	6,245	0,639	89	7921	9,434	8,09
40	1600	6,325	0,667	90	8100	9,487	9,00
41	1681	6,403	0,695	91	8281	9,539	10,11
42	1764	6,481	0,724	92	8464	9,592	11,50
43	1849	6,557	0,754	93	8649	9,644	13,29
44	1936	6,633	0,786	94	8836	9,695	15,67
45	2025	6,708	0,818	95	9025	9,747	19,0
46	2116	6,782	0,852	96	9216	9,798	24,0
47	2209	6,856	0,887	97	9409	9,849	32,3
48	2304	6,928	0,923	98	9604	9,899	49,0
49	2401	7,000	0,961	99	9801	9,950	99,0
50	2500	7,071	1,000	100	10000	10,000	∞

38. Logarithmen.

N.	0	1	2	3	4	5	6	7	8	9	Diff.
10	0000	0043	0086	0128	0170	0212	0253	0294	0334	0374	42
11	0414	0453	0492	0531	0569	0607	0645	0682	0719	0755	38
12	0792	0828	0864	0899	0934	0969	1004	1038	1072	1106	35
13	1139	1173	1206	1239	1271	1303	1335	1367	1399	1430	32
14	1461	1492	1523	1553	1584	1614	1644	1673	1703	1732	30
15	1761	1790	1818	1847	1875	1903	1931	1959	1987	2014	28
16	2041	2068	2095	2122	2148	2175	2201	2227	2253	2279	26
17	2304	2330	2355	2380	2405	2430	2455	2480	2504	2529	25
18	2553	2577	2601	2625	2648	2672	2695	2718	2742	2765	23
19	2788	2810	2833	2856	2878	2900	2923	2945	2967	2989	22
20	3010	3032	3054	3075	3096	3118	3139	3160	3181	3201	21
21	3222	3243	3263	3284	3304	3324	3345	3365	3385	3404	20
22	3424	3444	3464	3483	3502	3522	3541	3560	3579	3598	19
23	3617	3636	3655	3674	3692	3711	3729	3747	3766	3784	18
24	3802	3820	3838	3856	3874	3892	3909	3927	3945	3962	18
25	3979	3997	4014	4031	4048	4065	4082	4099	4116	4133	17
26	4150	4166	4183	4200	4216	4232	4249	4265	4281	4298	16
27	4314	4330	4346	4362	4378	4393	4409	4425	4440	4456	16
28	4472	4487	4502	4518	4533	4548	4564	4579	4594	4609	15
29	4624	4639	4654	4669	4683	4698	4713	4728	4742	4757	15
30	4771	4786	4800	4814	4829	4843	4857	4871	4886	4900	14
31	4914	4928	4942	4955	4969	4983	4997	5011	5024	5038	14
32	5051	5065	5079	5092	5105	5119	5132	5145	5159	5172	13
33	5185	5198	5211	5224	5237	5250	5263	5276	5289	5302	13
34	5315	5328	5340	5353	5366	5378	5391	5403	5416	5428	13
35	5441	5453	5465	5478	5490	5502	5514	5527	5539	5551	12
36	5563	5575	5587	5599	5611	5623	5635	5647	5658	5670	12
37	5682	5694	5705	5717	5729	5740	5752	5763	5775	5786	12
38	5798	5809	5821	5832	5843	5855	5866	5877	5888	5899	11
39	5911	5922	5933	5944	5955	5966	5977	5988	5999	6010	11
40	6021	6031	6042	6053	6064	6075	6085	6096	6107	6117	11
41	6128	6138	6149	6160	6170	6180	6191	6201	6212	6222	10
42	6232	6243	6253	6263	6274	6284	6294	6304	6314	6325	10
43	6335	6345	6355	6365	6375	6385	6395	6405	6415	6425	10
44	6435	6444	6454	6464	6474	6484	6493	6503	6513	6522	10
45	6532	6542	6551	6561	6571	6580	6590	6599	6609	6618	10
46	6628	6637	6646	6656	6665	6675	6684	6693	6702	6712	9
47	6721	6730	6739	6749	6758	6767	6776	6785	6794	6803	9
48	6812	6821	6830	6839	6848	6857	6866	6875	6884	6893	9
49	6902	6911	6920	6928	6937	6946	6955	6964	6972	6981	9
50	6990	6998	7007	7016	7024	7033	7042	7050	7059	7067	9
51	7076	7084	7093	7101	7110	7118	7126	7135	7143	7152	8
52	7160	7168	7177	7185	7193	7202	7210	7218	7226	7235	8
53	7243	7251	7259	7267	7275	7284	7292	7300	7308	7316	8
54	7324	7332	7340	7348	7356	7364	7372	7380	7388	7396	8
55	7404	7412	7419	7427	7435	7443	7451	7459	7466	7474	8
Diff.	0	1	2	3	4	5	6	7	8	9	Diff.

Logarithmen.

N.	0	1	2	3	4	5	6	7	8	9	Diff.
55	7404	7412	7419	7427	7435	7443	7451	7459	7466	7474	8
56	7482	7490	7497	7505	7513	7520	7528	7536	7543	7551	8
57	7559	7566	7574	7582	7589	7597	7604	7612	7619	7627	8
58	7634	7642	7649	7657	7664	7672	7679	7686	7694	7701	7
59	7709	7716	7723	7731	7738	7745	7752	7760	7767	7774	7
60	7782	7789	7796	7803	7810	7818	7825	7832	7839	7846	7
61	7853	7860	7868	7875	7882	7889	7896	7903	7910	7917	7
62	7924	7931	7938	7945	7952	7959	7966	7973	7980	7987	7
63	7993	8000	8007	8014	8021	8028	8035	8041	8048	8055	7
64	8062	8069	8075	8082	8089	8096	8102	8109	8116	8122	7
65	8129	8136	8142	8149	8156	8162	8169	8176	8182	8189	7
66	8195	8202	8209	8215	8222	8228	8235	8241	8248	8254	7
67	8261	8267	8274	8280	8287	8293	8299	8306	8312	8319	6
68	8325	8331	8338	8344	8351	8357	8363	8370	8376	8382	6
69	8388	8395	8401	8407	8414	8420	8426	8432	8439	8445	6
70	8451	8457	8463	8470	8476	8482	8488	8494	8500	8506	6
71	8513	8519	8525	8531	8537	8543	8549	8555	8561	8567	6
72	8573	8579	8585	8591	8597	8603	8609	8615	8621	8627	6
73	8633	8639	8645	8651	8657	8663	8669	8675	8681	8686	6
74	8692	8698	8704	8710	8716	8722	8727	8733	8739	8745	6
75	8751	8756	8762	8768	8774	8779	8785	8791	8797	8802	6
76	8808	8814	8820	8825	8831	8837	8842	8848	8854	8859	6
77	8865	8871	8876	8882	8887	8893	8899	8904	8910	8915	6
78	8921	8927	8932	8938	8943	8949	8954	8960	8965	8971	6
79	8976	8982	8987	8993	8998	9004	9009	9015	9020	9025	5
80	9031	9036	9042	9047	9053	9058	9063	9069	9074	9079	5
81	9085	9090	9096	9101	9106	9112	9117	9122	9128	9133	5
82	9138	9143	9149	9154	9159	9165	9170	9175	9180	9186	5
83	9191	9196	9201	9206	9212	9217	9222	9227	9232	9238	5
84	9243	9248	9253	9258	9263	9269	9274	9279	9284	9289	5
85	9294	9299	9304	9309	9315	9320	9325	9330	9335	9340	5
86	9345	9350	9355	9360	9365	9370	9375	9380	9385	9390	5
87	9395	9400	9405	9410	9415	9420	9425	9430	9435	9440	5
88	9445	9450	9455	9460	9465	9469	9474	9479	9484	9489	5
89	9494	9499	9504	9509	9513	9518	9523	9528	9533	9538	5
90	9542	9547	9552	9557	9562	9566	9571	9576	9581	9586	5
91	9590	9595	9600	9605	9609	9614	9619	9624	9628	9633	5
92	9638	9643	9647	9652	9657	9661	9666	9671	9675	9680	5
93	9685	9689	9694	9699	9703	9708	9713	9717	9722	9727	5
94	9731	9736	9741	9745	9750	9754	9759	9763	9768	9773	5
95	9777	9782	9786	9791	9795	9800	9805	9809	9814	9818	5
96	9823	9827	9832	9836	9841	9845	9850	9854	9859	9863	5
97	9868	9872	9877	9881	9886	9890	9894	9899	9903	9908	4
98	9912	9917	9921	9926	9930	9934	9939	9943	9948	9952	4
99	9956	9961	9965	9969	9974	9978	9983	9987	9991	9996	4
N.	0	1	2	3	4	5	6	7	8	9	Diff.

39. Trigonometrische Zahlen.

	Sinus.		Tangens.		Cotangens.		Cosinus.		
0°	,0000	175	,000	175	∞		1,000	02	90
1	,0175	174	,0175	174	57,29		0,9998	04	89
2	,0349	174	,0349	175	28,64		,9994	08	88
3	,0523	175	,0524	175	19,08		,9986	10	87
4	,0698	174	,0699	176	14,30		,9976	14	86
5	,0872	173	,0875	176	11,43		,9962	17	85
6	,1045	174	,1051	177	9,514		,9945	20	84
7	,1219	173	,1228	177	8,144		,9925	22	83
8	,1392	172	,1405	179	7,115		,9903	26	82
9	,1564	172	,1584	179	6,314	801	,9877	29	81
10	,1736	172	,1763	181	5,671	643	,9848	32	80
11	,1908	171	,1944	182	5,145	526	,9816	35	79
12	,2079	171	,2126	183	4,705	440	,9781	37	78
13	,2250	169	,2309	184	4,331	374	,9744	41	77
14	,2419	169	,2493	186	4,011	320	,9703	44	76
15	,2588	168	,2679	188	3,732	279	,9659	46	75
16	,2756	168	,2867	190	3,487	245	,9613	50	74
17	,2924	166	,3057	192	3,271	216	,9563	52	73
18	,3090	166	,3249	194	3,078	193	,9511	56	72
19	,3256	164	,3443	197	2,904	174	,9455	58	71
20	,3420	164	,3640	199	2,747	157	,9397	61	70
21	,3584	162	,3839	201	2,605	142	,9336	64	69
22	,3746	161	,4040	205	2,475	130	,9272	67	68
23	,3907	160	,4245	207	2,356	119	,9205	70	67
24	,4067	159	,4452	211	2,246	110	,9135	72	66
25	,4226	158	,4663	214	2,145	101	,9063	75	65
26	,4384	156	,4877	218	2,050	95	,8988	78	64
27	,4540	155	,5095	222	1,963	87	,8910	81	63
28	,4695	153	,5317	226	1,881	82	,8829	83	62
29	,4848	152	,5543	231	1,804	77	,8746	86	61
30	,5000	150	,5774	235	1,732	72	,8660	88	60
31	,5150	149	,6009	240	1,664	68	,8572	92	59
32	,5299	147	,6249	245	1,600	64	,8480	93	58
33	,5446	146	,6494	251	1,540	60	,8387	97	57
34	,5592	144	,6745	257	1,483	57	,8290	98	56
35	,5736	142	,7002	263	1,428	55	,8192	102	55
36	,5878	140	,7265	271	1,376	52	,8090	104	54
37	,6018	139	,7536	276	1,327	49	,7986	106	53
38	,6157	136	,7813	285	1,280	47	,7880	109	52
39	,6293	135	,8098	293	1,235	45	,7771	111	51
40	,6428	133	,8391	302	1,192	43	,7660	113	50
41	,6561	130	,8693	311	1,150	42	,7547	116	49
42	,6691	129	,9004	321	1,111	39	,7431	117	48
43	,6820	127	,9325	332	1,072	39	,7314	121	47
44	,6947	124	,9657	343	1,036	36	,7193	122	46
45	,7071		1,0000		1,000	36	,7071		45°
	Cosinus.		Cotangens.		Tangens.		Sinus.		

Register.